U0241303

作者简介

李光玉，研究员，博士研究生导师，中国农学会特产分会理事长，中国农业科学院“特种动物营养与饲养创新团队”首席专家。主要从事我国特种经济动物营养与饲养研究，引领团队在特种动物貂、狐、貉及梅花鹿、马鹿营养需要与饲料评价，特种动物微生态营养调控、分子营养与代谢调控、健康养殖等研究领域深入开展工作。先后主持完成国家及省部级重点科研项目 26 项，获奖成果 11 项，以第一作者或通讯作者发表学术论文 200 余篇，授权发明专利 5 项，主编学术著作 8 部。被评为吉林省高级专家、全国农业科研杰出人才。

作者简介

孙伟丽，女，博士，副研究员，硕士研究生导师，中国农业科学院特产研究所“特种动物营养与饲养创新团队”科研骨干，被评为“特研英杰”青年科技人才。吉林省特产学会理事，主要从事特种经济动物营养与饲料研究，围绕毛皮动物饲料来源及营养价值评定开展了大量工作。分别以第2完成人、第3完成人获得吉林省科技进步二等奖2项。主持完成科研项目8项，发表学术论文40余篇，获奖成果6项，主编和参编学术著作5部，授权发明专利2项。

作者简介

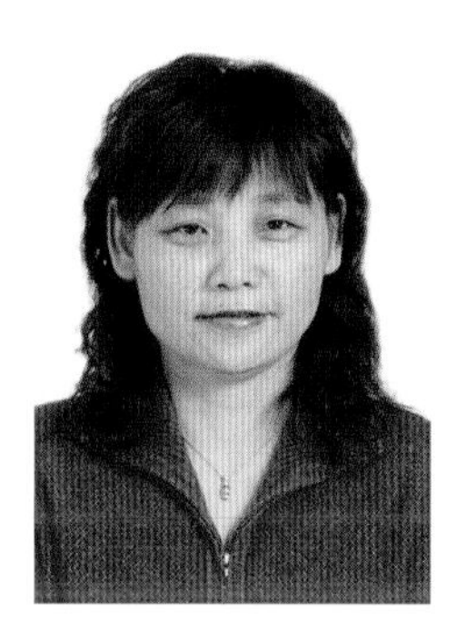

高秀华，女，研究员，博士研究生导师，中国农业科学院二级岗位杰出人才，吉林省首批省管优秀专家，享受国务院政府特殊津贴专家。长期在特种动物营养需要量、饲料添加剂应用评价技术等领域开展科研工作。获国家科技进步二等奖 1 项、省部级科技进步奖 20 项。获国家发明专利授权 3 项。主编和参编学术著作 7 部，发表学术论文 159 篇。培养博士和硕士研究生 20 余名。现任中国畜牧兽医学会动物营养分会理事，《动物营养学报》《经济动物学报》编委。

内容简介

本书内容综合了多年来科研人员，特别是中国农业科学院特产研究所特种动物营养与饲养创新团队在水貂营养需要和饲料利用评价等方面的研究结果，参考了大量国内外有关水貂养殖的技术资料，对水貂的营养需求与饲料利用进行了综合阐述。本书介绍了我国水貂的养殖概况和未来发展趋势；对水貂的形态学特性及各个生物学时期的生理特性，水貂的消化生理特点，特别是水貂的肠道微生物区系特点，以及水貂的日粮特点进行了详细介绍；重点讲述了水貂能量、蛋白质和氨基酸、矿物质元素、维生素及水的营养与需要，并针对水貂独特的饲料资源，阐述了水貂饲料资源的开发与利用情况。

本书内容系统全面，可为水貂营养研究、饲料加工领域的科研工作者提供一定的参考。

“十三五”国家重点图书出版规划项目
当代动物营养与饲料科学精品专著

水貂营养需要与饲料

李光玉　孙伟丽　高秀华◎主编

中国农业出版社
北　京

丛书编委会

杨在宾（教　授，山东农业大学动物科技学院动物医学院）
李光玉（研究员，中国农业科学院特产研究所）
李军国（研究员，中国农业科学院饲料研究所）
李胜利（教　授，中国农业大学动物科学技术学院）
李爱科（研究员，国家粮食和物资储备局科学研究院粮食品质营养研究所）
吴　德（教　授，四川农业大学动物营养研究所）
呙于明（教　授，中国农业大学动物科学技术学院）
佟建明（研究员，中国农业科学院北京畜牧兽医研究所）
汪以真（教　授，浙江大学动物科学学院）
张日俊（教　授，中国农业大学动物科学技术学院）
张宏福（研究员，中国农业科学院北京畜牧兽医研究所）
陈代文（教　授，四川农业大学动物营养研究所）
林　海（教　授，山东农业大学动物科技学院动物医学院）
罗　军（教　授，西北农林科技大学动物科技学院）
罗绪刚（研究员，中国农业科学院北京畜牧兽医研究所）
周志刚（研究员，中国农业科学院饲料研究所）
单安山（教　授，东北农业大学动物科学技术学院）
孟庆翔（教　授，中国农业大学动物科学技术学院）
侯水生（研究员，中国农业科学院北京畜牧兽医研究所）
侯永清（教　授，武汉轻工大学动物科学与营养工程学院）
姚军虎（教　授，西北农林科技大学动物科技学院）
秦贵信（教　授，吉林农业大学动物科学技术学院）
高秀华（研究员，中国农业科学院饲料研究所）
曹兵海（教　授，中国农业大学动物科学技术学院）
彭　健（教　授，华中农业大学动物科学技术学院动物医学院）
蒋宗勇（研究员，广东省农业科学院动物科学研究所）
蔡辉益（研究员，中国农业科学院饲料研究所）
谭支良（研究员，中国科学院亚热带农业生态研究所）
谯仕彦（教　授，中国农业大学动物科学技术学院）
薛　敏（研究员，中国农业科学院饲料研究所）
瞿明仁（教　授，江西农业大学动物科学技术学院）

审稿专家

卢德勋（研究员，内蒙古自治区农牧业科学院动物营养研究所）
计　成（教　授，中国农业大学动物科学技术学院）
杨振海（局　长，农业农村部畜牧兽医局）

本书编写人员

主　　编　李光玉　孙伟丽　高秀华

编写人员　（以姓氏笔画为序）

王　卓　王　静　王凯英　王晓旭　司华哲　刘可园

刘晗璐　孙伟丽　孙皓然　李光玉　李志鹏　杨雅涵

张　婷　张如春　张铁涛　张海华　张新宇　南韦肖

钟　伟　高秀华　郭肖兰　常忠娟　隋雨彤　韩菲菲

鲍　坤　穆琳琳

丛书序

经过近40年的发展，我国畜牧业取得了举世瞩目的成就，不仅是我国农业领域中集约化程度较高的产业，更成为国民经济的基础性产业之一。我国畜牧业现代化进程的飞速发展得益于畜牧科技事业的巨大进步，畜牧科技的发展已成为我国畜牧业进一步发展的强大推动力。作为畜牧科学体系中的重要学科，动物营养和饲料科学也取得了突出的成绩，为推动我国畜牧业现代化进程做出了历史性的重要贡献。

畜牧业的传统养殖理念重点放在不断提高家畜生产性能上，现在情况发生了重大变化：对畜牧业的要求不仅是要能满足日益增长的畜产品消费数量的要求，而且对畜产品的品质和安全提出了越来越严格的要求；畜禽养殖从业者越来越认识到养殖效益和动物健康之间相互密切的关系。畜牧业中抗生素的大量使用、饲料原料重金属超标、饲料霉变等问题，使一些有毒有害物质蓄积于畜产品内，直接危害人类健康。这些情况集中到一点，即畜牧业的传统养殖理念必须彻底改变，这是实现我国畜牧业现代化首先要解决的一个最根本的问题。否则，就会出现一系列的问题，如畜牧业的可持续发展受到阻碍、饲料中的非法添加屡禁不止、“人畜争粮”矛盾凸显、食品安全问题受到质疑。

我国最大的国情就是在相当长的时期内处于社会主义初级阶段，我国养殖业生产方式由粗放型向集约化型的根本转变是一个相当长的历史过程。从这样的国情出发，发展我国动物营养学理论和技术，既具有中国特色，对制定我国养殖业长期发展战略有指导性意义；同时也对世界养殖业，特别是对发展中国家养殖业发展具有示范性意义。因此，我们必须清醒地意识到，作为畜牧业发展中的重要学科——动物营养学正处在一个关键的历史发展时期。这一发展趋势绝不是动物营养学理论和技术体系的局部性创新，而是一个涉及动物营养学整体学科思维方式、研究范围和内容，乃至研究方法和技术手段更新的全局性战略转变。在此期间，养殖业内部不同程度的集约化水平长期存在。这就要求动物营养学理论不仅能适应高度集约化的养殖业，而且也要能适应中等或初级集约化水平长期存在的需求。近年来，我国学者在动物营养和饲料科学方面作了大量研究，取得了丰硕成果，这些研究成果对我国畜牧业的产业化发展有重要实践价值。

“十三五”饲料工业的持续健康发展，事关动物性“菜篮子”食品的有效供给和质量安全，事关养殖业绿色发展和竞争力提升。从生产发展看，饲料工业是联结种植业和养殖业的中轴产业，而饲料产品又占养殖产品成本的70%。当前，我国粮食库存压力很大，大力发展饲料工业，既是国家粮食去库存的重要渠道，也是实现降低生产成本、提高养殖效益的现实选择。从质量安全看，随着人口的增加和消费的提升，城乡居民对保障“舌尖上的安全”提出了新的更高的要求。饲料作为动物产品质量安全的源头和基础，要保障其安全放心，必须从饲料产业链条的每一个环节抓起，特别是在提质增效和保障质量安全方面，把科技进步放在更加突出的位置，支撑安全发展。从绿色发展看，当前我国畜牧业已走过了追求数量和保障质量的阶段，开始迈入绿色可持续发展的新阶段。畜牧业发展决不能“穿新鞋走老路”，继续高投入、高消耗、高污染，而应在源头上控制投入、减量增效，在过程中实施清洁生产、循环利用，在产品上保障绿色安全、引领消费；推介饲料资源高效利用、精准配方、氮磷和矿物元素源头减排、抗菌药物减量使用、微生物发酵等先进技术，促进形成畜牧业绿色发展新局面。

动物营养与饲料科学的理论与技术在保障国家粮食安全、保障食品安全、保障动物健康、提高动物生产水平、改善畜产品质量、降低生产成本、保护生态环境及推动饲料工业发展等方面具有不可替代的重要作用。当代动物营养与饲料科学精品专著，是我国动物营养和饲料科技界首次推出的大型理论研究与实际应用相结合的科技类应用型专著丛书，对于传播现代动物营养与饲料科学的创新成果、推动畜牧业的绿色发展有重要理论和现实指导意义。

李德发

2018.9.26

前　言

水貂是珍贵的毛皮动物之一，其毛皮高贵华丽、色泽丰富、轻柔飘逸，属上等裘皮，在国际市场上被称为“软黄金”。目前，我国水貂的饲养主要分布在黑龙江、吉林、辽宁、河北、山东、内蒙古、山西等地。随着我国经济社会的发展和人们物质生活水平的提高，人们对裘皮产品的需求日益旺盛，水貂的养殖规模在近十年的发展中年饲养量最高达 3 600 万只。我国已经成为毛皮制品的第一消费大国和饲养、加工、出口大国，但不是水貂养殖强国，特别是在新品种选育、皮张质量控制、繁殖成活、疾病防控和养殖废弃物控制等方面还有很大的提升空间。

水貂的驯化时间短，有一定的野生特性，作为一个外来肉食性动物品种，被引入我国不过 60 多年的时间，其营养需求及饲料利用方面的研究起步较晚，我国尚未建立水貂的饲养标准，其养殖生产者只能参照国外的《水貂饲养标准》（1982）制定配方或指导生产，科学性和实用性不足；另外，随着水貂产业的发展，水貂的体型体重发生了很大的变化，并且我国饲料条件、养殖环境及模式与国外有很大的不同，这些都严重影响了我国水貂饲料配制的科学性和饲料资源利用的合理性。

本书针对当前我国水貂养殖的现状和发展趋势，总结了近几十年的养殖实践和 30 多年来行业科研人员在水貂营养需要及饲料利用评价等方面的研究结果，特别是近 10 年来中国农业科学院特产研究所特种动物营养与饲养创新团队 10 多名工作人员及 20 余名博士、硕士在动物营养和饲料利用评价领域的研究成果，参考了国内外有关水貂养殖的技术资料及科研成果，结合我国水貂养殖集约化、机械化、精细化的发展趋势，运用大量基础数据及生产实践结果，进行了专业科学的描述和总结。

本书主要面向我国从事肉食性动物科研、教学及水貂养殖、饲料生产企业的工作者，服务于我国水貂产业的发展。本书的撰写受益于国内外水貂研究及生产的学者和从业人员实践中的研究成果，在此我们对引用研究成果的学者表示感谢。如果引用中有漏掉研究学者名字之处，敬请谅解并欢迎告知编委会。同时，本书出版也受益于国家出版基金项目的支持，在此一并表示衷心的感谢！

由于编者水平有限，书中难免有疏漏之处，敬请广大读者批评指正。

编　者

2019 年 6 月

目 录

06 第六章 水貂的维生素营养

07 第七章 水貂的水营养

08 第八章 水貂饲料资源开发与利用

09 附录

第一章 我国水貂业养殖概况

一、我国水貂养殖历史回顾

我国饲养毛皮动物始于1956年，从苏联引进的种用水貂、银狐、海狸鼠、麝鼠等，分别饲养在黑龙江、山东和北京等地区。我国从1957年开始尝试对紫貂进行人工圈养，成为继苏联之后第二个建立起可繁育紫貂种群的国家。到1958年年底，全国特种毛皮动物饲养场从1956年的5个发展到72个。伴随着毛皮动物产业的发展，我国也相继建立起了一批相关研究单位和高等院校，如中国农业科学院特产研究所、吉林特产专科学校、东北林业大学等，都是在当时产业需求条件下建立的。到1978年，全国有2 000多个毛皮动物饲养场，种貂达30多万只，年取皮量达75万张。我国毛皮动物发展历史中养殖量呈现起伏变化规律，周期性变化趋势明显。20世纪90年代迅猛发展，之后的十余年趋于稳定。2006—2013年，水貂养殖业又迎来一个稳定发展的高峰期，养殖规模化及现代化养殖技术得到迅速普及推广。近几年市场需求趋于饱和，养殖量有所下降，小型饲养场逐步淡出历史，规模化、现代化养殖场更加具有核心市场竞争力。

二、我国水貂现有品种资源及分布区域

目前，我国的水貂养殖业已形成多个品种或品系，主要分布于辽宁、吉林、黑龙江、山东、河北、内蒙古等省（自治区）。常见饲养品种及特征如下：

1. 美国短毛黑水貂 既是我国较早引进的水貂品种，又是目前饲养数量最多的品种，适应我国北方不同地区的不同气候。该品种水貂毛短而漆黑，光泽度强，全身毛色一致，无杂毛，毛峰平齐、分布均匀且有弹性。

2. 标准水貂 1998年辽宁华曦集团金州珍贵毛皮动物公司历经11年（1988—1998年），以美国短毛黑水貂为父本、丹麦黑色标准水貂为母本，成功培育出的适合北纬35°以北地区饲养的水貂品种。该品种水貂虽经野生型水貂选育而得，但毛色较野生貂的深，多为黑褐色。体型较大，生长速度、繁殖性能、毛皮品质等方面均具有优良特性。

3. 丹麦深棕色水貂 在暗光下，该品种水貂毛色与黑褐色水貂的相似；但在光亮环境下，该品种水貂针毛呈黑褐色，绒毛呈深咖啡色，且毛色随着光照角度和亮度的变化而变化，属于国际市场的流行色。

4. 丹麦浅棕色水貂 体型较大，针毛颜色呈深棕褐色，绒毛呈浅棕咖啡色，活体颜色较深，棕色鲜艳。

5. 咖啡色水貂 该品种水貂体型较大，繁殖力高，毛被呈浅褐色，被毛粗糙，在组合色型上占有重要地位，蓝色水貂、玫瑰色水貂、红眼白水貂等组色型水貂都具有咖啡色水貂的基因。

6. 白色水貂 又称帝王白，由咖啡色和白化两对隐性基因组成，毛呈白色，眼呈粉红色，体型大而粗，繁殖力优。我国20世纪60年代初曾引入少量饲养，后经中国农业科学院特产研究所培育成能适应中国气候条件的彩貂良种，1982年被鉴定和命名为“吉林白水貂”。

7. 黑十字水貂 黑白两色相间，黑色毛在背线和肩部构成明显的黑十字图案，毛绒丰厚而富有光泽，针毛平齐，针、绒毛层次分明，毛皮成熟较早。体侧混杂有较多黑色毛，整个毛色图案新颖美观。

8. 彩色十字水貂 黑十字水貂和彩貂杂交选育而成，在各种彩貂的基础上头背部兼具十字水貂的黑褐色色斑。

9. 蓝色水貂 又称青玉色貂，由银蓝和青蓝两对纯合隐性基因组成，色泽似天蓝色，毛皮质量优良，但繁殖力和抗病力较低。

10. 珍珠色水貂 由银蓝和米黄色两对纯合隐性基因组合而成。体躯疏松，体型较大，繁殖性能良好。毛色呈棕灰色，眼呈粉红色。

11. 名威银蓝水貂 是中国农业科学院特产研究所、大连名威貂业有限公司、中国农业科学院饲料研究所等单位历经14年，以丹麦银蓝水貂为育种素材，通过品种内高强度选育的水貂新品种。该品种水貂全身被毛呈金属灰色，底绒呈淡灰色，针毛平齐，光亮灵活，绒毛丰厚，柔软致密。

三、我国水貂业的发展趋势及特点

2009—2013年，我国貂、狐、貉三大毛皮动物饲养量出现了大幅增长趋势，年均增长速度高达20%～30%，同时助推了全国毛皮加工业的跨越式大发展，每年皮毛销售直接产值达360亿元，带动与毛皮动物产业相关的设备设施、饲料、疫苗、皮张加工、裘皮服装及装饰加工、销售、商业等相关经济产值达1 900亿元。毛皮动物养殖也逐步成为能适宜地区农村经济发展的战略重点与农民就业增收的主要途径。同时，由于毛皮动物养殖可充分利用高纬度、气候寒冷地区或荒山、荒地等不适合发展其他畜牧养殖业的土地资源，在满足消费需求的同时有效提高了单位土地面积生产力，保障了我国生态安全和自然环境。随着产业的迅速发展，毛皮动物养殖作为特种养殖业的重要组成部分逐步进入国家视野，我国相继出台了《中国毛皮动物繁育利用及管理》《皮革和毛皮市场管理技术规范》《制革、毛皮工业污染防治技术政策》等文件，从养殖、加工、贸易全程指引整个产业发展。2015年，中央1号文件明确提出“立足资源优势，大力发展特色种养业”，山东、河北等毛皮产业大省从资金、土地等方面出台多项政策支持产业发展。以中国农业科学院特产研究所为代表的专业研究所和高等院校等科研机构也积极开展科研项目，成功研制出了毛皮动物犬瘟热、细小病毒性肠炎、狐脑炎等疾病的疫苗，开发水貂繁殖成活关键技术、高效精准饲料配合技术等，对我国毛皮动物养殖业的发展给予了强有力的支撑。近 5 年来，由于水貂产业供大于求，而优质皮张的供给与国外竞争没有优势，水貂养殖业发展遇到了发展瓶颈，存栏数量从原来的年近 4 200 万只下降到 2 000 万只。

四、我国水貂业面临的发展困境及原因

（一）盲目扩张导致行业进入寒冬期

“十二五”期间，我国毛皮全行业销售收入一直保持增长趋势，毛皮服装产量从 2011 年的 304 万件发展到 2014 年的 546.89 万件，增长率为 79.9%；规模企业数量从 399 家增长到 547 家，增长率为 37.1%；生毛皮进口额度从 2011 年的 4.78 亿美元提高到 2014 年的 9.39 亿美元，增长 96.4%。从以上数据可以看出，5 年间整个产业服装产量扩大了近 80%，销售额也增长了 50%。2011 年以来，貂皮价格一度在高位运行，超出了行业预期，高额的利润吸引大量社会资本，如房地产、钢铁、金融企业纷纷涌入毛皮动物养殖业，新的养殖场如雨后春笋般出现，老的养殖户也不断扩栏、扩群。2012 年毛皮动物的留种率比 2011 年增长了 20%以上，而 2013 年又比 2012 年增长 30%以上。产业发展过快使得向市场提供的皮张数量倍增，整个行业从养殖、生产、加工到下游的渠道，都逐步出现了产能过剩、库存压力大的现象。从 2013 年开始，受经济下滑的影响，作为我国毛皮原料皮和制成品最大出口市场的俄罗斯，其皮草消费大幅下跌、皮张需求不振、供需失衡的现象在 2013 年冬季爆发，2014 年整个皮草产业进入“寒冷的冬季”，皮草价格大幅下降。皮毛产能过剩、国际市场低迷等成为困扰近年皮草行业的难题。

（二）产业结构失衡及产品质量低下

我国是世界上最主要的皮草消费国，但国内毛皮服装生产需要的优质原料皮却大多依赖于国外进口，原因是我国生产的貂皮大部分毛绒品质差、初级加工不规范等。国产貂皮加工制成的成衣主要外销到俄罗斯及中欧部分国家，但价格较低。而在国内，貂皮大衣作为高档消费品，消费人群普遍对裘皮服装的质量要求较高，制衣厂家只好舍弃国内皮张，千里迢迢从国外进口优质毛皮。这种产品结构的失衡情况，使得国产皮张大量在仓库积压。国内加工厂商也呼吁采取积极措施，提高皮张质量，真正支撑起国内毛皮产业从养殖到加工的联动发展，实现供给侧结构性转型。

五、我国水貂业的发展对策及展望

随着我国经济社会的发展，裘皮服装服饰市场需求仍然潜力巨大。目前，我国毛皮动物产业链基本完整，有很大的发展优势和前景。

（一）转变饲养模式，推进产业化进程

目前我国毛皮动物饲养主要有庭院式、统一规划小区式和场区式 3 种方式。庭院式是早期我国毛皮动物的主要饲养方式，由于养殖规模小且分散，在饲养技术、卫生防

疫、皮张成品率、信息传输等方面均不足，抵御市场风险的能力较弱，人兽混居在住宅区也不利于疾病防控和环境的提升，应加以妥善引导，尽快向统一规划小区式养殖和场区式养殖方式上转变。随着我国经济发展和环境调控力度的加大，为满足行业竞争和效益需求，水貂养殖产业将进一步向规模化、集约化、区域化发展。

（二）加强毛皮动物科技研发力度

我国是毛皮动物养殖大国，但绝不是强国。与国外比较，其差距主要表现为水貂品种单一、皮张质量差、繁殖成活率低、疾病净化不足、精准化和标准化养殖率不足。究其原因是养殖管理方式落后及行业管控不足，但根本还是科技对水貂养殖业支撑力度不够、科技贡献率低的问题。国家对毛皮动物养殖科研立项、经费支持没有长效机制，国家实验室、行业创新体系建设等尚属空白，品种改良选育、饲养技术、饲料营养、疫病防控、硝染加工、服装设计等研究水平滞后问题亟待解决。特别是应该重新规划我国适宜发展优质水貂饲养区域，解决动物品种、精准饲养和阿留申病净化等问题。

（三）完善市场体系，规范产品贸易

在水貂养殖上，先进国家的贸易主要以拍卖形式进行，真正体现优质、优价及公平竞价；国内毛皮交易是一种自由交易方式，市场秩序比较混乱，没有统一的质量标准、没有规范的价格体系、没有公平的交易市场环境，导致毛皮交易带有很大的盲目性和风险性，不利于产业持续健康发展。通过引进国外先进的贸易方式，尽快组建国内的裘皮拍卖行，规范产品的交易方式，建立健全完善的市场体系，制定统一的质量标准等将是近期应予关注的主要任务和目标。

2018 年 4 月，由中国农业科学院牵头，成立国家特种经济动物科技创新联盟，这是我国毛皮动物产业发展的一座里程碑。该联盟是国家农业科技创新联盟下设的专业联盟，联合全国农业科研机构 17 家、高校 12 家、企业 19 家、政府管理部门 4 家共同参与，旨在针对目前制约我国特种经济动物产业发展的瓶颈问题，开展科技攻关、成果转化、技术服务、资源共享等协同创新活动，搭建能够覆盖全产业链的科技创新与成果转化平台，从优良品种选育、种养殖技术集成、绿色增长增效模式推广、产品精深加工、行业标准制定等方面开展核心关键技术研究与推广工作，着力解决产业全局性重大战略与共性技术难题和区域性发展重大关键性技术问题，推动产业持续健康发展。

2018 年 7 月，中国畜牧业协会毛皮动物分会成立，这标志着我国毛皮动物产业进入新的历史发展阶段，是我国毛皮动物产业发展历程中的又一座里程碑。分会的成立，将进一步推进产业转型升级，加快产业集约化、信息化、机械化、自动化进程，充分发挥行业协会的桥梁纽带作用，大力推进生态清洁养殖，引领绿色发展，推动产业转型升级，提质增效，加快水貂养殖向中高端迈进，实现高质量发展，不断开创我国毛皮动物产业发展新局面。

未来中国农业科学院特产研究所将联合业内相关科研力量，发挥科技创新优势，通过协同攻关和技术集成示范，破解水貂产业发展过程中遇到的重大课题和关键技术，进一步探索推动产业健康发展的新模式、新技术、新机制、新业态，助力我国乡村振兴、精准扶贫和健康中国建设。

第二章 水貂的生物学特性与消化生理

第一节 水貂的生物学特性及品种特征

一、生物学特性

水貂属于动物界脊索动物门哺乳纲食肉目鼬科（鼬亚科）鼬属（*Neovison*；*Mustela*）半水栖的动物。野生水貂轻盈敏捷，多在夜间活动，善于游泳和潜水，可在水下及陆地捕食猎物。水貂的耳朵小而圆，紧靠于头部。腿短而体长，成年水貂体长35～60 cm、尾巴长10～20 cm，体重0.9～1.8 kg。公水貂通常较母水貂大，颜色多为浅至深棕色，通常胸前或腹部为白色或奶油色。野生水貂主要生活在水源地附近，以蛙类、鱼类、啮齿类、甲壳类动物及昆虫为食。通常在接近水源的树洞或树桩间做窝，或者占据岸边麝鼠窝。水貂属于季节性繁殖动物，每年2月底至3月中旬配种，通常在交配6周以后产仔，年产1次，平均窝产仔5～6只，每年春、秋两季各换毛1次。水貂出生时，平均窝重约60 g。正常状态下水貂寿命可达12～15年，在8～10年时具有繁殖能力。除了水獭，水貂很少有天敌，但通常野生水貂易死于寄生虫感染等疾病。

野生水貂出生时体重约6 g，8～10周龄时断奶，断奶时体重可达350 g左右。由于日粮和管理的改善，以及人为选择的结果，家养水貂通常比野生水貂大得多，出生即可达到10 g左右，断奶后4周左右可达200 g。受性别和毛色影响，成年时体重母水貂为1～2 kg，平均1.4 kg；公水貂为2～4 kg，平均为2.6～2.7 kg。水貂每年换毛2次，4月换为夏毛，8—9月甚至到11月晚期换为冬毛。水貂眼睛小，水下视力比较差，因此水貂在捕食鱼类时通常都是先在水面锁定猎物再潜水捕捉。水貂的鼻子短而尖，因此在陆地觅食时主要依靠灵敏的嗅觉。水貂腿短，脚有五趾，脚掌有毛，脚垫裸露，趾间有蹼，这一点与海狸、麝鼠、水獭等不同，这也是水貂既可以攀爬也可以游泳的原因，但这两项运动对于水貂来说都不太突出。水貂的尾巴被毛浓密，长度约占其体长的1/3。尽管水貂属于半水生动物，但其并没有如海狸、麝鼠、水獭等一样半水生动物所特有的专用于游泳的大尾巴。

水貂有高度发达的肛门气味腺，这也是鼬科动物的典型特征。水貂是典型的独居动物，公水貂难以容忍其他同性，它们利用肛门腺的分泌物来界定领地边界，以及作为防御和攻击的手段。但是人工饲养的水貂通常更温驯，这种喷洒腺体分泌物的行为并不经常发生，只有在注射疫苗或有其他人为情况出现时才会刺激肛门腺活跃。

二、品种特征

根据地域主要分为欧洲水貂（European mink，*Mustela lutreola*）、美洲水貂（American mink，*Neovison vison*）和海貂（Sea mink，*Neovison macrodon*）3个种，目前海貂种属已灭绝。欧洲水貂又称为俄罗斯水貂，原产于欧洲。野生的欧洲水貂对栖息地要求较高，距离河岸溪流较近，目前已被世界自然保护联盟列为极度濒危动物。在欧洲大陆，人类活动范围的增加对野生欧洲水貂的生存环境和数量产生了巨大影响，如今欧洲水貂的数量已减少很多。

美洲水貂原产于美国北部，随人工饲养扩展到欧洲和美国南部地区。自海貂灭绝以来，野生美洲水貂被世界自然保护联盟列为密切关注物种。但人工饲养的美洲水貂数量较大，是最主要的经济型毛皮动物。截至2005年，已确认15个美洲水貂亚种。与欧洲水貂相比，美洲水貂头骨发育更完善。其冬季毛皮更致密，绒毛更长、更柔软而且更贴身。

三、不同生物学时期的划分

人类饲养水貂，仅有六七十年的历史。家养水貂仍然保留着野生水貂的生活习性，每年繁殖1次、换毛2次，夏毛目前并无利用价值，冬毛价值较高。通常人们把水貂的生产周期分为准备配种期（9月中旬至翌年2月）、配种期（2月至3月末）、妊娠期（3月末至5月末）、产仔哺乳期（4月中旬至6月中旬）、育成前期（从产仔到9月）、恢复期（公水貂为3月中旬至9月，母水貂为5月末至9月初）、冬毛生长期（9月至11月初）、取皮期（11月中旬至12月中旬）八个阶段。全面了解水貂各生物学时期特点，有助于掌握其生长发育规律，科学做好水貂繁殖和各生理时期饲养管理，促进毛皮生长发育，获得质量好、等级高、尺码大的毛皮。

第二节　水貂的形态学特性及消化生理

一、水貂的形态学特性

水貂体型细长，母水貂较小，头小，眼圆，耳呈半圆形，稍高出头部并倾向前方，不能摆动。颈部粗短，四肢粗壮，前肢比后肢略短，指、趾间具蹼，后趾间的蹼较明显，足底有肉垫。尾细长，毛蓬松。

（一）骨骼系统

水貂全身由头、躯干、四肢和尾4部分构成。全身骨骼分为主轴骨和四肢骨，主轴骨分为头骨与躯干骨，四肢骨分为前肢骨和后肢骨。头骨颅部比面部发达，颊窝长而大，眶小偏前。水貂脊柱的柱式是C7，T14，L6，S3，Cy17－21。全身共有201块骨

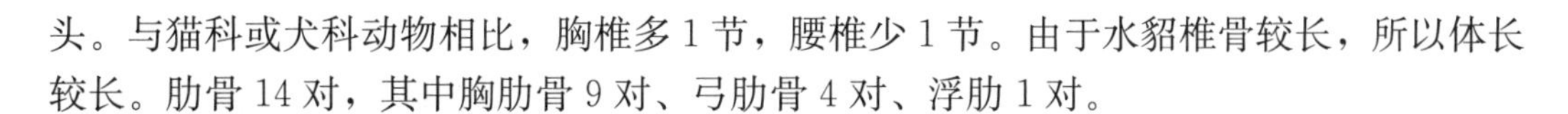

头。与猫科或犬科动物相比，胸椎多1节，腰椎少1节。由于水貂椎骨较长，所以体长较长。肋骨14对，其中胸肋骨9对、弓肋骨4对、浮肋1对。

（二）肌肉系统

颞肌较大，咬肌较小，膈肌腱质部非常小，腹外斜肌没有腹股沟韧带，肩胛横纹肌分为肩胛背侧提肌及肩胛腹侧提肌，无喙肱肌，腰小肌肌部和髂腰肌肌部完全相混，趾腱互相分开。

（三）内脏

水貂左肺有二叶，即尖叶及心隔叶。右肺有四叶，即尖叶、心叶、膈叶及中间叶。肾成豆状，为平滑单乳头肾。右肾和第一腰椎到第四腰椎相对。左肾稍偏后约一个椎骨的距离。

卵巢位于腰部偏下，卵巢囊发达，输卵管绕卵巢环行一周。子宫为双角子宫，全位腹腔内。阴道长，向前突入腹腔中。母水貂尿道较长，大致和阴道的长度相当。公水貂副性腺只有前列腺，阴茎前部较细，内有一块前端有钩的阴茎骨。

（四）消化系统

水貂的消化系统由消化道（口腔、齿、咽、食管、胃、肠、肛门）和消化腺（唾液腺、胃肠消化腺、胰腺、胆囊）两大部分组成。消化道由于功能和形态不同，因此又可分为空腔、咽、食管、胃、小肠、大肠。消化腺包括口腔腺、肝脏、胰脏及消化管内壁的很多小腺体，其主要功能是分泌消化液。

（1）口腔　是消化道的起始部。前壁为上下唇，侧壁为颊部所组成，经口裂与外界相通。口腔借齿弓分成两部：前外侧部称口腔前庭，位于齿弓和上下唇之间的窄隙；后内侧部称固有口腔。

（2）齿　水貂牙齿特别发达。齿着生在上下颌骨的齿槽内，即上齿弓、下齿弓。由于齿着生部位、形态机能的不同，分为门齿、犬齿、前臼齿、臼齿四种。每个齿又分为3部分：埋藏在齿槽内的齿根、被齿跟包围的齿颈和突出口腔内齿冠。齿在上下齿弓着生的排列方式称为齿式，水貂有34颗牙齿。

（3）咽　由黏膜和肌质构成，位于口腔的后端，为消化道与呼吸道的交叉路口。咽的前下方经咽峡与口腔相同，前上方经鼻后孔与鼻腔相通，咽的后上方为食管的起始部，后下方为喉口。在咽腔的侧壁上各具一孔，称耳咽腔口，与中耳相通。咽腔被腭咽弓（软腭沿咽侧壁延续并包在食管上方的皱褶）分为上方的鼻咽部和下方的口咽部。

（4）唾液腺　为开口在口腔内三对较大的腺体，即腮腺、颌下腺和舌下腺。

（5）食管　是一条从咽通向胃的肌质管道，可分为颈部、胸部和腹部三段。中度伸展时，外直径约为0.5 cm，各段食管直径是均匀的。空虚时背腹方向呈压扁形。颈部食管前2/3位于气管的背侧，后1/3则移行在气管左侧。入胸腔延伸为胸部食管，胸部食管行走在纵隔腔中，在心基部上方紧贴主动脉右侧后行至隔，穿过隔的食管裂孔进入腹腔，延续为腹部食管。腹部食管较短，直接连于胃的贲门。食管壁由黏膜层、黏膜下层、肌层和外膜4层构成，颈部食管外层为较薄的结缔组织外膜，胸、腹部食管外层则为浆膜。

（6）胃　是消化道膨大的部分，胃重公水貂12～20 g、母水貂10～15 g，呈长而弯曲的囊状，位于腹腔前部与肝的脏面相贴近，偏于体正中线的左侧。根据胃的弯曲可分为凹的小弯和凸的大弯。大弯突向左后侧，靠近食管；小弯向着头侧。在左侧与食管相连的一端较宽阔，为贲门部。右侧较窄，与十二指肠相连叫幽门部。幽门部有稍见狭窄的幽门瓣。胃壁从内向外依次为黏膜层、黏膜下层、肌层和浆膜层。浆膜层在胃的大弯部游离为大网膜，胃依靠胃肝韧带、胃脾韧带和胃十二指肠韧带分别与肝、脾和十二指肠相连。肌层在幽门部形成不太明显的幽门瓣。黏膜层形成很多沿着胃纵向排列的皱褶。这样褶皱随胃的扩张程度不同，其突出的高度也有较大的差异。

（7）小肠　水貂小肠分为十二指肠、空肠和回肠三部分，总长度为体长的4倍左右，它们盘曲在腹腔内，由肠条膜系于腰椎之下。三段之间无明显界限。

十二指肠：连接胃的幽门，位于腹腔右季肋和右髂部。由幽门部起始向腹腔右侧介延，近于腹壁又折转向后，延伸至右肾下方转向左，在体正中线处移行为空肠。距幽门后2.3～2.6 cm处有胆管和胰管的开口。

空肠和回肠：空肠占小肠总长的大部分，盘曲成很多肠畔，位于腹腔左半部，由肠系膜悬于腰腔下方。小肠的末段为回肠，空肠与回肠界限不明显，只是回肠黏膜绒毛减少。

（8）大肠　大肠前段为结肠，后段为直肠。结肠盘绕在腹腔的右上部，由肠条膜悬于腰椎下。结肠与回肠之间无明显界限，只是结肠管径稍粗，肠壁较薄，黏膜无绒毛，形成纵行的皱褶。直肠是大肠的末段，靠近腹腔背侧。肛门为直肠末端在体外的开口，肛门两侧有两个大的肛门腺，排泄管开口于肛门。

二、水貂的消化生理特点

作为严格的肉食性动物，水貂消化道的长度比杂食性动物和草食性动物的短很多，因此对含有大量蛋白质和脂肪的动物性饲料的消化能力强，对植物性饲料的消化能力弱。水貂是单胃肉食性动物，胃容积小，为60～100 mL；全肠长度较短，肠壁光滑，仅是体长的4倍左右，且结构简单，无盲肠。水貂采食咀嚼少，食物通过肠道的速度快，故对饲料的消化率要求及酶的产量要求都很高。饲料在水貂的胃肠中停留时间比较短，只有2～4 h。因此，水貂在长期进化过程中，进化出了更加有利的消化特点，消化腺可分泌大量蛋白酶、脂肪酶及少量的淀粉酶。Oleinik等（1995）研究了水貂小肠内源酶种类和活性大小，认为水貂小肠黏膜含有丰富的脂肪酶、蔗糖酶、肽酶和蛋白酶，而淀粉酶的含量非常低。水貂消化腺分泌的淀粉酶少，对植物性蛋白质的消化能力不强，只能消化简单的碳水化合物，而对于纤维素等多糖类物质消化率较低，因此在通常饲养过程中谷物在水貂日粮中添加量不宜过大，且要膨化熟制后再饲喂。

三、水貂的日粮特点

人工饲养的水貂饲料来源主要以动物性饲料为主，占70%左右；以植物性饲料为辅，占30%左右。人工饲养的水貂主食是鱼类，兼食肉类、粮食、蔬菜等。饲喂水貂的饲料必须新鲜、卫生，调制前要洗净，以去掉过多的脂肪。冷冻的鱼、肉应先化冻、去污，干制或腌制的鱼、肉要彻底浸泡，除去盐分。严禁给水貂饲喂变质的饲料，较大的鱼要除去胆，淡水鱼要煮熟喂。谷物饲料先粉碎，然后经膨化、蒸窝头、烤饼、煮粥等方式饲喂。马铃薯、甘薯要煮熟，果菜饲料要除根、去烂、洗净。饲料要按比例科学搭配，均匀搅拌，做到粗细适宜，现制现喂。饲养过程中应根据水貂不同生长阶段，对其饲料配比及组成作出适当调整，以适应其生长发育的要求，降低饲养成本，提高养殖经济效益。

四、水貂的肠道微生物区系

（一）营养及代谢功能

水貂自身不能合成所需要的营养物质，主要经摄取食物来得到养分。除了宿主本身分泌消化酶来消化食物外，肠道微生物亦通过发酵作用分解宿主自身无法消化的成分及产生最终产物供宿主吸收，并且合成宿主所必需的氨基酸、脂肪酸及维生素等。食物中的蛋白质进入消化道后，宿主分泌蛋白酶将其水解为多肽氨基酸在小肠内被直接吸收，一般单胃动物，其微生物的蛋白质降解并不是主要消化因素。微生物将蛋白质水解后，一部分自行吸收产生微生物蛋白，另一部分在细菌脱氢酶下产生氨、短链脂肪酸、二氧化碳，其中氨及短链脂肪酸再次被吸收合成微生物蛋白质，如乳酸菌属、链球菌属及干酪乳酸杆菌。微生物发酵作用还可以产生气体（主要是氢气、二氧化碳和甲烷）。这些都对消化道生理产生重大的影响。除此之外，消化道的一些细菌能合成 B 族维生素和维生素 K，引起外源物质的代谢，有助于氨基酸的平衡。

（二）免疫屏障功能

水貂作为肉食性动物，其肠道内是一个复杂的环境，不仅寄生着无数的微生物，还有未消化的食物残渣、黏液、色素、消化酶等杂质。肠道微生物在宿主免疫功能上也占有重要地位。肠道微生物通过在上皮细胞表面大量繁殖，构成了一层由细菌组成的屏障，屏蔽和影响机体免疫系统，阻止病原菌入侵体内。在进行被动防御的同时，肠道菌群可以刺激机体在肠道形成更多的淋巴器官，并增加免疫球蛋白在血浆和肠黏膜中的水平，使得免疫系统处于一种适度的活跃状态，以此对入侵体内的病原菌保持有效的免疫作用。若肠道菌群失调，则可造成免疫系统的过度活跃或抑制，从而产生各种疾病。

（三）肠道微生物研究方法

1. 传统研究方法 一般传统培养技术主要是观察菌种的表现型（phenotype）而非基因型（genotype），但基因的表现容易受到环境因子的影响，例如酸碱度、温度、营养物质提供等，因此表现型并不如基因型稳定，在分类学上有很大的争议。

2. 现代生物学方法 虽然目前人们无法通过纯培养方法培养全部细菌，但随着分子生物学技术的发展，目前研究人员越来越多地使用现代分子生物学方法和手段对水貂肠道中的微生物进行全面分析，如 PCR - DGGE 技术（Middelbos 等，2010）、高通量测序技术（Caporaso 等，2012）、16S rRNA 基因的克隆文库构建及序列分析等（Jiang

等，2013）。

（四）影响水貂肠道微生物菌群结构的因素

影响动物肠道菌群结构的因素有很多，包括日粮、疾病、生理状态、遗传因素等。在水貂肠道微生物结构的影响因素中，以下研究已被试验证实。

1. 日粮因素 刘晗璐等（2019）报道日粮可改变肠道微生物结构和功能。如饲喂鲜日粮与混合日粮的咖啡貂（*Mustela iutreola*）肠道菌群存在差异，但核心菌群保持相对稳定。利用16S rDNA高通量测序技术分析和比较饲喂鲜料（以海杂鱼、鸡骨架等为主）和混合日粮（50%鲜饲料+50%市售商品日粮）咖啡貂肠道不同微生物序列的分类学水平，结果表明：在两组水貂后肠中，细菌主要归类于6个门，其中厚壁菌门细菌为水貂肠内丰度最高，混合日粮组和鲜饲料组丰度分别为84.08%，83.50%（*P*为0.26），其次分别为变形菌门（9.37%，7.22%）（*P*为0.36）、放线菌门（3.85%，5.72%）（*P*为0.28）、未分类细菌门（1.69%，2.18%）（*P*为0.47）、蓝细菌门（0.66%，0.85%）（*P*为0.07）及拟杆菌门（0.11%，0.32%）（*P*为0.36），这6个门占所有细菌的99%以上。混合日粮组乳酸杆菌属细菌丰度最高，为29.9%；魏斯氏菌属丰度次之，为21.7%。而鲜饲料组魏斯氏菌属丰度最高，为32.2%；乳酸杆菌属丰度次之，为22.2%。其他细菌丰度相似。混合日粮组和鲜饲料组水貂肠道菌群在聚类分析上差异不显著，但混合组差异大的个体数量多于鲜料组。由此可知，饲喂营养水平相似但日粮组成不同的咖啡貂肠道内细菌组成相似，但不同细菌丰度不同，混合日粮组后肠菌群个体差异较大，在本研究中主坐标分析（Principal Coordinatesanalysis PCoA）也表明日粮组成是影响咖啡貂肠道菌群差异的主要因素。这与在人、犬、猫等动物肠道的研究结果相似。在限饲3 d水貂肠道中菌群也多以厚壁菌门为主，但不同个体间差异较大，有的个体则以变形菌门或梭杆菌门为主。因此，了解日粮因素对水貂肠道菌群的影响仍需大量研究加以验证。

2. 动物种类因素 宿主类型会影响水貂肠道菌群组成与结构。如本地短毛黑水貂与丹麦引种咖啡貂第2代相比，肠道菌群存在较大差异。在中国农业科学院特产研究所毛皮动物饲养基地的短毛黑水貂肠道菌群以厚壁菌门（Firmicutes）、拟杆菌门（Bacteroidetes）、梭杆菌门（Fusobacteria）、变形菌门（Proteobacteria）、放线菌门（Actinobacteria）为主。其中，厚壁菌门在水貂远端肠道中所占的比例最高，为59.99%；其次为拟杆菌门，为16.20%；梭杆菌门占11.54%；变形菌门占3.55%；放线菌门占3.51%；这5大菌门共占94.79%，是水貂肠道微生物优势菌门。有0.22%的序列在门水平是无法归类的。

在属分类水平进行远端肠道菌群结构分析，这些菌群在分类学上归属于168个属，其中有11%的属在属水平下不能被鉴定和分类。对丰度≥0.01%的属进行统计，<0.01%的计入其他。在已分类的属中，其中有28个属的丰度占总体数量的60.95%。这28个属包括链球菌属（*Streptococcus*）占13.32%，普氏菌属（*Prevotella*）占8.77%，布劳特氏菌属（*Blautia*）占7.28%，乳杆菌属（*Lactobacillus*）占5.92%，柯林斯菌属（*Collinsella*）占4.74%，*Turicibacter*占3.63%，*Allobaculum*占2.56%，拟杆菌属（*Bacteroides*）占2.02%，罗氏菌属（*Roseburia*）占1.36%，*Fae-*

calibacterium（1.31%），梭杆菌属（*Fusobacterium*）占 1.14%，厌氧螺菌属（*Anaerobiospirillum*）占 1.03%等。

在大连皮口地区咖啡貂肠道中，丰度最高的为厚壁菌门（84.08%），其次分别为变形菌门（9.37%）、放线菌门（3.85%）、未分类细菌门（1.69%）、蓝细菌门（0.66%）及拟杆菌门（0.11%），魏斯氏菌属丰度最高（32.2%），乳酸杆菌属丰度次之（22.2%）。

3. 肠道位置因素 通过 PCR - DGGE 技术对 10 只水貂十二指肠、空肠、回肠、结肠 4 个部位微生物多样性进行研究。结果表明，水貂十二指肠、空肠、回肠、结肠的微生物种类和数量有较大差异，随着肠段向后延伸，细菌数量逐渐增多，结肠是细菌丰度最高的部位。

4. 年龄因素 宿主的年龄也会影响肠道微生物群落组成，随着年龄的增长，肠道微生物的组成也随时间发生变化。例如，随年龄增长，猫肠道中植物乳杆菌（*Lactobacillus*）和双歧杆菌（*Bifidobacterium*）数量下降，拟杆菌属（*Bacteroides*）、普氏菌属（*Prevotella*）和 *Megasphaera* 数量增加（Wallis 等，2015），但在水貂这方面的研究数据目前仍然较少。

参考文献

刘晗璐，钟伟，司华哲，等，2019. 鲜饲料与混合饲粮对咖啡貂（*Mustela iutreola*）肠道微生物多样性的影响 [J]. 动物营养学报，31（1）：226 - 235.

Caporaso J G，Lauber C L，Walters W A，et al.，2012. Ultra - high - throughput microbial community analysis on the Illumina HiSeq and MiSeq platforms [J]. The ISME Journal，6（8）：1621.

Jiang W，Bikard D，Cox D，et al.，2013. RNA - guided editing of bacterial genomes using CRISPR - Cas systems [J]. Nature Biotechnology，31（3）：233.

Middelbos I S，Boler B M V，Qu A，et al.，2010. Phylogenetic characterization of fecal microbial communities of dogs fed diets with or without supplemental dietary fiber using 454 pyrosequencing [J]. PLoS ONE，5（3）：e9768.

Oleinik V M，1995. Distribution of digestive enzyme activities along intestine in blue fox，mink，ferret and rat [J]. Comparative Biochemistry and Physiology Part A：Physiology，112（1）：55 - 58.

第三章 水貂的能量需要

第一节 能量代谢体系

生长期水貂饲料的粪能（未消化）约占总能量的15%；尿能（已消化，未利用的）约占总能量的7%；能量损失（用于维持生命和活动）约占总能量的53%；能量沉积（机体合成蛋白和脂肪）约占总能量的25%（Scientifur，1984）。

水貂体内发酵产气的能量消耗几乎可以忽略，因此一般情况下水貂饲料的代谢能（metabolizable energy，ME）按照下面公式计算：

代谢能（ME）＝总能（GE）－粪能（FE）－尿能（UE）

根据NRC（1982），水貂完全消化1 g可消化蛋白质可产生能量18.83 kJ；1 g可消化脂肪可产生能量39.75 kJ，1 g可消化碳水化合物可产生能量16.74 kJ。表3－1列举了蛋白质含量为36.4%、脂肪含量为23.0%、碳水化合物含量为31.4%的水貂饲料代谢能计算过程。

表3－1 水貂饲料代谢能计算方程和举例

组　成	干物质基础（%）	可消化的比例（g，每100 g中）	代谢能（kJ，每100 g中）
蛋白质	36.4	36.4×0.85# ＝30.9	30.9×18.83＝581.85
脂肪	23.0	23.0×0.90# ＝20.7	20.7×39.75＝822.83
灰分	9.2	0	0
碳水化合物*	31.4	31.4×0.75# ＝23.6	23.6×16.74＝395.06
合计	100	75.2	1 799.74

注：*表示碳水化合物（%）＝100－［蛋白质（%）＋脂肪（%）＋灰分（%）］。#表示水貂对饲料中蛋白质的平均消化率为0.85；脂肪的平均消化率为0.90；碳水化合物的平均消化率为0.75。

代谢能中来自各种营养物质的比例如下：

$$蛋白质提供的代谢能=\frac{581.85\times100}{1\,799.74}\times100\%=32.3\%$$

$$脂肪提供的代谢能=\frac{822.83\times100}{1\,799.74}\times100\%=45.8\%$$

$$碳水化合物提供的代谢能=\frac{395.06\times100}{1\,799.74}\times100\%=21.9\%$$

为了得到更准确的结果，Hansen 等（1991）提出，由于动物生理状况、环境和饲料组成等因素的变化，水貂对饲料中蛋白质、脂肪和碳水化合物的消化率需要通过消化代谢试验获得，分别替代上述公式中的蛋白质、脂肪和碳水化合物在毛皮动物体内的平均消化率。

第二节 水貂的能量需要

水貂维持生命活动和生产活动过程中都需要消耗能量。目前主要有消化能体系、代谢能体系和净能体系三种能量体系，不同体系下饲料原料的能值存在明显差异。在猪和禽类能量代谢研究方面，已开展饲料原料的净能评价及净能需要量研究工作，并建立了饲料原料净能预测方程及净能需要量的模型。在水貂能量代谢研究方面，仅围绕在代谢能体系开展工作，尚未开展净能评价研究。

一、水貂的维持代谢能需要

维持代谢能量（MEm）即动物沉积为 0 时的采食代谢能水平。MEm 随动物的生理时期不同而变化，受环境条件与饲养管理等因素影响。1927 年，美国科学家 Palmer 开始研究水貂和狐狸的能量代谢，但主要集中在维持代谢能体系（Palmer 等，1927）。国外研究水貂维持代谢能需要量见表 3－2。成年貂全年的代谢能需要量见表 3－3。由表 3－3 可知，水貂 MEm 受品种、生理阶段、环境条件和饲养管理影响。成年公水貂从 7—11 月 MEm 逐渐升高，由于夏季环境温度较高，水貂产生热增耗较大，导致 MEm 较高，9—11 月成年貂开始沉积脂肪，使 MEm 较高；12 月至翌年 2 月 MEm 较低，表明公水貂进入配种期，公水貂体重下降使 MEm 降低；3—6 月 MEm 趋于稳定，3 月公水貂完成配种，4—6 月身体恢复需要保持稳定的 MEm。母水貂虽不参与繁殖，但 MEm 变化规律基本同公水貂。杨嘉实等（1996）采用间接测试法、能量平衡试验和比较屠宰试验报道水貂生长前期（育成生长期）的绝食代谢产热量和维持代谢能分别为每千克代谢体重 507.9 kJ/d 和 551.0 kJ/d；生长后期（冬毛生长期）的绝食产热量和维持代谢能分别为每千克代谢体重 559.0 kJ/d 和 579.5 kJ/d。Fink 等（2001）研究报道哺乳期仔水貂维持能量为 356～448 $kJ/kg^{0.75}$。国内外水貂品种不同，饲养环境、饲料组成结构等存在诸多差异，均可能是造成水貂维持代谢能不同的主要原因。

表 3－2 水貂维持代谢能需要量

生产阶段	性别	体重（kg）	试验技术	维持代谢能量（kJ/kg）	文献
成年	母	0.79	间接测试法	$430^{0.75a}$	Farrell 等（1968）
成年（冬季）	公	—	能量平衡试验	500～585	Pereldik 等（1950）
成年（夏季）	公	—	能量平衡试验	630～710	Pereldik 等（1950）

（续）

生产阶段	性别	体重（kg）	试验技术	维持代谢能量（kJ/kg）	文献
成年	公	1.17～1.45	间接测试法	$527^{0.75}$	Chwalibog 等（1980）
成年	公	1.66～2.40	间接测试法	$653^{0.75}$	Charlet - Lery 等（1984）
成年	母	1.0～1.1	直接测试法 18 ℃	768^{b}	Wamberg（1994）
成年	母	1.0～1.1	直接测试法 24 ℃	501^{b}	Wamberg（1994）
生长	公	0.3～1.0	平衡试验/比较屠宰法	$618^{0.75}$	Harper 等（1978）
生长	公	1.0～1.8	间接测试法	$680^{0.75c}$	Chwalibog 等（1982）
生长	公	1.1～1.3	平衡试验/比较屠宰法	628～712	Hansen 等（1984）
生长	公	1.4～1.9	平衡试验/比较屠宰法	712～732	Hansen 等（1984）
生长	母	0.3～0.6	间接测试法	$649^{0.75}$	Burlacu 等（1984）
生长	母	0.6～1.1	间接测试法	$607^{0.75}$	Burlacu 等（1984）

注：a. 由基础代谢率（basal metabolic rate，BMR）计算假设维持代谢能转化成维持净能的效率（Km）为 0.75；b. 将水貂在特定条件下的能量消耗看作是维持能量；c. 被作者认为太高而放弃；“—”表示目前尚未有本部分数据记录。

表 3 - 3　成年貂全年的代谢能需要量（MJ/d）

月份	公水貂	母水貂*
1	1.40	1.00
2	1.45	1.10
3	1.50	1.20
4	1.45	1.05
5	1.50	1.05
6	1.50	1.10
7	1.80	1.20
8	1.85	1.22
9	1.85	1.35
10	1.90	1.40
11	1.80	1.30
12	1.50	1.05

* 表示非繁殖期母水貂。

资料来源：NJF（2012）。

二、准备配种期、配种期和妊娠期水貂的能量需要

准备配种期的营养供给重点是调整种公水貂和繁殖母水貂的体况，避免过肥或过瘦，以使其性器官得到充分发育。配种季节即将到来前，对母水貂进行催情补饲，以增加排卵数；配种季节内，须保持种公水貂良好的配种体力。对体况调整到理想状态的母水貂催情补饲，是指配种季节前 2 周开始节食，日粮量比正常下调 20%，即提供维持

需要代谢能的 80%；到配种前 3～5 d 开始大幅提高日粮量，使日粮量高于节食前 50%，即达到维持代谢能的 150%，直到配种结束再恢复到妊娠期能量水平。国外试验表明，这种催情补饲既能增加排卵数量，提高产仔数（平均每窝可多产 1 只仔水貂），又不会使母水貂体况发生突然或极端的变化，尤以青年母水貂催情补饲效果最好。

在妊娠期，母水貂产热并非随妊娠期的进程而增高，其总能量沉积平均值很低，一些个体甚至呈负平衡，表明妊娠期的部分能量需要可能是通过动员体内储存而提供的。其中，体脂肪氧化产热占总产热的 42%，蛋白质氧化产热为 38%。妊娠期子宫重呈对数函数增长。妊娠 47 d 胎儿组织中沉积的能量平均仅为 0.35 MJ。尽管如此，在适当控制体况的情况下，也须给妊娠期母水貂适当增加营养供给，以保证胎儿发育并防止流产。每年 12 月到产仔前，应在维持能量需要基础上，根据当地气候状况（气温、风速）、种貂性别、活动强度、食欲和体况等，适当调整日粮成分和饲喂量。丹麦研究者建议，12 月到产仔时，母水貂鲜日粮（干物质占 23%～33%）代谢能应为 5.021～5.439 MJ/kg；以干物质基础计，饲料代谢能应为 15.45～16.74 MJ/kg。根据我国有关研究结果，母水貂繁殖期日粮代谢能应为 16.30 MJ/kg。目前，国内大型貂场准备配种期和配种期日粮代谢能需要的经验标准是每只 0.8～1.2 MJ/d。然而，近期研究发现，在妊娠植入期间，棕色母水貂饲喂比植入前期较高能量（即高于维持水平）的日粮，有显著提高窝产仔数和减少空怀的效果。这表明，在妊娠植入期增加能量可使更多的胚胎植入。但此措施对黑色水貂影响较小且不显著。另外，在妊娠期最后 3 周限制饲养可导致母水貂乳腺发育减缓。全年的大部分时期内，可给体况良好的成年种公水貂饲喂维持水平日粮，但繁殖期需饲喂高质量日粮，以保证其最佳繁殖效果。

三、泌乳期母水貂的能量需要

为维持仔水貂的正常代谢率并使其快速生长发育，母水貂需每天生产相当其体重约 20%的乳汁。2 岁母水貂产后第 1 周日平均分泌乳汁（87±7）g，第 4 周增加到(190±1)g/d。其乳中干物质、能量和蛋白质含量较高，第 1 周分泌乳中平均含代谢能 0.45 MJ/d，第 4 周增加到 0.99 MJ/d。因此，泌乳期水貂的日粮在满足维持代谢能需要的基础上，需额外增加足够供泌乳的代谢能。良好体况的母水貂，虽然也能通过增加低能量日粮的摄取量满足其每日能量的需要，但若采食受到其他因素的限制（如日粮适口性及卫生质量差、高温环境、饮水不足），其能量需求就不能得到足够的补偿。因此，在泌乳期要为母水貂提供高能量日粮，并保证其随意采食。泌乳母水貂每天通过提高代谢能摄取量满足仔水貂持续生长所增加的营养需要，在达到最大采食极限后，必须动用自体的能量储备以分泌更多的乳。哺育较多仔水貂的母水貂，授乳 2 周后就得动员体内脂肪，因而泌乳后期母水貂体重损失大。此外，仔水貂 3 周龄左右开始采食代乳饲料，可从中获得其对能量和营养的额外需要，并且逐渐过渡到完全断乳。因此，应配制出营养丰富、全价、新鲜、卫生、适口性好且易于消化的高能日粮，以满足母水貂泌乳期产乳量高、体重损失最小、泌乳期长和仔水貂后期补饲的需要。丹麦研究者建议，水貂泌乳期日粮（鲜基）代谢能应达到 5.648～6.067 MJ/kg，以干物质基础计应达到 17.38～18.67 MJ/kg。我国有关研究结果推荐，母水貂泌乳期日粮代谢能应为 16.72 MJ/kg。国内大型貂场相应的经验标准是每只 0.96～1.3 MJ/d。

四、哺乳期仔水貂的能量需要

仔水貂出生后生长发育速度很快，1 周龄日均增重为 2.9 g，4 周龄达 5.4 g；4 日龄体重比初生重增加 1 倍，3 周龄时（此时开始采食固体饲料）体重达到初生重的 10 倍。出生后前 3 周所需营养完全依靠母乳，随着快速生长发育，仔水貂对母乳的需求量不断增加。仔水貂出生后前 2 周，每增加 1 g 体重需要乳汁 4.1～4.5 g，平均日吮乳量每只为（10.9±0.4）g；出生后第 4 周每增加 1 g 体重的吮乳量增加到 5.3～5.6 g，平均日吮乳量增加到每只（27.7±1.0）g。国外研究表明，在环境温度 25 ℃下，1 日龄、29 日龄和 43 日龄仔水貂的基础维持代谢能平均值分别为（37.19±69.14）J/(kg・h)、(42.16±22.51) J/（kg・h）和（29.75±11.66）J/（kg・h）；在寒冷环境下，1 日龄和 43 日龄仔水貂该指标分别增加 86%和 92%；57 日龄时，仔水貂的自主活动也使代谢能增加 1 倍。仔水貂维持代谢能需要量为 448 kJ/kg（$BW^{0.75}$），代谢能用于体生长的效率为 0.67。另一个研究，通过对每增加 1 g 体重摄取乳量和代谢能的重新计算，估计出仔水貂维持代谢能为 0.458 MJ/kg（$BW^{0.75}$），乳的代谢能用于生长的利用效率是 0.71。

五、生长期水貂的能量需要

适宜的能量供应能够满足仔水貂生长和毛皮发育。国外研究推荐了生长期水貂饲料总能适宜含量为 22.26 MJ/kg 或 22.68～23.10 MJ/kg（Evans，1963；Allen 等，1964）。1969—1970 年对丹麦 45 家水貂饲料进行分析与评价，得出日粮代谢能为 14.23～16.32 MJ/kg；对瑞典水貂饲料检测与分析，得出代谢能为 14.64～18.83 MJ/kg（Alden，1987）。NRC 推荐生长期水貂日粮代谢能的适宜含量，公水貂为 17.07 MJ/kg、母水貂为 16.44 MJ/kg。国外系统研究了生长期公水貂和母水貂体重的变化对应的代谢能需要，结果见表 3-4。

表 3-4　生长仔水貂体重和代谢能需要量

周龄	公水貂		母水貂	
	体重（g）	代谢能（MJ/d）	体重（g）	代谢能（MJ/d）
8	650	1.30	550	1.05
9	800	1.31	650	1.15
10	1 050	1.40	750	1.19
11	1 150	1.80	850	1.20
12	1 225	1.86	960	1.25
13	1 350	2.00	990	1.32
14	1 500	2.10	1 050	1.34
15	1 650	2.15	1 100	1.39

（续）

周龄	公水貂		母水貂	
	体重（g）	代谢能（MJ/d）	体重（g）	代谢能（MJ/d）
16	1 780	2.26	1 140	1.40
17	1 850	2.28	1 170	1.41
18	2 000	2.30	1 200	1.42
19	2 150	2.31	1 240	1.43
20	2 270	2.31	1 280	1.44
21	2 450	2.35	1 380	1.44
22	2 670	2.45	1 510	1.45
23	2 950	2.45	1 550	1.48
24	3 200	2.55	1 600	1.50
25	3 450	2.55	1 650	1.51
26	3 600	2.45	1 700	1.40
27	3 750	2.40	1 750	1.35
28	3 900	2.35	1 800	1.30

资料来源：NJF（2012）。

综合以上研究结果及我国水貂常用饲料消化代谢率和生产实践经验，得出我国水貂配种期日粮代谢能为16.30 MJ/kg，妊娠期日粮代谢能为16.80 MJ/kg，哺乳期日粮代谢能为17.00 MJ/kg，育成生长期代谢能为16.80 MJ/kg，育成后期日粮代谢能为16.40 MJ/kg，冬毛生长期日粮代谢能为16.8 MJ/kg。

水貂的能量需要不仅仅受所处生理时期的影响，也与水貂品种、饲养模式、饲料组成结构等因素有关。此外，开展能量代谢研究时，试验环境条件、饲喂干粉或是鲜饲料等均会影响试验结果。

（一）日粮代谢能水平对育成生长期水貂生长性能和生产性状的影响

杨颖（2013）为育成生长期水貂提供不同代谢能水平（13.0 MJ/kg、13.5 MJ/kg、14.0 MJ/kg、14.5 MJ/kg、15.0 MJ/kg、15.5 MJ/kg、16.0 MJ/kg、16.5 MJ/kg）的干粉饲料，通过饲养试验、营养物质消化利用率、血清生化指标等评价指标，系统研究了日粮代谢能水平对水貂营养物质代谢的影响。

1. 日粮代谢能水平对育成生长期水貂生长性能的影响 日粮的代谢能水平对育成生长期水貂的体重有显著影响（表3-5），饲喂代谢能水平为15.5～16.5 MJ/kg日粮的公水貂105 d体重显著高于其他各组；饲喂代谢能水平为16 MJ/kg日粮的母水貂105 d体重显著高于其他各组。代谢能在一定范围内可提高水貂体重，而超出16.5 MJ/kg反而会抑制其生长。可能是因为过高的代谢能造成动物的采食量过低，导致水貂从饲料中获得的其他营养物质不足，从而影响动物的生长。

2. 日粮代谢能水平对育成生长期水貂营养物质消化率的影响 从表3-6可知，日粮的代谢能水平对水貂的干物质消化率影响差异极显著，饲喂日粮代谢能水平为15.0 MJ/kg公水貂干物质消化率最高，比代谢能水平为13.0 MJ/kg组高24.41%；饲喂日粮代谢能水平为16.5 MJ/kg母水貂干物质消化率最高，比13.5 MJ/kg组高11.67%。日粮代谢能水平对水貂的粗蛋白质消化率的影响差异极显著，饲喂日粮代谢能水平为15.0 MJ/kg公水貂的粗蛋白质消化率最高，比代谢能水平为13.5 MJ/kg组高10.98%；母水貂的粗蛋白质消化率，代谢能水平为16.5 MJ/kg组显著高于代谢能水平为13.0 MJ/kg组和13.5 MJ/kg组。日粮代谢能水平对水貂的脂肪消化率的影响差异极显著，其中饲喂代谢能水平为14.5 MJ/kg公水貂的脂肪消化率显著高于其他各组，与代谢能水平为13.0 MJ/kg相比高51.16%；饲喂代谢能水平为15.0～16.5 MJ/kg日粮母水貂脂肪消化率显著高于其他组，其中以16.5 MJ/kg组最高。随着代谢能水平的提高，水貂营养物质消化率有升高趋势。引起以上变化的原因可能是食糜流速减慢增加了消化时间，从而提高了营养物质的吸收利用率。

3. 日粮代谢能水平对育成生长期水貂能量指标的影响 随着日粮代谢能水平的提高，水貂日粮的总能、粪能和尿能都发生了极显著的变化（表3-7），饲喂代谢能水平为15.0 MJ/kg和16.0 MJ/kg组公水貂摄入的总能极显著高于其他各组，其中16.0 MJ/kg组最高，比最低组高216.39 kJ/(d·$kg^{0.75}$)；各组母水貂摄入的总能没有显著差异。饲喂代谢能水平为13.0 kJ/(d·$kg^{0.75}$) 公水貂粪能最高，比最低组高338.80 kJ/(d·$kg^{0.75}$)；饲喂代谢能水平为13.0～14.0 MJ/kg日粮母水貂粪能显著高于其他各组；饲喂代谢能水平为14.0 MJ/kg日粮公水貂尿能显著高于饲喂代谢能水平15.0～16.5 MJ/kg，母水貂试验各组之间没有显著差异；饲喂代谢能水平为15.0 MJ/kg日粮的公水貂消化能和代谢能显著高于代谢能水平为其他日粮组，各组母水貂的消化能和代谢能差异不显著。从结果可以看出，水貂从饲料中摄取的代谢能大部分是以粪能的形式损失，小部分以尿能的形式消耗。

4. 日粮代谢能水平对育成生长期水貂血清生化指标的影响 由表3-8可知，日粮代谢能水平对育成生长期水貂的血脂代谢指标有显著影响。饲喂代谢能水平为15.5～16.5 MJ/kg日粮的公水貂血清甘油三酯含量显著高于其他各组，饲喂不同代谢能水平日粮的母水貂血清总胆固醇含量差异显著；日粮中不同的代谢能水平对公水貂的血清葡萄糖含量没有显著影响，饲喂代谢能水平为15.5 MJ/kg日粮母水貂血清葡萄糖含量显著高于代谢能水平为13.5 MJ/kg日粮组；日粮中代谢能水平为16.5 MJ/kg组公水貂血清直接高密度脂蛋白胆固醇显著高于代谢能水平为13.0 MJ/kg和14.0 MJ/kg日粮组，饲喂不同代谢能水平日粮母水貂直接高密度脂蛋白胆固醇各组间差异极显著；饲喂代谢能水平为16.0 MJ/kg和16.5 MJ/kg组公水貂和母水貂直接低密度脂蛋白胆固醇均显著高于其他各组。公水貂血清总胆固醇和直接高密度脂蛋白胆固醇的比值中代谢能水平为16.5 MJ/kg组显著高于其他各组。从这些结果可以看出日粮中代谢能越高，血糖浓度反而越低，这可能是由于高代谢能日粮降低了水貂的采食量，使得其他营养摄入不足导致的。

综上所述，育成生长期公水貂代谢能为15.0 MJ/kg，蛋白质提供代谢能占代谢能比例为30.07%；母水貂代谢能为16.0 MJ/kg，蛋白质提供代谢能占代谢能比例为26.27%，营养物质消化率较高。

表 3-5 日粮代谢能水平对育成生长期水貂体增重的影响（kg）

性别	日龄	代谢能水平（MJ/kg）							
		13.0	13.5	14.0	14.5	15.0	15.5	16.0	16.5
公	75	1.02±0.07	1.03±0.05	1.04±0.08	1.03±0.06	1.04±0.06	1.03±0.07	1.04±0.05	1.05±0.06
	90	1.15 ± 0.06^{b}	1.18 ± 0.07^{ab}	1.20 ± 0.07^{ab}	1.22 ± 0.07^{ab}	1.20 ± 0.08^{ab}	1.26 ± 0.07^{a}	1.22 ± 0.08^{ab}	1.26 ± 0.09^{a}
	105	1.26 ± 0.06^{C}	1.34 ± 0.09^{BC}	1.41 ± 0.08^{AB}	1.46 ± 0.08^{AB}	1.44 ± 0.17^{AB}	1.49 ± 0.09^{A}	1.53 ± 0.08^{A}	1.52 ± 0.09^{A}
母	75	0.75±0.03	0.76±0.03	0.76±0.03	0.76±0.03	0.76±0.04	0.76±0.04	0.76±0.04	0.76±0.04
	90	0.76 ± 0.04^{C}	0.76 ± 0.04^{C}	0.80 ± 0.04^{BC}	0.83 ± 0.04^{AB}	0.86 ± 0.06^{A}	0.84 ± 0.04^{AB}	0.86 ± 0.05^{AB}	0.82 ± 0.03^{ABC}
	105	0.79 ± 0.05^{C}	0.80 ± 0.04^{C}	0.86 ± 0.04^{BC}	0.91 ± 0.04^{AB}	0.93 ± 0.08^{AB}	0.92 ± 0.05^{AB}	0.94 ± 0.07^{A}	0.91 ± 0.06^{ABC}

注：同行肩标大写字母表示同行各组之间差异极显著（$P<0.01$），小写字母表示差异显著（$P<0.05$），没有标注大写字母的表示与其他各组之间没有极显著差异（$P>0.01$），没有标注小写字母的表示没有显著差异（$P>0.05$）。全书表格同此。

表 3-6 日粮代谢能水平对育成生长期水貂营养物质消化率的影响（%）

性别	项目	代谢能水平（MJ/kg）							
		13.0	13.5	14.0	14.5	15.0	15.5	16.0	16.5
公	干物质消化率（%）	38.31 ± 5.92^{Dd}	45.50 ± 7.03^{CDcd}	65.50 ± 7.37^{Aa}	63.31 ± 5.39^{ABa}	66.72 ± 3.86^{Aa}	58.86 ± 8.50^{ABab}	62.47 ± 7.33^{ABa}	52.77 ± 4.22^{BCbc}
	粗蛋白质消化率（%）	50.40 ± 0.46^{Cd}	48.65 ± 7.58^{Cd}	69.04 ± 7.38^{Aa}	67.64 ± 4.94^{Aa}	69.63 ± 4.0^{Aa}	65.21 ± 7.38^{Aab}	59.84 ± 5.69^{ABbc}	54.93 ± 3.17^{BCcd}
	脂肪消化率（%）	35.28 ± 5.89^{Dd}	54.36 ± 4.97^{Cc}	75.49 ± 9.23^{Bb}	86.44 ± 3.90^{Aa}	81.58 ± 5.06^{ABab}	76.01 ± 4.75^{ABb}	79.78 ± 9.17^{ABab}	84.84 ± 3.21^{ABa}
母	干物质消化率（%）	66.62 ± 5.20^{CDd}	66.13 ± 1.28^{Dd}	69.18 ± 2.52^{BCDcd}	71.68 ± 0.77^{bc}	72.06 ± 0.92^{bc}	72.58 ± 1.14^{ABCbc}	74.78 ± 1.26^{ABab}	77.80 ± 9.34^{Aa}
	粗蛋白质消化率（%）	64.15 ± 8.46^{Bbc}	62.24 ± 1.49^{Bc}	67.03 ± 2.22^{ABbc}	68.28 ± 3.12^{ABabc}	70.72 ± 2.87^{ABab}	65.89 ± 2.54^{ABbc}	70.93 ± 2.57^{ABab}	73.40 ± 11.45^{Aa}
	脂肪消化率（%）	69.04 ± 6.59^{De}	75.51 ± 3.25^{Cd}	84.66 ± 7.16^{Bc}	89.31 ± 2.58^{ABb}	91.64 ± 1.63^{Aab}	90.93 ± 1.58^{Aab}	92.91 ± 1.64^{Aab}	94.28 ± 6.28^{Aa}

表 3-7　日粮代谢能水平对育成生长期水貂能量指标的影响［kJ/d，以每千克代谢体重计）］

性别	项目	代谢能水平（MJ/kg）							
		13.0	13.5	14.0	14.5	15.0	15.5	16.0	16.5
公	总能（GE）	1 455.70±97.74^{bc}	1 410.58±84.83^{bc}	1 541.81±88.23^{ab}	1 447.38±158.41^{bc}	1 594.93±108.10^{a}	1 363.84±159.09^{c}	1 626.97±142.81^{a}	1 412.63±124.22^{bc}
	粪能（FE）	673.96±118.53^{Aa}	579.07±119.94ABa	440.55±130.46^{BCb}	335.16±69.73^{Cb}	360.14±70.70^{Cb}	399.04±129.20^{Cb}	456.67±159.03^{BCb}	406.59±49.96^{Cb}
	尿能（UE）	41.17±17.90^{abc}	45.70±19.66^{ab}	54.69±13.17^{a}	42.00±14.21^{abc}	36.57±9.08^{bc}	26.74±7.88^{c}	30.44±12.10^{bc}	32.73±10.00^{bc}
	消化能（DE）	781.74±137.40^{Ed}	831.50±130.10^{DEcd}	1 101.26±138.96^{ABCab}	1 112.22±161.72^{ABCab}	1 234.79±89.86^{Aa}	964.80±188.93^{CDEbc}	1 170.29±96.40^{ABa}	1 006.04±116.03^{BCDb}
	代谢能（ME）	740.57±133.65^{Ed}	785.80±133.17^{DEd}	1 046.57±132.78^{ABCbc}	1 070.22±153.32^{ABCabc}	1 198.21±89.62^{Aa}	938.05±193.18^{CDc}	1 139.86±93.01^{ABab}	973.31±114.23^{BCDc}
母	总能（GE）	1 356.21±170.22	1 436.84±81.05	1 441.14±151.12	1 334.24±114.53	1 421.31±66.47	1 412.45±168.60	1 405.50±164.94	1 390.54±132.44
	粪能（FE）	339.29±55.35^{a}	369.03±42.02^{a}	328.26±74.48^{a}	267.86±37.37^{b}	253.04±27.61^{bc}	252.64±37.18^{bc}	214.90±30.80^{bc}	196.35±84.48^{c}
	尿能（UE）	46.42±12.96	50.69±6.12	47.92±9.69	45.42±9.47	45.53±6.31	47.04±14.90	44.93±10.18	33.96±13.90
	消化能（DE）	1 016.92±151.09	1 067.81±41.62	1 112.88±118.29	1 066.39±111.80	1 168.26±40.72	1 159.80±137.53	1 190.60±139.65	1 194.19±116.13
	代谢能（ME）	970.50±152.93	1 017.13±45.37	1 064.95±119.50	1 020.96±114.17	1 122.73±39.97	1 112.76±138.04	1 145.67±139.68	1 160.22±126.27

表 3-8　日粮代谢能水平对育成生长期水貂血清生化指标的影响

性别	项目	代谢能水平（MJ/kg）							
		13.0	13.5	14.0	14.5	15.0	15.5	16.0	16.5
公	甘油三酯（mmol/L）	6.26±0.56^{Cb}	6.35±0.13^{Cb}	6.63±0.34^{Cb}	6.56±0.54^{Cb}	6.83±0.41^{BCb}	7.52±0.76^{ABa}	7.86±0.68^{Aa}	7.46±0.19^{ABa}
	葡萄糖（mmol/L）	6.17±0.90	6.20±0.52	6.15±1.01	5.81±1.32	6.91±1.47	5.89±0.64	6.40±0.73	6.97±0.81
	直接高密度脂蛋白胆固醇（mmol/L）	7.66±0.59^{b}	7.85±0.39	7.77±0.59^{b}	8.34±0.48	8.69±0.57	8.77±1.76	8.55±0.31	9.01±1.38^{a}
	直接低密度脂蛋白胆固醇（mmol/L）	2.92±0.22^{Cb}	2.78±0.42^{Cb}	3.12±0.34^{BCb}	4.44±1.10^{ABa}	2.92±0.32^{Cb}	3.36±0.36^{BCb}	5.26±1.26^{Aa}	4.87±1.54^{Aa}
	胆固醇/直接高密度脂蛋白	0.82±0.02^{b}	0.83±0.03^{b}	0.84±0.03^{b}	0.79±0.06^{Bb}	0.79±0.02^{Bb}	0.78±0.09^{Bb}	0.93±0.06^{Aa}	0.82±0.11^{Bb}
母	甘油三酯（mmol/L）	6.56±0.58^{Dd}	6.36±0.42^{Dd}	6.79±0.93^{CDd}	7.72±0.79^{BCc}	8.23±0.68^{ABbc}	9.03±0.68^{Aa}	8.82±0.82^{Aab}	9.10±0.34^{Aa}
	葡萄糖（mmol/L）	5.65±0.42^{c}	6.39±0.65	5.96±0.26^{bc}	6.72±1.17	6.98±0.96^{ab}	7.28±1.52^{a}	6.31±0.74	5.84±1.65^{bc}
	直接高密度脂蛋白胆固醇（mmol/L）	6.97±0.57^{Bd}	6.94±0.48^{Bd}	8.25±1.73^{Bc}	7.87±0.46^{Bcd}	8.02±0.42^{Bcd}	10.40±1.26^{Ab}	11.56±1.16^{Aa}	11.19±1.08^{Aab}
	直接低密度脂蛋白胆固醇（mmol/L）	2.07±0.63^{Bb}	1.69±0.28^{Bb}	1.79±0.17^{Bb}	2.24±0.34^{b}	2.24±0.56^{b}	1.71±0.32^{Bb}	2.91±0.82^{Aa}	2.90±0.50^{Aa}
	胆固醇/直接高密度脂蛋白	0.94±0.09^{ABCabc}	0.92±0.03^{ABCDbcd}	0.84±0.13^{CDEdef}	0.98±0.07^{ABab}	1.02±0.05^{Aa}	0.88±0.09^{BCDEcde}	0.77±0.04^{Ef}	0.82±0.07^{DEef}

（二）日粮代谢能水平对冬毛生长期水貂生产性能的影响

杨颖（2013）为冬毛生长期水貂提供不同代谢能水平（13.0 MJ/kg、13.5 MJ/kg、14.0 MJ/kg、14.5 MJ/kg、15.0 MJ/kg、15.5 MJ/kg、16.0 MJ/kg、16.5 MJ/kg）的干粉饲料，综合分析营养物质消化率、血清生化指标及毛皮质量等指标，确定水貂适宜的代谢能水平。

1. 日粮代谢能水平对冬毛生长期水貂营养物质消化率的影响 由表3-9可知，公水貂代谢能水平为15.0～16.5 MJ/kg各组干物质消化率显著高于其他各组，其中以代谢能水平为15.0 MJ/kg组最高。母水貂代谢能水平为16.5 MJ/kg组干物质消化率显著高于其他各组，比代谢能水平为13.5 MJ/kg组高4.64%。日粮代谢能水平对水貂粗蛋白质消化率的影响极显著，饲喂代谢能水平为13.5～16.0 MJ/kg日粮的各组公水貂粗蛋白质消化率显著高于其他组；而饲喂代谢能水平为14.5 MJ/kg日粮的母水貂粗蛋白质消化率最高，且显著高于其他各组。饲喂代谢能水平为16.5 MJ/kg日粮的公水貂脂肪消化率显著高于其他各组；而对于母水貂，饲喂代谢能水平为15.5～16.5 MJ/kg各组的脂肪消化率显著高于其他组。从中可以看出，随着日粮代谢能水平的提高，部分营养物质的消化率有升高趋势，可能是由于食糜流速减慢增加了消化时间，从而提高了营养物质的吸收利用率。

随着日粮代谢能水平的升高，公水貂的氮沉积差异极显著，饲喂代谢能水平为15.0 MJ/kg日粮氮沉积显著高于代谢能水平为16.0 MJ/kg组，而对母水貂没有显著影响。公水貂净蛋白质利用率随着日粮代谢能水平的升高差异显著，其中饲喂代谢能水平为15.0 MJ/kg组的最高；饲喂代谢能水平为16.5 MJ/kg显著高于饲喂代谢能水平为14.0 MJ/kg日粮组。公水貂的蛋白质生物学效价受代谢能水平的显著影响，其中以饲喂代谢能水平为16.5 MJ/kg组最高。日粮代谢能影响水貂的蛋白质代谢，当日粮代谢能供应不足时，动物为了满足对代谢能的需要，就要增加采食量，从而造成蛋白质浪费。日粮代谢能过高时，动物采食量会减少，可导致动物所需要的蛋白质不足，造成生产力下降。因此，动物日粮中蛋白质和代谢能的含量应保持合适的比例。

2. 日粮代谢能水平对冬毛生长期水貂能量指标的影响 由表3-10可知，饲喂代谢能水平为13.0 MJ/kg公水貂摄入的总能显著高于除饲喂代谢能水平为14.0 MJ/kg组外的其他各组；而饲喂代谢能水平为13.5 MJ/kg组母水貂摄入的总能最高。粪能方面，饲喂代谢能水平为13.0 MJ/kg日粮组公水貂显著高于其他各组，而饲喂代谢能水平为13.5 MJ/kg组母水貂显著高于饲喂代谢能水平为14.0～16.5 MJ/kg的各组。饲喂代谢能水平为13.0 MJ/kg组公水貂的尿能显著高于其他各组；而饲喂代谢能水平为13.0 MJ/kg和13.5 MJ/kg组的母水貂尿能显著高于其他各组。饲喂代谢能水平为15.5～16.5 MJ/kg组的公水貂消化能和代谢能显著低于其他各组，其中以饲喂代谢能水平为13.0 MJ/kg组最高；而饲喂代谢能水平为13.5 MJ/kg组母水貂消化能和代谢能显著高于除代谢能水平为13.0 MJ/kg和14.0 MJ/kg组外的其他各组。由此可见，随着日粮代谢能水平的提高，粪能和尿能都呈降低的趋势；相同的代谢体重下，公水貂各组的消化能、代谢能略高于母水貂；公水貂冬毛生长期摄入的总能、排出的粪能和尿

表 3-9 日粮代谢能水平对冬毛生长期水貂营养物质消化率的影响

性别	项目	代谢能水平（MJ/kg）							
		13.0	13.5	14.0	14.5	15.0	15.5	16.0	16.5
公	干物质消化率（%）	64.81±1.86^{Dd}	69.17±1.44^{bc}	68.20±1.25^{Cc}	68.75±1.76^{BCbc}	71.90±1.83^{Aa}	70.63±0.70^{ab}	71.51±2.53^{ABa}	71.43±2.13^{ABa}
	粗蛋白质消化率（%）	72.66±1.97^{bc}	75.81±1.66^{Aa}	73.70±0.72^{ab}	70.44±2.08^{Bc}	74.79±1.57^{Aab}	74.01±1.34^{Aab}	74.34±2.92^{Aab}	73.13±2.76^{b}
	粗脂肪消化率（%）	92.53±5.70^{Aa}	92.89±2.08^{Aa}	87.12±3.57^{Bb}	82.27±2.37^{Cc}	87.47±1.87^{Bb}	92.75±0.82^{Aa}	92.63±1.04^{Aa}	93.12±2.26^{Aa}
母	干物质消化率（%）	66.46±1.58^{bc}	65.95±2.61^{Bc}	66.64±1.66^{bc}	69.10±1.96^{a}	67.34±1.12	67.31±1.17	68.58±1.55^{ab}	69.69±2.67^{Aa}
	粗蛋白质消化率（%）	65.04±4.48^{a}	64.72±3.90^{a}	63.95±3.86^{a}	66.29±3.40^{a}	63.77±3.34^{a}	59.36±2.75^{b}	65.09±2.52^{a}	65.47±3.73^{a}
	粗脂肪消化率（%）	81.65±3.13^{Cd}	81.90±1.72^{Cd}	87.20±1.54^{Bc}	89.26±1.16^{ABbc}	89.21±1.44^{ABbc}	91.56±1.48^{Aab}	92.32±0.92^{Aa}	91.18±2.49^{Aab}

表 3-10 日粮代谢能水平对冬毛生长期水貂能量指标的影响［kJ/d，以每千克代谢体重计］

性别	项目	代谢能水平（MJ/kg）							
		13.0	13.5	14.0	14.5	15.0	15.5	16.0	16.5
公	总能（GE）	1 810.79±233.86^{a}	1 548.13±247.22^{b}	1 652.46±200.94^{ab}	1 503.85±192.14^{b}	1 519.98±205.37^{b}	1 181.39±189.86^{c}	1 171.82±246.39^{c}	1 132.55±110.81^{c}
	粪能（FE）	508.74±73.92^{a}	392.92±69.74^{b}	411.15±81.36^{b}	356.84±57.99^{bc}	312.04±33.46^{c}	228.08±34.88^{d}	223.12±55.02^{d}	205.87±42.24^{d}
	尿能（UE）	72.47±15.66^{a}	45.58±12.83^{b}	52.56±13.93^{b}	48.19±7.62^{b}	42.20±11.94^{b}	45.88±9.23^{b}	39.19±7.38^{bc}	27.15±12.05^{c}
	消化能（DE）	1 302.05±185.06^{a}	1 155.21±196.93^{a}	1 241.31±125.15^{a}	1 147.01±159.12^{a}	1 207.94±176.40^{a}	953.31±157.10^{b}	948.70±203.52^{b}	926.68±86.08^{b}
	代谢能（ME）	1 229.58±179.57^{a}	1 109.63±193.57^{a}	1 188.74±116.77^{a}	1 098.83±153.69^{a}	1 165.74±167.47^{a}	907.44±148.83^{b}	909.51±197.69^{b}	899.52±80.63^{b}
母	总能（GE）	1 551.79±262.01^{ab}	1 695.95±244.24^{a}	1 540.78±317.72^{ab}	1 272.25±249.71^{bc}	1 310.90±259.14^{bc}	1 148.24±142.49^{c}	1 195.12±127.24^{c}	1 045.32±136.66^{c}
	粪能（FE）	400.77±64.00^{ab}	453.14±64.76^{a}	372.12±79.12^{b}	270.61±42.35^{cd}	293.85±65.73^{c}	246.67±48.87^{cd}	210.60±24.90^{d}	233.73±86.81^{cd}
	尿能（UE）	58.72±15.18^{a}	52.77±15.16^{a}	39.02±16.09^{b}	38.65±9.71^{b}	37.50±10.07^{b}	33.52±7.68^{b}	29.78±4.22^{b}	25.13±4.70^{b}
	消化能（DE）	1 151.02±207.12^{ab}	1 242.81±200.51^{a}	1 168.66±254.81^{ab}	1 001.64±212.69^{bc}	1 017.05±196.77^{bc}	901.57±96.23^{c}	884.52±112.00^{c}	811.59±115.21^{c}
	代谢能（ME）	1 092.30±197.17^{ab}	1 190.03±193.89^{a}	1 129.64±241.81^{ab}	962.99±207.86^{bc}	979.55±190.25^{abc}	868.05±89.12^{c}	854.74±110.53^{c}	786.46±117.39^{c}

能，以及消化能和代谢能均高于育成生长期，这可能是由于水貂进入冬毛生长期后气温降低对机体影响造成的。

3. 日粮代谢能水平对水貂毛皮质量的影响　由表3-11可知，水貂干皮长随着日粮代谢能水平的升高呈现先增加后下降的趋势，公水貂的干皮长差异极显著，其中饲喂代谢能水平为16.0 MJ/kg干皮长显著高于其他各组；母水貂的干皮长没有显著差异，其中以饲喂代谢能水平为14.0 MJ/kg组干皮长最长；各组中母水貂的针毛长、绒毛长略高于公水貂；饲喂代谢能水平为15.0 MJ/kg和16.0 MJ/kg组公水貂毛皮质量评分显著高于饲喂代谢能水平为13.0～14.0 MJ/kg组；而饲喂代谢能水平为14.0 MJ/kg母水貂的毛皮质量评分显著高于其他各组。日粮代谢能水平为16.19 MJ/kg，蛋白质提供的能量占代谢能比例为27.73%，此时公水貂得到最大干皮长；日粮代谢能水平为15.0 MJ/kg，蛋白质提供的能量占代谢能的比例为30.07%，此时公水貂得到较好的毛皮质量。

（三）日粮代谢能和粗蛋白质水平对冬毛生长期水貂生产性能的影响

韩菲菲（2019）研究不同代谢能水平（14.0 MJ/kg、15.5 MJ/kg、17.0 MJ/kg）和不同粗蛋白质水平（30%、34%）对冬毛生长期水貂生产性能的影响，通过测定水貂的生长性能、营养物质消化率和能量的利用情况，综合评定日粮能量和粗蛋白质水平对冬毛生长期水貂生产性能的影响，确定冬毛生长期水貂对能量的需要量。

1. 日粮代谢能和粗蛋白质水平对冬毛生长期水貂生长性能的影响　由表3-12可知，日粮代谢能对水貂终末体重和平均日增重（average daily gain，ADG）影响差异极显著，14.0 MJ/kg组终末体重、ADG极显著低于15.5 MJ/kg和17.0 MJ/kg组；代谢能为14.0 MJ/kg时，水貂平均日采食量（average daily feed intake，ADFI）极显著低于15.5 MJ/kg组，料重比（food/gain，F/G）极显著低于其他各组；代谢能为15.5 MJ/kg时，ADFI和F/G极显著或显著高于其他组。日粮代谢能和粗蛋白质（Crude Protein，CP）水平对水貂各项生长性能指标具有极显著交互作用。随代谢能水平升高，水貂终末体重和ADG都增加，但15.5 MJ/kg和17.0 MJ/kg组差异不显著。原因可能是代谢能为14.0 MJ/kg时，粗蛋白质为30%日粮中碳水化合物含量较高，植物性原料较多，影响水貂适口性，导致采食量降低，使水貂生产性能下降；代谢能为17.0 MJ/kg时，能量水平提高，采食量下降，导致其他营养物质摄取不足，生长性能下降。

2. 日粮能量和粗蛋白质水平对冬毛生长期水貂营养物质利用率的影响　由表3-13可知，代谢能水平对水貂干物质消化率、粗蛋白质消化率和碳水化合物消化率影响不显著；14.0 MJ/kg组脂肪消化率极显著低于15.5 MJ/kg和17.0 MJ/kg组。各组干物质和粗蛋白质利用率差异不显著。研究发现，干物质和脂肪利用率随代谢能升高而增大，碳水化合物和脂肪消化率趋势相反，可能是本试验通过调节碳水化合物和粗脂肪（ether extract，EE）水平来实现目标粗蛋白质和代谢能水平，随代谢能水平升高粗脂肪增加，脂肪利用率升高。粗蛋白质和代谢能对脂肪利用率具有极显著交互作用，对碳水化合物利用率具有显著交互作用。这可能因为本试验条件下，水貂生长性能的差异与脂肪和碳水化合物消化率有主要关系。

表 3-11　日粮代谢能水平对水貂毛皮质量的影响

性别	项目	代谢能水平（MJ/kg）							
		13.0	13.5	14.0	14.5	15.0	15.5	16.0	16.5
公	干皮长（cm）	60.92±3.78^{Cd}	66.50±2.28^{Bc}	69.00±1.22	69.17±3.17	70.92±1.56	71.25±1.16^{A}	73.08±2.94^{Aa}	71.92±3.54^{A}
	针毛长度（mm）	20.03±1.12	19.82±1.14	17.17±0.71	18.80±0.86	17.50±1.15	17.67±0.68	17.43±1.93	18.94±2.35
	绒毛长度（mm）	11.83±1.19	11.79±1.15	11.50±0.47	12.03±0.67	10.70±0.62	11.33±1.21	11.13±0.52	11.92±1.41
	绒、针毛长度比	0.59±0.05	0.60±0.06	0.67±0.000 1	0.64±0.03	0.60±0.04	0.64±0.05	0.64±0.07	0.63±0.07
	毛皮质量	5.88±0.89^{Cc}	7.05±0.52^{Bb}	7.08±0.85^{Bb}	7.82±0.69^{ABab}	8.73±0.60^{Aa}	8.23±0.62^{ABa}	8.48±0.77^{Aa}	8.42±0.77^{ABab}
母	干皮长（cm）	55.25±2.16	54.08±2.18	57.33±4.80	56.83±3.12	55.92±1.98	56.75±0.82	56.67±0.75	54.67±2.40
	针毛长度（mm）	21.08±1.30	20.86±1.32	20.5±1.01	20.75±1.99	20.83±0.97	19.28±1.29	19.89±1.11	20.94±0.75
	绒毛长度（mm）	11.08±1.06^{b}	12.56±2.03	12.96±0.47^{a}	12.22±0.65	13.17±0.80^{a}	12.05±0.67	11.89±2.47	13.03±1.13^{a}
	绒、针毛长度比	0.52±0.02^{a}	0.58±0.06	0.63±0.02^{a}	0.59±0.05	0.63±0.05^{a}	0.63±0.06^{a}	0.60±0.13	0.62±0.06^{a}
	毛皮质量	3.80±0.30^{Bb}	3.85±0.47^{Bb}	4.70±0.91^{Aa}	4.53±0.68^{a}	4.22±0.15	4.20±0.22	4.18±0.13	3.82±0.36^{Bb}

表 3-12　日粮能量和粗蛋白质水平对冬毛生长期雄水貂生长性能的影响

项目	代谢能（MJ/kg）	粗蛋白质（%）	初始体重（g）	终末体重（g）	平均日增重（g）	平均日采食量（g）	料重比
组别	14.0	30	1 802.22±19.56	1 388.89±30.30^{A}	−6.08±0.56^{A}	73.82±4.72^{D}	−12.85±0.84^{D}
	15.5	30	1 702.22±85.38	1 991.11±95.72^{B}	4.25±0.93^{Bab}	115.35±6.06^{C}	26.06±0.53^{B}
	17.0	30	1 744.38±84.60	2 200.63±114.61^{B}	6.71±1.26^{Ba}	112.15±9.09^{C}	17.18±0.80^{C}
	14.0	34	1 702.08±56.19	2 000.00±75.76^{B}	4.38±0.86^{Bab}	143.72±5.99^{AB}	32.65±0.59^{A}
	15.5	34	1 823.75±64.68	2 146.67±68.10^{B}	4.75±0.43^{Bab}	148.97±5.88^{A}	30.87±0.42^{A}
	17.0	34	1 789.17±60.07	2 030.00±79.17^{B}	3.66±1.03^{Bb}	118.69±9.58^{BC}	31.76±0.37^{A}
日粮粗蛋白质（%）	30		1 758.50±41.82	2 135.50±62.21^{A}	5.61±0.73^{A}	100.44±5.89^{B}	10.13±4.06^{B}
	34		1 775.39±36.37	2 037.69±42.93^{B}	3.86±0.55^{B}	136.98±4.85^{A}	31.84±0.31^{A}
日粮代谢能（MJ/kg）	14.0		1 745.00±34.36	1 738.10±80.83^{B}	−0.10±1.28^{B}	108.77±11.15^{Bb}	9.90±6.88^{A}
	15.5		1 771.67±52.40	2 080.00±57.66^{A}	4.53±0.46^{A}	132.16±6.47^{Aa}	28.47±0.80^{B}
	17.0		1 733.33±48.30	2 088.81±63.24^{A}	5.23±0.81^{A}	115.20±5.77^{ABb}	24.59±2.27^{C}

表 3-13 日粮能量和粗蛋白质水平对冬毛生长期水貂营养物质利用率的影响

项目	代谢能（MJ/kg）	粗蛋白质（%）	干物质消化率（%）	粗蛋白质消化率（%）	脂肪消化率（%）	碳水化合物消化率（%）
组别	14.0	30	66.47±1.15	72.94±0.86	78.26±4.54^{ABbc}	72.18±0.99^{a}
	15.5	30	67.46±1.30	74.05±2.96	87.06±1.26^{Aa}	69.82±2.22^{a}
	17.0	30	71.57±1.62	74.31±2.51	85.29±1.87^{Aab}	74.81±1.66^{a}
	14.0	34	65.78±1.04	73.59±0.76	73.47±1.39^{Bc}	71.20±1.25^{a}
	15.5	34	68.68±0.77	75.21±1.21	84.43±3.06^{ABab}	71.84±1.52^{a}
	17.0	34	66.20±4.14	71.82±3.48	87.22±3.14^{Aa}	63.77±3.49^{b}
日粮粗蛋白质水平（%）		30	68.50±0.92	73.77±1.25	83.54±1.84	72.27±1.05
		34	66.88±1.39	73.54±1.22	81.71±2.04	68.94±1.54
日粮代谢能水平（MJ/kg）	14.0		66.12±0.75	73.26±0.56	75.87±2.38^{B}	71.70±0.78
	15.5		68.07±0.74	74.63±1.54	85.74±1.62^{A}	70.83±1.32
	17.0		68.89±2.27	73.07±2.08	86.26±1.77^{A}	78.54±6.98

3. 日粮能量和粗蛋白质水平对冬毛生长期水貂氮代谢的影响 由表 3-14 可知，代谢能为 15.5 MJ/kg 时食入氮极显著高于 14.0 MJ/kg 组（$P<0.01$）；代谢能水平对其他氮代谢指标影响均不显著。粗蛋白质和代谢能水平对食入氮和氮沉积具有极显著交互作用，对净蛋白质利用率和蛋白质生物学效价无显著交互作用。代谢能用于

表 3-14 日粮能量和粗蛋白质水平对冬毛生长期水貂氮代谢的影响

项目	代谢能（MJ/kg）	粗蛋白质（%）	食入氮（g/d）	氮沉积（g/d）	净蛋白质利用率（%）	蛋白质生物学效价（%）
组别	14.0	30	3.27±0.21^{Dc}	1.00±0.20^{Bc}	26.88±5.65	37.00±7.95
	15.5	30	5.20±0.27^{Cb}	1.52±0.16^{ABbc}	29.89±3.79	41.86±5.45
	17.0	30	5.19±0.42^{Cb}	2.01±0.19^{ABab}	39.39±3.69	52.58±3.48
	14.0	34	7.25±0.30^{ABa}	1.93±0.14^{ABab}	26.98±2.56	36.52±3.05
	15.5	34	7.73±0.31^{Aa}	2.33±0.18^{Aab}	30.20±2.22	40.25±3.21
	17.0	34	6.14±0.41^{BCb}	1.75±0.60^{ABc}	27.49±9.12	36.49±11.88
日粮粗蛋白质水平（%）		30	4.56±0.28^{B}	1.47±0.15^{b}	32.05±2.75	43.81±3.57
		34	7.04±0.25^{A}	2.00±0.21^{a}	28.22±3.07	37.75±3.99
日粮代谢能水平（MJ/kg）	14.0		5.26±0.62^{Bb}	1.40±0.20	26.93±2.96	36.76±4.06
	15.5		6.47±0.43^{Aa}	1.93±0.17	30.04±2.09	41.05±3.02
	17.0		5.67±0.31^{ABb}	1.88±0.30	33.44±5.02	44.53±6.38

动物能量沉积有优先原则，首先要满足蛋白质的沉积需要，其次满足脂肪的沉积需要。本试验中代谢能水平只对食入氮产生显著影响，且食入氮、氮沉积均随代谢能升高先升高后下降，其中，代谢能为15.5 MJ/kg组氮沉积量最高；净蛋白质利用率和蛋白质生物学效价均随代谢能升高而升高，17.0 MJ/kg组净蛋白质利用率和蛋白质生物学效价最高。本试验结果与上述研究结果不同，可能是因为食入氮是影响氮沉积的主要因素，粗蛋白质和代谢能水平只对食入氮具有极显著交互作用，主要影响因素也是水貂采食量。

4. 日粮能量和粗蛋白质水平对冬毛生长期水貂能量利用率的影响 由表3-15可知，代谢能为14.0 MJ/kg组总能、消化能、代谢能均极显著低于其他组；代谢能水平对粪能、尿能影响不显著；代谢能为17.0 MJ/kg时水貂总能消化率极显著高于14.0 MJ/kg组。粗蛋白质和代谢能水平对水貂总能、粪能、尿能、消化能、代谢能交互作用极显著。总能摄入量增加会相应引起粪能、尿能的增加，尿能主要受尿液中氮含量的影响，该试验中34%粗蛋白质组摄入总能、粪能、尿能均极显著高于30%粗蛋白质组。本试验结果显示，能量主要以粪能的形式排出，尿能排出较少。总能消化率、总能代谢率、消化能代谢率随代谢能水平升高而升高，但15.5 MJ/kg组与17.0 MJ/kg组结果差异不显著，可能因为代谢能为15.5 MJ/kg时已满足水貂的能量需求，能量利用率较高，当能量水平过高时，随着采食量的提高，能量消化率下降，饲料中的消化能值和代谢能值都要下降。

综合各项指标，在本试验条件下，代谢能水平为17.0 MJ/kg、粗蛋白质水平为30%时，冬毛生长期水貂具有最好的生长性能。

第三节 水貂的脂肪需要

脂肪是体组织的主要成分，也是水貂日粮的重要组成成分。脂肪在水貂营养中特别重要，是因为脂肪比其他营养素含有更高的能量。水貂获取能量的方式是将营养素氧化为二氧化碳和水。从化学角度解释，元素在脂肪中的存在形式比在碳水化合物和蛋白质中处于更强的还原态，因而具有更强的氧化潜能并含有更高的能量。

一、脂肪的消化、吸收与转运

水貂各生物学时期脂肪需要量均较高，并且水貂对日粮中脂肪的消化率很高，能达到90%以上。水貂日粮中的脂肪能够通过脂肪酶的作用水解，水貂的胃黏膜和胰腺均能够分泌脂肪酶，将脂肪水解为甘油一酯和游离的脂肪酸。

由于脂肪是非极性的，不能与水混溶，所以必须先使其形成一种能溶于水的乳糜微粒，才能通过小肠绒毛将其吸收。因此，脂肪吸收过程可概括为脂肪水解产物形成可溶性的乳糜微粒，然后进入小肠中通过小肠黏膜摄取这些微粒，在小肠黏膜细胞中重新合成甘油三酯后进入血液循环。

表 3-15 日粮能量和粗蛋白质水平对冬毛生长期水貂能量利用率的影响

项目	代谢能（MJ/kg）	粗蛋白质（%）	总能（kJ/d）	粪能（kJ/d）	尿能（kJ/d）	消化能（kJ/d）	代谢能（kJ/d）
组别	14.0	30	1 367.43±87.40^{C}	306.31±34.71^{Bc}	70.30±9.52^{Bb}	1 061.13±58.81^{C}	990.83±54.10^{Cc}
	15.5	30	2 305.32±121.02^{B}	458.70±32.91^{ABb}	96.25±7.90^{Ab}	1 846.62±96.24^{B}	1 750.37±89.96^{Bb}
	17.0	30	2 439.41±196.50^{AB}	430.38±65.17^{ABbc}	81.18±8.07^{Bb}	2 009.04±136.72^{AB}	1 927.86±131.79^{ABb}
	14.0	34	2 693.49±112.18^{AB}	605.00±41.13^{Aa}	137.25±18.48^{Aa}	2 088.49±77.63^{AB}	1 951.24±68.70^{ABab}
	15.5	34	3 005.68±118.52^{A}	567.76±31.30^{Aab}	137.12±7.18^{Aa}	2 437.92±106.56^{A}	2 300.79±103.29^{Aa}
	17.0	34	2 626.73±173.97^{AB}	477.24±48.96^{ABab}	133.53±10.59^{Aa}	2 149.48±196.34^{AB}	2 015.95±191.40^{ABab}
日粮粗蛋白质水平（%）		30	2 037.39±139.10^{B}	398.46±29.98^{B}	82.58±5.30^{B}	1 638.93±114.71^{B}	1 556.35±111.80^{B}
		34	2 775.30±84.75^{A}	550.00±25.81^{A}	135.97±7.05^{A}	2 225.30±82.76^{A}	2 089.33±80.35^{A}
日粮代谢能水平（MJ/kg）	14.0		2 020.46±211.09^{B}	455.65±51.83	103.78±14.15	1 574.81±161.69^{B}	1 471.03±150.67^{B}
	15.5		2 655.50±132.92^{A}	513.23±27.19	116.69±7.99	2 142.27±112.39^{A}	2 025.58±105.59^{A}
	17.0		2 533.07±128.26^{A}	453.81±39.50	107.36±10.13	2 079.26±116.01^{A}	1 971.91±111.58^{A}

（一）水貂对脂肪的消化与吸收

1. 脂肪在消化道前段的消化 胃脂肪酶和幼水貂口腔的脂肪酶对正常日粮中脂类的消化作用很小。水貂和其他非反刍动物一样，胃脂肪酶仅对短、中链脂肪酸组成的脂类有一定的消化作用。幼水貂在胰液和胆汁分泌机能尚未发育健全以前，口腔内的脂肪酶对乳脂具有较好的消化作用，但随着年龄的增加，此酶分泌减少。正常情况下，十二指肠逆流进胃中的胰脂酶有一定程度的消化作用。

日粮脂肪进入十二指肠后与大量胰液和胆汁混合，胆汁在激活胰脂酶和乳化脂类方面发挥着重要作用。在肠蠕动的影响下，脂类乳化便于与胰脂酶在油水交界面上充分接触。在胰脂酶作用下甘油三酯水解产生甘油一酯和游离脂肪酸。磷脂由磷脂酶水解成溶血性卵磷脂。胆固醇由胆固醇水解酶水解成胆固醇和脂肪酸。甘油一酯、脂肪酸和胆酸均具有极性和非极性基团，三者可聚合在一起形成水溶性的适于吸收的混合乳糜微粒。混合乳糜微粒既有极性基团又有非极性基团，极性基团向外排列与水紧密接触，非极性基团向内。混合乳糜微粒的一个重要特性是其内部的非极性的脂酯部分可携带大量的非极性化合物如固醇、脂溶性维生素、类胡萝卜素等，否则这些物质不能被吸收。

2. 脂肪在消化道后段的消化 不饱和脂肪酸在微生物产生的酶作用下可变成饱和脂肪酸，胆固醇变成胆酸。

3. 脂肪消化产物的吸收 十二指肠内形成的混合乳糜微粒直径为 5～10 nm，可携带脂类的消化产物到达小肠黏膜细胞供吸收。当混合乳糜微粒与肠绒毛膜接触时破裂，所释放出的脂类水解产物主要在十二指肠和空肠上段被吸收，胆盐也被释放出来。脂类水解产物通过易化扩散过程吸收。一般来说，脂类水解产物进入吸收细胞是一个不耗能的被动转运过程，但进入吸收细胞后，重新合成脂肪则需要能量。实际上从肠道吸收脂肪的过程也消耗了能量，只有短链或中长链脂肪酸吸收后直接经门静脉血转运而不耗能。

胆盐吸收的情况各异。猪等哺乳动物主要在回肠以主动方式吸收，能溶于细胞膜中脂类的未分解胆酸在空肠以被动方式吸收，禽类整个小肠能主动吸收胆盐，但回肠吸收相对较少。各种动物吸收的胆汁，经门脉血到肝脏再分泌重新进入十二指肠，形成胆汁肠肝循环。

在肠黏膜上皮细胞中，吸收的长链脂肪酸（碳原子数在 12 个以上）与甘油一酯重新合成甘油三酯，中、短链脂肪酸则可直接进入门静脉血液。肠黏膜细胞中重新合成甘油三酯，外被一层蛋白质膜，这些外被蛋白质膜的脂质小滴称为乳糜微粒，主要由甘油三酯和少量的磷脂、胆固醇酯和蛋白质构成。乳糜微粒经胞饮作用的逆过程逸出黏膜细胞，经过细胞间隙进入乳糜管。乳糜管和淋巴系统相通，经胸导管将乳糜微粒输送进血液。水貂通过上述方式将大多数长链脂肪酸吸收入血。

（二）脂肪的转运

血液中脂类主要以脂蛋白质的形式转运。根据密度、组成和电泳迁移速率将脂蛋白质分为四类：乳糜微粒、极低密度脂蛋白质（very - low - density - lipoprotein，VLDL）、低密度脂蛋白质（low density lipoprotein，LDL）和高密度脂蛋白质（high density lipoprotein，HDL）。乳糜微粒在小肠黏膜中合成，VLDL、LDL 和 HDL 既可在小肠黏膜细胞合成，也可在肝脏合成。脂蛋白质中的蛋白质基团赋予脂类水溶性，使其能在血液中转运。中、短链脂肪酸可直接进入门静脉血液与清蛋白质结合转运。乳糜微粒和其他脂类经血液循环很快到达肝脏的其他组织。血液中脂类转运到脂肪组织、肌肉、乳腺等毛细血管后，游离脂肪酸通过被动扩散进入细胞内，甘油三酯经毛细血管壁的酶分解呈游离脂肪酸后被吸收，未被吸收的物质经血液循环到达肝脏进行代谢。

（三）脂肪的合成与氧化供能

1. 脂肪的合成 水貂能利用经消化吸收的脂肪酸作为合成脂肪的原料。水貂和其他非反刍动物一样，合成脂肪的另一重要底物是进入糖酵解循环最终转化为丙酮酸的葡萄糖。在食物充足时，大量的草酰乙酸和丙酮酸被转化为用于脂肪合成的乙酰辅酶 A。乙酰辅酶 A 不能透过线粒体膜而柠檬酸能通过。因此，乙酰辅酶 A 与草酰乙酸缩合成柠檬酸进入细胞质，在此草酰乙酸被脱去，剩下能用于脂肪合成的乙酰辅酶 A。草酰乙酸则转化为苹果酸，再转化为丙酮酸，返回三羧酸循环。

2. 脂肪的氧化供能 肌肉细胞中脂肪是体内重要的脂肪代谢库，其代谢主要是氧化供能。细胞内营养素氧化代谢的总耗氧量，脂肪占 60%。肌肉组织中沉积的脂肪可直接通过局部循环进入肌肉细胞进行氧化代谢，使脂肪表现出高的能量利用效率。日粮中以及内源代谢供给的脂肪酸，肌细胞都能氧化利用。长链脂肪酸只在葡萄糖供能不足情况下才能发挥供能作用。进入肾脏的脂肪酸也主要用于氧化供能。心肌氧化 β-羟基丁酸供能比氧化脂肪酸供能更有效。

二、不同生理时期水貂的脂肪需要

脂肪是能量比较集中的一种饲料营养成分，在调节日粮能量水平中起着很大作用，高能量日粮原料中的脂肪含量一般相对较高。脂肪含量在水貂饲料中比例很高，其含量决定着日粮能量水平。每克脂肪燃烧后所产的热量为同等质量蛋白质或者碳水化合物的 2.25 倍（朴厚坤，2004）。水貂通过采食日粮来满足能量的需要，当日粮中能量的水平满足动物需要时，采食量将会减少，日粮能量水平是采食量差异的一个主要影响因素，直接影响养殖者的经济效益。

水貂生长期总代谢能的 35%～55%来自可消化粗脂肪，因此日粮中必须有足够的脂肪用以支持和满足断乳水貂快速生长的需要。生长期日粮以鲜日粮为基础时，干物质占 37.0%～38.0%，代谢能水平为 6 270～6 479 kJ/kg，粗脂肪含量可在 6.0%～10.0%调整；以日粮 100%干物质为基础，代谢能水平为 4 000～4 133 kJ/kg，粗脂肪含量应该在 16.0%～27.0%调整。我国大型貂场生长期水貂脂肪需要的经验标准为代谢能为1 200～1 400 kJ 的 100 g 日粮中含脂肪 6～10 g。在水貂换毛期间，脂肪水平应减少到总代谢能的36%左右，防止高脂肪日粮引发水貂脂肪肝、湿腹症和毛皮局部不成熟。仔水貂断乳后的消化道消化能力仍在发育完善中，所以日粮中的脂肪必须来自特别容易消化的饲料原料，例如植物油。植物油中含有相当数量的必需脂肪酸，可以满足水貂生长的需要。在被毛发育的最后几周，脂肪是使水貂被毛颜色稳定的关键因素。马肉、鱼和禽副产品中存在的不饱和脂肪酸氧化后能够使11月和12月的水貂被毛褪色。例如采食了在冷库中储存时间过长的马肉可以使标准貂被毛产生“锈色”或“火红色”。可以肯定的是，这种褪色是由于毛皮结构内的脂肪氧化所至。而在日粮中补加少许芝麻或芝麻油，将会明显增强水貂毛绒光泽与华美度。脂肪对某些色型的水貂更为重要。一些色型水貂如蓝宝石、紫色、蓝彩虹、粉红和野生型水貂对能量的需要量比标准貂高，因此这些水貂在任何饲养时期都要在日粮中添加比标准貂额外多2%～4%的脂肪。

（一）准备配种期脂肪的需要

1980年Leoschke研究得出，水貂日粮中脂肪水平提供能量占代谢能的比例：生长期44%～53%，冬毛生长期（包括生长后期）42%～47%，妊娠期34%～37%，泌乳期47%～50%，而准备配种期水貂能量需要的试验数据十分有限，对日粮中脂肪水平的研究报道也较少。水貂准备配种期持续时间较长，为每年的12月至翌年3月，生产中以母水貂为主，此时期主要任务是调整体况，为配种做准备，适宜的脂肪含量可以保证水貂能量代谢的需要，但脂肪过高也会导致水貂配种期过于肥胖，难以受配，甚至导致妊娠后期难产或死胎，所以为准备配种期水貂提供适宜的脂肪需要量，能有效提高其受配率，同时适宜降低饲料成本而不影响水貂配种体况。

李光玉等（2012）给准备配种期母水貂饲喂不同脂肪水平日粮，通过消化代谢试验测定水貂营养物质消化率和氮代谢各指标，结合水貂体况指标确定水貂准备配种期日粮适宜脂肪水平，满足水貂能量需要量与生产需要，将饲料成本降至最低。试验中的4组水貂日粮蛋白质水平均为34%，4组水貂日粮脂肪水平分别为8%、12%、16%和20%。

日粮脂肪水平对水貂采食量有极显著影响，随着日粮脂肪水平增加水貂采食量会减少。低脂肪水平日粮（8%、12%脂肪水平组）引起的水貂采食量与高脂肪组（16%、20%脂肪水平组）相比增加6%～8%（表3-16）。这可能是因为水貂能够根据日粮中的能量调节采食量。水貂日粮能量水平和采食量共同影响水貂的体况，12%脂肪水平组和20%脂肪水平组水貂能量食入量相对较高，个别水貂体况较胖，消化代谢试验后，为达到水貂最佳配种体况，对每只水貂给食量进行了相应调整。水貂蛋白质消化率随着日粮脂肪水平的增加呈下降趋势，8%脂肪水平组水貂蛋白质消化率最高，为71.36%；20%脂肪水平组水貂蛋白质消化率最低，为66.63%。脂肪消化率随着日粮脂肪水平的升高而呈极显著的上升趋势，20%脂肪水平组脂肪消化率达到最高，为92.64%，该试验中脂肪来源相同，脂肪消化率的提高有可能是蛋白质等营养物质的相互作用。大多数脂肪都有很高的消化率（除一些硬脂酸），并且被分离出来的脂肪的消化率要比动物副产品和其他形式的脂肪的消化率要高，混合日粮中脂肪的消化率为80%～90%，平均消化率是85%或更高。

表3-16 日粮脂肪水平对准备配种期水貂营养物质消化率的影响（蛋白质水平为34%）

项目	脂肪水平（%）			
	8	12	16	20
日采食量（g）	55.65±2.23[A]	53.63±1.87[AB]	51.11±2.08[B]	52.46±3.55[B]
干物质消化率（%）	66.16±4.43	69.83±3.00	67.47±4.63	69.37±3.97
蛋白质消化率（%）	71.36±3.46	70.95±4.14	69.09±5.04	66.63±4.76
脂肪消化率（%）	89.61±2.21[B]	91.61±1.52[A]	91.23±1.48[AB]	92.64±1.01[A]

不同脂肪水平日粮对准备配种期水貂日食入氮与氮沉积具有极显著影响，随着日粮脂肪水平的升高食入氮呈降低趋势，主要是由于日粮蛋白质水平相同，采食量直接影响了食入氮（表3-17）。当日粮脂肪水平达到12%以上时，水貂的日氮食入量和氮沉积极显著降低，当日粮脂肪水平为8%时，水貂的氮食入量、氮沉积都极显著高于其他高脂肪水平日粮组，同时粪氮和尿氮排出量与高脂肪组差异不显著。摄入的蛋白质与尿氮排出之间存在很强的相关性，水貂约80%的氮经由尿液排出。该试验中各组水貂的尿氮排泄量随着日粮脂肪水平有先升高后降低的趋势，8%脂肪水平组与20%脂肪水平组水貂尿氮排出量较低，这可能是因为水貂具有调节蛋白质和能量平衡的功能，未代谢的氮通过尿液排出体外。日粮脂肪水平对准备配种期水貂的净蛋白质利用率有显著的影响，日粮脂肪水平提高会显著降低净蛋白质利用率。8%脂肪水平组最高，这可能是因为当日粮脂肪水平为8%时，日粮中脂肪水平与其他供能物质蛋白质和碳水化合物的比例相适宜，所以提高了蛋白质利用率满足水貂的需要。日粮脂肪水平为8%时，水貂蛋白质利用率提高到8%左右，节省了饲料能源。

表3-17 日粮脂肪水平对准备配种期水貂氮代谢的影响（蛋白质水平为34%）

项目	脂肪水平（%）			
	8	12	16	20
食入氮（g/d）	3.11±0.12[A]	2.96±0.10[B]	2.80±0.11[C]	2.90±0.19[BC]
粪氮（g/d）	0.89±0.11	0.86±0.13	0.87±0.15	0.96±0.13
尿氮（g/d）	1.69±0.29	1.86±0.15	1.71±0.26	1.66±0.14
氮沉积（g/d）	0.53±0.26[A]	0.24±0.14[B]	0.22±0.19[B]	0.25±0.16[B]
蛋白质生物学效价（%）	71.36±3.46	70.59±4.14	69.09±5.04	66.63±4.76
净蛋白质利用率（%）	16.89±8.12[a]	8.11±4.71[b]	7.97±7.05[b]	8.65±5.48[b]

因此，考虑节能环保，并能有效提高水貂饲料利用率，减少饲料成本，得出当日粮蛋白质水平为34%时，准备配种期水貂日粮脂肪水平为8%，即可满足水貂的生产需要。

（二）妊娠期脂肪的需要

水貂是珍贵的毛皮动物，在水貂养殖过程中，母水貂繁殖是养殖生产中非常重要的一环，母水貂的繁殖性能直接决定了养貂生产的经济效益。脂肪提供的代谢能高于其他营养物质提供的代谢能。动物日粮中添加非蛋白质能源物质脂肪可代替部分蛋白质分解供能，提高动物对蛋白质的利用率，节约饲料成本，并且脂肪是影响水貂繁殖性能的主要营养元素之一，对母水貂的发情、配种以及仔水貂的生长发育都有着重要的作用。动物的繁殖性能主要受遗传、营养、自然环境以及饲养管理等因素的影响，其中营养是限制和挖掘动物繁殖潜力的重要因素。脂肪作为一种营养成分，在调节饲料能量水平中起着重要作用，动物采食量直接受饲料能量水平的影响。

张海华等（2015）配制蛋白水平相同、脂肪水平不同的日粮，拟研究日粮中适宜的脂肪水平，以期为繁殖期水貂养殖提供指导。其中，日粮蛋白水平为45%时，4组水貂日粮脂肪水平分为10%、14%、18%和22%。

试验表明，日粮脂肪水平对水貂日采食量有极显著影响，随着日粮脂肪水平的升高，日采食量呈下降趋势，其中18%脂肪水平组、22%脂肪水平组显著低于10%脂肪水平组，即日粮脂肪水平越高采食量越低（表3-18）。日粮脂肪水平显著影响日粮中脂肪的消化率，随着日粮脂肪水平的升高，脂肪消化率呈上升趋势，其中18%脂肪水平组、22%脂肪水平组显著高于10%脂肪水平组。这说明水貂日粮脂肪水平越高，其消化率越高，体脂沉积可能越高。当日粮脂肪水平超过14%时，脂肪消化率超过了90%。

表3-18 日粮脂肪水平对妊娠期水貂营养物质消化率的影响

项目	脂肪水平（%）			
	10	14	18	22
日采食量（g）	80.6±7.61[a]	76.84±5.86[ab]	66.64±7.94[b]	66.22±14.12[b]
干物质消化率（%）	79.15±3.29	76.91±2.24	77.23±8.16	77.42±1.35
蛋白质消化率（%）	82.59±3.54	79.1±4.37	81.73±5.92	81.11±1.13
脂肪消化率（%）	86.97±3.04[b]	90.97±3.66[ab]	91.52±2.74[a]	93.38±2.91[a]

从氮代谢的角度考虑，日粮脂肪水平对食入氮量、粪氮和尿氮排出量、氮沉积量以及蛋白质生物学效价都有显著的影响（表3-19）。妊娠期，母水貂沉积的氮主要用于体内幼仔的生长发育，氮沉积量越高，仔水貂的数量或初生重可能就会越理想。动物日粮中供能营养物质包括蛋白质、脂肪和碳水化合物，蛋白质和碳水化合物提供的能量相近且低于脂肪提供的能量值，脂肪是日粮中的主要供能物质。当日粮中蛋白质、脂肪和碳水化合物比例适宜时，能够提高妊娠期动物的氮沉积量，适宜的脂肪水平能够提高蛋白质利用率，降低粪氮和尿氮排放造成的环境污染。当日粮脂肪水平为18%时，日粪氮和尿氮排出量最低，蛋白质生物学效价最高，可见从氮代谢角度考虑，日粮脂肪水平为18%时较适宜。

表 3-19 日粮脂肪水平对妊娠期水貂氮代谢的影响

项目	脂肪水平（%）			
	10	14	18	22
食入氮（g/d）	5.93±0.56[a]	5.54±0.42[ab]	4.82±0.57[bc]	4.72±1.01[c]
粪氮（g/d）	1.03±0.24[ab]	1.16±0.27[a]	0.87±0.29[b]	0.89±0.19[b]
尿氮（g/d）	2.10±0.50[a]	2.15±0.44[a]	1.56±0.18[b]	2.03±0.47[ab]
氮沉积（g/d）	2.78±0.29[a]	2.22±0.51[ab]	2.38±0.74[ab]	1.79±0.39[b]
蛋白质生物学效价（%）	57.37±7.92[a]	50.55±10.59[ab]	59.21±8.94[a]	46.9±3.87[b]

日粮脂肪水平对于水貂繁殖性能有重要影响，过高或过低都会削弱其繁殖性能。当日粮中蛋白质水平相同时，饲料脂肪水平显著影响母水貂受配率和产仔率（表 3-20）。水貂受配率表现为10%脂肪水平组显著低于其他组，产仔率表现为22%脂肪水平组极显著低于其他组，其中14%脂肪水平组受配率和产仔率均最高。因此，当日粮脂肪水平为14%时，母水貂的配种性能较高。

表 3-20 日粮脂肪水平对妊娠期水貂配种性能的影响

项目	脂肪水平（%）			
	10	14	18	22
参配率（%）	96.67±0.58	96.67±0.58	96.67±0.58	96.67±0.58
受配率（%）	90.00±0.10[b]	100.00±0.00[a]	93.33±0.12[ab]	93.33±0.06[ab]
产仔率（%）	86.33±0.06[b]	93.33±0.06[a]	90.00±0.10[ab]	76.00±0.05[c]

日粮脂肪水平对母水貂窝产活仔数的影响显著。其中，窝产活仔数以18%脂肪水平组最高，显著高于22%脂肪水平组，但与10%脂肪水平组和14%脂肪水平组差异不显著（表 3-21）。在水貂整个繁殖期，妊娠期脂肪水平不仅可以为泌乳期泌乳、哺乳行为做好充分的营养准备，更重要的是保证母水貂从日粮中获得足够的营养，满足后期胚胎生长发育所需要的营养供给。根据张海华等（2015）的研究结果，当日粮蛋白质水平为45%时，日粮脂肪水平对水貂平均妊娠天数、窝产仔数、出生成活率和初生重均无显著影响，只对窝产活仔数有显著影响。结合日粮脂肪水平对妊娠期水貂配种性能的影响结果，水貂受配率和产仔率受日粮脂肪水平影响显著，可以判断日粮脂肪水平可能对母水貂繁殖前期影响较大，主要体现在受配率上，而当水貂胚胎着床后，日粮脂肪水平对母水貂及其腹内仔水貂的影响相对较小。日粮脂肪水平对胚胎成活率有影响，日粮脂肪水平对产仔率影响显著，日粮脂肪水平可能通过影响配种率和胚胎成活率进而影响水貂的产仔率，适宜的日粮脂肪水平能够提高水貂的产仔率、受配率和胚胎成活率。

由此可以得出结论，适宜日粮脂肪水平能够提高水貂对蛋白质的利用率，减少粪氮及尿氮排放造成的环境污染。日粮脂肪水平对水貂繁殖性能的影响主要体现在受配率、产仔率和窝产活仔数上。水貂妊娠期日粮适宜脂肪水平为14%～18%。

表 3-21　日粮脂肪水平对妊娠期水貂产仔性能的影响

项目	脂肪水平（%）			
	10	14	18	22
平均妊娠天数（d）	46.43±2.65	45.67±2.38	47.70±3.02	46.87±3.87
窝产仔数（只）	5.30±2.16	5.34±2.40	5.38±2.59	4.22±2.31
窝产活仔数（只）	5.04±1.99[ab]	5.04±1.28[ab]	5.11±1.59[a]	4.04±1.19[b]
出生成活率（%）	94.81±9.74	94.38±8.53	94.26±6.08	95.90±7.22
初生重（g）	11.53±2.11	10.86±2.44	10.92±2.63	10.52±1.73

（三）哺乳期脂肪的需要

仔水貂出生至分窝这段时间称为哺乳期，此时是水貂养殖的关键时期，也是保证仔水貂成活率和生产优质皮张的基础。水貂是肉食性动物，主要靠采食高蛋白质和适宜脂肪水平的食物提供能量，少部分能量由碳水化合物提供。NRC（1982）中水貂哺乳期日粮蛋白质和脂肪的推荐量均占代谢能的 42%～46%。蒋清奎（2011）对水貂哺乳期日粮适宜蛋白质水平进行了研究，得出水貂哺乳期日粮适宜蛋白质水平为 44.68%。

张海华等（2014）配制蛋白质水平为 45%的日粮，4 组水貂日粮脂肪水平分别为 14%、18%、22%和 26%（表 3-22）。试验表明，在初始体重差异不显著的情况下，9 日龄、18 日龄、27 日龄、45 日龄仔水貂平均体重均以 18%脂肪水平组最高，9 日龄时显著高于 26%脂肪水平组，18 日龄时显著高于 14%脂肪水平组、26%脂肪水平组，27 日龄时显著高于其他各组，45 日龄时显著高于 14%脂肪水平组和 26%脂肪水平组。仔水貂 9 日龄、18 日龄、27 日龄、45 日龄时均以 26%脂肪水平组母水貂平均体重最高，其中 9 日龄、27 日龄时显著高于其他各组，18 日龄时显著高于 14%脂肪水平组、18%脂肪水平组，45 日龄时显著高于 18%脂肪水平组（表 3-22）。仔水貂出生后前 4 周体内新陈代谢旺盛，生长发育迅速，需要摄入大量的营养物质，这些物质主要从母乳中获得。哺乳期水貂日粮的营养水平很大程度上决定了母水貂身体恢复情况和仔水貂生长情况，进而影响母水貂第 2 年的繁殖性能和仔水貂分窝后的生长性能。在仔水貂初生重相近的基础上，提高哺乳期母水貂日粮中脂肪水平对仔水貂体重有显著影响。随着哺乳期母水貂日粮脂肪水平的升高，仔水貂平均体重呈先升高后降低的趋势，说明日粮脂肪水平过高或过低都不利于仔水貂生长。仔水貂在 3 周龄左右能够采食少量食物，目前实际生产中一般不对仔水貂进行补饲，仔水貂会自行采食母水貂日粮或由母水貂叼入窝箱内供仔水貂采食，仔水貂分窝前体重的增长情况主要依赖于母水貂供给营养。母水貂体重损失与日粮脂肪水平的变化趋势并不一致，而是随着日粮脂肪水平的升高呈先降低后升高的趋势。从仔水貂增重和母水貂失重结果来看，哺乳期水貂日粮适宜脂肪水平为 18.80%。哺乳期尤其是 7 日龄内仔水貂死亡率较高，主要原因是初生仔水貂体弱、动物母性差、营养缺乏和管理不当等（Glem 等，1975）。仔水貂在断奶分窝之前主要依赖母乳供给营养，其中母乳的产量和质量直接影响哺乳仔水貂的生长速度、健康状况和成活率，也影响断奶体重，从而影响后期的生长性能。在 45 日龄分窝时，18%脂肪水平组和 22%脂肪水平组仔水貂成活率高于其他组，但各日龄仔水貂成活率在各组间均差异不显著（表 3-22）。母乳中的某些成分对提高仔水貂成活率有着重要的作用，在妊娠后期和哺乳期日粮中适当添加脂肪可改善产奶量，提高初乳和常乳中脂肪的含量，从而提高仔水貂生长性能及出生至断奶期间的仔水貂成活率。可见，提供适宜的日粮脂肪水平有助于提高仔水貂成活率。

表 3-22 日粮脂肪水平对哺乳期水貂生产性能的影响

项目	日龄	脂肪水平（%）			
		14	18	22	26
仔水貂平均体重（g）	0	10.64±1.36	10.67±1.00	10.61±1.68	10.50±1.26
	9	44.69±6.31[ab]	47.77±4.69[a]	43.48±6.65[ab]	41.40±5.77[b]
	18	90.92±12.44[b]	102.95±10.37[a]	97.33±10.54[ab]	91.19±14.81[b]
	27	151.06±12.58[b]	161.80±12.64[a]	155.72±12.75[b]	154.17±17.2[b]
	45	351.92±34.08[b]	430.57±43.42[a]	396.47±25.19[ab]	319.11±33.81[c]
母水貂平均体重（g）	0	1 814.3±40.28	1 818.12±40.11	1 816.00±43.93	1 819.38±55.05
	9	1 745.14±38.48[b]	1 763.09±34.96[b]	1 740.61±45.72[b]	1 818.05±20.96[a]
	18	1 705.45±31.80[b]	1 698.52±42.53[b]	1 734.05±35.47[ab]	1 765.20±27.08[a]
	27	1 647.22±24.85[b]	1 591.89±30.65[b]	1 660.71±29.99[b]	1 780.42±25.65[a]
	45	1 468.14±31.68[ab]	1 413.21±26.71[b]	1 473.32±25.01[ab]	1 528.45±30.12[a]
仔水貂成活率（%）	0	96.87±10.59	94.21±11.23	97.13±13.02	96.21±12.59
	9	91.53±11.60	90.62±12.61	90.14±15.20	90.92±13.20
	18	90.29±11.77	87.94±15.02	90.14±15.20	89.92±13.76
	27	90.29±11.77	87.94±15.02	90.14±15.20	89.92±13.76
	45	87.01±15.23	87.94±15.02	87.94±14.59	83.92±11.28

血液生化指标能够反映动物的生理代谢状态，与营养状况密切相关，血液生化指标的变化可以阐明营养素在机体代谢变化中的作用机制。日粮脂肪水平对母水貂血清中总蛋白、白蛋白和葡萄糖含量均无显著影响，但均以 18%脂肪水平组最高（表 3-23）。血清中总蛋白含量在一定程度上代表了日粮中蛋白质的营养水平及动物对蛋白质的消化吸收程度，适当地提高日粮脂肪和能量水平，可以提高血清总蛋白含量，这说明为水貂提供适宜的日粮脂肪水平对蛋白质的消化吸收有一定的积极作用。随着日粮脂肪水平的升高，母水貂血清尿素氮含量逐渐降低，具体表现为 18%脂肪水平组、22%脂肪水平组、26%脂肪水平组极显著低于 14%脂肪水平组，26%脂肪水平组还极显著低于 18%脂肪水平组、22%脂肪水平组。血清中的尿素氮是通过鸟氨酸循环合成的，是蛋白质、氨基酸代谢的终产物，其含量受日粮中蛋白质、氨基酸量与质的影响，其含量与体内氮沉积率、蛋白质和氨基酸利用率有显著的负相关关系。母水貂血清中尿素氮含量随日粮脂肪水平的升高而降低，这可能是因为高脂肪引起采食量下降，采食的蛋白质也随之下降，机体通过自身调节提高了蛋白质的利用率。胆固醇大部分由肝脏制造，必须与脂蛋白结合才能被运输，脂蛋白分高密度脂蛋白和低密度脂蛋白，前者是将各组织的胆固醇送回肝脏代谢，而后者是把胆固醇从肝脏运送到全身组织。随着日粮脂肪水平的升高，血清中总胆固醇、高密度脂蛋白和低密度脂蛋白含量均呈升高趋势，说明日粮脂肪水平

影响动物机体脂类的代谢，并且随着日粮脂肪水平的提高，脂类代谢水平相对旺盛。在人类血液中，甘油三酯含量的升高往往伴随着胆固醇含量的升高。血清中甘油三酯含量与总胆固醇含量没有显著的相关性，可能是由于动物机体自身调节导致。

表 3-23　日粮脂肪水平对哺乳期母水貂血液生化指标的影响

项目	脂肪水平（%）			
	14	18	22	26
总蛋白质（g/L）	76.58±11.45	83.38±11.92	78.92±8.99	80.34±10.36
白蛋白（g/L）	29.68±6.21	30.82±6.04	30.36±6.11	34.36±6.08
血清尿素氮（mmol/L）	13.69±3.13[A]	9.49±2.80[B]	8.48±1.84[B]	5.07±1.60[C]
葡萄糖（mmol/L）	7.28±1.85	8.06±1.44	7.04±1.79	7.77±2.03
总胆固醇（mmol/L）	8.07±0.65[b]	8.90±0.75[b]	10.40±0.55[a]	10.53±1.09[a]
甘油三酯（mmol/L）	2.35±0.59	2.19±0.47	2.34±0.87	2.29±0.65
高密度脂蛋白（mmol/L）	1.16±0.16[B]	1.31±0.18[B]	1.49±0.16[A]	1.51±0.16[A]
低密度脂蛋白（mmol/L）	1.63±0.38[b]	1.82±0.40[ab]	2.12±0.38[a]	2.16±0.40[a]

由此，可以得出结论，水貂哺乳期日粮适宜脂肪水平为18%。

（四）育成生长期脂肪的需要

脂肪是构成毛皮动物细胞的必要成分。生殖细胞中的线粒体和高尔基体的组成成分主要是磷脂，神经组织中含有卵磷脂和脑磷脂。皮肤和被毛中含有的中性脂肪、磷脂、胆固醇等，使其具有良好的弹性、光泽和保温性能。此外，脂肪能促进碳水化合物、蛋白质和脂溶性维生素的吸收。由此可见，脂肪对于毛皮动物组织的生长和修复具有重要的作用。水貂是肉食性动物，对日粮蛋白质和脂肪的需求量相对较高，蛋白质和脂肪是水貂日粮中的重要营养成分，日粮中蛋白质和脂肪的质量与水平对水貂生产性能的发挥具有重要影响，直接影响水貂的饲养成本、生长发育和毛皮品质。蛋白质是水貂日粮中较昂贵的原料，尤其是将蛋白质作为能量饲料源时，是对蛋白质的极大浪费。脂肪提供的代谢能其生产价值高于其他营养物质提供的代谢能。

Hoie（1954）研究水貂日粮适宜的脂肪水平，推荐水貂适宜的脂肪水平为干物质含量的7%～33%，碳水化合物为干物质含量的6%～38%。Clausen等（2005）设计水貂日粮为蛋白质提供18%～30%代谢能，脂肪提供40%～58%代谢能，碳水化合物提供18%～36%代谢能。结果显示，从秋季（9月）到打皮这段时期，日粮为蛋白质提供24%～27%代谢能，脂肪提供52%～58%代谢能，碳水化合物提供24%～30%代谢能时能获得最大体增重。Ahlstrm等（1995）推荐水貂日粮的脂肪水平为60%代谢能。

张海华等（2017）配制其他营养成分相同、蛋白质和脂肪水平不同的日粮，以探究育成生长期水貂日粮适宜的脂肪和蛋白质水平。研究表明，公水貂终末体重和平均日增重不断增加，20%和30%脂肪水平组极显著高于10%脂肪水平组；随着日粮脂肪水平的升高，平均日采食量呈下降的趋势，30%脂肪水平组显著低于10%脂肪水平组；料重比随日粮脂肪水平的升高呈下降趋势，20%和30%脂肪水平组显著低于10%脂肪水平组（表3-24）。日粮蛋白质水平过高会影响水貂的生长性能，日粮蛋白质水平为32%，脂肪水平为20%或30%时，水貂终末体重和平均日增重均较高，而并不是高蛋白质水平组水貂生长性能较好，其原因可能是：一方面，当动物日粮中添加非蛋白质能源物质脂肪时，可代替部分蛋白质分解供能，提高动物对蛋白质的利用率；另外，可使日粮氮损失减少，提高日粮中氮在体内的积累量，从而提高水貂的生长性能。另一方面，当日粮中蛋白质供给超过需要量时，其转化率下降，且造成体内氨基酸不平衡，并影响动物对其他营养物质的消化吸收，从而导致生长性能下降。随着日粮脂肪水平的增加，水貂平均日采食量呈降低趋势。当蛋白质水平为32%，脂肪水平为20%或30%，尤其是脂肪水平为30%时，育成生长期公水貂生长性能较好。

表3-24 日粮蛋白质和脂肪水平对育成生长期公水貂生长性能的影响

项目	蛋白质水平（%）	脂肪水平（%）	初始体重（kg）	终末体重（kg）	平均日增重（g）	平均日采食（g）	料重比
组别	32	10	0.89±0.07	1.97±0.24[B]	17.88±3.87[B]	99.18±7.47[a]	5.55±0.21[a]
	32	20	0.89±0.05	2.22±0.22[A]	22.11±3.51[A]	94.18±12.52[ab]	4.14±0.23[ab]
	32	30	0.89±0.05	2.28±0.24[A]	23.20±3.85[A]	90.45±10.72[b]	3.89±0.41[b]
	36	10	0.89±0.07	1.98±0.13[B]	18.03±1.83[B]	96.42±6.77[ab]	5.35±0.32[a]
	36	20	0.89±0.06	2.11±0.18[AB]	20.27±2.84[AB]	93.43±7.49[ab]	4.62±0.43[ab]
	36	30	0.90±0.04	2.12±0.40[AB]	21.57±5.64[A]	88.67±10.82[b]	4.15±0.11[ab]
蛋白质水平（%）	32		0.89±0.06	2.16±0.26	21.14±4.32	94.49±10.18	4.54±0.21
	36		0.89±0.06	2.07±0.27	19.97±3.96	92.37±9.00	4.68±0.17
脂肪水平（%）	10		0.89±0.07	1.91±0.31[B]	16.80±5.34[B]	97.30±7.23[a]	5.44±0.47[a]
	20		0.89±0.06	2.16±0.20[A]	21.19±3.27[A]	93.92±9.58[ab]	4.39±0.36[b]
	30		0.90±0.04	2.21±0.33[A]	22.42±4.78[A]	89.56±10.38[b]	4.00±0.24[b]

32%蛋白质和30%脂肪水平组母水貂的终末体重和平均日增重均为最高，平均日采食量和料重比最低（表3-25）。水貂的终末体重和平均日增重随着日粮脂肪水平的增加呈上升的趋势，30%脂肪水平组极显著高于10%脂肪水平组；料重比随着饲粮脂肪水平的增加而升高，30%脂肪水平组极显著低于10%和20%脂肪水平组。随着日粮脂肪水平的增加，水貂平均日采食量呈降低趋势。在某一日粮能量水平时，日粮中蛋白质水平越低，日粮中提供的非蛋白质形式的可消化能则越高，可使日粮中氮的损失减少，提高日粮氮在体内的积累量。当蛋白质水平为32%、脂肪水平为20%或30%，尤其是脂肪水平为30%时，育成生长期母水貂生长性能最佳。

表3-25 日粮蛋白质和脂肪水平对育成生长期母水貂生长性能的影响

项目	蛋白质水平（%）	脂肪水平（%）	初始体重（kg）	终末体重（kg）	平均日增重（g）	平均日采食（g）	料重比
组别	32	10	0.73±0.04	1.23±0.12[b]	8.50±2.06[b]	71.30±7.33[abc]	8.39±1.65[A]
	32	20	0.73±0.04	1.31±0.11[ab]	9.58±1.77[ab]	73.11±6.83[ab]	7.63±1.74[AB]
	32	30	0.73±0.04	1.37±0.17[a]	10.62±2.73[a]	62.96±9.85[c]	5.93±2.01[C]
	36	10	0.73±0.03	1.23±0.11[b]	8.27±1.67[b]	68.34±6.69[bc]	8.26±1.23[A]
	36	20	0.73±0.04	1.27±0.13[ab]	8.91±1.78[ab]	76.68±8.98[a]	8.61±1.21[A]
	36	30	0.73±0.04	1.33±0.19[ab]	10.02±3.11[ab]	64.23±7.27[bc]	6.41±1.98[B]

（续）

项目	蛋白质水平（%）	脂肪水平（%）	初始体重（kg）	终末体重（kg）	平均日增重（g）	平均日采食（g）	料重比
蛋白质水平（%）	32		0.73±0.04	1.31±0.15	9.57±2.35	69.12±9.32	7.32±1.52
	36		0.73±0.04	1.28±0.15	9.07±2.35	69.75±9.07	7.76±1.43
脂肪水平（%）	10		0.73±0.04	1.24±0.12^{B}	8.39±1.84^{B}	69.82±6.95^{AB}	8.33±1.76^{A}
	20		0.73±0.04	1.29±0.12^{AB}	9.24±1.77^{AB}	74.89±7.93^{A}	8.11±1.57^{A}
	30		0.73±0.04	1.35±0.18^{A}	10.32±2.89^{A}	63.60±8.95^{B}	6.17±1.21^{B}

日粮脂肪水平均极显著影响干物质消化率，日粮脂肪水平越高，干物质消化率越低（表3-26）。随着日粮脂肪水平的提高，蛋白质和脂肪消化率均显著增加；随着日粮脂肪水平的提高，碳水化合物消化率呈显著下降趋势。日粮组成成分通过改变食物经过肠胃的时间而改变营养物质的消化率，水貂等肉食性动物能够消化多种植物性饲料，其消化道的结构与功能会根据饲料不同而发生相应改变。脂肪对肠道具有润滑作用，该试验中可能由于日粮脂肪水平越高，日粮在水貂消化道内停留的时间越短，干物质消化率就越低。多数脂肪都有很高的消化率，混合日粮中脂肪的消化率为80%～90%，平均消化率是85%或更高。水貂营养物质消化率主要受日粮蛋白质、脂肪和能量水平的影响，且当日粮脂肪水平为20%或30%时，水貂营养消化率能达到较好效果。

表3-26　日粮蛋白质和脂肪水平对育成生长期公水貂营养物质消化率的影响（%）

项目	蛋白质水平	脂肪水平	干物质消化率	蛋白质消化率	脂肪消化率	碳水化合物消化率
组别	32	10	61.22±4.15^{A}	84.29±2.57^{B}	89.18±1.89^{b}	68.47±1.21^{a}
	32	20	48.37±7.05^{B}	86.69±1.21^{A}	95.37±1.60^{a}	64.58±2.53^{b}
	32	30	45.97±2.93^{B}	87.28±0.94^{A}	96.76±1.38^{a}	60.42±1.85^{ab}
	36	10	56.25±9.87^{A}	86.53±3.20^{A}	92.87±3.99^{a}	58.23±1.76^{b}
	36	20	44.56±2.62^{B}	88.67±0.94^{A}	96.64±1.11^{a}	58.19±2.31^{b}
	36	30	45.10±2.83^{B}	88.14±1.15^{A}	96.57±0.97^{a}	54.27±2.14^{c}
蛋白质水平	32		52.01±8.37^{A}	86.06±2.14^{b}	93.69±3.76^{b}	64.49±2.13^{a}
	36		48.45±7.89^{B}	87.82±2.12^{a}	95.41±2.90^{a}	56.90±2.06^{b}
脂肪水平		10	58.90±7.55^{A}	85.33±3.01^{B}	90.89±3.50^{B}	63.35±1.78^{a}
		20	46.34±5.35^{B}	87.75±1.46^{A}	96.04±1.46^{A}	61.39±1.62^{a}
		30	45.62±2.74^{B}	87.68±1.10^{A}	96.67±1.17^{A}	57.34±2.14^{b}

日粮脂肪水平极显著影响母水貂营养物质消化率（表3-27）。其中，10%脂肪水平组的干物质消化率和蛋白质消化率均最低，并极显著低于20%和30%脂肪水平组；随着日粮脂肪水平的增加，脂肪消化率呈升高趋势，30%脂肪水平组极显著高于10%

和20%脂肪水平组；碳水化合物消化率则以30%脂肪水平组最低，极显著低于10%和20%脂肪水平组。日粮组成成分通过改变日粮经过胃肠的时间而改变营养物质的消化率，10%脂肪水平组的干物质消化率最低可能是由于低脂肪日粮中碳水化合物的水平相对较高，促进了胃肠蠕动，从而缩短了日粮在肠胃的停留时间。因此，随着日粮脂肪水平的增加，脂肪消化率呈上升的趋势。碳水化合物的消化率随着脂肪水平的增加呈下降的趋势，与干物质消化率变化趋势相一致。这可能是鲜日粮的蛋白质和脂肪消化率均很高，由于水貂对碳水化合物的需要量较低，高蛋白质高脂肪日粮中的碳水化合物可以满足水貂对碳水化合物的需要，机体通过采食量对碳水化合物的消化率进行了调节，其具体原因还有待于进一步研究。因此，水貂对日粮中营养物质的消化率主要受日粮脂肪和蛋白质水平的影响，且当日粮脂肪水平为20%时，水貂对各营养物质的消化率均能达到较好的效果。

表3-27 日粮蛋白质和脂肪水平对育成生长期母水貂营养物质消化率的影响（%）

项目	蛋白质水平	脂肪水平	干物质消化率	蛋白质消化率	脂肪消化率	碳水化合物消化率
组别	32	10	77.65±1.46[B]	78.06±2.69[d]	89.57±2.32[C]	74.51±1.69[A]
	32	20	83.31±3.10[A]	81.73±2.85[abc]	95.40±1.75[A]	75.49±5.42[A]
	32	30	82.34±1.27[A]	80.23±3.91[bcd]	96.39±0.94[A]	69.61±3.06[B]
	36	10	78.74±1.18[B]	79.01±2.31[cd]	92.56±1.38[B]	76.16±2.08[A]
	36	20	83.42±0.93[A]	82.54±2.12[ab]	96.46±1.03[A]	77.03±1.11[A]
	36	30	83.65±0.86[A]	84.00±1.66[a]	96.29±0.65[A]	70.88±1.73[B]
蛋白质水平	32		81.10±3.23	80.00±3.42[b]	93.79±3.51[B]	73.20±4.42
	36		81.94±2.51	81.85±2.90[a]	95.10±2.09[A]	74.69±3.21
脂肪水平	10		78.19±4.22[B]	78.53±2.47[B]	91.07±2.40[A]	75.33±2.02[A]
	20		83.36±2.21[A]	82.13±2.46[A]	95.93±1.49[A]	76.26±3.86[A]
	30		83.00±1.25[A]	82.11±3.50[A]	96.34±0.78[B]	70.24±2.49[B]

随着日粮脂肪水平的增加，公水貂日食入氮显著降低（表3-28）。日粮蛋白质水平对日食入氮影响不显著，但随着日粮脂肪水平的增加日食入氮呈下降趋势，可以明显看出食入氮的变化主要由日粮中脂肪水平和采食量不同引起，而不是受日粮蛋白质水平影响。随着日粮脂肪水平的提高，粪氮排出量呈显著下降趋势；随着日粮脂肪水平的提高，尿氮排出量显著下降；动物代谢性粪氮与饲料干物质之比为一定值，饲料中蛋白质越多，则通过代谢粪氮损失的蛋白质相对越少，消化的相对越多，表观消化率就越高。当蛋白质水平越低，脂肪水平越高，蛋白质生物学效价越高。随日粮脂肪水平的增加，日氮沉积显著增加，蛋白质生物学效价显著提高，说明日粮脂肪水平能够提高水貂蛋白质利用率。当日粮蛋白质水平为32%，脂肪水平为20%或30%时，育成生长期公水貂生产性能最佳，且能够降低尿氮排放量，提高水貂对日粮蛋白质的利用率。

表 3-28 日粮蛋白质和脂肪水平对育成生长期公水貂氮代谢的影响

项目	蛋白质水平（%）	脂肪水平（%）	食入氮（g/d）	粪氮（g/d）	尿氮（g/d）	氮沉积（g/d）	蛋白质生物学效价（%）
组别	32	10	5.01±0.33^{a}	0.84±0.10^{a}	2.59±0.24^{a}	1.59±0.12^{C}	37.89±1.23^{b}
	32	20	4.81±0.62^{ab}	0.69±0.10^{ab}	2.05±0.44^{c}	2.07±0.10^{A}	50.12±2.16^{a}
	32	30	4.86±0.56^{ab}	0.61±0.03^{b}	2.03±0.41^{c}	2.23±0.11^{A}	52.23±2.74^{a}
	36	10	4.95±0.37^{a}	0.71±0.21^{ab}	2.61±0.58^{a}	1.64±0.20^{BC}	38.44±1.85^{c}
	36	20	4.80±0.44^{ab}	0.69±0.04^{ab}	2.41±0.57^{ab}	1.71±0.19^{AB}	41.35±1.42^{c}
	36	30	4.55±0.67^{b}	0.69±0.13^{ab}	2.15±0.64^{b}	1.72±0.22^{AB}	44.21±2.01^{b}
蛋白质水平（%）	32		4.90±0.54	0.72±0.19	2.28±0.40^{b}	1.97±0.21^{a}	46.81±2.13^{A}
	36		4.78±0.51	0.71±0.14	2.40±0.81^{a}	1.66±0.16^{b}	41.40±2.41^{B}
脂肪水平（%）		10	5.10±0.66^{a}	0.79±0.16^{a}	2.60±0.75^{a}	1.59±0.14^{b}	38.45±1.96^{b}
		20	4.75±0.69^{ab}	0.69±0.07^{ab}	2.35±1.05^{ab}	1.91±0.18^{a}	45.67±2.03^{a}
		30	4.59±0.76^{b}	0.65±0.09^{b}	2.09±0.60^{b}	1.97±0.21^{a}	48.29±1.78^{a}

日粮蛋白质和脂肪水平对育成生长期母水貂食入氮、粪氮排出量、氮沉积和氮生物学效价有极显著的影响，对尿氮排出量有显著影响（表 3-29）。其中，20%脂肪水平组食入氮最高，极显著高于 30%脂肪水平组；粪氮排出量和尿氮排出量均以 30%脂肪水平组最低，粪氮排出量极显著低于 10%和 20%脂肪水平组，而尿氮排出量显著低于 10%和 20%脂肪水平组；随着日粮脂肪水平的增加，氮沉积呈先升高后降低的趋势，20%脂肪水平组极显著高于 10%脂肪水平组；随着日粮脂肪水平的增加，蛋白质生物学效价呈升高的趋势，20%和 30%脂肪水平组极显著高于 10%脂肪水平组。动物摄入蛋白质量与尿氮排出量之间存在很强的相关关系，蛋白质供应过量或氨基酸不平衡是导致大量尿氮排出和氮利用效率降低的重要原因，水貂在育成生长期约有 80%的氮经由

表 3-29 日粮蛋白质和脂肪水平对育成生长期母水貂氮代谢的影响

项目	蛋白质水平（%）	脂肪水平（%）	食入氮（g/d）	粪氮（g/d）	尿氮（g/d）	氮沉积（g/d）	蛋白质生物学效价（%）
组别	32	10	3.66±0.37^{BC}	0.81±0.15^{a}	1.95±0.19^{b}	0.91±0.25^{b}	31.16±2.84^{b}
	32	20	3.83±0.35^{B}	0.70±0.14^{ab}	1.85±0.43^{bc}	1.28±0.29^{ab}	41.31±3.55^{ab}
	32	30	3.31±0.57^{C}	0.63±0.15^{b}	1.31±0.23^{c}	1.37±0.31^{a}	51.12±1.76^{a}
	36	10	4.03±0.39^{B}	0.85±0.15^{a}	2.42±0.48^{a}	0.76±0.34^{c}	23.87±3.14^{c}
	36	20	4.56±0.53^{A}	0.79±0.11^{a}	2.57±0.36^{a}	1.21±0.23^{ab}	31.79±2.27^{b}
	36	30	3.98±0.44^{B}	0.63±0.11^{b}	2.15±0.25^{ab}	1.19±0.29^{ab}	35.84±2.31^{b}
蛋白质水平（%）	32		3.60±0.47^{B}	0.72±0.15	1.70±0.36^{B}	1.10±0.31	38.38±2.17^{a}
	36		4.19±0.51^{A}	0.76±0.15	2.38±0.27^{A}	1.09±0.37	33.14±1.96^{b}
脂肪水平（%）		10	3.85±0.42^{AB}	0.83±0.14^{A}	2.18±0.36^{a}	0.83±0.30^{B}	29.52±1.85^{B}
		20	4.20±0.58^{A}	0.75±0.13^{A}	2.21±0.44^{a}	1.33±0.17^{A}	38.49±1.60^{A}
		30	3.65±0.60^{B}	0.63±0.12^{B}	1.73±0.35^{b}	1.15±0.29^{AB}	39.12±1.79^{A}

尿液排出。随着日粮蛋白质水平的增加，水貂氮生物学效价降低，但随着日粮脂肪水平的升高，氮生物学效价呈升高趋势，这说明，日粮、蛋白质水平越低、脂肪水平越高，氮生物学效价越高。因此，当日粮蛋白质水平为32%、脂肪水平为20%和30%时，育成生长期母水貂的生长性能最佳，且能够降低尿氮排出量，提高水貂对日粮蛋白质的利用率。

血清生化指标是反映动物机体免疫功能、蛋白质和脂类合成代谢、酶活性及脏器功能完整性的重要指标，能够在一定程度上反映水貂对日粮蛋白质的利用情况。随着日粮脂肪水平的增加，水貂血清中总蛋白质含量有先增加后降低的趋势，20%和30%脂肪水平组显著高于10%脂肪水平组。水貂血清中尿素氮含量20%脂肪水平组显著高于30%脂肪水平组（表3-30）。日粮蛋白质水平为32%、脂肪水平为20%或30%时，水貂血清中总蛋白和白蛋白含量相对较高。日粮蛋白质水平为32%、脂肪水平为20%和30%时，蛋白质的代谢强度较高，氨基酸的利用水平也较高，有利于机体蛋白质的合成，从而提高水貂的生长性能。

表3-30 日粮蛋白质和脂肪水平对育成生长期公水貂蛋白质代谢相关血清生化指标的影响

项目	蛋白质水平（%）	脂肪水平（%）	总蛋白（g/L）	白蛋白（g/L）	尿素氮（mmol/L）	谷丙转氨酶（U/L）	谷草转氨酶（U/L）
组别	32	10	72.60 ± 2.96^{ab}	33.00 ± 2.15	6.57 ± 1.46^{B}	196.50 ± 4.23^{a}	183.31 ± 4.31
	32	20	78.54 ± 6.67^{a}	33.12 ± 1.92	6.54 ± 1.16^{B}	201.76 ± 3.85^{a}	188.31 ± 3.07
	32	30	75.96 ± 5.53^{a}	34.99 ± 1.38	5.33 ± 1.75^{C}	204.05 ± 4.01^{a}	193.11 ± 5.37
	36	10	63.01 ± 2.41^{b}	32.15 ± 2.31	7.03 ± 2.31^{AB}	179.25 ± 3.79^{b}	185.03 ± 7.47
	36	20	68.16 ± 2.03^{ab}	31.89 ± 2.89	7.44 ± 1.43^{A}	175.32 ± 2.96^{b}	186.71 ± 5.31
	36	30	66.62 ± 6.94^{b}	33.92 ± 1.60	7.82 ± 0.66^{A}	175.69 ± 2.58^{b}	183.57 ± 6.19
蛋白质水平（%）	32		75.69 ± 1.02^{a}	33.70 ± 2.86	6.14 ± 0.41^{b}	200.77 ± 1.98^{a}	188.24 ± 3.54
	36		66.12 ± 0.98^{b}	32.63 ± 2.63	7.44 ± 0.32^{a}	176.76 ± 2.16^{b}	185.19 ± 4.21
脂肪水平（%）	10		67.81 ± 4.12^{b}	32.57 ± 2.51	6.81 ± 0.42	187.89 ± 9.67	184.17 ± 5.01
	20		73.35 ± 5.01^{a}	32.54 ± 2.72	6.98 ± 0.37	188.55 ± 9.24	187.49 ± 4.89
	30		71.30 ± 3.96^{a}	34.48 ± 1.53	6.58 ± 0.29	189.86 ± 7.98	188.27 ± 3.97

日粮蛋白质和脂肪水平对育成生长期公水貂脂类代谢相关血清生化指标存在影响。随着日粮脂肪水平的增加，血清中甘油三酯含量有升高趋势，30%脂肪水平组极显著高于10%脂肪水平组；血清中总胆固醇含量有上升趋势，30%脂肪水平组显著高于10%脂肪水平组。随着日粮脂肪水平的增加，血清中高密度脂蛋白含量呈增加趋势，30%脂肪水平组显著高于10%脂肪水平组和20%脂肪水平组；血清中低密度脂蛋白含量有增加趋势，30%脂肪水平组显著高于10%脂肪水平组；血清中脂蛋白含量有增加趋势，30%脂肪水平组显著高于10%脂肪水平组和20%脂肪水平组（表3-31）。总胆固醇和甘油三酯含量是反映体脂肪代谢的重要生化指标，胆固醇大部分由肝脏制造，必须通过与脂蛋白相结合才能被运输，脂蛋白中高密度脂蛋白将各组织中的胆固醇运回肝脏代谢，而低密度脂蛋白是把胆固醇从肝脏运送到全身组织。随着日粮脂肪水平的增加，水貂血清中总胆固醇、甘油三酯、高密度脂蛋白、低密度脂蛋白和脂蛋白含量均呈上升趋势，这说明日粮脂肪水平越高，脂类代谢水平相对越旺盛。血清中甘油三酯含量的升高往往伴随着胆固醇含量的升高。

表 3-31　日粮蛋白质和脂肪水平对育成生长期公水貂脂类代谢相关血清生化指标的影响

项目	蛋白质水平（%）	脂肪水平（%）	甘油三酯（mmol/L）	总胆固醇（mmol/L）	高密度脂蛋白（mmol/L）	低密度脂蛋白（mmol/L）	脂蛋白（mg/L）
组别	32	10	1.25±0.31^{b}	7.46±0.21^{C}	2.44±0.33^{ab}	2.00±0.15^{C}	150.52±5.23^{b}
	32	20	1.80±0.19^{ab}	8.28±0.34^{B}	2.41±0.51^{ab}	2.25±0.17^{B}	163.92±4.96^{ab}
	32	30	2.45±0.22^{a}	10.27±0.38^{A}	2.99±0.35^{a}	2.72±0.19^{AB}	170.06±3.28^{a}
	36	10	1.29±0.17^{b}	7.62±0.45^{BC}	2.30±0.39^{b}	2.13±0.07^{BC}	156.73±4.86^{b}
	36	20	1.86±0.26^{ab}	9.15±0.27^{AB}	2.41±0.29^{ab}	2.62±0.12^{AB}	167.26±5.01^{ab}
	36	30	2.46±0.32^{a}	9.93±0.52^{A}	2.83±0.59^{a}	2.94±0.17^{A}	176.57±4.88^{a}
蛋白质水平（%）	32		1.83±0.45	8.68±1.02	2.60±0.41	2.35±0.32	162.80±5.12
	36		1.87±0.51	8.91±1.87	2.53±0.49	2.51±0.29	167.02±1.01
脂肪水平（%）		10	7.55±0.21^{B}	2.38±0.12^{b}	2.07±0.09^{b}	153.63±1.03^{b}	7.55±0.21^{B}
		20	8.72±0.42^{AB}	2.40±0.02^{b}	2.44±0.23^{ab}	165.59±2.21^{ab}	8.72±0.42^{AB}
		30	10.11±0.34^{A}	2.94±0.14^{a}	2.84±0.12^{a}	173.30±1.69^{a}	10.11±0.34^{A}

由此，可以得出结论，当日粮蛋白质水平为32%、脂肪水平为20%和30%时，日粮中蛋白质和脂肪的利用率较高。

毛皮动物饲料中的脂肪大部分是中性脂肪，是由脂肪酸和甘油构成的。现已发现的水貂饲料中脂肪酸大约有20多种，根据脂肪酸的化学性质，可把脂肪酸分为饱和脂肪酸、不饱和脂肪酸。不同脂肪酸组成的脂肪源有不同的消化率，消化率的水平主要取决于脂肪源中饱和脂肪酸和不饱和脂肪酸的比例，尤其是多于18个碳的脂肪酸比例。通常认为水貂对动物性脂肪的消化率高于植物性脂肪，而动物性脂肪中鱼油高于其他动物脂肪。有学者表示，水貂不具有转化亚油酸成花生四烯酸的能力。Juokslahti等（1984）研究芬兰水貂的日粮配方，推荐水貂饲养场的日粮脂肪应含有17%～18%必需脂肪酸。

杨颖等（2014）以豆油、鸡油、鱼油、猪油为脂肪源设计试验，代谢能为15.5 MJ/kg（粗脂肪含量为22%）。

试验表明，日粮脂肪源对水貂干物质采食量的影响显著，猪油组公水貂、母水貂干物质采食量均显著高于豆油组；干物质排出量、干物质消化率各组之间没有显著差异，但公水貂猪油组干物质排出量和干物质消化率最高，母水貂鸡油组干物质排出量和干物质消化率最高；公水貂猪油组蛋白质消化率显著高于豆油组，母水貂鸡油组显著高于豆油组；日粮脂肪源对水貂脂肪消化率的影响显著，母水貂猪油组显著低于其他各组，公水貂猪油组显著低于豆油组和鱼油组（表3-32）。日粮组成成分通过改变食物经过肠胃的时间而改变营养物质的消化率。水貂饲喂不同脂肪源后脂肪消化率、蛋白质消化率不同，采用鸡油、猪油和鱼油蛋白质消化率高于采用豆油，其中采用猪油、鸡油时较高；脂肪消化率鱼油组高于其他组。脂肪的消化率依赖于脂肪酸的含量，鱼油不仅含有较高的多不饱和脂肪酸，而且还有较高的二十二碳六烯酸（DHA）和二十碳五烯酸（EPA），DHA又是构成细胞及细胞膜的主要成分之一，EPA能促进体内饱和脂肪酸代谢，脂肪酸消化率较高。猪油组的蛋白质消化率高，可能与水貂体内脂肪中脂肪酸组成有关，猪油不仅能为水貂提供高的消化率和吸收率，而且能提供水貂的必需脂肪酸——

花生四烯酸。毛皮动物体内的脂肪含量与品质受食入饲料脂肪的性质和含量影响很大。Plnen等（2000）和Kkel等（2001）研究显示，水貂在野生状态下食物中含有EPA和DHA，故机体不具有合成n－3脂肪酸的生物合成机制。Rietveld（1976）研究显示，水貂的生长状态与饲料中猪油有很大关系。

表3－32 日粮脂肪源对育成生长期水貂营养物质消化率的影响

性别	组别	干物质采食量（g）	干物质排出量（g）	干物质消化率（%）	蛋白质消化率（%）	脂肪消化率（%）
公	豆油	60.54±7.13[b]	19.60±2.36	67.52±2.72	68.58±2.88[b]	84.25±4.56[a]
	鸡油	65.54±4.72[ab]	20.65±1.52	68.46±1.55	70.75±1.80[ab]	81.94±2.92[ab]
	鱼油	61.71±7.79[ab]	19.74±2.59	68.31±1.72	69.33±3.82[ab]	86.52±2.28[a]
	猪油	69.35±3.75[a]	21.64±2.57	68.85±2.57	72.37±3.19[a]	77.78±9.66[b]
母	豆油	61.25±7.05[b]	19.70±4.78	68.01±5.20	63.55±7.04[b]	87.29±4.52[a]
	鸡油	69.08±5.82[a]	20.38±3.40	70.65±3.05	70.33±5.00[a]	86.50±2.75[a]
	鱼油	66.89±6.00[ab]	20.01±2.78	70.16±2.17	66.45±5.03[ab]	89.61±1.21[a]
	猪油	72.21±4.60[a]	22.14±2.72	69.42±2.34	69.00±4.60[ab]	82.01±4.54[b]

日粮脂肪源对育成生长期水貂部分氮代谢指标有显著性影响。公水貂的氮沉积猪油组显著高于豆油组。日粮脂肪源对母水貂的食入氮、氮沉积、净蛋白质利用率、蛋白质生物学效价均有显著影响；豆油组母水貂氮沉积显著低于其他各组；猪油组母水貂净蛋白质利用率、蛋白质生物学效价均显著高于豆油组（表3－33）。蛋白质和脂肪是构成毛皮动物的肌肉、神经、结缔组织、皮肤、血液等的基本成分，蛋白质的代谢紊乱将直接影响毛皮动物的生长状态。饲料中的蛋白质经过消化后以氨基酸的形式经血液运送到各组织中，水貂动物性脂肪消化率高于植物性脂肪，Rouvinen等（1989）在试验日粮中分别添加20%的牛油、豆油和两者（50∶50）混合物，3组脂肪消化率分别为93%、96%、95%。结果显示，脂肪类型影响脂肪的消化率和总能利用率，可以看到牛油组的蛋白质和碳水化合物消化率高于豆油组。母水貂饲料中添加豆油的净蛋白质利用率及氮沉积显著低于鸡油、鱼油和猪油，其中猪油的最高。

能量是动物体内一切代谢活动和生产活动的基础。能量平衡的调节主要包含能量摄入和能量消耗两个部分，二者相互作用的结果决定了体内能量储备。根据能量守恒定律，每日摄入的能量除从粪便排出外，其余由身体吸收。吸收的少量能量作为蛋白质代谢产物从尿中排出，其余的或进入代谢，或储存于组织，成为蛋白质、脂肪或糖原。吸收的能量在体内参与许多化学过程，维持肌肉张力与身体的基础需要，以及各种身体活动。公水貂猪油组总能最高，显著高于豆油组和鱼油组；母水貂猪油组总能最高，显著高于豆油组。母水貂猪油组粪能最高，显著高于豆油组和鱼油组；公水貂猪油组消化能显著高于豆油组和鱼油组，母水貂以猪油组最高，显著高于豆油组；公水貂、母水貂代谢能均以猪油组最高，均显著高于豆油组；水貂的总能消化率、总能代谢率组间无显著差异，均以鱼油组最高；公水貂、母水貂的消化能代谢率均以猪油组最高，其中母水貂猪油组消化能代谢率显著高于鸡油组（表3－34）。母水貂猪油组的代谢能及消化能代谢率略高于其他组。

表 3-33 日粮脂肪源对育成生长期水貂氮代谢的影响

性别	组别	食入氮（g/d）	粪氮（g/d）	尿氮（g/d）	氮沉积（g/d）	净蛋白质利用率（%）	蛋白质生物学效价（%）
公	豆油	4.53±0.66	1.41±0.16	1.79±0.35	1.33±0.64[a]	28.42±10.79	41.14±14.53
	鸡油	4.92±0.33	1.44±0.12	2.09±0.48	1.39±0.36[ab]	28.43±7.61	40.30±11.23
	鱼油	4.69±0.79	1.43±0.27	1.52±0.76	1.73±0.74[ab]	37.16±14.40	53.43±19.87
	猪油	5.12±0.30	1.42±0.20	1.70±0.58	2.00±0.46[b]	39.53±10.55	54.61±14.16
母	豆油	3.14±0.47[b]	1.16±0.34	1.18±0.27[ab]	0.81±0.13[b]	26.29±5.74[b]	41.25±7.46[b]
	鸡油	3.76±0.39[a]	1.13±0.27	1.45±0.27[a]	1.18±0.19[a]	31.47±4.27[ab]	45±7.26[ab]
	鱼油	3.38±0.4[ab]	1.14±0.24	1.04±0.22[b]	1.2±0.19[a]	35.56±4.5[a]	53.58±7.19[a]
	猪油	3.8±0.26[a]	1.18±0.21	1.18±0.46[ab]	1.43±0.37[a]	37.89±10.02[a]	55.3±16.06[a]

表 3-34 日粮脂肪源对育成生长期水貂能量代谢的影响

性别	组别	总能（kJ/d）	粪能（kJ/d）	尿能（kJ/d）	消化能（kJ/d）	代谢能（kJ/d）	总能消化率（%）	总能代谢率（%）	消化能代谢率（%）
公	豆油	1 179.71±132.83[b]	281.40±29.82[b]	40.81±8.87	898.3±119.50[b]	857.49±118.67[b]	76.01±2.49	72.54±3.08	95.40±1.10
	鸡油	1 280.07±100.00[ab]	303.46±26.06[ab]	46.40±9.76	976.61±81.30[ab]	930.20±76.20[ab]	76.28±1.28	72.66±1.10	95.26±0.83
	鱼油	1 213.63±154.10[b]	277.19±43.49[b]	40.57±11.04	936.44±124.21[b]	895.87±116.49[b]	77.15±2.28	73.82±1.85	95.71±0.90
	猪油	1 407.44±88.47[a]	339.04±67.10[a]	41.56±11.75	1 068.40±61.57[a]	1 026.84±59.32[a]	76.01±3.71	73.06±3.74	96.11±1.02
母	豆油	1 345.09±146.93[b]	301.96±76.39[b]	40.07±12.84	1 052.13±117.6[b]	1 012.06±111.42[b]	77.78±4.14	74.83±3.85	96.21±0.98[ab]
	鸡油	1 501.15±118.87[a]	313.48±56.76[ab]	51.30±7.59	1 187.67±72.23[b]	1 136.36±73.25[b]	79.25±2.45	75.80±2.01	95.66±0.72[b]
	鱼油	1 504.54±131.09[a]	302.29±36.36[b]	44.36±14.01	1 202.25±102.71[a]	1 157.89±100.72[a]	79.93±1.34	76.97±1.39	96.30±1.16[ab]
	猪油	1 636.28±111.91[a]	366.40±53.01[a]	38.14±12.12	1 269.88±74.20[a]	1 231.74±74.85[a]	77.68±2.18	75.34±2.25	96.99±0.97[a]

由此可以得出结论：以鱼油为日粮脂肪源，育成生长期公水貂具有较高的脂肪消化率；以猪油为日粮脂肪源，育成生长期母水貂的营养物质消化率较高；育成生长期水貂对鱼油脂肪消化率虽较高，但猪油可以提高净蛋白质利用率及氮沉积。综合考虑饲料成本和营养物质消化与利用，建议在实际生产中应用鱼油和猪油的混合油脂作为日粮脂肪源。

（五）冬毛生长期的脂肪需要

日粮蛋白质和脂肪水平可显著影响冬毛生长期公水貂生长性能。张海华等（2017）配制其他营养成分相同、蛋白质和脂肪水平不同的日粮，以探究冬毛生长期公水貂日粮适宜的脂肪和蛋白质水平。

日粮脂肪水平对公水貂终末体重、平均日采食量和料重比影响显著，对水貂平均日增重影响极显著。30%脂肪组水貂终末体重显著高于10%脂肪组，30%脂肪组水貂平均日增重极显著高于10%脂肪组，30%脂肪组水貂平均日采食量和料重比显著低于高于10%脂肪组（表3-35）。随着日粮脂肪水平的提高，水貂生长性能有提高趋势，但是20%脂肪组和30%脂肪组的水貂生长性能差异不显著。杨颖等（2014）通过固定日粮蛋白质水平，调节日粮脂肪水平来调节日粮中代谢能水平的研究表明，随着日粮脂肪水平的提高，水貂能够取得较好的生长性能；当日粮蛋白质水平为36%、脂肪水平为20%或30%时，水貂可获得较好的生长性能。

表3-35　日粮蛋白质和脂肪水平对冬毛生长期公水貂生长性能的影响

项目	蛋白质水平（%）	脂肪水平（%）	初始体重（kg）	终末体重（kg）	平均日增重（g）	平均日采食量（g）	料重比
组别	32	10	1.76±0.12	2.15±0.14^{b}	4.59±0.62^{b}	95.17±1.23^{a}	20.61±0.57^{a}
	32	20	1.77±0.08	2.27±0.21^{ab}	5.86±0.68^{ab}	94.26±0.97^{a}	16.12±0.86^{b}
	32	30	1.77±0.12	2.31±0.11^{a}	6.32±0.74^{a}	86.12±2.21^{b}	13.48±0.14^{c}
	36	10	1.76±0.11	2.18±0.09^{b}	4.96±0.81^{b}	97.14±1.24^{a}	19.56±0.21^{ab}
	36	20	1.77±0.13	2.24±0.12^{b}	5.53±0.24^{ab}	95.15±0.88^{a}	17.20±0.55^{b}
	36	30	1.76±0.09	2.37±0.07^{a}	7.09±0.42^{a}	88.46±1.02^{b}	12.52±0.24^{c}
蛋白质水平（%）	32		1.76±0.11	2.24±0.12	5.60±0.69^{b}	91.86±1.41	16.53±0.52
	36		1.76±0.10	2.26±0.11	5.85±0.65^{a}	93.59±1.17	16.47±0.47
脂肪水平（%）		10	1.76±0.09	2.15±0.13^{b}	4.65±0.71^{B}	95.62±1.26^{a}	19.85±0.61^{a}
		20	1.77±0.11	2.23±0.09^{ab}	5.52±0.68^{AB}	93.71±1.31^{ab}	16.54±0.52^{ab}
		30	1.77±0.10	2.36±0.11^{a}	6.31±0.64^{A}	86.53±1.22^{c}	13.27±0.47^{b}

日粮脂肪水平对公水貂干物质消化率、蛋白质消化率、脂肪消化率和碳水化合物消化率影响显著。30%脂肪组水貂干物质消化率、蛋白质消化率和碳水化合物消化率显著低于10%脂肪组，20%脂肪组水貂脂肪消化率显著高于10%和30%脂肪组（表3-36）。日粮脂肪水平均显著或极显著影响水貂蛋白质消化率、脂肪消化率和碳水化合物消化率，其中日粮脂肪水平越高，干物质消化率越低。日粮组成成分通过改变食物经过肠胃的时间而改变营养物质的消化率，水貂等肉食性动物能够消化多种植物性饲料，其消化道的结构与功能会根据饲料不同而发生相应改变。

表 3-36　日粮蛋白质和脂肪水平对冬毛生长期公水貂营养物质消化率的影响

项目	蛋白质水平（%）	脂肪水平（%）	干物质消化率（%）	蛋白质消化率（%）	脂肪消化率（%）	碳水化合物消化率（%）
组别	32	10	75.65±1.45^{ab}	76.87±1.20^{ab}	91.12±0.87^{B}	67.31±1.25^{ab}
	32	20	74.87±1.31^{ab}	73.32±1.87^{b}	92.13±0.86^{AB}	64.23±1.11^{b}
	32	30	73.96±0.86^{b}	72.67±1.08^{b}	91.96±1.07^{B}	62.36±1.02^{c}
	36	10	76.82±1.17^{a}	78.68±1.17^{a}	92.45±0.69^{AB}	69.63±1.30^{a}
	36	20	75.61±1.21^{ab}	74.68±0.96^{b}	93.02±0.98^{A}	68.25±0.97^{ab}
	36	30	74.73±1.32^{ab}	72.16±1.07^{b}	92.69±1.01^{AB}	67.25±1.16^{ab}
蛋白质水平（%）	32		74.79±1.27	73.16±1.11^{b}	91.07±0.97^{B}	64.15±1.21^{b}
	36		75.81±1.04	75.27±1.24^{a}	93.48±1.03^{A}	68.46±1.18^{a}
脂肪水平（%）		10	76.13±1.11^{a}	77.65±1.18^{a}	91.21±0.91^{b}	68.52±1.25^{a}
		20	75.26±1.09^{ab}	75.01±1.12^{ab}	92.87±1.12^{a}	66.31±1.14^{ab}
		30	74.41±1.23^{b}	72.78±1.09^{b}	91.01±1.06^{b}	64.85±1.08^{b}

日粮脂肪水平对公水貂氮代谢指标有显著或极显著影响，30%脂肪组水貂食入氮含量、粪氮排出量显著或极显著低于10%脂肪组，20%脂肪组水貂尿氮排出量显著高于10%和30%脂肪组，10%脂肪组水貂氮沉积含量显著低于20%和30%脂肪组，10%脂肪组水貂蛋白质生物学效价显著低于20%组（表3-37）。随着日粮脂肪水平的增加，水貂食入氮含量呈下降趋势，可以明显看出水貂食入氮含量的变化主要由日粮脂肪水平和采食量不同引起。动物代谢粪氮与日粮干物质之比为一定值，日粮中蛋白质含量越高，则通过代谢粪氮损失的蛋白质含量相对越少，消化的蛋白质越多，蛋白质消化率就越高。蛋白质生物学效价用来衡量饲料蛋白质被利用的程度，以及动物对蛋白质的需求。随着日粮蛋白质水平的升高，蛋白质生物学效价升高；随着日粮脂肪水平的升高，蛋白质生物学效价也呈先升高后下降趋势，这说明日粮蛋白质和脂肪水平越高，蛋白质生物学效价越高。

表 3-37　日粮蛋白质和脂肪水平对冬毛生长期公水貂氮代谢的影响

项目	蛋白质水平（%）	脂肪水平（%）	食入氮（g/d）	粪氮（g/d）	尿氮（g/d）	氮沉积（g/d）	蛋白质生物学效价（%）
组别	32	10	4.87±0.52^{ab}	0.86±0.09^{ab}	2.22±0.25^{ab}	1.75±0.11^{c}	43.96±2.14^{c}
	32	20	4.81±0.24^{ab}	0.81±0.15^{ab}	2.16±0.38^{ab}	1.82±0.09^{bc}	45.87±1.76^{bc}
	32	30	4.52±0.31^{b}	0.76±0.06^{b}	2.14±0.41^{b}	1.83±0.14^{bc}	46.08±2.01^{ab}
	36	10	5.74±0.29^{a}	1.02±0.08^{a}	2.44±0.36^{a}	2.09±0.25^{ab}	45.92±1.87^{bc}
	36	20	5.60±0.45^{a}	0.91±0.09^{ab}	2.12±0.47^{b}	2.18±0.31^{a}	48.63±1.74^{a}
	36	30	5.08±0.32^{ab}	0.88±0.06^{ab}	2.11±0.52^{b}	1.97±0.22^{ab}	47.12±1.62^{ab}
蛋白质水平（%）	32		4.69±0.48^{B}	0.81±0.09^{b}	1.82±0.37^{b}	2.09±0.16^{b}	46.74±1.52^{b}
	36		5.38±0.33^{A}	0.95±0.07^{a}	2.06±0.41^{a}	2.27±0.14^{a}	47.31±1.79^{a}
脂肪水平（%）		10	5.16±0.51^{A}	0.96±0.07^{a}	1.87±0.40^{b}	1.93±0.19^{a}	45.21±1.95^{b}
		20	5.01±0.42^{AB}	0.81±0.10^{ab}	2.01±0.36^{a}	2.11±0.37^{b}	48.19±1.28^{a}
		30	4.85±0.63^{B}	0.79±0.09^{b}	1.83±0.28^{b}	1.94±0.31^{b}	47.76±1.49^{ab}

由此，可以得出结论：日粮蛋白质水平为36%、脂肪水平为20%或30%时，冬毛生长期公水貂生长性能较佳，且能够提高水貂对蛋白质的利用率。

由于冷鲜饲料的成本较高，且容易被微生物污染，品质难以稳定，我国相继开展了干粉料和颗粒料的研究。颗粒料是以粉料为基础经过高温高压蒸汽调质、制粒、冷却而成，缩小了饲料体积，便于储存和运输，避免了原料分级，确保了饲料营养的全价性。张显华等（2007）以11%～14%脂肪水平的颗粒料饲喂公水貂，水貂的体重在试验结束时没有达到品种要求。周友梅等（1991）以干粉料饲喂仔水貂，仔水貂的发育情况和增重与鲜料组无显著差异，干粉料组水貂的怀孕、产仔情况与鲜料组无显著差异。以干粉料饲喂育成生长期、冬毛生长期水貂，其生长性能和皮张面积均达到了实际生产的要求（张铁涛等，2012a，2012b）。成年水貂配合颗粒料择优试验（邹兴淮，1997）和水貂配合膨化料筛选试验均表明水貂利用配合饲料是可行的，在妊娠期与哺乳期的饲喂效果也接近新鲜鱼肉加入植物饲料混成糊状饲料的饲喂效果。毛皮动物市场经济不景气，冷鲜饲料的成本较高，颗粒料的饲喂方式相对简单，节约了人工成本和冷鲜饲料储存的费用。但颗粒料作为一种新的料型，对于水貂的饲喂效果未见系统研究。

张铁涛等（2016）设计不同蛋白质和脂肪水平的颗粒料，研究不同营养水平的颗粒料对冬毛生长期水貂生长性能、氮代谢和毛皮品质的影响，以确定适宜于冬毛生长期水貂颗粒料的蛋白质和脂肪水平。

试验表明，18%脂肪组水貂的终末体重显著高于16%脂肪组，18%脂肪组水貂的平均日增重极显著高于16%脂肪组（表3-38）。这种现象可能是由于日粮的脂肪源和能量水平对冬毛生长期水貂的体重没有显著影响（杨颖，2014）。日粮的蛋白质水平低于30%会显著影响水貂的生长发育，增加耗料量，降低饲料转化率。平均日增重在组间存在极显著差异，日粮脂肪水平影响了水貂的体重，较高水平的脂肪促进了水貂的生长。18%脂肪组的水貂在整个试验期中体重和平均日增重均高于16%脂肪组，而蛋白质水平对水貂体重的影响相对较小。

表3-38 颗粒料日粮蛋白质和脂肪水平对冬毛生长期水貂生长性能的影响

项目	蛋白质水平（%）	脂肪水平（%）	初始体重（g）	第2次称重（g）	第3次称重（g）	第4次称重（g）	终末体重（g）	平均日增重（g）
组别	34	18	1 621	1 774^{a}	1 855	1 964^{a}	1 943	7.03^{A}
	34	16	1 595	1 621^{b}	1 718	1 897^{ab}	1 837	4.34^{B}
	32	18	1 630	1 724^{ab}	1 801	1 925^{ab}	1 939	6.95^{A}
	32	16	1 584	1 750^{ab}	1 706	1 772^{ab}	1 796	4.11^{B}
	30	18	1 633	1 657^{ab}	1 788	1 833^{ab}	1 797	5.77^{AB}
	30	16	1 617	1 652^{ab}	1 675	1 738^{b}	1 787	4.64^{B}
蛋白质水平（%）	34		1 609	1 707	1 795	1 937	1 897	5.69
	32		1 612	1 735	1 763	1 864	1 882	5.89
	30		1 622	1 653	1 753	1 797	1 791	5.34
脂肪水平（%）	18		1 628	1 729	1 797	1 904	1 904^{a}	6.58^{A}
	16		1 602	1 688	1 745	1 802	1 781^{b}	4.35^{B}

在探究颗粒料日粮蛋白质和脂肪水平对冬毛生长期水貂营养物质消化率的影响试验中发现，18%脂肪组水貂的蛋白质消化率极显著高于16%组；34%和32%蛋白质组水貂的蛋白质消化率极显著高于30%组。NRC（1982）的饲养标准中提到，日粮的适口性以及日粮中的能量水平对水貂的采食量具有显著影响。日粮蛋白质消化率受多种因素的影响，水貂对日粮蛋白质的消化利用主要取决于蛋白质来源、品质以及氨基酸组成、比例等。繁殖期母水貂日粮中添加ω-3脂肪酸时可以减少因蛋白质水平降低造成的应激，对维持水貂体内氮平衡具有积极作用并能降低母水貂繁殖疾病的发生。

表3-39　颗粒料日粮蛋白质和脂肪水平对冬毛生长期水貂营养物质消化率的影响

项目	蛋白质水平（%）	脂肪水平（%）	干物质采食量（g/d）	干物质排出量（g/d）	干物质消化率（%）	蛋白质消化率（%）	脂肪消化率（%）
组别	34	18	120.89	38.20	68.43	75.18^{A}	82.93
	34	16	128.67	42.32	66.94	77.07^{A}	76.96
	32	18	123.89	39.79	67.99	75.57^{A}	81.26
	32	16	112.78	36.08	68.03	75.48^{A}	79.85
	30	18	123.20	40.46	65.37	74.98^{A}	77.93
	30	16	127.11	42.22	66.62	65.02^{B}	76.96
蛋白质水平（%）	34		124.78	40.26	67.69	76.13^{A}	79.94
	32		118.34	37.93	68.01	75.52^{A}	77.45
	30		116.03	41.42	65.99	70.01^{B}	83.84
脂肪水平（%）		18	115.98	39.42	67.26	75.84^{A}	80.38
		16	123.88	40.20	68.20	71.92^{B}	78.25

日粮脂肪水平对水貂的氮代谢相关指标未产生显著影响（表3-40）。氮代谢是反映动物对蛋白质利用水平的重要指标，日粮中适宜的蛋白质、脂肪和碳水化合物比例能够提高动物的氮沉积。机体摄入的蛋白质和尿氮排出量具有很强的相关关系；随着日粮蛋白质水平的升高，尿能也随之增加。日粮蛋白质或脂肪水平对食入氮未产生显著影响。日粮脂肪水平对水貂的氮代谢相关指标未产生显著影响，日粮蛋白质水平对水貂的氮代谢相关指标产生显著影响，饲喂较高蛋白质水平日粮的水貂的粪氮和尿氮排出量相对较高。

表3-40　颗粒料日粮蛋白质和脂肪水平对冬毛生长期水貂氮代谢的影响

项目	蛋白质水平（%）	脂肪水平（%）	食入氮（g/d）	粪氮（g/d）	尿氮（g/d）	氮沉积（g/d）	蛋白质生物学效价（%）	净蛋白质利用率（%）
组别	34	18	7.16^{ab}	1.77^{ab}	4.23	1.47^{ab}	26.06^{ab}	19.79^{ab}
	34	16	7.70^{a}	1.75^{ab}	4.02	1.65^{a}	30.06^{a}	27.80^{a}
	32	18	7.41^{a}	1.80^{ab}	4.22	1.55^{ab}	24.40^{ab}	21.49^{a}
	32	16	6.64^{ab}	1.63^{b}	3.81	1.37^{ab}	27.39^{ab}	20.23^{a}
	30	18	7.48^{a}	1.86^{ab}	3.53	1.60^{ab}	27.28^{ab}	18.89^{ab}
	30	16	6.10^{b}	2.07^{a}	3.40	1.11^{b}	21.67^{b}	15.07^{b}

（续）

项目	蛋白质水平（%）	脂肪水平（%）	食入氮（g/d）	粪氮（g/d）	尿氮（g/d）	氮沉积（g/d）	蛋白质生物学效价（%）	净蛋白质利用率（%）
蛋白质水平（%）	34		7.43	1.77[ab]	4.13[a]	1.73[a]	28.06	20.80[a]
	32		7.02	1.71[b]	4.02[ab]	1.46[ab]	25.90	20.86[a]
	30		6.85	1.96[a]	3.47[b]	1.38[b]	24.73	17.15[b]
脂肪水平（%）		18	7.35	1.81	3.99	1.51	25.91	20.06
		16	6.85	1.80	3.76	1.55	26.65	19.26

脂肪水平对冬毛生长期水貂毛皮品质未产生显著的影响（表 3 - 41）。毛皮动物体内蛋白质供给不足时，会引起体重减轻、产毛数量减少、毛皮品质降低等一系列问题，而且日粮脂肪源对水貂毛囊的发育和再生具有一定影响。张铁涛等（2016）研究表明，日粮蛋白质、脂肪水平及两者的交互作用对水貂的针毛长、绒毛长及针、绒毛长度比均没有产生显著影响。日粮蛋白质水平显著影响了水貂的活体长和皮长，水貂皮长是划分皮张等级的重要参数，较高的日粮蛋白质水平提高了水貂皮张的优质率。

表 3 - 41　颗粒料日粮蛋白质和脂肪水平对冬毛生长期水貂毛皮品质的影响

项目	蛋白质水平（%）	脂肪水平（%）	活体长（cm）	皮长（cm）	针毛长（cm）	绒毛长（cm）	针、绒毛长度比
组别	34	16	47.83	70.33	2.40	1.53	1.57
	34	16	49.33	71.67	2.43	1.60	1.52
	32	18	49.30	71.00	2.33	1.57	1.49
	32	16	48.00	69.66	2.47	1.62	1.55
	30	18	47.27	70.09	2.43	1.60	1.53
	30	16	47.16	67.05	2.30	1.61	1.45
蛋白质水平（%）	34		48.58[a]	71.00[a]	2.42	1.57	1.55
	32		47.25[a]	68.33[ab]	2.37	1.60	1.49
	30		40.50[b]	58.67[b]	2.15	1.48	1.43
脂肪水平（%）		18	47.94	70.50	2.38	1.56	1.53
		16	43.45	62.40	2.26	1.54	1.46

由此可以得出结论：日粮脂肪水平影响冬毛生长期水貂的终末体重，而日粮蛋白质水平对冬毛生长期水貂的活体长具有影响；冬毛生长期水貂饲喂脂肪水平为 18%和蛋白质水平为 32%～34%的颗粒料，可获得较好的生长性能和毛皮品质。

杨颖等（2014）以豆油、鸡油、鱼油、猪油为脂肪源设计试验，代谢能为 16.5 MJ/kg（粗脂肪含量为 27%）。

试验结果表明，鸡油组公水貂的日采食量显著高于鱼油组；公水貂的干物质消化率、粗蛋白质消化率、脂肪消化率各组之间均无显著差异；干物质消化率、脂肪消化率均以猪油组最高，蛋白质消化率以鸡油组最高。母水貂的日采食量、干物质消化率、蛋白质消化率之间均无显著差异，其中日采食量以鸡油组最高，干物质消化率、蛋白质消化率均以豆油组最高；豆油组、鱼油组母水貂的脂肪消化率显著高于猪油组，其中鱼油组脂肪消化率最高（表 3-42）。动物采食的目的是为了获取能量，在一定的能量水平范围内，动物根据日粮能量水平调整采食量，能量水平高，采食量低；能量水平低，采食量高。Sinclair 等（1962）研究显示，水貂饲喂量和水貂日粮的表观消化能含量有直接关系。日粮的代谢能相同，干物质采食量鱼油组明显低于鸡油组，可能与日粮的适口性有关系。在野生状态下，水貂多以捕捉鱼、鼠、野兔、小鸟、两栖类及昆虫类动物为食，而本试验的结果可能因为日粮中添加的鱼油为经过熟化加工的，鱼腥味特别大而使采食量降低。营养物质消化率的水平依赖于日粮成分中消化酶的可利用度。不同脂肪类型消化率的不同取决于饱和脂肪酸和不饱和脂肪酸的含量，尤其是脂肪酸高于 18 个碳链的脂肪酸影响消化率。日粮脂肪酸的饱和程度越高，不饱和脂肪酸与饱和脂肪酸的比值越低，相应日粮脂肪的利用率越低。当有不饱和脂肪酸存在时，长链饱和脂肪酸的吸收增加，因此可以认为日粮中不饱和脂肪酸与饱和脂肪酸的比值对脂肪的利用率也有很大影响。Wambers 等（1992）研究显示，丹麦水貂的乳腺不含有去饱和长链脂肪酸的酶类。这一现象出现可能说明水貂在自然状态下适应环境习性的演变而成。不同能量来源的日粮对水貂的蛋白质消化率没有显著影响，母水貂猪油组脂肪消化率略低。杨颖等（2014）认为水貂属于肉食动物，可能更倾向消化饱和脂肪酸。

表 3-42　日粮脂肪源对冬毛生长期水貂营养物质消化率的影响

性别	组别	日采食量 (g/d)	干物质排出量 (g/d)	干物质消化率 (%)	蛋白质消化率 (%)	脂肪消化率 (%)
公	豆油	55.60±7.90[ab]	18.55±5.34	66.69±8.00	69.39±7.23	86.80±5.43
	鸡油	63.74±5.40[a]	20.00±1.81	68.58±2.19	72.10±2.12	83.37±10.4
	鱼油	52.54±9.06[b]	17.51±3.14	66.60±2.82	68.17±4.60	82.19±7.78
	猪油	58.71±8.91[ab]	18.12±3.28	69.21±2.59	70.14±3.52	87.99±4.17
母	豆油	62.29±9.15	18.28±2.89	70.65±1.75	68.97±4.81	88.69±2.52[a]
	鸡油	66.66±12.46	21.05±5.37	68.41±4.88	66.48±5.36	84.91±6.93[ab]
	鱼油	55.76±8.02	17.25±3.57	69.23±2.67	64.14±3.21	90.12±4.05[a]
	猪油	64.16±12.1	20.48±3.34	67.82±3.20	67.24±3.20	81.47±7.29[b]

在探究脂肪源对冬毛生长期水貂氮代谢影响的试验中，鱼油组公水貂食入氮显著低于其他各组；鱼油组公水貂尿氮显著低于鸡油组；各组公水貂粪氮、氮沉积、净蛋白质利用率、蛋白质生物学效价均无显著差异。鱼油组母水貂尿氮显著低于猪油组；豆油组母水貂净蛋白质利用率显著高于猪油组；各组母水貂食入氮、粪氮、氮沉积、蛋白质生物学效价均无显著差异，其中母水貂氮沉积豆油组略高于其他组（表 3-43）。在探究脂肪源对冬毛生长期水貂能量指标的影响试验中，鸡油组公水貂总能、尿能、消化能、代谢能显著高于鱼油组；各组公水貂的粪能、总能消化率、总能代谢率和消化能代谢率无显著差异，总能消化率、总能代谢率均以猪油组最高。各组母水貂的总能、消化能、代谢能、总能消化率无显著差异，鸡油组的总能、消化能、代谢能最高；猪油组母水貂的粪能、尿能显著高于鱼油组；鱼油组母水貂的总能消化率、总能代谢率和消化能代谢率最高，鱼油组母水貂的总能代谢率和消化能代谢率显著高于猪油组（表 3-44）。蛋白

表 3-43 日粮脂肪源对冬毛生长期水貂氮代谢的影响

性别	组别	食入氮（g/d）	粪氮（g/d）	尿氮（g/d）	氮沉积（g/d）	净蛋白质利用率（%）	蛋白质生物学效价（%）
公	豆油	4.77±0.51[a]	1.46±0.42	2.25±0.33[ab]	1.06±0.23	22.16±3.95	31.94±4.37
	鸡油	5.11±0.38[a]	1.43±0.13	2.53±0.42[a]	1.15±0.49	22.38±8.93	30.96±12.10
	鱼油	3.90±0.58[b]	1.23±0.18	1.83±0.34[b]	0.84±0.42	20.94±9.19	30.24±11.70
	猪油	4.93±0.92[a]	1.46±0.25	2.47±0.71[ab]	1.00±0.21	20.94±5.55	29.80±7.61
母	豆油	3.41±0.47	1.06±0.24	1.25±0.38[ab]	1.09±0.23	32.80±8.51[a]	47.24±10.52
	鸡油	3.30±0.65	1.09±0.24	1.19±0.33[ab]	1.01±0.34	30.08±7.74[ab]	45.09±10.77
	鱼油	3.06±0.26	1.10±0.15	1.07±0.19[b]	0.88±0.20	28.86±5.53[ab]	45.05±8.96
	猪油	3.25±0.72	1.05±0.16	1.50±0.43[a]	0.78±0.33	23.41±7.97[b]	34.81±11.86

表 3-44 日粮脂肪源对冬毛生长期水貂能量指标的影响

性别	组别	总能（kJ/d）	粪能（kJ/d）	尿能（kJ/d）	消化能（kJ/d）	代谢能（kJ/d）	总能消化率（%）	总能代谢率（%）	消化能代谢率（%）
公	豆油	1 223.85±175.35[ab]	287.01±89.28	55.75±7.82[b]	946.85±134.84	891.10±130.18[ab]	76.90±5.50	72.35±5.42	97.08±0.75
	鸡油	1 414.70±119.90[a]	316.15±45.02	75.58±17.95[a]	1 098.55±120.93[a]	1 022.97±130.52[a]	77.55±3.57	72.14±4.70	92.96±2.25
	鱼油	1 166.00±200.98[b]	287.97±61.09	51.03±12.43[b]	878.03±164.64[b]	827.00±157.97[b]	75.21±3.71	70.81±3.79	94.14±1.15
	猪油	1 308.72±198.54[ab]	277.24±51.76	61.13±11.70[b]	1 031.47±162.11[ab]	970.34±156.33[ab]	78.82±2.65	74.12±2.81	94.03±1.04
母	豆油	1 382.15±203.07	277.13±44.33[ab]	50.47±13.28[ab]	1 105.02±162.40	1 054.55±150.88	79.94±1.33	76.33±1.12[ab]	95.49±7.39[ab]
	鸡油	1 479.71±276.50	323.07±75.66[ab]	57.18±13.48[a]	1 156.64±237.37	1 099.45±225.10	77.95±4.34	74.11±4.06[ab]	95.07±0.45[b]
	鱼油	1 266.88±154.82	254.09±71.70[b]	38.57±8.07[b]	1 012.79±127.64	974.22±126.54	80.04±4.25	76.99±4.51[a]	96.16±0.85[a]
	猪油	1 430.41±269.70	332.63±52.88[a]	56.12±18.47[a]	1 097.79±242.13	1 041.67±230.86	76.38±3.78	72.47±4.09[b]	94.85±1.35[b]

质是一切生物生命活动的物质基础，是有机体的重要组成部分。毛皮动物体内蛋白质供给不足，会引起体重减轻、产毛数量减少、毛皮质量降低等一系列问题。严重的营养失调会导致冬毛密度显著降低，极低的蛋白质水平可能阻碍其毛囊的再生，而毛囊的再生和发育直接影响着冬毛的绒毛密度。毛皮动物日粮中脂肪含量一直就很高，因此毛皮动物日粮的脂肪组成非常重要。杨颖等（2014）研究表明，饲喂不同脂肪源日粮水貂的粗蛋白质消化率、氮沉积、蛋白质生物学效价、净蛋白质利用率均无显著差异；母水貂鱼油组的总能代谢率、消化能代谢率略高于其他组。由此可见，鱼油可能更利于水貂脂肪的消化吸收及能量的利用。

由此可以得出结论，日粮脂肪源对冬毛生长期短毛黑水貂营养物质消化代谢没有明显影响。

第四节　水貂的碳水化合物需要

水貂饲料中的碳水化合物主要有单糖（葡萄糖、果糖、甘露糖和半乳糖）、双糖（乳糖、蔗糖和麦芽糖）、可消化的多糖（淀粉、糖原和淀粉水解产生的糊精），除此之外，还有纤维素、半纤维素、果胶、戊聚糖和木质素等不可消化结构性多糖。

野生水貂是肉食性动物，由于受捕食量和消化肝及肌肉组织中淀粉能力的限制，水貂对碳水化合物吸收量较低。但是对于家养水貂，糖和淀粉等碳水化合物的作用十分重要。在现代水貂营养中，碳水化合物占水貂摄入营养的1/3。在消化道中，碳水化合物被分解成葡萄糖和有机酸并以这种形式被小肠壁吸收入血液。葡萄糖被转运到肝脏形成糖原，这是动物体能量代谢的最简单形式。肝脏能储存少部分的糖原，在短期内能为有机体提供简单的代谢能量。这一部分，葡萄糖和有机酸有同样的可能性被脂肪酸利用；它们能够被代谢成为脂肪并且最后进入脂肪组织，又能够以碳水化合物（乳糖）的形式进入乳液中，或者被用于能量代谢过程。

一、碳水化合物对水貂的生理作用

在水貂营养中，碳水化合物是主要的能量来源，也是一种经济的饲料资源。在消化道中，饲料中可消化的碳水化合物，除了乳糖、蔗糖和麦芽糖外，其他的碳水化合物最终都以葡萄糖的形式被小肠吸收进入水貂的血液循环。不可消化的纤维素等多糖有助于粪便的形成，具有形成肠音和维持肠道蠕动等生理作用。

（一）提供能量

碳水化合物在动物体的主要营养作用是提供能量。这些物质主要是单糖和高消化率的碳水化合物，与脂肪和蛋白质相比，能够更快地为机体提供能量。在水貂日粮中提供适量的碳水化合物和脂肪，添加少量的蛋白质就能够满足水貂的生长需要。另外，碳水化合物水解产生的单糖，也能够通过糖异生过程产生非必需氨基酸，供给水貂的需要。

与其他的肉食性动物一样，水貂在野外摄取的碳水化合物较少。肉食性动物摄取的碳水化合物主要来源存在于它们捕食动物的肠道内容物中的淀粉和糖类，以及存在于肝脏和肌肉中的糖原。尽管碳水化合物对于野外生存的水貂的作用较小，但是糖、淀粉和纤维素在人工水貂的饲养中起到重要作用。如果管理得当，每生产 1 kg 皮毛，只需要 110 kg 混合饲料，这大约是 36 kg 干物质基础日粮。

Leoschke（2011）研究了水貂冬毛生长期碳水化合物的需要量（表 3－45）。考虑到饲养成本，碳水化合物是最经济的能量来源之一，而且提供的代谢能仅次于脂肪。因此，在毛皮动物饲养中为降低饲料成本，保证水貂生长性能，会为水貂提供高水平的脂肪和高质量的谷物日粮。

表 3－45　水貂冬毛生长期营养需要

营养	需要量（kg）
蛋白质	13
碳水化合物	12
脂肪	8
矿物质	3
维生素	适量
总计	36

注：每生产 1 kg 皮毛的需要量。

（二）维持葡萄糖平衡

由于水貂等肉食性动物的小肠刷状缘没有转运活性，因此小肠内葡萄糖含量的变化与日粮中碳水化合物的变化相一致（Buddington 等，1991）。肉食性动物经过长期的进化，已经适应了低碳水化合物的日粮，体内糖异生酶的活性较非肉食性动物强。肝脏中的氨基酸分解酶活性高，而且不受日粮中蛋白质活性的影响。有研究表明，这些酶的活性在禁食的情况下也不受影响，因为水貂等肉食性动物可以利用生糖氨基酸合成葡萄糖（Stryer，1988）。另外，水貂还可利用甘油合成葡萄糖，甘油是脂肪（三酰甘油）的组成成分。因此，水貂在禁食的状态下，不会出现葡萄糖缺乏的症状。

即使在妊娠和哺乳期，给水貂饲喂不含有碳水化合物的日粮也能维持体内葡萄糖的平衡，如日粮中蛋白质、脂肪和糖类给动物体提供能量的百分比为 61∶38∶1 或 47∶52∶1 时。但当蛋白质提供能量少于 33%时，如当蛋白质、脂肪和糖类提供能量比为 33∶66∶1 时，水貂在产后 3 周不能够维持泌乳需要（Boersting 和 Gade，2000；Damgaard 等，2003）。Borsting 和 Damgaard（1995）研究发现，给喂养 6 只幼仔的母水貂饲喂碳水化合物提供能量为 12%的日粮，在泌乳高峰期，母水貂通过糖异生过程可为幼仔提供需要量 73%的葡萄糖。Fink 等（2002b）研究发现在保证血清葡萄糖浓度没有达到临界点的情况下，泌乳期水貂能够利用的能量有 32%来源于可消化碳水化合物的日粮。这说明，水貂糖异生酶的活性高，而且能够适应日粮中碳水化合物、蛋白质和脂肪较大范围的变化。但需要注意的是，水貂在妊娠期后期和泌乳期由于葡萄糖的需要量比较大，有出现低血糖的风险。

值得注意的是，水貂在体内的糖原存储基本枯竭时，水貂还是能够维持体内的葡萄糖平衡（Petersen 等，1995）。同时水貂也能够以糖原的形式储存过多的葡萄糖，这说明在人工饲养条件下，水貂基本不会出现低血糖的情况。

（三）激素对葡萄糖代谢的影响

胰岛素和胰高血糖素水平的改变影响着糖原的合成和非糖分子向葡萄糖的转化（Ganong，1993）。非糖分子向葡萄糖的转化即糖异生，对于哺乳动物，糖异生主要发生在肝中（Donkin，1999）。

Fink 等（2002b）在研究水貂体内碳水化合物的代谢特点时，发现一些有意思的现象。试验选择的是产后 4 周处于泌乳期的水貂，每窝有 6～7 只水貂幼仔，研究发现葡萄糖每分钟的转化率为 4%～5%，葡萄糖的流出量为 12～17 g/d。这表明，日粮中碳水化合物提供的能量占总能量的 1%～32%，对试验结果没有显著的影响。Fink 等（2002a）测定水貂进食后血液中蛋白质、脂肪和碳水化合物的含量，发现这几种物质在血液中的变化范围很大。当研究者给水貂提供无碳水化合物日粮时，进食后水貂血液中的葡萄糖含量没有显著的提高。由于碳水化合物的代谢与血液中激素水平有关，因此这一结果说明为泌乳期水貂提供不同的日粮并不会改变血液中的胰岛素水平。采食高碳水化合物食物后，血糖浓度显著提高，促进胰岛素分泌（Van Den Brand 等，1998）。有研究表明，非妊娠期、非哺乳期母水貂血浆胰岛素含量在饮食限制时显著降低，在重新饲喂后，体内胰岛素含量显著提高（Borsting 等，1998；Fink 等，1998）。当饲料中碳水化合物含量增加时，胰岛素水平也随之增加（Borsting 等，1998）。

从以上的分析可以推断出，水貂在长期的进化中已经适应了低碳水化合物含量的饮食，机体内的葡萄糖并不会因为食物中碳水化合物的缺乏而显著降低。

（四）其他碳水化合物作用

碳水化合物中纤维素的作用也是不可忽视的。纤维素（不可消化的碳水化合物聚合物）主要是植物的结构部件（纤维素和木质素）和纤维素的黏合剂（原果胶和半纤维素）。纤维素有助于粪便的形成（大约 6 kg 粪便中含有 1 kg 纤维素）；纤维素还具有形成肠音和维持肠蠕动的生理作用。但日粮中含量过高的纤维素会显著减弱钠的吸收，间接导致钠的缺乏（Moller，1986）。

二、碳水化合物的主要来源

碳水化合物主要来源于植物性饲料（粗纤维含量低于 18%，粗蛋白质含量低于 20%的籽实类、糠麸类、块根块茎瓜果类，以及工业生产的副产物等），另外各类动物来源饲料（如动物内脏、肉骨粉和鱼粉等）也含有少量的碳水化合物。与其他种类的动物相比，水貂对没加工的谷物消化率极低（Leoschke，1987），结果见表 3 - 46。主要是因为水貂作为肉食性动物，饲料在消化道中停留时间短，肠道内碳水化合物分解酶数量少，使得饲料在肠道中没有足够的作用时间，肠道内的微生物也没有足够的消化时间。饲料从食入到排出只有 4 h，平均只为 2.4 h。

表 3-46 水貂对饲料中碳水化合物的消化率

碳水化合物来源	消化率（%）
原产品	
碎燕麦	76
碎小麦	68
碎玉米	54
马铃薯淀粉	2
处理过的产品	
蒸煮的碎燕麦	84
蒸煮碾压的燕麦	81
蒸煮小麦粉	87
烤小麦片	85
蒸煮小麦	80
烤玉米片	83
蒸煮玉米粉	81
蒸煮玉米	80
蒸煮马铃薯淀粉	77
谷物副产品	
小麦胚粉	70
小麦麸	67
小麦糠	49
玉米片	69
大豆饼粉（蛋白质 50%）	59

由于地域、季节等因素的差异，能够用于水貂饲料中的植物性饲料种类不同，在饲料中的添加比例也有所差异。下面介绍几种水貂常用的植物性饲料及添加比例（李凤兰等，2009）。

（一）谷物类

谷物类是水貂主要的碳水化合物来源，水貂常用的有玉米、大麦、碎大米等。这类原料的特点是淀粉含量高，是比较廉价的能量饲料。

玉米一般都以膨化玉米的形式添加，膨化玉米味香、适口性好，经过膨化后利用率大大提高，以膨化后的干粉计算，一般在水貂日粮中占 15%～40%。大麦含有较高的蛋白质（11%）和铁，在饲喂前将大麦炒熟，去掉外壳后添加到水貂饲料中，添加量为 10%左右效果较好。碎米是糙米（稻谷脱去壳后）去米糠制作大米时产生的碎粒，饲料适口性好，可经过膨化、煮熟或是炒熟后添加，一般在水貂日粮中添加量为 20%左右。

（二）糠麸类

糠麸类是谷类籽实加工的副产品，与谷类饲料相比含粗蛋白质较高，且含有丰富的B族维生素和纤维素，其中小麦麸皮和米糠常被用于水貂饲料。

小麦麸是小麦加工后的副产品之一，来源广泛、数量大，随着加工工艺的不同质量有一定的差异，一般都是经过膨化后添加到水貂饲料中，添加量一般为5%～10%。次粉也是小麦加工的副产品之一，是介于麦麸与面粉之间的产品，通过膨化或是炒熟后，在水貂日粮中添加量为5%～10%。米糠饼含有10%左右油脂，12%左右蛋白质，还有较多的粗纤维，考虑到水貂消化粗纤维能力较差，在日粮中添加量为2%～5%。

（三）根茎类

根茎类主要是一些植物的块茎、块根等，含有丰富的维生素C和维生素K，其中的可溶性无机盐类有助于纤维素的消化。

马铃薯产量高，适合高寒地区种植，在水貂日粮中添加量一般为20%～25%（干物质），但需要注意的是不能使用发芽后和未煮熟的。甘薯俗称地瓜，富含淀粉和胡萝卜素，同样需要蒸煮熟后添加，添加量一般为10%～20%（干物质）；也可添加去除淀粉后的地瓜渣，比例不宜超过5%（干物质）。胡萝卜含有丰富的胡萝卜素，被水貂消化吸收后可以转化成维生素A，在繁殖期和妊娠前期添加，既有饱腹感，又不会使水貂过于肥胖，煮熟后添加，添加量为5%（干物质）。除此以外，还有芋头，煮熟后添加，添加量一般为3%左右。

（四）加工副产物

豆腐渣与油脂配合饲喂水貂适口性好，能够充分满足水貂各个阶段的生理需求，在添加前需要充分煮熟，才能破坏其中会引起水貂消化道疾病的脲酶，添加量一般为5%～10%（干物质）。糖蜜是制糖业中糖液里不结晶的残余部分，含糖量50%左右，适口性好，可以提高动物的采食量，但添加量过高会导致腹泻，因此只限于饲喂成年水貂，添加比例不宜超过5%，常常与酶制剂一同使用。水果渣是制成水果汁后剩下的水果渣经过烘干后再经过细粉碎后获得的，其中含有丰富的维生素、矿物质和果酸，可以降低水貂日粮中酸化剂的添加量，一般添加量为3%～5%。

此外，南瓜、冬瓜、一些青菜和水果也是很好的植物性饲料，能够提供丰富的碳水化合物等营养物质。养殖户可以根据实际生产需要，合理利用资源，在保证水貂生产性能的情况下降低养殖成本，增加效益。

三、不同生理时期水貂的碳水化合物需要

目前没有研究得出水貂对碳水化合物的绝对需要量，尽管Boersting和Gade（2000）研究发现给妊娠期和泌乳期水貂提供无碳水化合物、蛋白质提供能量占总能量45%以上的日粮，依然能够维持体内葡萄糖平衡，但同时也发现给水貂提供适当的碳水化合物日粮依然表现出较好的生产性能。有研究发现与饲喂碳水化合物提供能量占总能

量15%的日粮水貂相比，饲喂无碳水化合物日粮的水貂体重较轻，毛皮质量较差（Leoschke，2011）。Perel’dik等（1972）总结斯堪的纳维亚的一些研究结果发现，水貂日粮中由碳水化合物提供的代谢能不能低于10%也不能高于30%，最佳范围是15%～25%。Leoschke（1980）的结果更加具体，在生长期和毛皮发育期为15%～30%，而在妊娠期和泌乳期为10%～20%。Lebengartz（1968）指出相比于碳水化合物提供的能量占16%而脂肪占48%的日粮，当碳水化合物提供的能量占到48%时，而脂肪提供的能量占20%时，水貂的生长缓慢而且毛皮质量较差，且当给水貂幼仔提供的日粮碳水化合物提供的代谢能为48%时，水貂体现出能量饥饿的状态。Perel’dik等（1972）和Leoschke（1980）关于碳水化合物的研究结果见表3-47。

表3-47 水貂日粮中蛋白质、脂肪和碳水化合物的推荐量（%）

时期	蛋白质	脂肪	碳水化合物
12月至产仔	35	20～50	25
产仔至6月	40	40～50	20
7—8月	30	35～55	30
9月至打皮	30	30～55	30

（一）准备配种期的营养需要

在准备配种期为提高生产性能需要在几周之内适当调节水貂体重，为繁殖期做准备。野生水貂能够获得的食物有限，需要经历一场持续的营养生存斗争，所获得的能量主要用于满足捕食活动的能量消耗。形成鲜明对比的是，水貂养殖中，能够严格控制水貂的生活环境、限制其体力活动，并能够获得无限的营养，简而言之，它们的“日常工作”就是“吃和睡”，但又不能仅仅通过控制采食量的方式控制体重。Wisconsin（1970）研究发现，过分的限制饲喂量会导致水貂蛋白质摄入量不足，而影响水貂的健康。这个时期要限制水貂能量饲料的摄入，但能量水平也不能过低，否则会影响饲料的适口性。每消化1 kg脂肪产生39.77 J能量，每消化1 kg碳水化合物产生17.57 J能量。如果在提供相同能量的条件下，脂肪提供能力强，在水貂日粮中的比例低于碳水化合物的比例。（Leoschke，2011）。水貂中碳水化合物的需要量大约为日粮代谢能需要量的25%，最好其中含有一定比例的可消化纤维饲料（如蔬菜），以干物质计，可达到34%。我国一些养殖场会根据经验在每100 g饲料中添加12～16 g可消化纤维饲料（李秀杰，2017）。

（二）配种期和妊娠期需要

配种期和妊娠期需要继续控制水貂的体重，尤其是在温暖的春季。众所周知，母水貂过胖不利于其在4月末至5月初产仔，且影响其泌乳性能。配种期对碳水化合物的需求与准备配种期基本相同，但是有一些养殖场会在妊娠期按照经验提高碳水化合物的供给量，一般为每100 g饲料含有14～18 g。

（三）泌乳期的需要

泌乳期需要为水貂增加一些脂肪提高水貂日粮中的能量，以维持泌乳期母水貂的体重和水貂幼仔早期体重的增长。泌乳期母水貂需要大量的葡萄糖，用于产生足够的乳汁和乳糖以及自身能量的消耗。Boersting 和 Gade（2000）研究发现，当为泌乳期母水貂提供较低的碳水化合物日粮（碳水化合物提供代谢能需要量的 12%），糖异生消耗的葡萄糖占泌乳期水貂的 70%以上。水貂通过饲料或是体内的生糖氨基酸也可产生足够的葡萄糖，保证体内的血糖平衡。目前，北欧一些国家推荐的哺乳期水貂来自蛋白质和脂肪的代谢能最低都要达到 40%，而碳水化合物提供部分不得超过 20%。加拿大的一些研究者推荐，以哺乳期鲜日粮（干物质 32.0%～33.0%，代谢能 5.648～6.067 MJ/kg）为基础时，碳水化合物最高不能超过 10.0%；以日粮全干物质（代谢能为 17.38～18.67 MJ/kg）计，不超过 30%。我国大型养貂场的经验标准是：代谢能为 0.9～1.3 MJ的 100 g 哺乳期日粮中，碳水化合物为 14～18 g。北美一些国家根据几十年的饲养经验表明，哺乳期给水貂提供 15%加工后的谷物，可使其呈现最佳状态（李秀杰，2017）。

（四）育成生长期需要

育成生长期为水貂提供高质量的谷物饲料能够促进秋季皮毛的发育，需要为水貂提供易消化的饲料，如熟制的谷物和糖蜜。一般在水貂鲜日粮（干物质 32.0%～33.0%，代谢能 5.648～6.067 MJ/kg）中，碳水化合物不能超过 16.0%；以干物质为基础（代谢能 17.38～18.67 MJ/kg），应不超过 42.0%（李秀杰，2017）。

（五）冬毛生长期需要

根据多年的饲养经验和试验数据的收集，发现为获得更好的水貂皮毛，需要在 9 月和 10 月给水貂提供高质量的蛋白质（但在之后的几周逐渐降低）；在 10 月和 11 月给水貂提供高质量的碳水化合物，以提高皮毛的颜色质量。这样饲料中脂肪和蛋白质的含量就会降低，在降低饲料成本的同时使得水貂毛皮在剥皮的最后几周颜色更加鲜明，提高了市场竞争力。

以鲜饲粮（干物质 39.0%～40.0%，代谢能 1.6～1.65 MJ/kg）为基础时，碳水化合物含量最高不能超过 17.0%；以全干物质（代谢能 16.95～17.48 MJ/kg）为基础，碳水化合物含量不能超过 43.0%（李秀杰，2017）。

参考文献

冯艳忠，2009. 水貂饲料特点及研究进展［J］. 黑龙江农业科学（5）：163－164.
蒋清奎，2011. 繁殖期母水貂日粮中适宜蛋白质水平的研究［D］. 北京：中国农业科学院.
李凤兰，何鑫淼，冯艳忠，等，2009. 植物性能量饲料在水貂饲养中的应用［J］. 黑龙江畜牧兽医（2）：50－52.
李光玉，张海华，蒋清奎，等，2012. 母水貂准备配种期日粮适宜脂肪水平的研究［J］. 经济动物学报，16（4）：187－191.
李秀杰，2017. 不同生理阶段水貂对碳水化合物营养的需要［J］. 畜牧兽医科技信息（7）：119－119.
朴厚坤，王树志，丁群山，2004. 实用养狐技术［M］. 北京：中国农业出版社.

魏海军，魏鹳凝，2012. 水貂生长和换毛期的营养与标准化饲养 [J]. 特种经济动植物，15（8）：2-5.

肖振铎，刘世海，隋少奇，2002. 水貂膨化配合饲料筛选试验 [J]. 经济动物学报，6（3）：4-8.

杨颖，李一清，徐佳萍，等，2014. 饲粮能量水平对育成期水貂生长性能和血清生化指标的影响 [J]. 特产研究，2（6）：9-15.

杨颖，刘汇涛，曲勃，等，2014. 不同能量水平的干粉料对生长期母水貂生长性能、毛皮质量及血清生化指标的影响 [J]. 吉林农业大学学报，36（2）：205-212.

杨颖，2013. 日粮能量水平及来源对水貂生产性能和营养物质消化代谢的影响 [D]. 北京：中国农业科学院.

杨颖，吴琼，荣敏，等，2014. 饲粮脂肪源对冬毛期短毛黑水貂营养物质消化代谢的影响 [J]. 动物营养学报，26（8）：2217-2224.

杨颖，张铁涛，岳志刚，等，2014. 饲粮脂肪源对育成期水貂生长性能和营养物质消化代谢的影响 [J]. 动物营养学报，26（2）：380-388.

张海华，南韦肖，王卓，等，2017. 饲粮粗蛋白质和粗脂肪水平对冬毛期公水貂生长性能、营养物质消化率及氮代谢的影响 [J]. 动物营养学报，29（11）：4093-4100.

张海华，王静，杨雅涵，等，2017. 日粮蛋白质和脂肪水平对育成期公水貂生长性能、营养物质消化率及氮代谢的影响 [J]. 饲料工业，38（11）：25-30.

张海华，王士勇，张铁涛，等，2015. 饲粮脂肪水平对母水貂营养物质消化率、氮代谢及繁殖性能的影响 [J]. 动物营养学报，27（9）：2955-2962.

张海华，杨雅涵，南韦肖，等，2016. 饲粮蛋白质和脂肪水平对育成期母水貂生长性能、营养物质消化率及氮代谢的影响 [J]. 动物营养学报，28（9）：2902-2910.

张海华，张铁涛，刘晓颖，等，2016. 不同饲粮蛋白质和脂肪水平对育成期公水貂生长性能及血清生化指标的影响 [J]. 动物营养学报，28（10）：3248-3255.

张海华，张铁涛，周宁，等，2014. 饲粮脂肪水平对哺乳期水貂生产性能及血液生化指标的影响 [J]. 动物营养学报，26（8）：2225-2231.

张铁涛，崔虎，杨颖，等，2012. 饲粮蛋白质水平对冬毛期水貂胃肠道消化酶活性以及空肠形态结构的影响 [J]. 动物营养学报，24（2）：376-382.

张铁涛，崔虎，杨颖，等，2012. 饲粮蛋白质水平对育成期母水貂生长性能、营养物质消化代谢及血清生化指标的影响 [J]. 动物营养学报，24（5）：835-844.

张铁涛，孙皓然，杨雅涵，等，2016. 不同蛋白质和脂肪水平颗粒料对冬毛期水貂生长性能、营养物质消化率、氮代谢和毛皮品质的影响 [J]. 动物营养学报，28（11）：3602-3610.

张显华，张翠艳，2007. 颗粒饲料饲养冬毛期水貂效果试验 [J]. 特产研究（2）：4-6.

钟伟，穆琳琳，张婷，等，2018. 毛皮动物能量代谢的研究进展 [J]. 动物营养学报，30（8）：2879-2886.

周友梅，李钮，1991. 水貂干饲料饲喂法的试验报告 [J]. 毛皮动物饲养（4）：7-8.

邹兴淮，韩云池，1997. 成年水貂配合颗粒饲料择优试验 [J]. 经济动物，1（2）：7-10.

Ahlstrm，1995. Feed with divergent fat：carbohy-drate ratios for blue foxes（*Alopex lagopus*）and mink（Mustela vison）in the growing-furring period [J]. Norway Journal of Agricultural Science，9：115-126.

Alden E，1987. Digestibility trials on mink given fish meal and meat meal [J]. Vara Palsjur，58：276-278.

Allen M R P，Evans E V，Sibbald I R，et al.，1964. Energy protein relationships in the diet of growing mink [J]. Canadian Journal of Physiology and Pharmacology, 42: 733 - 744.

Boersting C F, Gade A, 2000. Glucose homeostasis in mink (Mustela vison): A review based on interspecies comparisons [J]. Scientifur, 24: 9 - 18.

Buddington R K, Chen J W, Diamond J M, et al., 1991. Dietary regulation of intestinal brush - border sugar and amino acid transport in carnivores [J]. American Journal of Physiology, 261: 793 - 801.

Burlacu G, Rus V, Aldea C, 1984. Efficiency of utilizations of food energy by female growing minks [J]. Archives Tierernahr, 34: 739 - 747.

Chwalibog A, Glem - Hansen N, Henckel S, et al., 1980. Energy metabolism in adult mink in relation to protein - energy levels and environmental temperature [C]. Proceedings of the 8th symposium on Energy Metabolism, 26: 283 - 286.

Chwalibog A, Glem - Hansen N, Thorbek G, et al., 1982. Protein and energy metabolism in growing mink (Mustela vison) [J]. Archives Tierernahr, 32: 551 - 562.

ClausenTN, Sandbol P, Hejlesen C, 2005. Protein to mink in the furring period. Importance of fat and carbohydrate [R]. Holstebro: Danish Fur Breeders Research Center.

Damgaard B M, Børsting C F, Engberg R M, et al., 2003. Effects of high dietary levels of fresh or oxidised fish oil on performance and blood parameters in female mink (Mustela vison) during the winter, reproduction, lactation and early growth periods [J]. Acta Agriculturae Scandinavica, 53: 136 - 146.

Evans E V, 1963. Progress in the evaluation of energy and protein requirements of growing mink [J]. Fur Trade Journal of Canada, 40 (12): 8 - 9.

Farrell D J, Wood A J, 1968. The nutrition of the female mink (Mustela vison). I. The metabolic rate of the mink [J]. Canadian Journal of Zoology, 46: 41 - 45.

Fink R, Tauson A H, Hansen K B, 2001. Energy intake and milk production in mink (Mustela vison) - effect of litter size [J]. Archives of Animal Nutrition, 55: 221 - 242.

Fink R, Tauson A H, Forsberg M, 1998. Influence of different planes of energy supply prior to the breeding season on some blood metabolites in the mink (Mustela vison) [J]. Reproduction Nutrition Development, 28: 107 - 116.

Fink R, Borsting C F, Damgaard B M, 2002. Quantitative glucose metabolism in lactating mink (Mustela vison) effects of dietary levels of protein, fat and carbohydrates [J]. Acta Agriculturae Scandinavica, 52: 34 - 42.

Fink R, Børsting C F, Damgaard B M, et al., 2002. Glucose metabolism and regulation in lactating mink (Mustela vison) effects of low dietary protein supply [J]. Archiv Für Tierernährung, 56: 155 - 166.

Hansen N E, Glem - Hansen N, Jorgensen G, et al., 1984. Energy metabolism in mink during the period of growth [C]. 3rd. International Scienctific Congress in Fur Animal Production: Versailles, France.

Harper R B, Travis H F, Glinsky M S, et al. 1978. Metabolizable energy requirement for maintenance and body composition of growing farm - raised male pastel mink (Mustela vison) [J]. Journal of Nutrition, 108: 1937 - 1943.

Hoie J, 1954. Experiments with different amounts of fat and carbohydrates in the food of mink kits [J]. Norsk Pelsyrbld, 28: 175 - 183.

Moller S，1986. Degestibility of nutrients and excretion of water and salts in faces from mink fed different types and levels of fiber [J]. Scientifur，10：62.

Moustgagrd J，Riis P M，1957. Protein requirements for growth of mink [J]. The Black Fox Magazine and Modern Mink Breeder，40（8）：8－11.

NJF，2012. Energy and main nutrients in feed for mink and foxes [R]. 2nd ed. Finland：Fur Animals Nutrition and Feeding Committee.

Palmer L S，1927. Dietetics and its relationship to fur [J]. American fox and fur farmer，7（2）：22－24.

Pereldik N，Titova M I，1950. Experimental determination of feeding standards for adult breeding mink [J]. Karakulevodstvo Zverovodstvo，3：29－35.

Pölönen I，Käkelä R，Miettinen M，et al.，2000. Effects of different fat supplements on liver lipids and fatty acids and growth of mink [J]. Scientifur，24（4）：92－94.

Reijo K，Ilpo P，Maija M，et al.，2001. Effects of different fat supplements on growth and hepatic lipids and fatty acids in male mink [J]. Acta Agriculturae Scandinavica，51（4）：7.

Rikke F，ChristianFriis BÃ，2002. Quantitative glucose metabolism in lactating mink（Mustela vison）－effects of dietary levels of protein，fat and carbohydrates [J]. Acta Agriculturae Scandinavica，52：34－42.

Rouvinen K I，Kiiskinen T，1989. Influence of dietaryfat source on the body fat composition of mink（Mustela vison）and blue fox（*Alopex lagopus*）[J]. Acta Agriculturae Scandinavica，39（3）：279－288.

Sinclair D G，Evans E V，Sibbald I R，et al.，1962. The influence of apparent digestible energy and apparent digestible nitrogen in the diet on weight gain，feed consumption and nitrogen retention of growing mink [J]. Canadian Journal of Biochemistry and Physiology，40（10）：1375－1389.

Van Den Brand，Soede H N M，Schrama J W，1998. Effects of dietary energy source on plasma glucose and insulin concentration in gilts [J]. Journal of Animal Physiology and Animal Nutrition，79：27－32.

Wamberg S，1994. Rates of heat and water loss in female mink（Mustela vison）measured by direct calorimetry [J]. Comparative Biochemistry and Physiology，107A：451－458.

Wambers S，Olesnn C R，Hansen H O，1992. Influence of dietary sources of fat on lipid synthesis inmink（Mustela vison）mammary tissue [J]. Comparative Biochemistry and Physiology Part A：Physiology，103（10）：199－204.

第四章 水貂的蛋白质及氨基酸营养

第一节　蛋白质及氨基酸营养概述

一、蛋白质营养原理

蛋白质不仅是生命的组成部分，而且具有重要的生物学性质，在体内具有多种生物学功能，也是动物体内除水以外含量最多的物质。蛋白质的消化起始于胃，吸收主要在小肠上段 2/3 的部位进行。动物的年龄、饲料中的胰蛋白酶抑制剂和饲料在加工储存中的热损害是影响蛋白质消化的三个主要因素。蛋白质是构成体内酶、激素、抗体、色素的基本原料，这些物质在体内执行着重要的生理功能，维系着生命现象的基本活动。

蛋白质可以代替碳水化合物及脂肪产热，当体内碳水化合物和脂肪不足时，蛋白质也可以在体内经分解氧化释放热能以补充碳水化合物和脂肪的不足。多余的蛋白质可以在肝脏、血液及肌肉中储存，经脱氨基作用将不含氮的部分转化为脂肪储备，以重新分解。蛋白质虽然可以代替碳水化合物和脂肪产热，但脂肪和碳水化合物不能代替蛋白质的作用。

日粮的消化和利用受到蛋白质的数量和质量影响。适量的蛋白质可提高日粮适口性和动物的采食量，并能提高日粮中其他主要营养成分如干物质、纤维素等的消化率，提高日粮的整体利用率。日粮中蛋白质不足，可导致畜禽体内蛋白质代谢的负平衡，造成体重减轻和生产性能下降；过多的日粮蛋白质对于畜禽同样有不利影响，不仅造成原料浪费，而且长期饲喂能够引起机体代谢紊乱以及蛋白质中毒。

二、水貂对蛋白质的消化特点

水貂的胃肠容积仅为 60～100 mL。水貂的消化酶中，有较多的蛋白酶和脂肪酶，能够很好地消化利用蛋白质和脂肪，淀粉酶含量较少，消化淀粉的能力很低，因此水貂消化道生理结构决定了水貂日粮中以动物性饲料为主。水貂对脂肪消化率为 95%～98%，新鲜动物性饲料中蛋白质的消化率为 87%～90%。肉食性毛皮动物能很好地消化熟化谷物中的淀粉，其消化率可达到 80%～83%，对生的谷物淀粉消化率为 54%。国外学者在研究水貂肠道发育过程中发现，水貂以酶消化为主。水貂的消化系统在肠道发育过程中逐渐成熟，其肠道水解酶在4～6周龄活性迅速升高，肠道消化酶在6～10周龄时达到一个高峰。Elnif等（1988）的研究报告中，也得到相同的结论，仔水貂的胃肠蛋白酶活性在1～12周龄逐渐增加，其中胰蛋白酶于10周龄时达到最大水解能力。

三、氨基酸营养原理

氨基酸是构成蛋白质主要的原料和基本单位。在酸碱酶的作用下，蛋白质可被水解成许多氨基酸的混合物（或同时生成一些非蛋白成分，如脂肪、糖、色素等）。氨基酸大都是无色结晶形固体，除胱氨酸和酪氨酸外都能溶于水，除脯氨酸和半胱氨酸外一般都难溶于有机溶剂。不同的溶解性可用于分离氨基酸。除了甘氨酸之外的氨基酸都有左旋性（L-型）或右旋的（D-型）旋光性，以左旋较多。氨基酸有甜味、苦味或者无味的区别，熔点一般为200～300℃。

羧酸分子中含有羧基（—COOH），能与碱作用生成盐，酯化生成酯。胺类分子中含有氨基（$—NH_2$），也能与酸作用生成盐，而酯化生成酰胺，与亚硝酸盐作用生成含羟基的化合物（醇或酚）。氨基酸中既含有羧基又含有氨基，因此，它能进行与羧基和胺类相似的反应。此外，由于氨基酸分子中氨基和羧基的相互影响又显示其特殊的两性性质。

蛋白质的营养价值实质上是氨基酸的营养价值。日粮中的氨基酸，除了游离的氨基酸外，大多为构成蛋白质的主要物质，其占畜禽日粮成本的1/4左右。和其他营养成分相比，氨基酸是畜禽生产经济效益中影响最大地营养成分，它的丰缺及可利用率极大地影响着畜禽的生产性能。动物营养研究的主要目标之一是配制最低成本和能精确预测生产性能的日粮，所以蛋白质是饲料中首要营养物质的进一步提法是：氨基酸当属饲料中的首要营养物质，理想的日粮应首选精确满足动物对特定氨基酸的需要量。赖氨酸在体内代谢生成戊二酰辅酶A（乙酰乙酰辅酶A），进一步代谢可能有两条途径，一是生成乙酰辅酶A，二是少量生成α-酮戊二酸参与代谢。畜禽体内有三种含硫氨基酸，即半胱氨酸、胱氨酸和甲硫氨酸（蛋氨酸），最后代谢为牛磺酸。含硫氨基酸在分解代谢的过程中都可以产生丙酮酸，故为生糖性氨基酸。

Brsting等（2000）讨论的必需氨基酸的近似需要，就是采用理想蛋白质的概念，运用动物体生长性能、毛皮长度和毛质量作为参数而确定（李光玉，2006）。水貂对于品质较差的动物性饲料（羽毛粉、鸡脚等）消化率低，这些饲料中缺乏色氨酸，原料中氨基酸平衡与水貂氨基酸需求一致性差（NRC，1982）。蛋白质饲料在脱水干燥过程中，对色氨酸、胱氨酸和蛋氨酸的破坏严重（Varnish，1975）。在加工鱼粉及禽类副产品的过程中，饲料中的赖氨酸和精氨酸会被破坏（Allison，1949）。而且随着环境污染，一些海洋类生物中重金属超标，水貂在采食过程中，重金属会逐渐累积（Stevens，1997），影响水貂的生长发育，因此研究水貂的日粮蛋白质及日粮类型具有重要的意义。

四、饲料氨基酸的消化率

氨基酸营养目前研究的领域是氨基酸营养效率，主要任务是寻求提高氨基酸营养功能的方法，以便利用氨基酸配制效果最佳、营养利用率最高的日粮。蛋白质对水貂的营养作用，其实质是各种氨基酸对水貂的营养价值。蛋白质质量主要是和必需氨基酸的含量、成分和比例有关，如果必需氨基酸比例不完全和比例不当，仍不算营养良好的蛋白质。

水貂在出生后生长发育迅速，主要归因于体内合成大量的蛋白质和脂肪。0～21 日龄仔水貂体内以极快的增长速度合成蛋白质和脂肪，到 28 日龄时合成蛋白质的增长速度适中，但脂肪和能量的合成增长速度下降，天门冬氨酸（Asp）、谷氨酸（Glu）和亮氨酸（Leu）总含量占体内总氨基酸的 32%，支链氨基酸和含硫氨基酸的含量分别约占 16%和 4%。随着日龄的增加，仔水貂体内的氨基酸组成有所变化，例如精氨酸（Arg）和组氨酸（His）含量明显增加，第 2～3 周蛋氨酸（Met）和苏氨酸（Thr）的含量明显低于第 1 周和第 4 周，而母水貂体内必需氨基酸总量在泌乳期持续降低。

小肠的绒毛长度、隐窝深度、黏膜厚度、绒毛表面积等是衡量小肠消化吸收功能的重要指标。肠绒毛上的微绒毛与营养物质消化吸收有关，微绒毛能够增加小肠的吸收面积，提高营养物质的消化利用率。当肠绒毛萎缩时，绒毛的形状也会相应变化，由正常的指状变成扁平状、棒状，甚至是互相粘连，进而影响绒毛的消化吸收面积和单位面积的细胞数，降低吸收功能，使动物生长速度降低。肠道黏膜不仅能吸收营养物质，还能够提供免疫保护和非免疫保护的防御作用。日粮蛋白质类型能够显著影响小肠的形态结构，使小肠绒毛，隐窝、绒毛长度与隐窝深度的比值等均有所改变。小肠黏膜结构的正常是营养消化吸收和动物正常生长的生理基础，绒毛长度与隐窝深度的比值及绒毛的高度等代表了肠道的功能状况。外源性氨基酸谷氨酸在促进肠道的修复、维持正常的局部免疫中发挥着重要作用。日粮中谷氨酸和谷氨酰胺缺乏，可引起肠黏膜结构异常，导致生产性能下降。

五、理想氨基酸概念

在全球范围内，氮排泄问题受到越来越多的关注，其中，畜牧业的氮排放是主要来源之一。一方面氮排泄对环境产生巨大压力，影响畜牧业健康绿色可持续发展；另一方面氮排泄增加，意味着饲料中蛋白质利用率不高，造成饲料中蛋白质浪费，提高了养殖成本。随着水貂养殖业规模化、集约化发展，氮排放也是人们面对环境保护的问题之一。水貂氮排泄主要通过粪便和尿液，减少蛋白质饲料使用和提高氮利用率是解决氮排放问题的主要手段。由于减少蛋白质的使用一般会引起水貂的生产性能下降，因此提高饲料中的氮利用率成为解决氮排放问题的重要手段。前人的研究结果提示，优化日粮中蛋白质组成、平衡氨基酸组成是提高饲料中氮利用率的关键措施。

蛋白质的质量是指饲料蛋白质被消化吸收后，能满足动物新陈代谢和生产对氮和氨基酸需要的程度。饲料蛋白质越能满足动物的需要，其质量就越高，其实质上是指氨基酸的组成比例和数量；特别是必需氨基酸的比例和数量，与动物所需越是一致，其质量越高。因此，准确评定饲料蛋白质的质量具有重要意义，一直以来都是动物营养研究的热点（杨凤，1991）。

氨基酸组成与采食该种蛋白质的动物组织氨基酸比例相似，于是研究人员提出了动物的氨基酸需要量是通过体蛋白的氨基酸比例和组成来确定的新理论。依据体组织中其他氨基酸与赖氨酸的比例关系，可由赖氨酸的需要量估测其他氨基酸的需要量。在此基础上形成了氨基酸营养上一个重要的新概念，即“理想蛋白质”，用来表示日粮中最佳的氨基酸组成模式，其表达方式是以赖氨酸为参照的各种氨基酸比例。毛皮动物氨基酸需要的显著特点是含硫氨基酸远高于其他家畜（Glem - Hansen，1992）。大量研究表明，毛皮动物的第一限制性氨基酸为含硫氨基酸（Glem - Hansen，1980），因此毛皮动物生产过程中一定要保证含硫氨基酸的供给量。

第二节 水貂的蛋白质营养

蛋白质是水貂生长需要的主要营养来源，水貂的消化道短，对饲料中蛋白质的质量要求比较高。高秀华等（1988）研究发现，生长期公水貂日粮中适宜粗蛋白质水平为38%，冬毛生长期为32%。苏振渝等（1989，1994）通过对育成生长期水貂饲喂不同粗蛋白质水平的日粮发现，水貂育成生长期粗蛋白质水平需达到36%以上。张铁涛（2010，2011a，2011b，2011c，2012a，2012b）研究发现，日粮粗蛋白质水平达到34%时，育成生长期公水貂的生长性能高于日粮中蛋白质水平较高试验组的生长性能；冬毛生长期公水貂日粮粗蛋白质水平达到32%时，获得最大皮张面积。张海华（2011a，2014b）研究发现，水貂日粮中蛋白质水平由32%降低为28%时，水貂尿氮排放减少22.5%，但 *IGF - I*、*IGF - IR* 基因表达水平在高蛋白质日粮组较高。蒋清奎（2012）以繁殖期水貂为研究对象发现，准备配种期水貂饲喂粗蛋白质水平为32.31%的日粮效果较好；妊娠期水貂饲喂粗蛋白质水平为36.53%的日粮时，配种指标和产仔指标最为理想；泌乳期水貂饲喂粗蛋白质水平为44.68%的日粮时，母水貂哺育性能最好。杨嘉实等（1999）在《特产经济动物饲料配方》中建议，母水貂产仔哺乳期蛋白质含量为40%～42%较为适宜。杨福合等（2000）建议，水貂繁殖期蛋白质水平为38%，哺乳期蛋白质为42%。Leoschke（2001）根据动物的采食量与饲料适口性和能量相关，日粮蛋白质的含量一致，分别饲喂水貂的脂肪水平为20%和28%，高脂肪组水貂的蛋白质采食量降低11%。一般动物而言，蛋白质的营养需要不低于消化能的10%（Crampton，1964）。水貂作为严格的肉食性动物，日粮蛋白质能量百分比为25%～40%，才能满足水貂的蛋白质营养需要。北美国家的水貂日粮蛋白质推荐量为生长后期20%，冬毛生长期30%，维持期20%，繁殖期/哺乳期40%，生长前期30%。北欧农业机构的科学家（1911）提出，水貂日粮蛋白质水平为30%代谢能时，能够满足生长后期和冬毛生长期的蛋白质营养需要。多项试验研究结果表明，日粮中含有一定数量的优质蛋白（最低20%），日粮蛋白质水平为25%时，基本能满足育成生长后期的需要，甚至能满足冬毛生长的需要，但参考的标准仅仅是皮张长度，而不是皮张质量（Rasmussen，2000；Sandbol，2004）。Clausen（2003）设计3种不同的日粮，蛋白质、脂肪、碳水化合物的能量比值分别为60∶35∶5、45∶40∶15和30∶45∶25，仔水貂在4周龄时生长最快的试验组为30∶45∶25，而在9周龄时，45∶40∶15日粮组水貂的体重最大。Fink（2000）研究表明，水貂日粮中含有高质量的蛋白质，蛋白质提供的能量占代谢能的30%，并且脂肪与碳水化合物的能值比为45∶25时，水貂的泌乳量最大。Jorgensen（1975）报道水貂日粮富含生物学价值较高的优质蛋白，蛋白质提供的能量占代谢能的35%时，仔水貂在产后3～18 d的体重最大；而生物学价值较低的日粮，蛋白质提供的能量占代谢能的40%时，仔水貂在产后18 d的体重低于高生物学价值组。

一、基于干粉日粮的蛋白质营养需要量研究

（一）育成生长期水貂日粮适宜蛋白质水平研究

张铁涛（2010，2012）选择育成生长期水貂，将日粮蛋白质水平设置为28%、30%、32%、34%、36%和38%，研究不同日粮蛋白质水平对生长性能、营养物质消化率以及血清中蛋白质代谢相关指标的影响。

1. 日粮蛋白质水平对育成生长期母水貂生长性能的影响

（1）体增重　50～65日龄，38%蛋白质水平组极显著高于28%蛋白质水平组和32%蛋白质水平组（$P<0.01$）；66～80日龄，36%蛋白质水平组高于其他各组，但差异不显著（$P>0.05$）；81～95日龄，36%蛋白质水平组极显著高于28%蛋白质水平组（$P<0.01$）；96～110日龄，34%蛋白质水平组显著高于28%和30%蛋白质水平组（$P<0.05$）（表4-1）。

（2）采食量　50～65日龄，34%蛋白质水平组母水貂极显著高于28%蛋白质水平组和30%蛋白质水平组（$P<0.01$）；66～80日龄，34%蛋白质水平组显著高于28%蛋白质水平组（$P<0.05$）；81～95日龄，34%蛋白质水平组显著高于28%蛋白质水平组和30%蛋白质水平组（$P<0.05$）；96～110日龄，各组间差异不显著（$P>0.05$）（表4-1）。

（3）饲料转化率　50～65日龄，38%蛋白质水平组母水貂极显著低于28%蛋白质水平组和32%蛋白质水平组（$P<0.01$）；66～80日龄，各组差异不显著（$P>0.05$）；81～95日龄，28%蛋白质水平组极显著高于34%蛋白质水平组和36%蛋白质水平组（$P<0.01$）；96～110日龄，30%蛋白质水平组显著高于38%蛋白质水平组（$P<0.05$）（表4-1）。

本试验结果表明，母水貂在50～65日龄，38%蛋白质水平组生长最为迅速，此期间水貂的发育需要大量营养物质。水貂在8周龄前，生长发育迅速，平均日增重在10 g以上。日粮营养不足或失衡能引起体内能量失衡、生长缓慢甚至代谢紊乱。母水貂在育成生长期（50～110日龄）蛋白质水平较低，水貂的采食量明显高于其他各组。母水貂在育成生长期，34%蛋白质水平组获得了最高的体增重，料重比也优于其他各组蛋白质水平日粮对育成生长期母水貂生长性能的影响。

2. 日粮蛋白质水平对母水貂的营养物质消化代谢的影响

（1）干物质消化率　65日龄时，各组母水貂间差异不显著（$P>0.05$）；80日龄时，38%蛋白质水平组极显著高于28%蛋白质水平组、30%蛋白质水平组、32%蛋白质水平组和34%蛋白质水平组（$P<0.01$）；95日龄时，38%蛋白质水平组极显著高于28%蛋白质水平组和30%蛋白质水平组（$P<0.01$），32%蛋白质水平组、34%蛋白质水平组、36%蛋白质水平组和38%蛋白质水平组间的差异不显著（$P>0.05$）；110日龄时，36%蛋白质水平组和38%蛋白质水平组极显著高于28%蛋白质水平组（$P<0.01$）（表4-2）。

（2）蛋白质消化率　65日龄时，各组母水貂间差异不显著（$P>0.05$）；80日龄时，38%蛋白质水平组显著高于28%蛋白质水平组、30%蛋白质水平组和32%蛋白质

表 4-1 日粮蛋白质水平对母水貂生产性能的影响

项目	日龄	蛋白质水平（%）					
		28	30	32	34	36	38
体增重（g）	50～65	161.30±43.53^{Aab}	200.05±37.44^{ABbc}	155.53±34.69^{Aa}	182.85±18.44^{ABabc}	191.94±49.87^{ABabc}	221.37±27.35^{Bc}
	66～80	119.50±31.60	100.07±16.02	123.83±41.60	129.82±22.36	134.75±52.75	119.37±17.12
	81～95	83.50±22.03^{Aa}	140.72±55.10^{ABb}	124.69±30.24^{ABab}	146.03±33.90^{ABb}	172.35±65.10^{Bb}	130.71±43.60^{Abab}
	96～110	143.53±30.81^{ac}	137.79±33.45^{a}	174.55±44.42^{ab}	202.73±58.82^{b}	193.30±73.07^{ab}	196.22±31.38^{bc}
	50～110	429.67±105.35^{a}	524.50±107.83^{ab}	591.33±109.87^{b}	629.50±92.24^{b}	545.50±104.70^{ab}	549.33±109.24^{ab}
采食量（kg）	50～65	1.27±0.06^{Aab}	1.23±0.07^{Aa}	1.31±0.07^{ABbc}	1.34±0.04^{Bc}	1.29±0.05^{ABac}	1.30±0.07^{ABbc}
	66～80	1.12±0.11^{a}	1.14±0.12^{ab}	1.19±0.04^{ab}	1.22±0.06^{b}	1.15±0.04^{ab}	1.14±0.03^{ab}
	81～95	1.21±0.10^{a}	1.22±0.03^{a}	1.28±0.16^{ab}	1.36±0.04^{b}	1.26±0.10^{ab}	1.24±0.10^{ab}
	96～110	1.20±0.14	1.25±0.09	1.23±0.10	1.27±0.11	1.24±0.04	1.24±0.05
	50～110	5.07±0.26^{Bb}	4.09±0.22^{Aa}	4.20±0.24^{Aa}	4.15±0.14^{Aa}	4.25±0.21^{Aa}	4.13±0.17^{Aa}
饲料转化率（%）	50～65	8.34±2.21^{Bb}	6.33±1.23^{Aa}	8.70±1.47^{Bb}	7.41±0.68^{ABab}	7.05±1.54^{ABab}	5.96±0.97^{Aa}
	66～80	9.79±2.16	11.47±1.19	10.72±3.84	9.57±1.47	9.85±4.60	9.69±1.37
	81～95	15.25±4.11^{Bb}	10.20±5.14^{ABa}	10.61±1.98^{ABa}	9.71±2.09^{Aa}	8.02±2.61^{Aa}	10.42±3.42^{ABa}
	96～110	8.50±1.17^{ab}	9.82±3.78^{b}	7.52±2.28^{ab}	6.93±2.94^{ab}	7.35±3.11^{ab}	6.47±1.25^{a}
	50～110	12.41±2.97^{b}	8.05±1.50^{a}	7.69±2.37^{a}	6.70±1.02^{a}	8.18±1.79^{a}	7.49±1.39^{a}

水平组（$P<0.05$）；95 日龄时，32%蛋白质组、34%蛋白质组和 38%蛋白质组极显著高于 28%蛋白质组和 30%蛋白质组（$P<0.01$）；110 日龄时，28%蛋白质组极显著低于 32%蛋白质组、36%蛋白质组和 38%蛋白质组（$P<0.01$）。

（3）脂肪消化率　65 日龄、95 日龄时，38%蛋白质组母水貂极显著高于 28%蛋白质组、30%蛋白质组和 32%蛋白质组（$P<0.01$）；80 日龄时，38%蛋白质组极显著高于 28%蛋白质组、32%蛋白质组和 36%蛋白质组（$P<0.01$）；110 日龄时，各组差异不显著（$P>0.05$）（表 4-2）。

表 4-2　日粮蛋白质水平对育成生长期母水貂营养物质消化代谢的影响

项目	日龄	蛋白质水平（%）					
		28	30	32	34	36	38
干物质消化率（%）	65	74.72±4.30	70.78±3.30	70.81±4.73	71.91±5.01	75.12±3.90	69.13±3.12
	80	67.57±2.37^{Aa}	70.21±5.72^{Aa}	68.73±2.67^{Aa}	69.93±3.70^{Aa}	72.49±5.53^{ABa}	77.40±5.51^{Bb}
	95	62.52±1.43^{Aa}	64.86±2.14^{ABab}	68.26±4.36^{BCbc}	69.33±2.16^{BCcd}	68.73±2.30^{BCcd}	72.06±4.74^{Cd}
	110	63.11±1.34^{Aa}	66.71±2.03^{ABab}	69.56±5.93^{Bbd}	67.47±1.00^{ABabc}	71.51±6.32^{Bcd}	72.11±2.15^{Bd}
蛋白质消化率（%）	65	72.91±5.21	75.12±5.95	70.80±4.35	72.52±5.28	78.08±3.97	74.82±6.05
	80	72.82±3.14^{a}	73.10±6.67^{a}	73.43±3.80^{a}	74.75±4.43^{ab}	75.60±5.33^{ab}	80.42±5.03^{b}
	95	76.36±1.74^{Aa}	76.59±8.77^{Aa}	80.46±2.77^{Bb}	82.13±1.55^{Bb}	79.51±2.44^{ABb}	81.24±3.63^{Bb}
	110	67.09±3.52^{Aa}	70.07±2.41^{ABab}	73.81±5.39^{Bb}	71.96±2.20^{ABb}	73.67±5.88^{Bb}	73.82±3.12^{Bb}
脂肪消化率（%）	65	77.63±3.76^{ADa}	74.46±6.68^{Aa}	75.60±6.69^{ADa}	84.42±2.79^{BCcd}	83.03±1.20^{BCDbcd}	85.86±4.80^{Bd}
	80	82.86±2.14^{Aa}	83.15±5.78^{ABa}	81.48±3.02^{Aa}	84.36±2.23^{ABa}	82.25±6.11^{Aa}	91.36±2.41^{Bb}
	95	81.31±2.27^{Aa}	83.34±2.77^{Aab}	83.99±3.31^{Aab}	87.07±2.31^{ABbc}	87.25±4.05^{ABbc}	91.00±2.21^{Bc}
	110	82.33±5.36	87.05±1.32	86.14±3.52	84.66±1.89	85.13±5.33	88.51±2.84

本试验结果表明，从整体趋势来看，增加日粮蛋白质水平可以提高干物质消化率。水貂在 95 日龄时生长迅速，对日粮中的蛋白质消化率较高，组间蛋白质消化率差异不显著。日龄对水貂的蛋白质消化率存在显著性影响。随着日龄的增加，过高蛋白质水平虽然增加了蛋白质消化率，但差异不显著。饲粮中较高的蛋白质水平能够提高脂肪消化率，但在试验末期，母水貂冬毛期临近，对脂肪的需要量增加，此时各组间脂肪消化率差异不显著。

3. 日粮蛋白质水平对育成生长期母水貂氮平衡的影响

（1）食入氮和粪氮指标　65 日龄时，36%蛋白质组和 38%蛋白质组食入氮极显著高于其他各组（$P<0.01$）；80 日龄时，34%蛋白质组、36%蛋白质组和 38%蛋白质组食入氮组间差异不显著（$P>0.05$），但均极显著高于 28%蛋白质组和 30%蛋白质组（$P<0.01$）；95 日龄和 110 日龄时，28%蛋白质组食入氮极显著低于 32%蛋白质组、34%蛋白质组、36%蛋白质组和 38%蛋白质组（$P<0.01$）。65 日龄、80 日龄、95 日龄和 110 日龄时，各组粪氮含量差异不显著（$P>0.05$）。

（2）尿氮指标　65 日龄和 80 日龄时，28%蛋白质组母水貂极显著低于 38%蛋白质组（$P<0.01$）；95 日龄时，36%蛋白质组显著高于 28%蛋白质组、30%蛋白质组和 32%蛋白质组（$P<0.05$）；110 日龄，34%蛋白质组显著高于其他各组（$P<0.05$）。

（3）氮沉积指标　65 日龄时，36%蛋白质组母水貂显著高于 30%蛋白质组（$P<$

0.05)；80 日龄时，38%蛋白质组显著高于 30%蛋白质组（$P<0.05$）；95 日龄时，32%蛋白质组显著高于 28%蛋白质组、30%蛋白质组和 36%蛋白质组（$P<0.05$）；110 日龄，38%蛋白质组极显著高于 34%蛋白质组（$P<0.01$）。

（4）蛋白质生物学效价和净蛋白质利用率指标　80 日龄和 95 日龄时，各组母水貂间两项指标差异不显著（$P>0.05$）；110 日龄时，34%蛋白质组这两项指标均极显著低于其他各组（$P<0.01$）。

本试验结果表明，母水貂采食高蛋白质水平饲粮，食入氮呈现明显升高的趋势。随着日粮中的蛋白质水平升高，水貂尿氮排出量增加。蛋白质生物学效价及净蛋白质利用率在一定程度上反映了日粮蛋白质品质及氨基酸平衡。由本试验还可以得出，母水貂在 80 日龄后，日粮蛋白质水平达到 32%时，继续增加日粮蛋白质水平并没有显著提高蛋白质生物学效价和净蛋白质利用率（表 4-3）。

表 4-3　日粮蛋白质水平对育成生长期母水貂氮平衡的影响

项目	日龄	蛋白质水平（%）					
		28	30	32	34	36	38
食入氮（g/d）	65	3.64±0.19^{ACbc}	3.40±0.18^{Aa}	3.76±0.21^{BCbc}	3.85±0.12^{BCc}	4.47±0.23^{Dd}	4.31±0.18^{Dd}
	80	3.65±0.34^{Aa}	3.92±0.42^{Aa}	4.23±0.13^{Bb}	4.75±0.24^{BCc}	4.73±0.18^{BCbc}	4.95±0.14^{Cc}
	95	3.67±0.30^{Aa}	3.91±0.10^{ACa}	4.42±0.54^{BCb}	4.96±0.14^{BDcd}	4.84±0.39^{BDcd}	5.03±0.40^{Dd}
	110	3.63±0.43^{Aa}	4.03±0.29^{ACb}	4.24±0.35^{BCb}	4.62±0.38^{BDc}	4.76±0.17^{Dc}	4.83±0.20^{Dc}
粪氮（g/d）	65	0.98±0.18	0.84±0.19	1.10±0.18	1.05±0.18	0.98±0.18	1.07±0.23
	80	0.99±0.12	1.04±0.22	1.17±0.16	1.19±0.18	1.16±0.26	0.97±0.25
	95	0.86±0.06	0.91±0.02	0.86±0.16	0.93±0.06	0.99±0.16	0.94±0.19
	110	1.19±0.14	1.20±0.11	1.11±0.26	1.29±0.12	1.25±0.25	1.26±0.12
尿氮（g/d）	65	1.03±0.47^{Aa}	1.86±0.31^{Bb}	1.59±0.37^{ABab}	1.80±0.74^{ABab}	1.75±0.53^{ABab}	2.01±0.63^{Bb}
	80	1.12±0.46^{Aa}	1.97±0.19^{Bb}	1.70±0.29^{ABb}	1.94±0.43^{Bb}	1.91±0.35^{Bb}	2.24±0.33^{Bb}
	95	1.33±0.54^{Aa}	1.60±0.35^{ABab}	1.35±0.40^{Aa}	1.94±0.55^{ABabc}	2.40±0.37^{Bc}	2.17±0.36^{ABbc}
	110	1.43±0.20^{Aa}	1.45±0.34^{Aa}	1.65±0.23^{Aa}	2.62±0.16^{B}	2.06±0.18^{Aa}	1.41±0.30^{Aa}
氮沉积（g/d）	65	1.62±0.48^{b}	0.72±0.37^{a}	1.07±0.57^{ab}	1.34±0.27^{ab}	1.74±0.58^{b}	1.23±0.48^{ab}
	80	1.63±0.68^{ab}	1.10±0.62^{a}	1.66±0.49^{ab}	1.75±0.99^{ab}	1.83±0.36^{ab}	1.97±0.72^{b}
	95	1.47±0.31^{a}	1.40±0.46^{a}	2.21±0.57^{b}	2.08±0.65^{ab}	1.44±0.44^{a}	1.92±0.48^{ab}
	110	1.09±0.15^{ABab}	1.28±0.35^{ABab}	1.60±0.59^{Bb}	0.87±0.22^{Aa}	1.46±0.36^{Bb}	2.05±0.66^{Bc}
蛋白质生物学效价（%）	65	61.41±16.78^{Bc}	26.74±13.21^{Aa}	39.20±8.03^{ABab}	51.62±11.84^{ABbc}	49.67±16.15^{ABbc}	34.92±14.72^{ABab}
	80	50.03±10.12	43.39±7.06	50.72±9.08	47.92±12.03	51.70±12.79	49.18±7.08
	95	53.53±7.50	46.32±13.49	62.58±6.38	51.47±8.61	44.34±9.92	46.71±8.93
	110	46.67±4.26^{Bb}	41.89±7.91^{Bb}	50.44±8.02^{Bb}	19.32±11.01^{Aa}	44.92±8.32^{Bb}	53.50±10.25^{Bb}
净蛋白质利用率（%）	65	41.78±13.02^{b}	22.71±8.76^{a}	31.14±13.70^{ab}	39.68±2.49^{ab}	42.29±10.64^{b}	33.51±21.18^{ab}
	80	33.97±8.79	35.10±9.98	37.48±10.66	36.60±9.93	38.79±8.11	39.73±7.17
	95	40.79±5.44	45.59±8.44	50.33±6.07	41.88±5.43	36.31±5.79	38.18±9.17
	110	31.29±3.13^{Bb}	29.18±6.84^{Bb}	37.79±6.05^{Bb}	14.03±8.34^{Aa}	33.17±8.52^{Bb}	37.93±4.97^{Bb}

综合试验结果得出，母水貂在50～65日龄，38%蛋白质组生长最为迅速，此期间水貂的发育需要大量营养物质。水貂在8周龄前，生长发育迅速，平均日增重在10 g以上。母水貂在育成生长期（50～110日龄）蛋白质水平较低，水貂的采食量明显高于其他各组（$P<0.05$）。水貂在50～65日龄、65～80日龄、80～95日龄和95～110日龄时，适宜的蛋白质摄入量分别为30～33 g/d、28～35 g/d、30～32 g/d和29～40 g/d。

（二）冬毛生长期水貂日粮适宜蛋白质水平研究

张铁涛（2012）研究了干粉日粮蛋白质水平对冬毛生长期水貂生产性能、营养物质消化率和毛皮品质的影响，日粮蛋白质水平为28%、30%、32%、34%、36%和38%（表4-4），通过小肠形态学分析日粮蛋白水平与水貂小肠消化形态之间的相互关系。

1. 日粮蛋白质水平对公水貂生产性能的影响 冬毛生长期公水貂在饲喂不同蛋白质水平日粮时，生产性能存在显著差异表4-4。

（1）体增重 冬毛前期38%组公水貂的体增重极显著高于28%和32%蛋白质组公水貂（$P<0.01$）；冬毛中期，各组公水貂间的体增重差异不显著（$P>0.05$），但36%蛋白质公水貂组的体增重高于其他各组的平均体增重；冬毛后期，36%蛋白质组公水貂的体增重极显著高于28%蛋白质组公水貂（$P<0.01$），34%和36%蛋白质组公水貂的体增重显著高于28%组公水貂（$P<0.05$）。冬毛生长期公水貂的总增重，32%和36%蛋白质组公水貂极显著高于28%蛋白质组公水貂体增重（$P<0.01$）。

（2）采食量 冬毛生长期中期28%和32%蛋白质组公水貂显著高于36%蛋白质组（$P<0.05$），冬毛生长期后期34%蛋白质组公水貂极显著高于36%蛋白质组公水貂（$P<0.01$）。28%蛋白质组公水貂的总耗料量极显著高于其他试验组公水貂（$P<0.01$）。

（3）饲料转化率 冬毛生长期前期38%蛋白质组公水貂的饲料转化率极显著低于28%和32%蛋白质日粮组公水貂（$P<0.01$）；冬毛生长期中期，各组公水貂间的饲料转化率差异不显著（$P>0.05$）；冬毛后期，34%和36%蛋白质组公水貂极显著低于28%蛋白质组公水貂（$P<0.01$）。冬毛生长期内，28%蛋白质组公水貂的平均饲料转化率显著高于其他试验组（$P<0.05$）。

在冬毛生长期内，公水貂在冬毛期内体重持续增长，34%蛋白质日粮组的公水貂平均饲料转化率最佳。

2. 日粮蛋白质水平对公水貂毛皮质量的影响 饲喂不同蛋白质水平日粮的公水貂，其毛皮质量存在显著性差异（表4-5）。30%蛋白质组和32%蛋白质组公水貂，其体长极显著高于34%蛋白质组、36%蛋白质组和38%蛋白质组（$P<0.01$）；32%蛋白质组公水貂的皮长极显著高于其他试验组公水貂皮长（$P<0.01$）；30%蛋白质和32%蛋白质日粮组公水貂的胸围显著高于38%蛋白质组水貂（$P<0.05$），其他各组间胸围差异不显著（$P>0.05$）；32%蛋白质组公水貂的鲜皮重极显著高于28%蛋白质组、30%蛋白质组和34%蛋白质组水貂（$P<0.01$）；30%蛋白质组和32%蛋白质组水貂的上楦板皮毛长度极显著高于28%蛋白质组公水貂（$P<0.01$）。

在研究日粮蛋白质水平对公水貂皮质的影响时发现，32%蛋白质组公水貂的体长和皮长极显著高于其他试验组（$P<0.01$）；水貂的鲜皮重指标，间接反映毛皮的厚度和皮板质量，32%蛋白质组水貂的鲜皮重与各组水貂间存在显著性差异（表4-5）。

表 4-4 日粮蛋白质水平对冬毛生长期公貂生长性能的影响

项目	阶段	蛋白质水平（%）					
		28	30	32	34	36	38
体增重（g）	前期	161.30±43.53^{Aac}	200.05±37.44^{ABab}	155.53±34.69^{Ac}	182.85±18.44^{ABabc}	191.94±49.87^{ABabc}	221.37±27.35^{Bb}
	中期	119.50±31.60	100.07±16.02	123.83±41.6	129.82±22.36	134.75±52.75	119.37±17.12
	后期	83.5±22.03^{Aa}	140.72±55.10^{ABb}	124.69±30.24^{ABab}	146.03±33.90^{ABb}	172.35±65.10^{Bb}	130.71±43.60^{Aab}
总增重（g）		429.67±105.35^{a}	524.50±107.83^{ab}	591.33±109.87^{b}	629.50±92.24^{b}	545.50±104.70^{ab}	549.33±109.24^{ab}
采食量（g/d）	前期	113.82±13.03	117.54±9.25	124.18±6.31	116.47±12.29	121.99±3.69	117.79±7.86
	中期	122.63±3.42^{ac}	117.33±13.68^{abc}	125.12±15.16^{a}	101.64±14.72^{bc}	99.42±16.36^{b}	104.90±16.70^{abc}
	后期	122.20±10.27^{ABab}	124.74±6.16^{ABa}	121.60±9.60^{ABab}	129.30±7.90^{Aa}	109.52±9.79^{Bb}	125.04±7.46^{ABa}
总耗料量（kg）		5.07±0.26^{A}	4.09±0.22^{Ba}	4.20±0.24^{Ba}	4.15±0.14^{Ba}	4.25±0.21^{Ba}	4.13±0.17^{Ba}
饲料转化率（%）	前期	8.34±2.21^{ACa}	6.33±1.23^{ABa}	8.70±1.47^{Ca}	7.41±0.68^{ABCab}	7.05±1.54^{ABCab}	5.96±0.97^{Bb}
	中期	9.79±2.16	11.47±1.19	10.72±3.84	9.57±1.47	9.85±4.60	9.69±1.37
	后期	15.25±4.11^{Aa}	10.20±5.14^{ABb}	10.61±1.98^{ABb}	9.71±2.09^{Bb}	8.02±2.61^{Bb}	10.42±3.42^{ABb}
平均饲料转化率(%)		12.41±2.97^{a}	8.05±1.50^{b}	7.69±2.37^{b}	6.70±1.02^{b}	8.18±1.79^{b}	7.49±1.39^{b}

表 4-5　日粮蛋白质水平对公水貂皮毛质量的影响

项目	蛋白质水平（%）					
	28	30	32	34	36	38
体长（cm）	45.17 ± 1.72^{ABa}	47.67 ± 1.03^{Bb}	47.97 ± 1.03^{Bb}	44.83 ± 0.75^{Aa}	44.33 ± 2.42^{Aa}	44.50 ± 2.43^{Aa}
皮长（cm）	68.67 ± 3.56^{Aa}	71.00 ± 2.83^{Aa}	77.17 ± 2.79^{Bb}	71.00 ± 3.58^{Aa}	71.17 ± 3.37^{Aa}	71.33 ± 5.20^{Aa}
胸围（cm）	28.25 ± 2.47^{ab}	29.67±1.72b	29.87±1.97b	27.17±2.48ab	27.07±2.48ab	25.83±4.54a
鲜皮重（g）	157.00 ± 22.04^{Aa}	188.33 ± 28.70^{ABab}	226.67 ± 22.90^{Bc}	174.83 ± 27.64^{ACab}	190.50 ± 25.53^{ABabc}	205.00 ± 46.33^{BCbc}
上楦长（cm）	66.33 ± 5.61^{Aa}	73.00 ± 2.68^{ABbc}	77.00 ± 4.15^{Bc}	72.33 ± 3.98^{ABbc}	71.83 ± 4.17^{ABb}	73.00 ± 4.69^{ABbc}

3. 日粮蛋白质水平对冬毛生长期公水貂营养物质消化代谢的影响

（1）干物质消化率　公水貂在冬毛前期，38%蛋白质组公水貂极显著高于28%蛋白质组公水貂（$P<0.01$），显著高于30%蛋白质组公水貂（$P<0.05$）；冬毛中期，各试验组公水貂间的干物质消化率差异不显著（$P>0.05$）；冬毛后期，34%蛋白质组和38%蛋白质组公水貂极显著高于28%蛋白质组（$P<0.01$），34%蛋白质组显著高于30%蛋白质组（$P<0.05$）。

（2）蛋白质消化率　冬毛前期时，36%蛋白质组和38%蛋白质组公水貂极显著高于28%蛋白质组和30%蛋白质组（$P<0.01$），32%蛋白质组和34%蛋白质组公水貂显著高于28%蛋白质组和30%蛋白质组（$P<0.05$）；冬毛中期，各组公水貂间的蛋白质消化率差异不显著；冬毛后期，32%蛋白质组和38%蛋白质组极显著高于28%蛋白质组（$P<0.01$），34%蛋白质组和36%蛋白质组显著高于28%蛋白质组（$P<0.05$）。在脂肪消化率指标上，公水貂在冬毛生长期内各组间差异不显著（$P>0.05$）。

（3）脂肪消化率　冬毛生长期水貂的干物质消化率和蛋白质消化率，相对于育成生长期水貂的两项指标均有不同的降低，而脂肪消化率相对于育成生长期明显提高。在进入冬毛生长期后，水貂的体型基本长成，生长速度逐渐迟缓，对脂肪的蓄积逐渐增强，为过冬做准备，对日粮中脂肪的需求量增加，日粮中脂肪的消化率明显增高。随着日粮中蛋白质水平的提高，冬毛生长期公水貂的干物质消化率逐渐增加。冬毛生长期公水貂的脂肪消化率各组间不存在显著性差异，公水貂对脂肪需求的增加，消除了较高蛋白质对脂肪消化率的影响（表4-6）。

表 4-6　日粮蛋白质水平对冬毛生长期公水貂营养物质消化代谢的影响（%）

项目	阶段	蛋白质水平					
		28	30	32	34	36	38
干物质消化率	前期	74.27 ± 4.83^{Aa}	76.09 ± 4.11^{Ba}	77.84 ± 2.84^{ABab}	77.21 ± 5.11^{ABab}	79.83 ± 1.67^{ABab}	81.36 ± 2.18^{Bb}
	中期	66.82±1.24	66.85±4.82	67.14±3.67	66.65±2.57	67.53±3.10	67.28±1.87
	后期	68.05 ± 2.44^{Aa}	69.78 ± 1.58^{ABac}	70.58 ± 1.88^{ABab}	73.08 ± 2.52^{Bb}	70.97 ± 2.96^{ABbc}	72.57 ± 2.91^{Bbc}
蛋白质消化率	前期	75.84 ± 4.81^{Aa}	76.44 ± 6.40^{Aa}	81.48 ± 2.30^{ABb}	80.85 ± 3.98^{ABb}	82.98 ± 1.99^{Bb}	83.98 ± 1.55^{Bb}
	中期	63.51±6.42	64.30±4.88	68.37±3.80	64.33±2.88	67.85±4.06	65.32±3.29
	后期	64.07 ± 4.25^{Aa}	67.39 ± 4.31^{ABab}	73.07 ± 3.55^{Bc}	70.35 ± 2.59^{ABbc}	69.35 ± 1.97^{ABbc}	72.45 ± 6.09^{Bc}
脂肪消化率	前期	89.67±3.33	88.83±6.57	92.48±3.37	90.77±7.66	94.76±0.55	94.90±0.50
	中期	92.42±2.17	92.83±2.59	90.54±7.12	90.62±7.14	94.14±2.12	93.78±2.53
	后期	93.64±1.07	94.22±2.53	94.55±2.32	95.22±0.94	93.00±4.62	95.85±1.66

4. 日粮蛋白质水平对水貂空肠消化酶活性的影响 38%蛋白质组水貂空肠胰淀粉酶活性极显著低于其他5组水貂（$P<0.01$），28%蛋白质组和32%蛋白质组水貂的胰淀粉酶活性显著低于34%蛋白质组和38%蛋白质组（$P<0.05$）；38%蛋白质组水貂空肠胰脂肪酶活性极显著高于28%蛋白质组、30%蛋白质组、32%蛋白质组和34%蛋白质组水貂（$P<0.01$），28%蛋白质组、32%蛋白质组和34%蛋白质组水貂的酶活性显著高于30%蛋白质组（$P<0.05$），38%蛋白质组水貂脂肪酶活性显著高于36%蛋白质组水貂（$P<0.05$）；34%蛋白质组水貂的空肠胰蛋白酶活性极显著高于其他5组水貂（$P<0.01$），28%蛋白质组、30%蛋白质组和38%蛋白质组水貂的酶活性显著高于32%蛋白质组（$P<0.05$）（表4-7）。

表4-7 日粮蛋白质水平对水貂空肠消化酶活性的影响

项目	蛋白质水平（%）					
	28	30	32	34	36	38
胰淀粉酶活性（IU）	36 113.4±3 941.9^{Aa}	27 031.9±7 480.1^{ABb}	34 819.2±3 844.6^{Aa}	47 632.3±4 816.7^{C}	24 747.6±2 473.4^{Bb}	24 178.3±2 800.0^{Bb}
胰脂肪酶活性（IU）	425.2±71.6^{ACa}	329.1±44.6^{Ab}	422.8±87.9^{ACa}	414.9±54.9^{ACa}	473.2±42.4^{BCa}	575.8±72.8^{Bc}
胰蛋白酶活性（IU）	306.7±12.4^{Aa}	285.9±39.7^{Aa}	246.1±32.4^{Ab}	418.1±40.3^{B}	271.0±58.6^{Aab}	301.1±32.1^{Aa}

5. 日粮蛋白质水平对水貂空肠形态结构的影响 饲喂不同蛋白质水平日粮，水貂的空肠形态结构存在显著性差异。空肠绒毛长度指标，28%蛋白质组和36%蛋白质组水貂极显著高于其他4组水貂（$P<0.01$），34%蛋白质组水貂极显著高于30%蛋白质组、32%蛋白质组（$P<0.01$）；36%蛋白质组水貂的隐窝深度极显著高于32%蛋白质组、34%蛋白质组和38%蛋白质组水貂（$P<0.01$），30%蛋白质组水貂显著高于32%蛋白质组、34%蛋白质组和38%蛋白质组水貂（$P<0.05$）；34%蛋白质组和38%蛋白质组水貂空肠R/C值极显著高于30%蛋白质组水貂（$P<0.01$）；28%蛋白质组水貂的肠壁厚度极显著高于其他5组水貂（$P<0.01$），34%蛋白质组、36%蛋白质组和38%蛋白质组水貂间的肠壁厚度差异不显著（$P>0.05$）；36%蛋白质组水貂的肠黏膜厚度极显著高于其他五组水貂（$P<0.01$），28%蛋白质组和30%蛋白质组水貂极显著高于32%蛋白质组和38%蛋白质组水貂（$P<0.01$），显著高于34%蛋白质组水貂（$P<0.05$）。

小肠黏膜结构的正常是动物营养消化吸收和正常生长的生理基础，绒毛长度与隐窝深度、绒毛长度等代表了肠道的功能状况。36%日粮蛋白质水平组的小肠黏膜的隐窝深度及黏膜厚度，显著高于其他试验组的水貂，对于营养物质的更好吸收构成了较好的生理基础。肠壁的厚度能够对肠道起到保护作用，是天然的物理屏障，能够降低动物体的发病概率。适宜的日粮蛋白质水平能够调节试验中各组水貂的小肠形态结构参数，奠定小肠良好吸收营养物质的生理基础（表4-8）。

表 4-8 日粮蛋白质水平对水貂空肠形态结构的影响

项目	蛋白质水平（%）					
	28	30	32	34	36	38
绒毛长度（μm）	$1\,206.8\pm30.4^{Aa}$	732.7 ± 29.8^{Bb}	887.7 ± 30.7^{Cc}	$1\,088.9\pm88.6^{D}$	$1\,235.0\pm12.1^{Aa}$	827.90 ± 69.3^{BCc}
隐窝深度（μm）	189.6 ± 16.8^{ABabc}	199.4 ± 47.7^{ABac}	156.5 ± 13.5^{Ab}	150.7 ± 26.0^{Ab}	215.2 ± 41.3^{Bc}	165.1 ± 37.2^{Aab}
绒毛长度/隐窝深度	5.9 ± 0.8^{ACab}	4.6 ± 0.8^{Aa}	6.3 ± 0.7^{ABCb}	8.2 ± 1.6^{Bc}	6.7 ± 1.9^{ABbc}	6.9 ± 1.0^{BCbc}
肠壁厚度（μm）	633.9 ± 43.0^{A}	405.4 ± 50.5^{Ba}	318.9 ± 22.9^{C}	478.3 ± 39.2^{BDb}	506.2 ± 58.9^{Db}	457.1 ± 31.8^{BDab}
黏膜厚度（μm）	163.1 ± 7.4^{Aa}	164.2 ± 14.0^{Aa}	101.7 ± 15.6^{Bc}	139.7 ± 21.8^{Ab}	211.6 ± 18.2^{C}	108.9 ± 9.5^{Bc}

综上所述，冬毛期公水貂日粮蛋白质水平达到32%时，在保持生长速度的前提下可获得最大的皮张面积。冬毛生长期公水貂的干物质消化率随日粮中蛋白质水平的增加而增加。饲粮中的蛋白质水平能够调节水貂的空肠绒毛长度、隐窝深度、肠黏膜厚度等肠道形态结构指标。饲喂34%蛋白质水平的水貂绒毛长度与隐窝深度的值高于其他试验组，水貂的绒毛长度与隐窝深度的值适宜，增加了小肠的绒毛吸收面积。

二、不同日粮类型的蛋白质、脂肪营养需要量研究

张铁涛（2010）在研究不同日粮类型和蛋白质水平对育成生长期公水貂的生长性能、营养物质消化率和氮代谢的影响时，采用2×3双因子试验设计，选择3组水貂饲喂干粉型日粮，蛋白质水平分别为32%、34%和36%；另外3组水貂饲喂颗粒型日粮，蛋白质水平分别是32%、34%和36%。

1. 体增重指标 日粮类型和日粮营养水平的交互作用，对试验终末体重和平均日增重具有极显著差异（$P<0.01$）。育成生长期公水貂在第3次称重时，干粉料组的水貂体重高于颗粒料组，采食量高于颗粒料组。在整个试验期中，饲料类型对水貂体重和平均日增重具有显著的影响，干粉料组水貂的体重在不同时间点的称重均高于颗粒料组。而在研究日粮蛋白质水平时，32%～36%蛋白质水平对水貂体重的变化并没有显著性的影响。34%颗粒料组水貂在试验终末体重时，生长性能与36%干粉料组的水貂持平，但在群体水平比较时，干粉料组的饲喂效果要优于颗粒料组。可能存在的原因是水貂对脂肪需要量比较高，传统的制粒方式在高脂肪日粮中很难成形，所以在水貂饲料制粒的过程中，采用油脂后喷涂的加工工艺，这一方法虽然解决了日粮高油脂的问题，但增加了油脂与空气接触的面积，脂肪易于氧化酸败，这可能是导致水貂颗粒料在群体生产水平低于干粉料组的原因（表4-9）。

表 4-9 日粮类型及营养水平对育成生长期公水貂生长性能的影响（g）

项目	蛋白质水平	初始体重	第 2 次	第 3 次	第 4 次	终末体重	平均日增重
组别	干粉（32%）	1 084	1 272	1 532^{a}	1 629^{a}	1 764^{AB}	11.12^{AB}
	干粉（34%）	1 098	1 258	1 445^{ab}	1 621^{a}	1 756^{AB}	9.76^{BC}
	干粉（36%）	1 068	1 291	1 499^{a}	1 676^{a}	1 843^{A}	12.29^{A}
	颗粒（32%）	1 079	1 218	1 364^{b}	1 543^{ab}	1 644^{BC}	9.16^{CD}
	颗粒（34%）	1 081	1 209	1 363^{b}	1 664^{a}	1 809^{A}	11.99^{A}
	颗粒（36%）	1 078	1 172	1 347^{b}	1 459^{b}	1 550^{C}	7.66^{D}
日粮类型	干粉料	1 106	1 272^{a}	1 488^{A}	1 639^{a}	1 783^{a}	10.92^{a}
	颗粒料	1 079	1 201^{b}	1 359^{B}	1 567^{b}	1 768^{b}	9.92^{b}
营养水平	32%蛋白质	1 108	1 242	1 444	1 586	1 704	10.14
	34%蛋白质	1 088	1 232	1 418	1 642	1 782	10.87
	36%蛋白质	1 081	1 226	1 404	1 568	1 706	10.13
P 值	组别	0.467	0.313	0.013	0.014	0.004	0.001
	日粮类型	0.343	0.030	0.001	0.050	0.024	0.037
	营养水平	0.715	0.917	0.584	0.206	0.189	0.291
	交互作用	0.733	0.616	0.547	0.019	0.006	0.001

2. 日粮类型及蛋白质水平对水貂营养物质消化率的影响 育成生长期水貂的干物质采食量中，颗粒组水貂的采食量略低于干粉料组，但干粉料组水貂的干物质排出量显著高于颗粒组，因而颗粒料组水貂的干物质消化率高于干粉料组水貂。日粮类型对于干物质排出量具有显著性的影响，而营养水平对干物质排出量具有极显著的影响，日粮蛋白质水平越高，水貂的干物质排出量相应地减少，34%蛋白质组的干物质消化率在 3 个营养梯度中最高。日粮类型对蛋白质的消化率没有明显影响，但日粮蛋白质水平对蛋白质消化率影响差异极显著，通过该指标评价，34%～36%蛋白质水平对于育成生长期公水貂较为适宜。日粮类型和日粮蛋白质水平的交互作用，对水貂的干物质消化率和蛋白质消化率未见明显影响。饲料中蛋白质含量越多，则通过粪氮排出量就相对较少，消化的蛋白质相对较多，从而提高了蛋白质的表观消化率。日粮的加工方式和日粮类型对日粮的理化性质影响均极显著，并在日粮 pH 和淀粉糊化度上存在极显著互作，可改变干物质和蛋白质消化率（表 4-10）。

表 4-10 日粮类型及蛋白质水平对水貂营养物质消化率的影响

项目	蛋白质水平	干物质采食量（g/d）	干物质排出量（g/d）	干物质消化率（%）	蛋白质消化率（%）	脂肪消化率（%）
组别	干粉（32%）	106.62^{ab}	39.52^{A}	63.27^{C}	70.17^{B}	82.05
	干粉（34%）	117.64^{a}	35.82^{AB}	69.48^{AB}	78.09^{A}	87.06
	干粉（36%）	103.63^{ab}	30.99^{BC}	70.09^{AB}	77.26^{A}	87.12
	颗粒（32%）	100.56^{ab}	35.58^{AB}	64.65^{BC}	70.65^{B}	82.44
	颗粒（34%）	107.40^{ab}	28.54^{C}	73.35^{A}	78.74^{A}	88.08
	颗粒（36%）	96.00^{b}	30.36^{BC}	66.88^{BC}	74.88^{AB}	80.56

（续）

项目	蛋白质水平	干物质采食量(g/d)	干物质排出量(g/d)	干物质消化率(%)	蛋白质消化率(%)	脂肪消化率(%)
日粮类型	干粉料	109.29	35.44[a]	67.62	75.17	85.41
	颗粒料	101.32	31.50[b]	68.29	74.76	83.69
营养水平	32%蛋白质	103.59[ab]	37.55[A]	63.96[B]	70.41[B]	82.25
	34%蛋白质	112.52[a]	32.18[B]	71.41[A]	78.41[A]	87.57
	36%蛋白质	99.82[b]	30.68[B]	68.49[A]	76.07[A]	83.84
P 值	组别	0.152	0.007	0.004	0.003	0.288
	日粮类型	0.088	0.028	0.642	0.775	0.462
	营养水平	0.079 1	0.007	0.001	0.001	0.171
	交互作用	0.931	0.296	0.143	0.632	0.343

综上所述：含有36%蛋白质的干粉料组和含有34%蛋白质的颗粒料组的育成生长期公水貂体重最大，平均日增重最高；日粮类型对水貂采食量具有一定影响，蛋白质水平提高，干物质和蛋白质消化率随之提高；育成生长期水貂饲喂34%蛋白质的颗粒料可达到36%蛋白质的干粉料组水貂的生产性能。

三、日粮不同蛋白质、脂肪水平的营养需要量研究

张铁涛（2016）研究不同蛋白质和脂肪水平的颗粒料对冬毛生长期水貂的生长性能和营养物质消化率的影响，采用2×3双因子试验设计，水貂日粮水平分别是按Ⅰ组（34% CP，18%EE）、Ⅱ组（34% CP，16% EE）、Ⅲ组（32% CP，18% EE）、Ⅳ组（32% CP，16%EE）、Ⅴ组（30%CP，18%EE）和Ⅵ组（30%CP，16%EE）配制颗粒日粮。

1. 日粮蛋白质和脂肪水平对水貂生长性能的影响 Ⅰ组和Ⅲ组水貂的平均日增重极显著高于Ⅱ组、Ⅳ组和Ⅵ组水貂（$P<0.01$）；脂肪水平比较中，18%组水貂的终末体重显著高于16%组水貂（$P<0.05$），18%脂肪组水貂的平均日增重极显著高于16%组（$P<0.01$）。本试验结果表明，各试验组间的平均日增重存在显著性差异，脂肪水平影响了水貂体重，较高水平的脂肪促进水貂的生长发育。而蛋白质水平对水貂体重的影响相对较小，较高蛋白质低脂肪水貂的增重低于低蛋白质高脂肪组水貂（表4-11）。

表4-11　日粮蛋白质和脂肪水平对水貂生长性能的影响

项目		初始体重(g)	第2次称重(g)	第3次称重(g)	第4次称重(g)	终末体重(g)	平均日增重(g)
组别	Ⅰ	1 621	1 774[a]	1 855	1 964[a]	1 943	7.03[A]
	Ⅱ	1 595	1 621[b]	1 718	1 897[ab]	1 837	4.34[B]
	Ⅲ	1 630	1 724[ab]	1 801	1 925[ab]	1 939	6.95[A]
	Ⅳ	1 584	1 750[ab]	1 706	1 772[ab]	1 796	4.11[B]
	Ⅴ	1 633	1 657[ab]	1 788	1 833[ab]	1 797	5.77[AB]
	Ⅵ	1 617	1 652[ab]	1 675	1 738[b]	1 787	4.64[B]

（续）

项目		初始体重（g）	第2次称重（g）	第3次称重（g）	第4次称重（g）	终末体重（g）	平均日增重（g）
脂肪水平（%）	18	1 628	1 729	1 797	1 904	1 904[a]	6.58[A]
	16	1 602	1 688	1 745	1 802	1 781[b]	4.35[B]
蛋白质水平（%）	34	1 609	1 707	1 795	1 937	1 897	5.69
	32	1 612	1 735	1 763	1 864	1 882	5.89
	30	1 622	1 653	1 753	1 797	1 791	5.34
*P*值	组别	0.982	0.120	0.382	0.158	0.298	<0.001
	脂肪水平	0.471	0.219	0.341	0.066	0.026	0.006
	蛋白质水平	0.960	0.216	0.773	0.134	0.218	0.702
	交互作用	0.955	0.129	0.547	0.831	0.961	0.091

2. 日粮蛋白质和脂肪水平对水貂营养物质消化率的影响 由表4-12可知，Ⅵ组水貂的蛋白质消化率极显著低于其他试验组（$P<0.01$）；18%脂肪组水貂的蛋白质消化率极显著高于16%组（$P<0.01$）；34%和32%蛋白质组水貂的干物质消化率极显著高于30%蛋白质组（$P<0.01$）。本试验中，18%脂肪组水貂的采食量低于16%脂肪组水貂，而在蛋白质水平上表现出相反的研究结果，较高的蛋白质组水貂的采食量较好，可能是较高的蛋白质水平日粮中动物性日粮含量较高，对水貂的适口性更高，这些研究结果与NRC结论相一致。日粮蛋白质消化率受多种因素影响，水貂对日粮蛋白质的消化利用主要取决于蛋白质来源、品质以及氨基酸组成、比例等。育成生长期和冬毛生长期水貂蛋白质需要量研究表明，日粮中蛋白质水平较高时，水貂的蛋白质消化率也较高。本试验结果中，日粮脂肪水平和蛋白质水平对水貂的干物质消化率和脂肪消化率没有显著影响，日粮中较高的蛋白质水平提高了水貂的蛋白质消化率，与先前的研究结果相一致。

表4-12 日粮蛋白质和脂肪水平对水貂营养物质消化率的影响

项目		干物质采食量（g/d）	干物质排出量（g/d）	干物质消化率（%）	蛋白质消化率（%）	脂肪消化率（%）
组别	Ⅰ	120.89	38.20	68.43	75.18[A]	82.93
	Ⅱ	128.67	42.32	66.94	77.07[A]	76.96
	Ⅲ	123.89	39.79	67.99	75.57[A]	81.26
	Ⅳ	112.78	36.08	68.03	75.48[A]	79.85
	Ⅴ	123.20	40.46	65.37	74.98[A]	77.93
	Ⅵ	127.11	42.22	66.62	65.02[B]	76.96
脂肪水平（%）	18	115.98	39.42	67.26	75.84[A]	80.38
	16	123.88	40.20	68.20	71.92[B]	78.25
蛋白质水平（%）	34	124.78	40.26	67.69	76.13[A]	79.94
	32	118.34	37.93	68.01	75.52[A]	77.45
	30	116.03	41.42	65.99	70.01[B]	83.84

（续）

项目		干物质采食量 (g/d)	干物质排出量 (g/d)	干物质消化率 (%)	蛋白质消化率 (%)	脂肪消化率 (%)
P 值	组别	0.687	0.450	0.721	<0.001	0.258
	脂肪水平	0.398	0.737	0.957	<0.001	0.220
	蛋白质水平	0.714	0.371	0.373	<0.001	0.302
	交互作用	0.224	0.274	0.667	<0.001	0.254

综上所述：日粮脂肪水平显著影响冬毛生长期水貂的体重；本试验条件下，冬毛生长期水貂饲喂18%日粮脂肪水平和32%～34%蛋白质水平的颗粒料组，水貂的生长性能最佳。

四、基于鲜饲料的蛋白质营养需要量研究

（一）育成生长期水貂的蛋白质需要量研究

张海华（2011）为了确定育成生长期水貂适宜的蛋白质水平，试验动物分别饲喂日粮粗蛋白质水平为36%、32%、28%、24%和20%，可消化蛋白质含量分别为每千克干物质中363.1 g、331.2 g、295.4 g、251.8 g和219.2 g，各组日粮能量保持一致。

1. 日粮蛋白质水平对育成生长期水貂生长发育的影响 随着试验天数的增加，各组水貂体重呈明显的上升趋势；随着日粮蛋白质水平的降低，水貂体重呈显著的下降趋势（$P<0.05$）。到试验期末，36%、32%和28%蛋白质组水貂平均体重显著高于2个低蛋白质日粮组水貂平均体重（$P<0.05$）。尽管由于饲料来源、种类和品质的差别导致水貂在蛋白质需要量方面存在一定的差异，但都有一个一致的结论：当日粮中蛋白质含量过低时，会引起动物的体增重下降和生产性能降低；当饲料中蛋白质的含量过高时，不但不能提高动物的体重和生产性能，而且会降低经济效益。由水貂体重增长规律可知，水貂在育成生长期的开始阶段生长速度较快，到了生长后期，生长速度明显下降，可见水貂的生长旺期在育成生长期。随着日粮蛋白质水平的增加，日增重和动物的体重并不是无限制地增加，由低蛋白质水平到高蛋白质水平，开始增加可以刺激生长，当日粮中蛋白质水平达到一定的限度之后，如果继续增加日粮蛋白质的含量反而是有害的，会造成动物日增重下降（表4-13）。

表4-13 日粮蛋白质水平对育成生长期水貂生长发育的影响

项目	蛋白质水平（%）				
	36	32	28	24	20
体重（kg）					
1 d	0.82±0.07	0.82±0.12	0.82±0.08	0.82±0.11	0.83±0.07
15 d	1.28±0.12[a]	1.20±0.16[ab]	1.15±0.16[b]	1.14±0.15[b]	1.06±0.14[c]
30 d	1.62±0.14[a]	1.53±0.18[b]	1.50±0.16[b]	1.48±0.21[b]	1.40±0.20[b]
45 d	1.81±0.17[a]	1.78±0.20[ab]	1.74±0.17[ab]	1.66±0.14[b]	1.57±0.24[c]
60 d	1.97±0.21[a]	1.95±0.22[a]	1.93±0.77[a]	1.84±0.18[b]	1.76±0.29[c]

（续）

项目	蛋白质水平（%）				
	36	32	28	24	20
平均日增重（g）					
0～15 d	30.64±5.32^{a}	25.31±5.74^{b}	22.14±6.14^{bc}	21.41±7.22^{c}	15.39±5.05^{d}
15～30 d	22.69±6.14^{c}	22.01±3.37^{c}	23.27±5.38^{bc}	22.71±3.77^{c}	22.46±6.44^{c}
30～45 d	12.68±2.01^{bc}	16.70±3.65^{a}	15.99±2.84^{a}	12.01±2.94^{bc}	11.39±3.43^{c}
45～60 d	10.69±3.02^{B}	11.40±6.13^{B}	12.71±3.43^{AB}	11.97±3.84^{B}	11.99±3.83^{B}

2. 日粮蛋白质水平对育成生长期水貂生产性能和营养物质消化率的影响 不同日粮蛋白质水平对水貂的体重和平均日增重有显著的影响（$P<0.05$）。随着日粮蛋白质水平的降低水貂的终体重和平均日增重有明显的下降趋势。当日粮蛋白质水平从36%降到28%时，对水貂终末体重和平均日增重的影响差异不显著（$P>0.05$），但随着日粮蛋白质水平的降低，体重有明显的下降趋势。

当日粮中蛋白质水平低于动物的需要量时，蛋白质会尽可能地满足维持需要，但动物机体不能吸收足够的蛋白质来合成体蛋白质和体脂肪等，而机体内各种物质的消化代谢都是相互作用的，不能分隔开来消化吸收，这样必然会影响其他营养物质的消化吸收。当给水貂饲喂高蛋白质日粮时，水貂摄入足够需要的蛋白质用于机体消化吸收及组织合成，过剩的蛋白质将会造成必需氨基酸和非必需氨基酸之间的不平衡和浪费，还会增加胃肠的负担，使其分泌和蠕动机能增加，消化不完全的蛋白质饲料在胃肠中的停留时间就会缩短，使其他营养物质也不能充分的消化吸收就排出体外，造成动物消化不良或腹泻，从而导致营养物质的消化率过低。本研究表明，随着日粮蛋白质水平的降低，干物质消化率有下降的趋势，氮的表观消化率和脂肪消化率随着日粮蛋白质水平的降低而极显著地下降（表4-14）。

表4-14 日粮蛋白质水平对育成生长期水貂生长性能和营养物质消化率的影响

粗蛋白质水平（%）	初始体重（kg）	终末体重（kg）	平均日采食量（g）	平均日增重（g）	饲料转化率（%）	干物质消化率（%）	氮表观消化率（%）	脂肪消化率（%）
36	0.82±0.07	1.97±0.21^{b}	96.87±4.77^{c}	20.67±1.66^{ab}	4.64±0.08^{b}	84.42±9.52	90.07±2.56^{a}	94.88±2.54^{A}
32	0.82±0.12	1.95±0.22^{b}	98.23±6.62^{b}	19.44±1.88^{b}	4.97±0.11^{b}	84.39±4.40	89.02±3.28^{a}	94.87±2.27^{A}
28	0.82±0.08	1.93±0.77^{b}	98.93±7.99^{b}	18.72±2.33^{b}	5.17±0.12^{ab}	83.69±1.37	88.32±1.81^{ab}	94.03±1.35^{AB}
24	0.82±0.11	1.84±0.18^{c}	100.76±12.36^{b}	18.08±3.08^{c}	5.59±0.07^{a}	82.11±3.81	86.13±1.11^{b}	91.56±4.59^{BC}
20	0.83±0.07	1.76±0.29^{d}	105.04±5.33^{a}	18.44±2.77^{bc}	5.71±0.14^{a}	81.52±3.11	85.98±2.84^{b}	89.96±2.94^{C}

综上所述，日粮蛋白质水平从36%降至28%时对水貂生长性能没有显著影响，日粮蛋白质水平为28%时即可满足育成生长期水貂生长发育的需要。

（二）冬毛生长期水貂的蛋白质需要量研究

水貂冬毛生长期营养物质的需要量较生长前期低（NRC，1982），但此时期饲料的品质直接关系到水貂最终的毛皮品质，对养殖水貂的经济效益起着关键性作用。Zhang Haihua（2011）选择健康公水貂，随机分成5组，分别饲喂日粮粗蛋白质水平为32%、28%、24%、20%和16%的日粮，日粮中可消化蛋白质分别为每千克干物质中326.4 g、

284.7 g、249.3 g、203.9 g和172.8 g（表4-15）。各组日粮能量保持一致。

表4-15 日粮蛋白质水平对冬毛生长期水貂生长性能的影响

蛋白质水平（%）	初始体重（kg）	终末体重（kg）	平均日采食量（g）	干物质消化率（%）	氮表观消化率（%）	脂肪消化率（%）
32	1.94±0.21	1.99±0.36	93.75±11.3[b]	82.96±1.95	88.20±1.80[a]	94.71±2.79[a]
28	1.95±0.23	2.08±0.21	88.06±17.45[c]	82.96±1.06	85.88±1.10[b]	94.65±2.16[a]
24	1.92±0.19	2.04±0.17	96.94±9.1[ab]	82.60±3.36	85.39±1.42[b]	94.26±1.19[a]
20	1.97±0.27	2.02±0.33	103.15±18.48[a]	83.69±1.36	82.32±2.22[c]	92.73±2.85[a]
16	1.95±0.27	1.96±0.30	104.45±11.18[a]	81.32±1.97	78.91±2.21[d]	89.71±3.52[b]

1. 日粮蛋白质水平对冬毛生长期水貂生产性能的影响 日粮蛋白质水平对冬毛生长期水貂体重影响差异不显著（$P>0.05$），日采食量随日粮蛋白质水平的降低有增加的趋势（$P<0.05$）。不同蛋白质水平日粮的干物质消化率差异不显著（$P>0.05$），氮表观消化率随日粮粮蛋白质水平的降低显著下降（$P<0.05$），脂肪消化率随日粮蛋白质水平的降低有下降趋势（$P<0.05$）。由于冬毛生长期的水貂体重增长的最佳时期已经过去，转入毛皮生长和体脂储存的最重要时期，所以体增重差异均不显著。日采食量随日粮蛋白质水平降低而增加，可能是由于冬毛生长期水貂每天需要摄取一定量的蛋白质才能满足机体维持和毛绒生长需要，随着蛋白质水平的降低，为保证机体能量的需要，机体发挥了自身的调节作用。

2. 日粮蛋白质水平对冬毛生长期水貂毛皮品质的影响 由表4-16可知，不同蛋白质水平日粮对水貂体长、针毛长和绒毛长影响差异不显著（$P>0.05$），但随着日粮蛋白质水平的降低都有相应的下降趋势。日粮蛋白质水平对水貂的干皮长和皮重有显著的影响（$P<0.05$），随着日粮蛋白质水平的降低，水貂的干皮长和皮重显著下降。日粮蛋白质水平对水貂针毛细度和绒毛细度的影响差异极显著（$P<0.01$），随着日粮蛋白质水平的降低，针毛细度和绒毛细度呈极显著的下降趋势。本试验初期正值9月中下旬，水貂进入冬毛生长期，各组间水貂的初始体重差异不显著，造成各组体长差异不显著。干皮重随着日粮蛋白质水平的降低而降低，可能是到了试验后期，天气寒冷等因素造成水貂维持需要的能量较高，而低蛋白质日粮较高蛋白质日粮提供的能量低，动物需要消耗体蛋白质来弥补其维持需要量。随着日粮蛋白质水平增加，水貂针毛和绒毛的细度都有显著的增加趋势。低蛋白质日粮中添加蛋氨酸可以明显地提高水貂针毛和绒毛的细度，但毛细度与水貂蛋氨酸添加量之间的变化规律不明显，具体机制还有待于深入地研究。

表4-16 日粮蛋白质水平对水貂毛皮性能的影响

蛋白质水平(%)	体长（cm）	干皮长（cm）	干皮重（g）	针毛长（cm）	绒毛长（cm）	针毛细度（μm）	绒毛细度（μm）
32	45.14±2.19	76.63±2.97[a]	215.25±29.00[a]	2.16±0.09	1.44±0.11	37.64±1.61[A]	3.65±0.45[A]
28	44.75±1.16	76.13±2.99[ab]	206.87±27.03[a]	2.14±0.18	1.41±0.09	36.47±1.39[B]	3.44±0.38[B]
24	44.75±1.28	74.37±1.84[bc]	195.50±18.18[ab]	2.10±0.18	1.36±0.11	35.65±2.35[C]	3.31±0.46[C]
20	43.00±0.58	73.62±3.02[bc]	195.25±20.85[ab]	2.09±0.21	1.37±0.19	35.59±3.64[C]	3.05±0.45[E]
16	42.25±1.38	72.00±1.51[c]	176.75±16.56[b]	2.10±0.07	1.34±0.11	32.14±4.29[D]	3.02±0.34[E]

综合考虑各因素，日粮蛋白质水平应在284.7 g/kg左右，244.5 g/kg（以干物质为基础）可消化蛋白质可满足水貂育成生长期的需要。当日粮蛋白质水平从32%下降到28%时，尿氮可降低22.45%，有利于提高水貂对营养的利用率，降低饲料成本，减少氮排放量。

（三）育成生长期母水貂日粮适宜蛋白质和脂肪水平的营养需要量研究

张海华（2011）采用2×3因子试验设计，探讨日粮中蛋白质和脂肪水平对育成生长期母水貂生长性能、营养物质消化率及氮代谢的影响，确定育成生长期母水貂日粮中蛋白质和脂肪的适宜水平。试验设计2个蛋白质水平，即32%（L）、36%（H）；以及3个脂肪水平，即10%（L）、20%（M）、30%（H），共配制6种试验日粮。

1. 日粮蛋白质和脂肪水平对母水貂生长性能的影响 LH组水貂试验末重和平均日增重均最高，且显著高于LL组和HL组（$P<0.05$），并且随着日粮脂肪水平的增加呈显著的上升趋势（$P<0.05$）；平均日采食量LH组最低，料重比LH组极显著低于其他各组（$P<0.01$）。研究表明，动物采食量直接受饲料能量水平的影响。LH组水貂终末体重高引起平均日增重较高，又因采食量最低，所以料重比最低，但LH组水貂终末体重与平均日增重与LM组差异不显著，可见当蛋白质水平为32%、脂肪水平为20%和30%，尤其是脂肪水平为30%时，育成生长期母水貂生产性能最佳（表4-17）。

表4-17 日粮蛋白质和脂肪水平对母水貂生长性能的影响

组别	初始体重（kg）	终末体重（kg）	平均日增重（g）	平均日采食量（g）	料重比
LL	0.73±0.04	1.23±0.12^{b}	8.50±2.06^{b}	71.30±7.33^{abc}	8.39±1.65^{A}
LM	0.73±0.04	1.31±0.11^{ab}	9.58±1.77^{ab}	73.11±6.83^{ab}	7.63±1.74^{AB}
LH	0.73±0.04	1.37±0.17^{a}	10.62±2.73^{a}	62.96±9.85^{c}	5.93±2.01^{C}
HL	0.73±0.03	1.23±0.11^{b}	8.27±1.67^{b}	68.34±6.69^{bc}	8.26±1.23^{A}
HM	0.73±0.04	1.27±0.13^{ab}	8.91±1.78^{ab}	76.68±8.98^{a}	8.61±1.21^{A}
HH	0.73±0.04	1.33±0.19^{ab}	10.02±3.11^{ab}	64.23±7.27^{bc}	6.41±1.98^{B}
蛋白质水平					
L	0.73±0.04	1.31±0.15	9.57±2.35	69.12±9.32	7.32±1.52
H	0.73±0.04	1.28±0.15	9.07±2.35	69.75±9.07	7.76±1.43
脂肪水平					
L	0.73±0.04	1.24±0.12^{B}	8.39±1.84^{B}	69.82±6.95^{AB}	8.33±1.76^{A}
M	0.73±0.04	1.29±0.12^{AB}	9.24±1.77^{AB}	74.89±7.93^{A}	8.11±1.57^{A}
H	0.73±0.04	1.35±0.18^{A}	10.32±2.89^{A}	63.60±8.95^{B}	6.17±1.21^{B}
*P*值					
蛋白质水平	0.860 3	0.308 1	0.323 2	0.813 1	0.541 7
脂肪水平	0.998 4	0.009 0	0.005 1	0.001 0	0.004 2
交互作用	0.983 4	0.946 7	0.924 9	0.520 2	0.378 2

2. 日粮蛋白质、脂肪水平对母水貂营养物质消化率的影响 蛋白质消化率随着脂

肪水平的增加呈极显著上升趋势（$P<0.01$），随着日粮蛋白质水平的提高，脂肪消化率极显著上升（$P<0.01$），蛋白质和脂肪水平的交互作用对脂肪消化率的影响差异显著（$P<0.05$），对其他指标影响不显著（$P>0.05$）。LL组和HL组脂肪消化率显著高于其他组，日粮蛋白质水平对干物质消化率影响不显著，日粮脂肪水平极显著影响干物质消化率，其中10%脂肪水平组干物质消化率最高。本试验中可能由于日粮脂肪水平越高，日粮在水貂消化道内停留的时间越短，干物质消化率就越低。本试验中随着日粮蛋白质水平的升高，水貂蛋白质消化率也随之升高。大量在水貂上的研究表明，多数脂肪都有很高的消化率，混合日粮中脂肪的消化率为80%～90%，平均消化率是85%或更高，本试验结果符合前人得出的结论，并且随着日粮脂肪水平的提高，脂肪消化率呈显著的上升趋势。本试验中碳水化合物的消化率随着蛋白质和脂肪水平的升高，均呈极显著的下降趋势，可能是由于水貂对碳水化合物的需要较低，高蛋白质高脂肪组中的碳水化合物难以满足水貂对碳水化合物的需要，机体通过采食量对碳水化合物的消化率进行了调节，具体原因有待于进一步研究（表4-18）。

表4-18 日粮蛋白质和脂肪水平对母水貂营养物质消化率的影响

组别	干物质消化率（%）	蛋白质消化率（%）	脂肪消化率（%）	碳水化合物消化率（%）
LL	67.05 ± 4.40^{a}	78.06 ± 2.69^{d}	89.57 ± 2.32^{C}	64.03 ± 6.02^{A}
LM	50.07 ± 9.32^{b}	81.73 ± 2.85^{abc}	95.40 ± 1.75^{A}	60.26 ± 6.08^{A}
LH	52.97 ± 3.82^{b}	80.23 ± 3.91^{bcd}	96.39 ± 0.94^{A}	52.12 ± 10.20^{B}
HL	63.78 ± 3.56^{a}	79.01 ± 2.31^{cd}	92.56 ± 1.38^{B}	47.65 ± 6.10^{B}
HM	48.74 ± 2.81^{b}	82.54 ± 2.12^{ab}	96.46 ± 1.03^{A}	47.50 ± 9.48^{B}
HH	49.02 ± 2.59^{b}	84.00 ± 1.66^{a}	96.29 ± 0.65^{A}	37.30 ± 3.57^{C}
蛋白质水平				
L	56.69 ± 9.70	80.00 ± 3.42^{b}	93.79 ± 3.51^{B}	58.74 ± 9.03^{A}
H	54.18 ± 7.52	81.85 ± 2.90^{a}	95.10 ± 2.09^{A}	44.15 ± 8.18^{B}
脂肪水平				
L	65.42 ± 4.22^{A}	78.53 ± 2.47^{B}	91.07 ± 2.40^{A}	55.84 ± 10.29^{A}
M	49.91 ± 6.65^{B}	82.13 ± 2.46^{A}	95.93 ± 1.49^{A}	53.46 ± 10.20^{A}
H	60.00 ± 3.75^{AB}	82.11 ± 3.50^{A}	96.34 ± 0.78^{B}	44.72 ± 10.63^{B}
*P*值				
蛋白质水平	0.086 9	0.022 1	0.003 2	<0.000 1
脂肪水平	<0.000 1	0.000 4	<0.000 1	0.000 2
交互作用	0.556 3	0.226 3	0.015 5	0.788 8

3. 日粮蛋白质和脂肪水平对母水貂氮代谢的影响 随着日粮蛋白质水平的提高，氮食入量极显著增加（$P<0.01$）。随着日粮脂肪水平的增加，粪氮排出量呈极显著的下降趋势（$P<0.01$），LH组尿氮排出量显著低于其他组（$P<0.05$），但与LM组差异不显著（$P>0.05$）；日粮蛋白质水平对水貂氮沉积影响差异不显著（$P>0.05$）；氮生物学效价LH组最高，显著高于LL和HL组（$P<0.05$），与LM、HM和HH组差

异不显著（$P>0.05$）。饲料中蛋白质含量越高，则通过代谢类氮损失的蛋白质相对越少，消化的相对越多，表观消化率就越高，本试验条件下 LH 组水貂粪氮排出量最低。研究表明，动物摄入蛋白质量与尿氮排出量之间存在很强的相关关系，蛋白质供应过量或氨基酸不平衡是导致大量尿氮排出，氮利用效率变化的原因，水貂在生长期约 80％的氮经由尿液排出。本试验中各组水貂尿氮排泄量随蛋白质水平提高而增加，这说明水貂具有对蛋白质和能量进行调节的功能，将摄入过多的蛋白质分解供能，并通过尿液排出体外（表 4－19）。

表 4－19 日粮蛋白质和脂肪水平对母水貂氮代谢的影响

组别	日食入氮 (g/d)	粪氮排出量 (g/d)	尿氮排出量 (g/d)	氮沉积 (g/d)	蛋白质生物学效价 (%)
LL	3.66 ± 0.37^{BC}	0.81 ± 0.15^{a}	1.95 ± 0.19^{b}	0.91 ± 0.25^{b}	31.44 ± 6.95^{b}
LM	3.83 ± 0.35^{B}	0.70 ± 0.14^{ab}	1.85 ± 0.43^{bc}	1.28 ± 0.29^{ab}	41.24 ± 10.55^{a}
LH	3.31 ± 0.57^{C}	0.63 ± 0.15^{b}	1.47 ± 0.41^{c}	1.12 ± 0.31^{ab}	43.37 ± 9.63^{a}
HL	4.03 ± 0.39^{B}	0.85 ± 0.15^{a}	2.42 ± 0.48^{a}	0.76 ± 0.34^{c}	27.20 ± 9.00^{b}
HM	4.56 ± 0.53^{A}	0.79 ± 0.11^{a}	2.44 ± 0.51^{a}	1.33 ± 0.23^{a}	35.83 ± 8.09^{ab}
HH	3.98 ± 0.44^{B}	0.63 ± 0.11^{b}	2.15 ± 0.25^{ab}	1.19 ± 0.29^{ab}	35.34 ± 6.93^{ab}
蛋白质水平					
L	3.60 ± 0.47^{B}	0.72 ± 0.15	1.77 ± 0.40^{B}	1.10 ± 0.31	38.48 ± 10.22^{a}
H	4.19 ± 0.51^{A}	0.76 ± 0.15	2.34 ± 0.44^{A}	1.09 ± 0.37	33.03 ± 8.59^{b}
脂肪水平					
L	3.85 ± 0.42^{AB}	0.83 ± 0.14^{A}	2.18 ± 0.43^{a}	0.83 ± 0.30^{B}	29.46 ± 7.98^{B}
M	4.20 ± 0.58^{A}	0.75 ± 0.13^{A}	2.14 ± 0.54^{a}	1.30 ± 0.25^{A}	38.54 ± 9.50^{A}
H	3.65 ± 0.60^{B}	0.63 ± 0.12^{B}	1.84 ± 0.47^{b}	1.15 ± 0.29^{AB}	39.09 ± 9.00^{A}
P 值					
蛋白质水平	<0.000 1	0.237 6	<0.000 1	0.945 6	0.015 9
脂肪水平	0.005 1	0.001 4	0.026 8	0.000 2	0.002 0
交互作用	0.491 9	0.740 0	0.767 1	0.517 1	0.918 8

综合各项指标，在本试验条件下，当日粮蛋白质水平为 32％、脂肪水平为 20％～30％时，育成生长期母水貂生长性能最佳，且能够降低尿氮排放量，提高水貂对日粮蛋白质的利用率。

（四）冬毛生长期水貂日粮适宜蛋白质和脂肪水平的营养需要量研究

探讨日粮蛋白质和脂肪水平对冬毛生长期公水貂生产性能、营养物质消化率及氮代谢的影响，明确冬毛生长期水貂日粮蛋白质和脂肪适宜水平，试验采用 2×3 因子试验设计，32％蛋白质和 36％蛋白质，10％脂肪、20％脂肪和 30％脂肪，共配制 6 种试验日粮。Ⅰ组中含 32％蛋白质和 10％脂肪；Ⅱ组中含 32％蛋白质和 20％脂肪；Ⅲ组含有 32％蛋白质和 30％脂肪；Ⅳ组含有 36％蛋白质和 10％脂肪；Ⅴ组含有 36％蛋白质和 20％脂肪；Ⅵ组含有 36％蛋白质和 30％脂肪。

1. 日粮蛋白质和脂肪水平对冬毛生长期公水貂生长性能的影响 水貂终末体重Ⅲ组和Ⅵ组显著高于Ⅰ组、Ⅳ组和Ⅴ组（$P<0.05$）；水貂ADGⅥ组最高，显著高于Ⅰ组和Ⅳ组（$P<0.05$）；ADFI中Ⅲ、Ⅵ组显著低于其他各组（$P<0.05$）；料重比中Ⅲ组和Ⅵ组显著低于其他各组（$P<0.05$）；32%CP组ADG显著低于36%CP（$P<0.05$）。随着日粮脂肪水平的提高，水貂终末体重显著升高（$P<0.05$），ADG极显著升高（$P<0.01$），ADFI和料重比显著降低（$P<0.05$）。本试验结果得出，32%CP组ADG显著低于36%CP，大量研究表明，随着日粮蛋白质水平的提高，水貂生长性能呈现显著的增加趋势，本试验得到了同样的结论。水貂是珍贵的毛皮动物，到了冬毛生长期，虽然不需要大量蛋白质用于体组织的合成，但是需要大量的蛋白质用于毛皮的生长，所以到了冬毛生长期水貂日粮蛋白质需求依然较高。本试验中随着日粮脂肪水平的升高，水貂生产性能有变好的趋势，但是20%和30%脂肪水平的水貂生产性能差异不显著。通过固定日粮蛋白质水平、调节脂肪水平来调节日粮中代谢能水平的研究表明，随着饲料脂肪水平的提高，水貂能够取得较好的生产性能，育成生长期母水貂饲喂全价干粉饲料，其中代谢能不低于14%、脂肪水平不低于17.87%时，水貂可获得较好的生产性能（表4-20）。

表4-20 日粮蛋白质和脂肪水平对冬毛生长期水貂生长性能的影响

组别	初始体重（kg）	终末体重（kg）	平均日增重（g）	平均日粮量（g）	料重比
Ⅰ	1.76±0.12	2.15±0.14[b]	4.59±0.62[b]	95.17±1.23[a]	20.61±0.57[a]
Ⅱ	1.77±0.08	2.27±0.21[ab]	5.86±0.68[ab]	94.26±0.97[a]	16.12±0.86[b]
Ⅲ	1.77±0.12	2.31±0.11[a]	6.32±0.74[a]	86.12±2.21[b]	13.48±0.14[c]
Ⅳ	1.76±0.11	2.18±0.09[b]	4.96±0.81[b]	97.14±1.24[a]	19.56±0.21[ab]
Ⅴ	1.77±0.13	2.24±0.12[b]	5.53±0.24[ab]	95.15±0.88[a]	17.20±0.55[b]
Ⅵ	1.76±0.09	2.37±0.07[a]	7.09±0.42[a]	88.46±1.02[b]	12.52±0.24[c]
蛋白质水平					
32	1.76±0.11	2.24±0.12	5.60±0.69[b]	91.86±1.41	16.53±0.52
36	1.76±0.10	2.26±0.11	5.85±0.65[a]	93.59±1.17	16.47±0.47
脂肪水平					
10	1.76±0.09	2.15±0.13[b]	4.65±0.71[B]	95.62±1.26[a]	19.85±0.61[a]
20	1.77±0.11	2.23±0.09[ab]	5.52±0.68[AB]	93.71±1.31[ab]	16.54±0.52[ab]
30	1.77±0.10	2.36±0.11[a]	6.31±0.64[A]	86.53±1.22[c]	13.27±0.47[b]
*P*值					
蛋白质水平	0.896 2	0.752 4	0.042 1	0.421 8	0.514 7
脂肪水平	0.758 6	0.032 5	<0.000 1	0.015 8	0.026 9
交互作用	0.852 4	0.124 2	0.252 5	0.145 2	0.752 1

2. 日粮蛋白质和脂肪水平对冬毛生长期公水貂营养物质消化率的影响 随着日粮脂肪水平的提高，干物质、蛋白质和碳水化合物的消化率均呈现显著下降趋势（$P<0.05$），但脂肪消化率呈现先上升后下降的趋势（$P<0.05$）；日粮蛋白质和脂肪的交互

作用对水貂脂肪消化率具有显著影响（$P<0.05$）。试验结果显示，日粮蛋白质水平和日粮脂肪水平均显著影响蛋白质、脂肪和碳水化合物消化率，其中蛋白质水平越高，营养物质的消化率越高。日粮中脂肪水平越高，干物质消化率越低。研究表明，日粮组成成分通过改变食物经过肠胃的时间而改变营养物质的消化率，水貂等肉食性动物能够消化多种植物性饲料，其消化道的结构与功能会根据饲料不同而发生相应改变。脂肪对肠道具有润滑作用，本试验中可能由于日粮脂肪水平越高，日粮在水貂消化道内停留的时间越短，干物质消化率就越低。本试验结果显示，蛋白质和脂肪的交互作用对干物质消化率、蛋白质消化率和碳水化合物消化率影响不显著，但显著影响日粮脂肪消化率，可能是日粮中蛋白质和脂肪水平主要通过对脂肪消化利用的调节来影响水貂的生长性能（表 4－21）。

表 4－21　日粮蛋白质和脂肪水平对冬毛生长期公水貂营养物质消化率的影响

项目	干物质消化率	蛋白质消化率	脂肪消化率	碳水化合物消化率
Ⅰ	75.65 ± 1.45^{ab}	76.87 ± 1.20^{ab}	91.12 ± 0.87^{B}	67.31 ± 1.25^{ab}
Ⅱ	74.87 ± 1.31^{ab}	73.32 ± 1.87^{b}	92.13 ± 0.86^{AB}	64.23 ± 1.11^{b}
Ⅲ	73.96 ± 0.86^{b}	72.67 ± 1.08^{b}	91.96 ± 1.07^{B}	62.36 ± 1.02^{c}
Ⅳ	76.82 ± 1.17^{a}	78.68 ± 1.17^{a}	92.45 ± 0.69^{AB}	69.63 ± 1.30^{a}
Ⅴ	75.61 ± 1.21^{ab}	74.68 ± 0.96^{b}	93.02 ± 0.98^{A}	68.25 ± 0.97^{ab}
Ⅵ	74.73 ± 1.32^{ab}	72.16 ± 1.07^{b}	92.69 ± 1.01^{AB}	67.25 ± 1.16^{ab}
蛋白质水平				
32	74.79 ± 1.27	73.16 ± 1.11^{b}	91.07 ± 0.97^{B}	64.15 ± 1.21^{b}
36	75.81 ± 1.04	75.27 ± 1.24^{a}	93.48 ± 1.03^{A}	68.46 ± 1.18^{a}
脂肪水平				
10	76.13 ± 1.11^{a}	77.65 ± 1.18^{a}	91.21 ± 0.91^{b}	68.52 ± 1.25^{a}
20	75.26 ± 1.09^{ab}	75.01 ± 1.12^{ab}	92.87 ± 1.12^{a}	66.31 ± 1.14^{ab}
30	74.41 ± 1.23^{b}	72.78 ± 1.09^{b}	91.01 ± 1.06^{b}	64.85 ± 1.08^{b}
P 值				
蛋白质水平	0.254 7	0.025 4	$<0.000\,1$	0.018 5
脂肪水平	0.042 5	0.017 6	0.012 4	0.029 6
交互作用	0.854 7	0.147 8	0.025 4	0.135 7

综合以上指标，在本试验条件下，水貂蛋白质水平为 36％、脂肪水平为 20％和 30％时，冬毛生长期水貂可获得较好的生产性能，且能够提高水貂对蛋白质的利用率。

（五）配种准备期水貂日粮适宜蛋白质水平的营养需要量研究

研究不同蛋白质水平的鲜饲料与干粉饲料对配种准备期水貂生产性能、发情受孕的影响，选择 6 组水貂，前 4 组水貂分别饲喂蛋白质水平为 28.59％（Ⅰ组）、32.31％（Ⅱ组）、36.21％（Ⅲ组）、40.35％（Ⅳ组）鲜饲料试验日粮，另外 2 组水貂分别饲喂蛋白质水平为 32.66％（Ⅴ组）、40.47％（Ⅵ组）干粉料试验日粮。

1. 鲜饲料和干饲料的日粮蛋白质水平对采食状况的影响 对组内的采食量、干物质采食量、干物质排出量差异不显著（$P>0.05$），组间存在显著差异（$P<0.05$）。水貂能够根据饲料调节采食量，并不会因为饲料中蛋白质的变化而明显增加日粮的摄入量。本试验中，各鲜料组间在采食量、干物质采食量上无显著差异，各干料组之间采食量亦无显著差异。水貂等肉食性的哺乳动物能够消化多种数量的植物性饲料，其消化道的结构与功能会发生相应的改变。本试验干料饲喂组中Ⅴ组采食量显著低于Ⅰ组和Ⅳ组，Ⅵ组采食量显著低于Ⅰ组、Ⅲ组和Ⅳ组。干物质消化率方面Ⅴ组水貂显著低于Ⅰ组、Ⅱ组、Ⅲ组和Ⅳ组，Ⅵ组水貂显著低于Ⅲ组，这可能与长期饲喂植物性饲料占大多数的配合干粉料，从而导致水貂消化道功能发生改变，对配合干粉料消化能力较低有关（表 4－22）。

表 4－22 日粮蛋白质水平对准备配种期水貂采食状况的影响

项目	蛋白质水平（%）					
	28.59	32.31	36.21	40.35	32.66	40.47
采食量(g/d)	278.67 ± 13.94^{a}	240.72 ± 13.20^{abc}	269.61 ± 14.50^{ab}	279.00 ± 16.66^{a}	236.28 ± 18.30^{bc}	225.83 ± 14.24^{c}
干物质采食量(g/d)	68.30 ± 3.42^{AB}	59.00 ± 6.59^{B}	66.08 ± 5.46^{AB}	68.38 ± 5.96^{AB}	67.50 ± 4.08^{AB}	75.28 ± 6.08^{A}
干物质排出量(g/d)	25.03 ± 4.87^{ABbc}	19.70 ± 2.29^{Bc}	18.68 ± 1.40^{Bc}	23.83 ± 2.57^{ABc}	35.63 ± 4.05^{Aab}	32.91 ± 3.08^{Aa}
干物质消化率(%)	63.53 ± 4.10^{ABab}	65.20 ± 3.75^{ABab}	71.14 ± 6.79^{Aa}	65.33 ± 4.28^{ABab}	49.481 ± 4.88^{Bc}	56.05 ± 4.35^{ABbc}

2. 日粮蛋白质水平对蛋白质和脂肪消化率的影响 随着日粮蛋白质水平的增高，水貂蛋白质消化率增高，但当蛋白质水平超过 36%之后，蛋白质消化率有降低的趋势。Ⅴ组蛋白质消化率、脂肪消化率均低于其他各组，与Ⅱ组、Ⅲ组和Ⅵ组有显著性差异。Ⅵ组蛋白质消化率也低于其他各组。本试验中，鱼粉含量较高的Ⅵ组营养物质消化率高于鱼粉含量较低的Ⅴ组，动物性饲料比例高的鲜料组营养物质消化率高于动物性饲料较低的干料组。在水貂对不同饲料原料的消化代谢研究中，一般认为水貂对动物性饲料的消化代谢率较高（表 4－23）。

表 4－23 日粮蛋白质水平对准备配种期水貂蛋白质和脂肪消化率（%）的影响

项目	蛋白质水平（%）					
	28.59	32.31	36.21	40.35	32.66	40.47
蛋白质消化率	58.66 ± 4.77^{ABa}	62.12 ± 4.57^{ABa}	71.13 ± 7.82^{Aa}	66.13 ± 5.02^{Aa}	43.81 ± 3.88^{Bb}	59.62 ± 3.33^{ABa}
脂肪消化率	86.79 ± 4.85^{ab}	89.93 ± 3.92^{a}	88.60 ± 4.74^{a}	85.04 ± 4.81^{ab}	83.18 ± 3.84^{b}	89.23 ± 1.07^{a}

3. 日粮蛋白质水平对准备配种期水貂氮代谢指标的影响 各鲜料组之间、各干料组之间采食量没有显著差异（表 4－22），食入氮的变化主要由日粮中蛋白质水平不同引起。本试验中Ⅱ组和Ⅲ组粪氮排出量极显著低于Ⅴ组和Ⅵ组。各组日粮之间的净蛋白质利用率和蛋白质生物学效价差异均不显著，其中，干料组净蛋白质利用率和蛋白质生

物学效价较小。当日粮蛋白质水平达到36%并继续增加时，净蛋白质利用率和蛋白质生物学效价反而有逐渐下降的趋势，其原因可能是与饲料中蛋白质被分解用来供能有关。干料组氮沉积显著低于同蛋白质水平的鲜料组，但净蛋白质利用率和蛋白质生物学效价高于同蛋白质水平的鲜料组，这可能是因为水貂沉积氮的量较少，需要通过提高蛋白质利用率来满足自身蛋白质需要（表4-24）。

表4-24　日粮蛋白质水平对准备配种期水貂影响氮代谢

项目	蛋白质水平（%）					
	28.59	32.31	36.21	40.35	32.66	40.47
食入氮（g/d）	3.13 ± 0.15^{Dc}	3.16 ± 0.57^{CDc}	3.96 ± 0.51^{BCb}	4.56 ± 0.60^{ABa}	3.40 ± 0.24^{CDbc}	5.11 ± 0.55^{Aa}
粪氮（g/d）	1.30 ± 0.13^{BCb}	1.13 ± 0.21^{Cb}	1.15 ± 0.16^{Cb}	1.56 ± 0.19^{ABCab}	1.60 ± 0.15^{ABa}	2.07 ± 0.15^{Aa}
尿氮（g/d）	1.26 ± 0.10^{CDc}	1.28 ± 0.09^{CDc}	1.83 ± 0.11^{BCb}	2.23 ± 0.18^{ABab}	0.75 ± 0.11^{Dc}	2.56 ± 0.16^{Aa}
氮沉积（g/d）	0.56 ± 0.05^{a}	0.75 ± 0.07^{b}	0.99 ± 0.08^{b}	0.77 ± 0.06^{b}	0.48 ± 0.06^{a}	0.49 ± 0.05^{a}
净蛋白质利用率（%）	18.05±1.08	20.42±1.16	24.66±1.28	16.90±1.36	27.14±1.27	19.51±1.96
蛋白质生物学效价（%）	29.76±5.24	27.42±7.89	33.77±5.52	24.72±2.69	38.78±4.71	25.55±3.58

4. 日粮蛋白质水平对水貂配种的影响　产仔率各组差异极显著（$P<0.01$），各组之间差异极显著。干料组水貂产仔率显著低于相同日粮蛋白质水平鲜料组；日粮蛋白质水平对水貂产仔率呈现出随日粮蛋白质水平的提高而先上升后下降的趋势，并在蛋白质水平为36.53%时到达最高。本试验中，除饲喂低蛋白日粮的干饲料蛋白质含量为32.66%的组外，其他各组受配率均达到100%，可能是该组日粮营养物质消化利用率的降低，导致水貂营养不良，使发情受配率下降（表4-25）。

表4-25　日粮蛋白质水平对水貂配种的影响

项目	蛋白质水平（%）					
	28.59	32.31	36.21	40.35	32.66	40.47
参加配种数（只）	28	27	27	28	24	27
完成配种数（只）	28	27	27	28	22	27
受配率（%）	100	100	100	100	91.67	100
产仔母水貂数（只）	20	24	21	17	7	11
产仔率（%）	71.43^{c}	88.89^{a}	75.00^{b}	60.71^{d}	31.82^{f}	40.74^{e}

综上所述，在水貂准备配种期干粉料日粮饲喂效果不如鲜饲料日粮；当鲜饲料日粮蛋白质水平为36.21%时，水貂干物质采食量、干物质消化率、营养物质消化率、配种指标和产仔指标等综合性能最为理想。

（六）妊娠哺乳期水貂日粮适宜蛋白质水平及其营养需要量研究

采用单因子试验设计，水貂单笼饲养，分别饲喂蛋白质水平为32.28%、36.33%、40.94%、44.68%鲜饲料试验日粮，另外一组分别饲喂蛋白质水平36.55%和44.47%干粉料试验日粮，确定哺乳期水貂适宜的蛋白质水平和蛋白质摄入量。

1. 日粮蛋白质水平对采食状况的影响　干粉料饲喂组干物质采食量均显著高于鲜饲料

饲喂组，并且在两种饲料形式组内，均有干物质采食量随着饲料日粮蛋白质水平增加而降低的现象，这可能是由于干粉饲料中蛋白质品质较差、不易消化，低蛋白质日粮不能满足动物蛋白质需求，实验动物通过增加干物质采食量来提高蛋白质的摄入量（表 4－26）。

表 4－26　日粮蛋白质水平对妊娠期水貂采食状况的影响

项目	蛋白质水平（%）					
	28.59	32.31	36.21	40.35	32.66	40.47
采食量（g/d）	248.47±10.17[ab]	255.93±10.34[a]	253.27±11.27[ab]	245.33±17.23[ab]	237.93±13.20[ab]	230.93±17.71[b]
干物质采食量（g/d）	61.40±2.52[BCc]	63.24±2.55[BCbc]	59.93±2.67[Cc]	57.92±8.79[Cc]	67.98±6.63[ABab]	71.06±8.53[Aa]
干物质排出量(g/d)	13.66±1.85[Bc]	14.63±1.57[Bc]	14.60±2.52[Bc]	12.85±3.47[Bc]	19.82±3.11[Ab]	23.00±4.92[Aa]
干物质消化率(%)	77.78±2.62[Aa]	76.90±2.65[Aa]	75.66±3.93[Aa]	78.17±4.34[Aa]	70.82±3.54[Bb]	67.79±4.78[Bb]

2. 日粮蛋白质水平对产仔性能的影响　水貂日粮蛋白质水平对产仔数和仔水貂出生成活率的影响见表 4－27。在水貂整个繁殖期中，妊娠期的蛋白质水平不仅可以为母水貂泌乳期的泌乳、哺育行为做好充分的营养准备，更重要的是保证母水貂从日粮中获得足够的营养，前期使发情、配种等行为顺利进行，后期则满足胚胎生长发育所需的营养供给。日粮中蛋白质的摄入量会影响生物体内某些发情和排卵相关激素的合成与分泌，如影响发情和排卵的促性腺激素释放，从而影响动物发情配种。妊娠早期采食量与胚胎存活率有着直接关系，这一时期营养摄入过高或者过低都会使胚胎存活率低于正常水平。水貂窝产仔率呈现出随日粮蛋白质水平先上升后下降的趋势，可见营养摄入量过高或者过低也会使水貂胚胎存活率受到影响。产仔数和仔水貂出生成活率虽然没有受日粮蛋白质水平的显著性影响，但无一例外地呈现出随着日粮蛋白水平的升高而先增加后降低的趋势。

表 4－27　日粮蛋白质水平对妊娠期母水貂产仔性能的影响

项目	蛋白质水平（%）					
	28.59	32.31	36.21	40.35	32.66	40.47
窝产仔数（只）	5.4±1.88	6.38±2.02	5.52±2.44	5.00±3.26	4.71±2.29	5.18±2.27
窝产活仔数（只）	4.5±2.33	6.04±1.97	5.10±2.41	4.65±3.31	4.14±2.54	4.55±2.25
出生成活率（%）	81.35±12.40[a]	94.41±10.03[b]	92.05±13.39[b]	91.18±16.43[b]	83.71±13.59[a]	88.82±7.99[ab]
初生重（g）	11.33±1.63[a]	11.67±1.72[a]	11.29±1.21[a]	12.08±2.26[a]	9.98±1.30[b]	11.45±1.70[a]

第三节　水貂的氨基酸营养

蛋白质是构成机体细胞的主要成分，饲料中的蛋白质进入机体后经过消化先分解成氨基酸，然后水貂又利用分解的氨基酸再合成新的体蛋白质，如免疫抗体、消化酶、血浆蛋白、生长激素等都是合成后的蛋白质。在合成蛋白质的各种氨基酸中，L-赖氨酸是最重要的一种，体内缺乏时其他氨基酸就受到限制或得不到利用。L-赖氨酸是控制机体生长的重要物质抑长素（Somatotation，ss）中重要的也是必需的成分，对水貂的中枢神经和周围神经系统都起着重要作用。水貂不能自身合成L-赖氨酸，必须从食物中吸取赖氨酸来帮助其他营养物质被充分吸收和利用，只有补充了足够的L-赖氨酸才能提高饲料蛋白质的吸收和利用，达到均衡营养，促进生长发育。其作用有：①促进生长、增强体质；②增进食欲，改善营养不良状况；③促进抗体、激素和酶的产生，提高免疫力，增加血色素；④促进钙的吸收，治疗防止骨质疏松症；⑤降低血中甘油三酯的水平。赖氨酸参与体内能量代谢过程，是生酮氨基酸之一，当体内缺乏碳水化合物时，可被分解为葡萄糖或酮体来提供能量；赖氨酸也是酯代谢中肉毒碱的前体物质，在脂肪代谢中发挥着重要的生理作用。

李光玉等（2008）研究得出，水貂日粮中蛋氨酸水平为0.99%、赖氨酸水平为1.85%时，水貂生产性能较好。张铁涛（2012）研究得出，生长期水貂日粮中赖氨酸水平为1.64%～1.94%、含硫氨基酸水平为0.91%～1.21%时，水貂的生长性能显著提高。冬毛生长期公水貂的日粮赖氨酸水平为1.39%～1.69%、含硫氨基酸水平为1.24%～1.54%时，水貂能够维持较好的生长性能；冬毛生长期母水貂的日粮赖氨酸水平为1.59%～1.89%、蛋氨酸水平为0.8%～1.1%时，水貂处于较为理想的生长状况。Travis（1956）最早研究了水貂饲喂纯合日粮的赖氨酸需要，纯合日粮仅有15%蛋白质，基本由6%的酪蛋白和9%的玉米蛋白粉组成。玉米蛋白主要是氨基酸聚合物，缺乏赖氨酸和色氨酸等必需氨基酸。Travis（1956）在12 d的研究试验中，对照组日粮赖氨酸含量为0.48%，最高赖氨酸组1.56%的生长速度最快。Hoogerbrugge（1968a，1968b）分析了赖氨酸对水貂皮毛生长的作用，同时指出日粮中高水平的赖氨酸一定程度上限制了精氨酸的吸收，使繁殖哺乳期、冬毛生长期水貂生产性能未达到最佳状态。赖氨酸在动物体内微生物的脱羧基反应中产生挥发性的胺和尸胺。Glem - Hansen（1976，1977）报道蛋氨酸、半胱氨酸和胱氨酸等含硫氨基酸是皮毛动物的限制性氨基酸。水貂在育成生长期和冬毛生长期对含硫氨基酸的需要是不断增加的，每100 g蛋白质中含硫氨基酸含量从3.6 g上升到5.6 g。Jorgensen（1971）报道水貂皮毛中含硫氨基酸的含量为17%。与其他氨基酸比较，水貂从生长期过渡到冬毛生长期，含硫氨基酸需要量急剧增加（Glem - Hansen，1974）。Watt（1952）第一次研究了在水貂饲喂含有高比例鱼日粮的基础上，以0.05%干物质的量添加DL-蛋氨酸，提高仔水貂的早期生长速度和毛皮质量。Borsting（2000）研究表明，水貂在冬毛生长期，蛋氨酸的脱羧基与胱氨酸合成高度正相关，蛋氨酸有利于胱氨酸的合成。Clausen（2005c）表明适宜的蛋氨酸与胱氨酸比值可提高皮张长度和毛皮质量，冬毛生长期适宜的蛋氨酸与胱氨酸建议为0.16∶0.06（表4-28和表4-29）。

表4-28 水貂不同生物学时期赖氨酸需要量

项目	育成生长期	冬毛生长期	配种期	妊娠期	哺乳期
赖氨酸（%）	1.8	1.6	1.6	1.6	1.6

表 4-29 评估哺乳期母水貂氨基酸需要量 [g/(d·kg$^{0.75}$)]

氨基酸	1周	2周	3周	4周
必需氨基酸				
赖氨酸	0.76	0.85	1.04	1.31
苯丙氨酸	0.44	0.53	0.68	0.81
蛋氨酸	0.34	0.37	0.43	0.55
组氨酸	0.28	0.33	0.41	0.53
缬氨酸	0.64	0.77	0.9	1.2
异亮氨酸	0.48	0.58	0.7	0.93
亮氨酸	1.23	1.47	1.71	2.28
苏氨酸	0.53	0.61	0.76	0.97
精氨酸	0.76	0.98	1.13	1.41
必需氨基酸总量	5.46	6.49	7.76	9.99
非必需氨基酸				
半胱氨酸	0.27	0.32	0.38	0.48
甘氨酸	0.46	0.51	0.56	0.66
谷氨酰胺	1.08	1.23	1.49	1.99
丙氨酸	0.64	0.74	0.83	1.15
酪氨酸	0.35	0.41	0.48	0.72
谷氨酸	2.14	2.52	2.91	3.85
丝氨酸	0.59	0.67	0.8	1.03
非必需氨基酸总量	5.53	6.4	7.45	9.88
氨基酸总量	10.99	12.89	15.21	19.87

Christiansen 等（2010）通过系列试验表明，哺乳期母水貂饲喂优质的蛋白质和可消化淀粉，维持体重好于饲喂60%代谢能蛋白质水平组水貂。Fink 等（2006）通过工厂化方法，评估了高产泌乳母水貂的氨基酸需要量（表 4-30）。

丹麦皮毛育种中心分析了饲料原料的氨基酸组成和消化率，得出了一个动态的氨基酸需要标准（表 4-31）。但 Hedemann（2011）研究发现，异亮氨酸的需要量相比要低20%左右。

表 4-30 水貂年度氨基酸需要标准（%）

日期	12月1日至2月19日	2月20日至4月10日	4月11日至5月20日	5月21日至6月30日	7月1日至8月5日	8月6日至9月6日	9月21日至11月30日
赖氨酸	0.64	0.83	1.47	1.45	0.64	0.64	0.64
蛋氨酸	0.33	0.38	0.47	0.52	0.33	0.38	0.33
半胱氨酸	0.14	0.17	0.24	0.17	0.14	0.14	0.14
精氨酸	0.71	0.88	1.3	1.26	0.71	0.71	0.71
色氨酸	0.12	0.17	0.23	0.19	0.12	0.12	0.12
苏氨酸	0.4	0.59	0.83	0.78	0.4	0.4	0.4

（续）

日期	12月1日至2月19日	2月20日至4月10日	4月11至5月20日	5月21日至6月30日	7月1日至8月5日	8月6日至9月6日	9月21日至11月30日
组氨酸	0.38	0.43	0.7	0.62	0.38	0.38	0.38
苯丙氨酸	0.69	0.52	1.13	0.97	0.69	0.69	0.69
酪氨酸	0.43	0.45	0.79	0.67	0.43	0.43	0.43
亮氨酸	1.19	1.4	2.11	1.69	1.19	1.19	1.19
异亮氨酸	0.62	0.59	0.88	0.81	0.62	0.62	0.62
缬氨酸	0.83	0.74	1.4	1.21	0.83	0.83	0.83

一、基于干粉日粮的氨基酸营养需要量研究

（一）育成生长期水貂日粮适宜蛋氨酸、赖氨酸水平及其营养需要量研究

张铁涛（2012）选择健康的60日龄水貂200只，随机分成十组，第十组水貂饲喂蛋白质水平为34%的日粮，作为对照组。其他九组水貂饲喂含32%蛋白质基础日粮，日粮氨基酸含量见表4-31。通过饲养试验、消化代谢试验、血清氨基酸代谢指标分析，系统研究育成生长期水貂干粉日粮中适宜的赖氨酸、蛋氨酸添加水平和营养需要量。

表4-31 育成生长期水貂试验日粮中各种氨基酸含量（%）

项目	基础组（蛋白质水平32%）	对照组（蛋白质水平34%）
天冬氨酸	2.61	2.73
苏氨酸	1.34	1.80
丝氨酸	1.54	1.42
谷氨酸	4.43	4.46
甘氨酸	2.60	2.68
丙氨酸	1.76	2.29
半胱氨酸	0.34	0.41
缬氨酸	1.35	1.50
蛋氨酸	0.80	0.87
异亮氨酸	1.40	1.44
亮氨酸	3.51	3.67
酪氨酸	1.13	1.20
苯丙氨酸	1.62	1.66
赖氨酸	1.65	1.72
组氨酸	0.84	0.85
精氨酸	2.08	2.21
脯氨酸	2.47	2.59

水貂在育成生长期基础日粮组，9 个试验组水貂添加的赖氨酸、蛋氨酸水平见表 4－32。

表 4－32 日粮中氨基酸添加水平（%）

氨基酸	一组	二组	三组	四组	五组	六组	七组	八组	九组
赖氨酸	0	0.3	0.6	0	0.3	0.6	0	0.3	0.6
蛋氨酸	0	0	0	0.3	0.3	0.3	0.6	0.6	0.6

从表 4－33 可以看出，水貂育成前期内，日粮中赖氨酸的含量达到 1.64%～1.94%、赖蛋比为 1.31%～2.04%时，水貂的生长速度相对较快，超出这个范围，水貂的生长发育出现抑制现象。育成生长期公水貂在生长发育过程中，日粮中添加适量的赖氨酸、蛋氨酸能够促进水貂的生长发育。32%日粮蛋白质水平，补充赖氨酸、蛋氨酸后，三组（日粮添加 0.6%赖氨酸）、四组（日粮添加 0.3%蛋氨酸）和五组（日粮添加 0.3%赖氨酸和 0.3%蛋氨酸）水貂的生长性能显著高于基础组水貂。育成生长期三组（日粮添加 0.6%赖氨酸）、四组（日粮添加 0.3%蛋氨酸）和五组（日粮添加 0.3%赖氨酸、0.3%蛋氨酸）公水貂的生长性能与 34%日粮蛋白质组水貂相比，水貂的体重相对较高。此试验现象说明公水貂在育成生长期，补充外源性氨基酸，可使水貂的生产性能提高并优于高蛋白质组。九组（日粮添加 0.6%赖氨酸、0.6%蛋氨酸）水貂的日粮中，尽管添加的氨基酸水平最高，但该组水貂的生产性能显著低于 34%日粮蛋白质组，与基础组水貂的生产性能差异不显著，一方面可能是由于过多补充氨基酸破坏了日粮中氨基酸的比例，另一方面可能是补充的外源性氨基酸的毒性作用抑制了水貂的生长。

表 4－33 氨基酸水平对育成生长期公水貂体重变化的影响（kg）

组别	第一次称重	第二次称重	第三次称重	第四次称重	第五次称重	第六次称重
一组	0.808±0.108	1.007±0.132[ab]	1.212±0.154[ab]	1.330±0.165[a]	1.511±0.155[ab]	1.723±0.280[a]
二组	0.806±0.079	1.066±0.154[ab]	1.203±0.128[ab]	1.387±0.125[ab]	1.576±0.154[ab]	1.820±0.148[ab]
三组	0.812±0.104	1.101±0.101[b]	1.237±0.081[ab]	1.427±0.088[ab]	1.607±0.105[ab]	1.920±0.165[b]
四组	0.809±0.084	1.099±0.094[b]	1.288±0.107[b]	1.467±0.106[ab]	1.658±0.115[b]	1.910±0.104[b]
五组	0.811±0.115	1.099±0.128[b]	1.292±0.121[b]	1.501±0.117[b]	1.638±0.154[ab]	1.873±0.255[ab]
六组	0.810±0.098	1.068±0.133[ab]	1.296±0.094[b]	1.455±0.121[ab]	1.614±0.132[ab]	1.851±0.235[ab]
七组	0.810±0.100	1.088±0.095[ab]	1.258±0.130[ab]	1.438±0.147[ab]	1.648±0.210[b]	1.854±0.199[ab]
八组	0.810±0.153	1.010±0.185[ab]	1.175±0.154[ab]	1.381±0.215[ab]	1.621±0.213[ab]	1.832±0.253[ab]
九组	0.809±0.110	0.862±0.147[a]	0.986±0.239[a]	1.316±0.165[a]	1.499±0.163[a]	1.736±0.181[a]
十组	0.808±0.130	1.015±0.165[ab]	1.188±0.265[ab]	1.350±0.298[ab]	1.580±0.240[ab]	1.891±0.264[ab]

在育成前期，日粮中添加氨基酸能够提高干物质、蛋白质及脂肪的消化率（表 4－34）。水貂在育成生长期处于快速生长发育阶段，需要提供大量的蛋白质来满足水貂的肌肉和组织器官的生长。公水貂在育成生长期，基础组水貂和补充氨基酸组水貂的干物质消化率显著高于对照组水貂，基础组水貂可能是水貂的生长代偿作

用，提高对营养物质的消化率。三组（日粮添加0.6%赖氨酸）和八组（日粮添加0.3%赖氨酸、0.6%蛋氨酸）公水貂的蛋白质和脂肪的消化率显著高于34%日粮（十组）蛋白质组和九组（日粮添加0.6%赖氨酸、0.6%蛋氨酸）公水貂。九组母水貂（日粮添加0.6%赖氨酸，0.6%蛋氨酸）的营养物质消化率降低，可能是日粮氨基酸不平衡或者是氨基酸的竞争性代谢。这一试验结果证明日粮中添加适宜的氨基酸能够提高日粮中营养物质的消化率，适宜的氨基酸水平对于脂肪消化率也有一定的促进作用。

表4-34 氨基酸水平对育成生长期水貂营养物质消化率的影响

组别	公水貂			母水貂		
	干物质消化率（%）	蛋白质消化率（%）	脂肪消化率（%）	干物质消化率（%）	蛋白质消化率（%）	脂肪消化率（%）
一组	63.78±2.97^{Bb}	68.58±2.66^{a}	74.08±9.09^{Bb}	47.50±4.88^{Abab}	56.66±6.34^{Abab}	65.29±2.77^{ab}
二组	62.95±4.02^{Bb}	71.37±3.68^{ab}	75.18±4.79^{Bb}	44.81±6.45^{Aa}	55.55±2.99^{Aba}	63.93±4.20^{a}
三组	64.49±5.40^{Bb}	72.61±4.85^{b}	76.37±2.37^{Bb}	54.36±4.83^{BCc}	60.71±4.76^{Abb}	67.73±3.96^{ab}
四组	63.85±5.09^{Bb}	71.25±3.98^{ab}	74.90±10.58^{Bb}	58.20±4.59^{Cc}	62.91±7.53^{Bb}	68.79±4.45^{ab}
五组	65.36±5.45^{Bb}	70.45±4.59^{ab}	77.53±9.28^{Bb}	57.97±4.52^{Cc}	52.43±9.88^{Aa}	67.51±4.28^{ab}
六组	62.55±7.78^{Bb}	70.60±6.08^{ab}	74.00±8.52^{Bb}	53.99±7.17^{ABCbc}	57.12±3.36^{Abab}	65.42±3.45^{ab}
七组	63.89±4.69^{Bb}	68.27±3.28^{a}	75.79±7.02^{Bb}	60.11±4.15^{Cc}	58.81±5.45^{Abab}	65.79±3.63^{ab}
八组	67.77±5.75^{Bb}	72.59±4.86^{b}	76.34±10.26^{Bb}	56.49±4.84^{BCc}	58.14±4.83^{Abab}	70.52±6.30^{b}
九组	62.96±5.45^{Bb}	68.76±4.60^{a}	67.73±8.54^{Aa}	58.67±5.62^{Cc}	54.21±7.16^{Abb}	63.83±7.76^{a}
十组	59.71±5.22^{Aa}	69.13±4.71^{ab}	68.23±9.12^{Aa}	54.77±5.17^{BCc}	58.85±6.12^{Abab}	66.96±4.67^{ab}

日粮氨基酸水平对育成生长期水貂血清氨基酸的影响见表4-35。四组（日粮添加0.3%蛋氨酸）、五组（日粮添加0.3%赖氨酸和0.3%蛋氨酸）和六组（日粮添加0.6%赖氨酸和0.3%蛋氨酸）水貂的血清中赖氨酸含量极显著高于其他试验组水貂。七组水貂（日粮添加0.6%蛋氨酸）的血清蛋氨酸含量与六组和八组无显著差异，极显著高于其他试验组水貂。四组水貂（日粮添加0.3%蛋氨酸）的血清蛋氨酸含量显著降低，可能是由于日粮中氨基酸不平衡，蛋氨酸周转代谢成其他非必需氨基酸，降低了血清中蛋氨酸含量和生物学效价。血清游离氨基酸含量在一定程度上，反映动物体氨基酸的内源代谢，当日粮氨基酸不能满足动物需要时，血清游离氨基酸含量偏低；在满足动物需要的前提下，进一步平衡日粮氨基酸组成，也可降低血清游离氨基酸含量，这是由于氨基酸在体内不同组织器官的分流比例更趋合理而利用效率提高的原因。

综上所述，水貂育成前期内，日粮中赖氨酸的含量达到1.64%～1.94%、赖蛋比为1.31%～2.04%时，水貂的生长速度相对较快，超出这个范围水貂的生长发育出现抑制现象。日粮中补充适宜的蛋氨酸，血清中赖氨酸含量与日粮中赖氨酸补充量呈现正相关，随着日粮氨基酸水平的升高而增加。

表 4-35　日粮氨基酸水平对育成生长期水貂血清氨基酸的影响（nmol/mL）

项目	一组	二组	三组	四组	五组	六组	七组	八组	九组	十组
丝氨酸	1 079±178^{Aa}	5 622±693^{Bb}	5 868±987^{Bb}	6 321±563^{Bb}	5 601±778^{Bb}	747±55^{Aa}	749±103^{Aa}	617±73^{Aa}	417±15^{Aa}	8 750±1 606^{Cc}
天冬氨酸	1 332±116^{Bccde}	1 332±116^{Bcde}	772±74^{Bc}	637±67^{Ab}	932±51^{BCcd}	553±853^{Df}	1 435±127^{Ce}	103±6^{Aa}	97±4^{Aa}	1 084±75^{Bccde}
甘氨酸	116±14^{Abbc}	18±3^{Aa}	23±5^{Aa}	38±4^{Aab}	317±126^{Cd}	322±72^{Cd}	60±15^{Abab}	39±9^{Aab}	151±14^{Bc}	47±7^{Abab}
苏氨酸	45±21^{Bd}	1 961±168^{Ej}	166±55^{Df}	130±188^{Ce}	277±18^{Bc}	321±79^{Bcd}	186±27^{Ab}	31±5^{Aa}	42±15^{Aab}	1 991±49^{Ej}
脯氨酸	3±1^{Aa}	14±4^{Bdde}	10±3^{Bb}	21±8^{De}	10±4^{Bb}	16±2^{Bdde}	14±1^{BCDbd}	19±2^{Cdde}	27±2^{Df}	12±3^{BCbc}
半胱氨酸	215±24^{CDcd}	239±53^{Dd}	347±28^{E}	86±65^{Aba}	72±2^{Aa}	258±39^{Dd}	157±14^{BCb}	48±6^{Aa}	41±7^{Aa}	43±7^{Aa}
赖氨酸	4 395±303^{Bb}	5 809±487^{Cc}	183±11^{Aa}	7 452±448^{Dd}	8 892±544^{Ee}	7 084±675^{Dd}	233±7^{Aa}	354±91^{Aa}	212±62^{Aa}	326±62^{Aa}
酪氨酸	3 599±518^{Dd}	4 531±428^{Dd}	2 804±420^{Cc}	2 055±247^{Bb}	234±18^{Aa}	172±31^{Aa}	8 911±221^{Ee}	9 549±28^{Ff}	8 620±253^{Ee}	3 140±390^{CDcd}
蛋氨酸	147±13^{Aab}	858±38^{ABCbc}	1 109±73^{BCc}	86±11^{Aa}	35±1^{Aa}	305±870^{Dd}	3 251±75^{Dd}	2 834±930^{Dd}	291±32^{Abab}	1 383±199^{Cc}
缬氨酸	128±37^{Aa}	10±1^{Aa}	18±5^{Aa}	8±1^{Aa}	842±59^{Bb}	103±261^{Bc}	47±4^{Aa}	78±11^{Aa}	68±39^{Aa}	110±27^{Aa}
异亮氨酸	7±1^{Aba}	5±1^{Aa}	4±1^{Aa}	4±1^{Aa}	25±5^{Cc}	15±2^{Bb}	9±1^{Abab}	41±6^{Dd}	106±11^{Ee}	9±1^{Abab}
亮氨酸	62±10^{Ee}	15±1^{Abbc}	32±5^{CDd}	8±1^{Aab}	5±1^{Aa}	23±6^{BCc}	31±1^{CDd}	33±5^{CDd}	37±4^{Dd}	31±5^{CDd}
苯丙氨酸	1 432±80^{ABCab}	1 430±60^{ABCab}	1 977±184^{CDc}	1 237±115^{Aa}	1 282±370^{Aa}	1 425±115^{ABCab}	1 418±593^{ABCab}	1 927±121^{CDc}	1 857±72^{BCbc}	2 577±332^{Dd}

（二）冬毛生长期水貂日粮适宜蛋氨酸、赖氨酸水平及其营养需要量研究

张铁涛（2012）选择健康的120日龄水貂200只，随机分成十组；第10组水貂饲喂蛋白质水平为34%的日粮，作为对照组；其他9组水貂饲喂含32%蛋白质基础日粮，氨基酸组成见表4-36；系统研究冬毛生长期水貂干粉日粮中适宜的赖氨酸、蛋氨酸添加水平和营养需要量。

表4-36 试验日粮中各种氨基酸百分含量（%）

氨基酸	基础组	对照组
天冬氨酸	2.41	2.55
苏氨酸	1.21	1.28
丝氨酸	1.38	1.44
谷氨酸	3.99	4.17
甘氨酸	2.32	2.55
丙氨酸	2.10	2.67
半胱氨酸	0.31	0.32
缬氨酸	1.35	1.43
蛋氨酸	0.74	0.82
异亮氨酸	1.30	1.39
亮氨酸	3.13	3.32
酪氨酸	1.03	1.10
苯丙氨酸	1.47	1.57
赖氨酸	1.63	1.75
组氨酸	0.78	0.87
精氨酸	1.92	2.06
脯氨酸	2.21	2.25

水貂在冬毛生长期基础日粮组，九个试验组水貂添加的赖氨酸、蛋氨酸水平见表4-37。

表4-37 日粮中氨基酸添加水平（%）

氨基酸	一组	二组	三组	四组	五组	六组	七组	八组	九组
赖氨酸	0	0.3	0.6	0	0.3	0.6	0	0.3	0.6
蛋氨酸	0	0	0	0.3	0.3	0.3	0.6	0.6	0.6

1. 日粮蛋白质水平对水貂生长性能的影响 从表4-38中可以看出饲粮中不同水平氨基酸对冬毛期水貂体重变化的影响。饲粮中氨基酸水平对水貂体重的影响，三组水貂（饲粮添加0.6%赖氨酸）和十组水貂（正对照组饲粮蛋白质水平34%）在冬毛前期的体

重显著高于一组水貂（基础饲粮组）和九组水貂（饲粮中添加 0.6%赖氨酸和 0.6%蛋氨酸）($P<0.05$)，其他试验组间差异不显著（$P>0.05$）；水貂在冬毛中期，十组水貂的体重极显著高于一组水貂（$P<0.01$），显著高于二组（饲粮添加 0.3%赖氨酸）、四组（饲粮添加 0.3%蛋氨酸）、六组（饲粮添加 0.6%赖氨酸，0.3%蛋氨酸）和九组水貂（$P<0.05$）；水貂在冬毛后期，二组、三组、五组、八组和十组水貂的体重极显著高于一组水貂（$P<0.01$）。

母水貂在冬毛前期，二组水貂的体重极显著高于七组和九组水貂（饲粮添加 0.6%蛋氨酸）（$P<0.01$），显著高于四组水貂（$P<0.05$），其他试验组间差异不显著（$P>0.05$）；母水貂在冬毛中期，二组水貂的体重极显著高于四组、七组（饲粮添加 0.6%蛋氨酸）和九组水貂（$P<0.01$），显著高于六组水貂（$P<0.05$）；母水貂在冬毛后期，三组水貂的体重极显著高于四组和七组水貂（$P<0.01$），显著高于八组和九组水貂（$P<0.05$）。

表 4-38 日粮氨基酸水平对冬毛生长期水貂体重变化的影响（kg）

项目	冬毛生长期公水貂体重			冬毛生长期母水貂体重		
	前期	中期	后期	前期	中期	后期
一组	1.880 ± 0.238^{a}	1.959 ± 0.144^{Aa}	1.855 ± 0.211^{Aa}	1.151 ± 0.088^{Abbcd}	1.161 ± 0.083^{ABCacd}	1.128 ± 0.130^{ABCacd}
二组	1.965 ± 0.128^{ab}	2.059 ± 0.117^{Aba}	2.172 ± 0.115^{BCbcd}	1.218 ± 0.128^{Bd}	1.246 ± 0.121^{Cd}	1.201 ± 0.081^{BCcd}
三组	2.091 ± 0.063^{b}	2.141 ± 0.158^{Abab}	2.274 ± 0.118^{BCcd}	1.159 ± 0.141^{Abbcd}	1.188 ± 0.109^{ABCbcd}	1.246 ± 0.164^{Cd}
四组	2.042 ± 0.087^{ab}	2.085 ± 0.118^{Aba}	2.157 ± 0.096^{BCbc}	1.083 ± 0.104^{Ababc}	1.098 ± 0.099^{Abab}	1.078 ± 0.134^{Abab}
五组	2.012 ± 0.242^{ab}	2.131 ± 0.301^{Abab}	2.201 ± 0.277^{BCbcd}	1.174 ± 0.105^{Abcd}	1.151 ± 0.094^{ABCacd}	1.174 ± 0.121^{ABCbcd}
六组	1.951 ± 0.235^{ab}	2.118 ± 0.230^{Aba}	2.092 ± 0.236^{ABCbc}	1.130 ± 0.139^{Abacd}	1.126 ± 0.082^{ABCac}	1.131 ± 0.128^{ABCacd}
七组	2.024 ± 0.145^{ab}	2.089 ± 0.211^{Aba}	2.148 ± 0.271^{ABCbc}	1.048 ± 0.082^{Aa}	1.063 ± 0.082^{Aa}	1.030 ± 0.126^{Aa}
八组	2.020 ± 0.161^{ab}	2.157 ± 0.161^{Abab}	2.222 ± 0.118^{BCcd}	1.125 ± 0.091^{Abacd}	1.157 ± 0.091^{ABCacd}	1.122 ± 0.135^{ABCabc}
九组	1.870 ± 0.160^{a}	2.026 ± 0.163^{Aa}	1.997 ± 0.118^{Abab}	1.060 ± 0.053^{Aab}	1.084 ± 0.079^{Abab}	1.083 ± 0.042^{ABCabc}
十组	2.092 ± 0.230^{Aa}	2.330 ± 0.221^{AaBb}	2.374 ± 0.192^{BbCd}	1.180 ± 0.093^{Abcd}	1.215 ± 0.100^{BCcd}	1.188 ± 0.117^{ABCbcd}

2. 日粮赖氨酸和蛋氨酸水平对水貂皮毛质量的影响 冬毛生长期水貂基础日粮中赖氨酸为 1.29%，含硫氨基酸为 0.94%。日粮中蛋氨酸含量达到 1.2%，胱氨酸含量为 0.35%时，水貂的皮张面积最大。冬毛生长期水貂日粮中适宜的含硫氨基酸含量为 1.24%～1.55%，适宜的赖氨酸蛋与酸氨比为 0.83～1.28。成年水貂皮毛中蛋白质含量在水貂全身蛋白质总量的比例为 16%，皮毛含硫氨基酸在水貂总含硫氨基酸中的比例为 49%，胱氨酸和蛋氨酸在水貂毛绒角蛋白中的比例为 17%。水貂的活体体长与冬毛生长期前期水貂的体重呈现正相关关系，屠宰皮长与水貂 11 月末的体重相关性很高。三组（日粮添加 0.6%赖氨酸）、五组（日粮添加 0.3%赖氨酸，0.3%蛋氨酸）和八组公水貂（日粮添加 0.3%赖氨酸，0.6%蛋氨酸）的屠宰体重最大，屠宰的皮长和上楦板后的长度也较长（表 4-39）。

表 4-39 氨基酸水平对水貂毛皮质量的影响

项目	体重（g）	体长（cm）	鲜皮长（cm）	鲜皮宽（cm）	鲜皮重（g）	上楦长（cm）
一组	2 080.40±194.58^{Aa}	44.20±1.92^{Aa}	69.60±5.41^{Aa}	11.40±0.89^{Aa}	314.20±38.98	70.20±5.63^{Aa}
二组	2 308.00±90.14^{Abab}	45.60±0.55^{Ababc}	72.20±2.86^{Abab}	12.20±1.92^{Abab}	300.60±26.13	73.60±2.07^{Ababc}
三组	2 463.20±70.52^{Bb}	45.00±1.87^{Abab}	72.20±2.12^{Abab}	12.90±1.25^{Abbc}	314.40±39.25	75.20±1.64^{Abbc}
四组	2 290.00±91.76^{Abab}	46.20±0.84^{ABCbc}	73.60±2.70^{Abab}	12.30±0.45^{Abab}	314.80±21.32	74.00±2.00^{Ababc}
五组	2 414.40±341.31^{Bb}	45.80±0.45^{ABCbc}	72.40±4.28^{Abab}	11.80±1.30^{Aab}	327.80±24.18	75.80±4.66^{Abbc}
六组	2 410.80±175.92^{Bb}	46.80±1.10^{BCbd}	74.00±2.5$^{5\ Abb}$	12.60±1.14^{Ababc}	335.80±49.77	75.60±3.78^{Abbc}
七组	2 364.60±186.84^{Abb}	46.80±0.84^{BCbd}	73.80±2.17$^{5\ Abb}$	12.30±1.04^{Abab}	321.80±39.47	74.40±1.14^{Ababc}
八组	2 475.60±114.89^{Bb}	46.40±0.89^{BCbd}	75.60±3.36^{Bb}	12.50±0.50^{Ababc}	334.00±25.65	77.00±2.12^{Bc}
九组	2 291.60±161.27^{Abab}	45.80±0.45^{ABCbc}	72.20±2.17^{Abab}	13.00±1.28^{Abbc}	310.00±31.76	72.40±3.44^{Abab}
十组	2 519.80±231.02^{Bb}	47.80±1.64^{Cd}	76.00±3.46^{Bb}	13.90±0.65^{Bc}	333.00±45.40	75.80±3.96^{Abbc}

3. 日粮赖氨酸和蛋氨酸水平对水貂酶活性的影响 各组水貂的空肠消化酶活性高于十二指肠和回肠，说明水貂的营养物质消化主要在空肠进行。十组水貂的空肠胰蛋白酶活性与八组水貂的胰蛋白酶活性差异不显著（$P>0.05$），但显著高于九组水貂的酶活性（$P<0.05$），极显著高于其他试验组水貂的空肠胰蛋白酶活性（$P<0.01$），八组水貂的胰蛋白酶活性极显著高于一组、二组和三组水貂的酶活性（$P<0.01$）；十组水貂的空肠胰淀粉酶活性极显著高于五组水貂的酶活性（$P<0.01$），其他试验组间的胰淀粉酶活性差异不显著（$P>0.05$）。Skrede（1978）指出，仔水貂胃肠道蛋白酶的分泌和活性在1～12周龄时逐步增强，断奶后早期日粮中蛋白质的消化率相对较低。肠道胰蛋白酶的活性受到饥饿、换毛等生理状态的影响。日粮蛋白质水平与胰酶的活性密切相关，降低日粮蛋白质水平，胰酶的活性明显降低。日粮中的脂肪、碳水化合物能够刺激胰酶的分泌，相应提高胰脂肪酶和胰淀粉酶的活性。七组和十组水貂的空肠和回肠胰蛋白酶活性显著高于其他试验组水貂，这与前人研究的试验结果相一致。胰淀粉酶的活性在回肠开始降低，各组水貂的回肠胰淀粉酶活性差异不显著（表4-40和表4-41）。

综上所述，在冬毛生长期内生长速度相对较低，氨基酸代谢过程中的相互竞争以及氨基酸比例失衡是影响水貂生长性能的主要原因。母水貂冬毛生长期补充适当的氨基酸，能提高水貂的生长性能。日粮中添加不同水平的赖氨酸、蛋氨酸能够对水貂的皮毛质量产生影响。冬毛生长期水貂基础日粮中蛋氨酸含量达到1.2%，胱氨酸含量为0.35%时，水貂的皮张面积最大。冬毛生长期水貂日粮中适宜的含硫氨基酸含量为1.24%～1.55%，适宜的赖蛋比为（0.83～1.28）：1。

（三）育成生长期水貂日粮适宜精氨酸水平和营养需要量研究

万春孟（2015a）在研究L-精氨酸添加水平对育成生长期水貂生长性能、营养物质消化率及氮代谢的影响，8组水貂分别饲喂L-精氨酸添加水平为0（Ⅰ组）、0.2%（Ⅱ组）、0.4%（Ⅲ组）、0.6%（Ⅳ组）、0.8%（Ⅴ组）、1.0%（Ⅵ组）和1.2%（Ⅶ组）的试验日粮。

表 4-40　日粮氨基酸水平对空肠消化酶活性的影响

项目	一组	二组	三组	四组	五组	六组	七组	八组	九组	十组
胰蛋白酶 (IU)	1 460.3±138.7^{Abab}	1 474.3±58.5^{Abab}	1 452.2±32.0^{Abab}	1 349.8±129.6^{Aa}	1 398.3±185.9^{Aa}	1 505.9±70.2^{Ababc}	1 718.0±96.7^{Abbc}	1 817.1±157.8^{BCcd}	1 770.0±93.8^{ABCbc}	2 037.9±377.1^{Cd}
胰淀粉酶 (IU)	4 538.2±383.7^{Abab}	4 589.4±26.2^{Abab}	4 415.7±135.7^{Abab}	4 407.1±201.2^{Abab}	4 187.1±282.3^{Aa}	4 556.8±210.8^{Abab}	4 519.7±231.5^{Abab}	4 423.6±240.1^{Abab}	4 534.2±189.8^{Abab}	4 880.6±687.7^{Bb}
胰脂肪酶 (IU)	241.7±30.1^{Ded}	165.0±32.9^{ABCabc}	161.1±2.1^{ABCabc}	191.2±16.7^{BCDbc}	191.6±15.6^{CDc}	246.9±33.6^{Ed}	193.5±29.1^{CDc}	136.1±15.1^{ABCabc}	161.2±23.6^{ABCabc}	124.6±25.8^{Aa}

表 4-41　日粮氨基酸水平对回肠消化酶活性的影响

项目	一组	二组	三组	四组	五组	六组	七组	八组	九组	十组
胰蛋白酶 (IU)	1 164.1±225.7^{Aa}	1 286.8±46.8^{ABCab}	1 224.8±16.9^{Abb}	1 099.2±45.8^{Aa}	1 070.8±234.4^{Aa}	1 149.5±275.2^{Aa}	1 583.4±102.9^{BCc}	1 554.7±40.9^{BCbc}	1 607.7±35.2^{BCc}	1 628.9±110.0^{Cc}
胰淀粉酶 (IU)	4 525.9±435.9	4 387.6±199.2	4 414.8±270.0	4 499.6±447.3	4 646.0±228.8	4 566.8±225.7	4 524.5±287.4	4 526.6±177.4	4 582.6±210.76	4 753.7±297.8
胰脂肪酶 (IU)	182.0±12.6^{ABCab}	136.9±24.0^{Aba}	125.8±15.7^{Aa}	154.2±45.9^{ABCab}	153.0±20.5^{Aba}	181.6±46.3^{ABCab}	236.3±23.1^{CDc}	212.6±40.0^{ABCDbc}	219.7±59.0^{BCDbc}	264.0±38.7^{Dc}

1. 日粮L-精氨酸添加水平对育成生长期水貂生长性能的影响（表4-42） Ⅲ组、Ⅳ组、Ⅴ组的终末体重和平均日增重高于Ⅰ组、Ⅱ组、Ⅵ组和Ⅶ组，但差异不显著（$P>0.05$）。平均日采食量各组之间差异不显著（$P>0.05$）。Ⅲ组的料重比低于Ⅰ组、Ⅱ组、Ⅳ组、Ⅴ组、Ⅵ组和Ⅷ组，但差异不显著（$P>0.05$）。饲喂L-精氨酸添加水平为0.4%（Ⅲ组）日粮的水貂在育成生长期获得最大体重，平均日增重比对照组（Ⅰ组）提高了14.42%，料重比比对照组降低了18.00%。在动物饲料中添加一定剂量的L-精氨酸能提高动物的生长性能，但精氨酸的添加量不能太高，太高则可能会抑制动物的生长性能。精氨酸添加量过高可能会引起动物腹泻、采食量减少、增长速度减缓，甚至可能引起动物死亡。这些现象的发生与过量添加精氨酸所带来的氨基酸不平衡有直接的关系。

2. 日粮L-精氨酸添加水平对育成生长期水貂营养物质消化率的影响 Ⅲ组的干物质采食量极显著高于Ⅰ组（$P<0.01$），显著高于Ⅱ组和Ⅵ组（$P<0.05$）。Ⅲ组的干物质排出量显著高于Ⅰ组和Ⅳ组（$P<0.05$）。Ⅳ组的干物质消化率高于其他各组，但差异不显著（$P>0.05$）。Ⅳ组的蛋白质消化率显著高于Ⅰ组、Ⅱ组、Ⅲ组、Ⅴ组和Ⅷ组（$P<0.05$）。Ⅳ组的脂肪消化率显著高于Ⅴ组、Ⅵ组和Ⅷ组（$P<0.05$）。动物日粮中添加适当比例的L-精氨酸也会促进幼龄动物的肠道发育，增强动物机体对干物质、蛋白质和脂肪的消化吸收。由此可见，动物日粮中添加适宜比例的精氨酸能够有效提高动物的干物质消化率、蛋白质消化率和脂肪消化率（表4-43）。

3. 日粮L-精氨酸添加水平对育成生长期水貂氮代谢的影响（表4-44） Ⅲ组的食入氮极显著高于Ⅰ组和Ⅱ组（$P<0.01$），显著高于Ⅴ组和Ⅵ组（$P<0.05$）。Ⅵ组和Ⅰ组的尿氮高于其他各组，但差异不显著（$P>0.05$）。Ⅲ组的粪氮极显著高于Ⅰ组和Ⅳ组（$P<0.01$）。Ⅲ组的氮沉积极显著高于Ⅰ组和Ⅵ组（$P<0.01$），显著高于Ⅱ组和Ⅴ组（$P<0.05$）。Ⅲ组、Ⅳ组和Ⅶ组的净蛋白质利用率显著高于Ⅰ组（$P<0.05$）。Ⅲ组、Ⅳ组和Ⅴ组的蛋白质生物学效价显著高于Ⅰ组（$P<0.05$）。在本试验中，摄入蛋白质与尿氮并没有表现出很强的正相关性，这可能是因为精氨酸的添加改变了氮元素的代谢，增强了水貂对蛋白质的消化率，增加了氮沉积、净蛋白质利用率和蛋白质的生物学效价，减少了氮元素的排泄。由此可见，动物日粮中添加适宜比例的精氨酸能够有效提高动物的氮沉积、净蛋白利用率和蛋白质生物学效价。

综上所述，日粮L-精氨酸添加水平为0.4%和0.6%（总精氨酸水平为1.85%～2.05%），育成生长期水貂的生长性能、营养物质消化率、氮沉积、净蛋白质利用率及蛋白质生物学效价较为理想。

（四）冬毛生长期水貂日粮适宜精氨酸水平和营养需要量研究

万春孟（2015b）在研究日粮L-精氨酸水平对冬毛生长期母水貂生长性能和氨基酸消化率的影响时，各组分别在基础日粮中添加0%（Ⅰ组）、0.20%（Ⅱ组）、0.40%（Ⅲ组）、0.60%（Ⅳ组）、0.80%（Ⅴ组）、1.00%（Ⅵ组）和1.20%（Ⅶ组）L-精氨酸。

1. 日粮L-精氨酸添加水平对冬毛生长期水貂生长性能的影响 试验结果表明Ⅴ组、

表 4-42 日粮 L-精氨酸添加水平对育成生长期水貂生长性能的影响

项目	Ⅰ组	Ⅱ组	Ⅲ组	Ⅳ组	Ⅴ组	Ⅵ组	Ⅶ组
初始体重（g）	776.50±59.00	776.30±64.32	775.70±49.50	777.10±48.99	775.70±47.97	776.50±52.01	776.80±65.98
终末体重（g）	1 090.90±139.33	1 070.00±148.73	1 125.70±64.66	1 106.00±124.28	1 111.50±158.28	1 098.10±106.61	1 096.40±115.57
平均日增重（g）	4.99±1.81	4.66±1.88	5.56±0.60	5.22±1.48	5.33±2.19	5.10±1.16	5.09±1.20
平均日采食量（g）	82.59±8.11	84.26±7.41	85.36±9.45	84.93±10.11	84.26±7.65	83.59±8.37	84.08±9.15
料重比	18.72±7.07	18.90±6.14	15.35±1.80	17.20±3.79	18.16±8.50	17.35±5.06	17.54±2.61

表 4-43 日粮 L-精氨酸添加水平对育成生长期水貂营养物质消化率的影响

项目	Ⅰ组	Ⅱ组	Ⅲ组	Ⅳ组	Ⅴ组	Ⅵ组	Ⅶ组
干物质采食量（g）	$82.55±7.05^{Aa}$	$84.97±14.51^{ABab}$	$100.05±6.03^{Bc}$	$89.75±6.02^{ABabc}$	$94.92±7.11^{ABbc}$	$87.93±8.24^{ABab}$	$90.90±11.22^{ABabc}$
干物质排出量（g）	$20.97±2.17^{a}$	$22.64±5.07^{ab}$	$26.81±2.84^{b}$	$21.24±3.94^{a}$	$24.68±1.42^{ab}$	$22.18±3.10^{ab}$	$23.72±6.05^{ab}$
干物质消化率（%）	74.50±2.79	73.57±1.95	73.38±2.82	76.29±4.15	73.95±1.20	75.75±2.69	74.08±4.65
蛋白质消化率（%）	$78.67±2.98^{a}$	$78.46±2.01^{a}$	$78.83±3.63^{a}$	$82.44±3.52^{b}$	$78.45±0.79^{a}$	$80.15±1.35^{ab}$	$78.58±4.30^{a}$
脂肪消化率（%）	$84.31±3.86^{ab}$	$83.31±3.78^{ab}$	$82.81±3.65^{ab}$	$86.32±3.30^{b}$	$80.34±4.55^{a}$	$81.71±1.39^{a}$	$80.06±5.57^{a}$

表 4-44 日粮 L-精氨酸添加水平对育成生长期水貂氮代谢的影响

项目	Ⅰ组	Ⅱ组	Ⅲ组	Ⅳ组	Ⅴ组	Ⅵ组	Ⅶ组
食入氮（g/d）	$4.41±0.38^{Aa}$	$4.90±0.84^{ABbc}$	$5.92±0.36^{Cc}$	$5.32±0.36^{BCbc}$	$5.24±0.39^{ABCb}$	$5.16±0.48^{ABCb}$	$5.54±0.68^{BCbc}$
尿氮排出量（g/d）	1.37±0.54	1.01±0.30	1.04±0.48	1.01±0.46	1.05±0.34	1.49±0.85	1.13±0.70
粪氮排出量（g/d）	$0.94±0.10^{Aa}$	$1.06±0.25^{ABab}$	$1.26±0.22^{Bb}$	$0.93±0.20^{Aa}$	$1.13±0.06^{ABab}$	$1.02±0.12^{ABab}$	$1.21±0.30^{ABb}$
氮沉积（g/d）	$2.02±0.54^{Aa}$	$2.83±0.52^{ABCbc}$	$3.83±0.91^{Cd}$	$3.38±0.68^{BCcd}$	$3.06±0.36^{BCbc}$	$2.55±0.72^{ABab}$	$3.22±0.67^{BCbcd}$
净蛋白质利用率（%）	$46.85±12.43^{a}$	$57.87±5.88^{ab}$	$64.83±15.36^{b}$	$63.32±11.43^{b}$	$58.52±6.16^{ab}$	$50.74±14.40^{ab}$	$62.22±16.03^{b}$
蛋白质生物学效价（%）	$59.71±15.04^{a}$	$73.73±6.81^{ab}$	$78.02±10.89^{b}$	$76.53±11.44^{b}$	$74.61±7.95^{b}$	$63.76±17.79^{ab}$	$73.22±14.79^{ab}$

Ⅵ组、Ⅶ组水貂的终末体重高于Ⅰ组、Ⅱ组、Ⅲ组、Ⅳ组，但差异不显著（$P>0.05$）。Ⅴ组水貂的平均日增重高于其他各组，但差异不显著（$P>0.05$）。平均日采食量各组水貂之间差异不显著（$P>0.05$）。Ⅴ组水貂的料重比显著低于Ⅰ组、Ⅱ组和Ⅲ组（$P<0.05$）。在冬毛生长期水貂日粮中添加适当的精氨酸提高了水貂的平均日增重，降低了料重比。原因可能是在水貂日粮中添加适当的精氨酸，促进了机体蛋白质的合成，加快了水貂的生长，从而提高了水貂的平均日增重。精氨酸还能提高水貂对日粮中蛋白质的利用率，从而提高了日粮的转化效率。同时，精氨酸改善了机体的肠道功能，促进了机体对营养物质的消化吸收，从而降低了日粮的料重比。因此，在冬毛生长期水貂日粮中添加适当的精氨酸（精氨酸总水平为2.50%）能提高水貂的平均日增重，降低料重比，改善动物的生长性能（表4－45）。

2. 日粮L-精氨酸水平对冬毛生长期水貂氨基酸消化率的影响 Ⅰ组水貂赖氨酸消化率显著高于Ⅴ组、Ⅵ组和Ⅶ组（$P<0.05$）。Ⅵ和Ⅶ组水貂的精氨酸消化率显著高于Ⅰ组和Ⅱ组（$P<0.05$）。其他氨基酸的消化率各组水貂之间差异不显著（$P>0.05$）。精氨酸与赖氨酸是拮抗氨基酸。日粮中精氨酸含量高会影响赖氨酸的吸收、降解、合成和重吸收，这主要是因为赖氨酸与精氨酸均为碱性氨基酸，在机体内分享同一转运系统，因此在吸收过程中存在拮抗。在本试验中，随着日粮中精氨酸含量的增加，冬毛生长期水貂对日粮中精氨酸的消化率逐渐增加，同时对日粮中赖氨酸的消化率逐渐降低。这说明冬毛生长期水貂对日粮中精氨酸和赖氨酸的吸收可能存在拮抗作用。因此，当冬毛生长期水貂对日粮中精氨酸的消化吸收增加时，赖氨酸的消化吸收明显地受到抑制（表4－46）。

通过研究结果得出，当冬毛生长期母水貂日粮中赖氨酸水平为0.6%或0.8%时，即精氨酸总水平为2.30%或2.50%时，水貂的生长性能较为理想。

二、基于鲜饲料的氨基酸营养需要量研究

（一）育成生长期水貂蛋氨酸营养需要量研究

张海华（2011b）在前期研究的育成生长期水貂适宜蛋白质水平为32%，以28%蛋白质水平的日粮作为基础日粮（P28），32%蛋白质水平的日粮作为对照组（P32），蛋氨酸添加量分别为日粮干物质的0.3%（P28＋M1）、0.6%（P28＋M2）和0.9%（P28＋M3）。通过饲养试验，消化代谢试验分析，确定冷鲜饲料基础的育成生长期水貂蛋氨酸需要量。

1. 日粮蛋白质和蛋氨酸水平对育成生长期水貂体重的影响 添加蛋氨酸的低蛋白质日粮组对试验前期和中期水貂平均日增重影响差异显著（$P<0.05$），P28＋M2组显著高于未添加氨基酸的蛋白质组。蛋氨酸是动物生长发育所必需的氨基酸，尤其是毛皮动物。大量试验表明，日粮中添加蛋氨酸，能够提高动物的体增重、体重和生产性能，但超量添加并不能进一步地提高动物的生产性能，甚至会引起中毒。本试验结果显示，当日粮中蛋白质水平为28%时，添加蛋氨酸可以明显地提高水貂的日增重和体重，到试验末期各组间体重与日增重出现了显著差异，但不是蛋氨酸添加最高组动物的体增重最佳，水貂体增重和体重最佳组为P28＋M2（表4－47）。

表 4-45 日粮 L-精氨酸添加水平对冬毛生长期雌性水貂生长性能的影响

项目	Ⅰ组	Ⅱ组	Ⅲ组	Ⅳ组	Ⅴ组	Ⅵ组	Ⅶ组
初始体重（g）	1 188.22±64.52	1 189.67±105.66	1 188.22±118.39	1 190.44±120.48	1 190.22±116.78	1 188.89±92.82	1 189.44±100.95
终末体重（g）	1 228.22±112.81	1 227.44±127.50	1 233.00±117.44	1 232.33±137.37	1 267.44±126.06	1 262.33±137.85	1 301.22±119.89
平均日增重（g）	1.58±0.48	1.62±0.54	1.69±0.58	1.76±0.62	2.65±0.57	2.51±0.63	2.40±0.66
平均日采食量（g）	82.68±4.50	77.50±8.69	81.70±7.33	80.21±3.87	78.98±8.95	83.64±6.50	81.59±5.83
料重比	48.67±3.32^{b}	47.86±4.56^{b}	48.22±3.27^{b}	39.80±4.45^{ab}	32.78±3.11^{a}	39.15±3.28^{ab}	40.18±4.18^{ab}

表 4-46 日粮 L-精氨酸水平对冬毛生长期水貂氨基酸消化率的影响（%）

项目	Ⅰ组	Ⅱ组	Ⅲ组	Ⅳ组	Ⅴ组	Ⅵ组	Ⅶ组
天冬氨酸	78.31±6.28	76.12±5.65	77.69±1.44	78.88±2.06	79.81±9.19	78.61±2.32	77.00±1.50
丝氨酸	74.70±4.31	73.38±3.91	73.45±2.48	73.80±3.21	73.11±7.28	72.88±4.16	72.78±1.71
苏氨酸	86.34±2.87	86.32±8.61	86.28±2.08	86.17±2.41	86.94±5.11	85.31±1.79	84.27±1.34
谷氨酸	84.22±3.74	83.50±6.10	84.67±0.94	85.03±2.14	84.10±6.09	83.45±1.88	83.70±0.77
脯氨酸	82.25±3.30	81.66±7.45	82.82±2.24	82.23±2.24	79.64±6.38	79.66±2.05	79.66±1.18
甘氨酸	77.29±3.95	76.32±6.69	78.67±1.61	78.57±1.73	75.07±8.29	75.28±2.56	75.53±1.43
丙氨酸	83.83±4.35	83.16±6.06	84.30±1.40	85.03±2.10	84.68±6.36	82.68±2.29	82.79±0.80
半胱氨酸	73.27±6.39	71.85±5.77	73.92±3.65	70.74±6.17	68.28±3.56	65.89±2.84	66.44±5.33
缬氨酸	82.06±3.88	81.13±6.80	83.26±1.48	83.50±1.68	81.73±6.89	81.64±1.73	82.22±1.28
甲硫氨酸	87.88±2.10	87.34±4.94	87.81±0.53	87.77±1.62	87.39±4.29	87.59±1.17	87.81±0.74
异亮氨酸	82.94±3.14	81.72±7.12	83.66±1.97	83.69±1.57	82.17±6.42	81.35±1.59	81.63±1.18
亮氨酸	86.79±2.58	85.37±5.57	86.91±1.62	86.98±1.38	86.69±5.75	85.90±1.18	86.67±1.02
酪氨酸	85.93±3.56	85.12±3.89	86.15±1.78	85.53±1.48	85.27±5.94	86.28±2.30	85.14±2.46
苯丙氨酸	86.12±3.04	84.70±5.47	86.22±1.45	86.34±1.17	85.33±5.64	84.99±1.16	85.14±1.05
赖氨酸	91.03±2.32^{a}	88.14±4.72^{ab}	89.00±1.73^{ab}	88.02±0.88^{ab}	85.87±4.72^{b}	86.44±0.95^{b}	87.17±1.11^{b}
组氨酸	84.47±3.04	83.45±5.55	86.05±1.62	86.58±1.62	84.91±6.26	83.03±1.10	83.61±1.36
精氨酸	88.78±2.49^{a}	88.71±4.44^{a}	91.13±1.02^{ab}	91.57±1.12^{ab}	91.54±3.68^{ab}	92.90±1.13^{b}	93.38±0.84^{b}

表 4-47 日粮蛋白质和蛋氨酸水平对育成生长期水貂体重和平均日增重的影响

项目	P32 组	P28 组	P28+M1 组	P28+M2 组	P28+M3 组
体重（kg）					
1 d	0.82±0.12	0.82±0.08	0.82±0.08	0.82±0.08	0.82±0.10
15 d	1.20±0.16^{ab}	1.15±0.16^{b}	1.25±0.11^{a}	1.27±0.11^{a}	1.20±0.17^{ab}
30 d	1.53±0.18^{b}	1.50±0.16^{b}	1.62±0.10^{a}	1.67±0.12^{a}	1.63±0.21^{a}
45 d	1.78±0.20^{ab}	1.74±0.17^{ab}	1.82±0.11^{a}	1.86±0.24^{a}	1.83±0.19^{a}
60 d	1.95±0.22^{b}	1.93±0.77^{b}	2.07±0.11^{ab}	2.13±0.24^{a}	2.05±0.21^{ab}
平均日增重（g）					
0～15 d	25.31±5.74^{b}	22.14±6.14^{bc}	28.67±4.27^{a}	29.98±6.62^{a}	25.64±8.17^{b}
15～30 d	22.01±3.37^{c}	23.27±5.38^{bc}	24.69±4.64^{b}	26.72±5.19^{ab}	28.67±4.91^{a}
30～45 d	16.70±3.65^{a}	15.99±2.84^{a}	13.34±2.83^{b}	12.68±8.61^{b}	13.34±3.70^{b}
45～60 d	11.40±6.13^{C}	12.71±3.43^{BC}	16.59±3.25^{AB}	18.07±2.38^{A}	14.72±3.81^{B}

2. 日粮蛋白质和蛋氨酸水平对育成生长期水貂生长性能的影响 P28+M2 组水貂的日增重显著高于其他组（$P<0.05$）。添加不同水平的蛋氨酸对水貂终末体重和平均日增重影响不显著（$P>0.05$），P28+M2 组水貂终末体重和平均日增重最高，显著高于 P28 组（$P<0.05$）。不同蛋氨酸水平日粮的平均日采食量、饲料转化率、干物质消化率、氮表观消化率和脂肪消化率各组间差异不显著（$P>0.05$）。本试验结果显示，不同蛋氨酸添加水平对水貂的体重和体增重影响差异不大，但 P28+M2 组最高，而且显著地高于 P32 和 P28 两个高蛋白质水平组。当水貂日粮蛋白质水平从占代谢能的 31%降到 20%并补充相应的必需氨基酸时，水貂的生产性能未受到影响，可能是由于日粮蛋白水平降得太低，添加部分必需氨基酸也无法达到水貂的营养需要造成。大量试验表明，降低日粮中蛋白质水平，补充适量的限制性氨基酸不但不影响动物的生长性能，而且有提高生长性能的趋势（表 4-48）。

3. 日粮蛋白质和蛋氨酸水平对育成生长期水貂氮代谢的影响 随着日粮蛋白水平的降低，水貂食入氮、尿氮和血清尿素氮极显著降低（$P<0.01$）。日粪氮排出量和日氮沉积量随日粮蛋白水平的降低有显著的下降趋势（$P<0.05$），各组水貂血清总蛋白的含量受日粮蛋白质水平的影响不大（$P>0.05$）。不同蛋氨酸水平对尿氮排出量有极显著的影响（$P<0.01$），日粮蛋白质含量为 28%并添加 0.6%蛋氨酸组水貂的尿氮排出量极显著地低于日粮中蛋白质含量为 32%日粮组（$P<0.01$）。蛋氨酸能够促进动物机体内蛋白质的合成与代谢，降低蛋白质的分解。但是，过高的蛋氨酸水平则会使蛋白质的代谢趋于分解代谢。水貂食入饲料中的含氮营养物质经体内的消化代谢，一部分被机体利用或合成体蛋白沉积在体内，另一部分形成代谢废弃产物随尿液和粪便排出体外，从而构成了水貂的氮平衡。尿氮、粪氮是食入氮的两个主要损失部分。尿氮是被吸收的氨基酸参加组织代谢后，没有被机体利用合成体蛋白而是脱氨后随尿排出，这部分氮受饲料氨基酸平衡的影响较大。本试验中 P28+M2 的尿氮排出量相对较低，说明此组日粮氮平衡良好。本试验中添加不同蛋氨酸水平日粮的蛋白质水平各组间差异不显著，所以对食入氮影响差异不明显。各蛋氨酸水平日粮间的氮排出量和尿氮排出量差异显著，可能是因为蛋氨酸添加量对水貂氮代谢产生一定的作用引起（表 4-49）。

表 4-48 日粮蛋白质和蛋氨酸水平对育成生长期水貂生长性能的影响

项目	初始体重（kg）	终末体重（kg）	平均日采食量（g）	平均日增重（g）	饲料转化率（%）	干物质消化率（%）	氮表观消化率（%）	脂肪消化率（%）
P32	0.82±0.12	1.95±0.22^{b}	98.23±6.62^{b}	19.44±1.88^{b}	4.97±0.11^{b}	84.39±4.40	89.02±3.28^{a}	94.87±2.27^{A}
P28	0.82±0.08	1.93±0.77^{b}	98.93±7.99^{b}	18.72±2.33^{b}	5.17±0.12^{ab}	83.69±1.37	88.32±1.81^{ab}	94.03±1.35^{AB}
P28+M1	0.82±0.08	2.07±0.11^{ab}	98.32±9.13^{b}	20.84±2.12^{ab}	4.71±0.37^{ab}	82.49±1.16	87.81±1.53^{ab}	92.66±1.14^{B}
P28+M2	0.82±0.08	2.13±0.24^{a}	99.14±9.12^{b}	21.83±4.30^{a}	4.55±0.24^{b}	82.52±1.61	87.57±1.51^{ab}	92.78±2.28^{B}
P28+M3	0.82±0.10	2.05±0.21^{ab}	100.38±7.99^{b}	20.51±3.66^{ab}	4.88±0.41^{ab}	82.29±0.95	87.51±1.01^{ab}	93.55±2.13^{B}

表 4-49 日粮蛋白质和蛋氨酸水平对育成生长期水貂氮代谢的影响

项目	食入氮（g/d）	粪氮（g/d）	尿氮（g/d）	氮沉积（g/d）	血清尿素氮（mg/L）	血清总蛋白（mg/mL）
P32	5.11±0.43^{B}	0.61±0.06^{a}	2.30±0.72^{AB}	2.17±0.49^{ab}	219.63±8.76^{A}	67.02±8.78
P28	4.46±0.51^{C}	0.52±0.06^{b}	1.94±0.52^{BC}	1.96±0.51^{ab}	216.28±4.42^{A}	66.13±13.21
P28+M1	4.65±0.36^{C}	0.52±0.05^{b}	1.83±0.14^{BC}	2.23±0.24^{ab}	184.82±7.78^{B}	65.92±4.26
P28+M2	4.76±0.53^{C}	0.46±0.08^{bc}	1.67±0.10^{CD}	2.39±0.39^{a}	154.91±4.54^{C}	65.89±4.56
P28+M3	4.85±0.50^{C}	0.61±0.07^{a}	2.12±0.19^{AB}	2.16±0.32^{ab}	148.08±6.04^{D}	63.49±3.78

综上所述，在本试验条件下日粮蛋白质水平为 28%的基础上，添加适当的蛋氨酸可明显地提高水貂的生产性能，日粮中蛋氨酸的量为 1.39%。

(二) 冬毛生长期水貂蛋氨酸营养需要量的研究

含硫氨基酸是水貂日粮中的第一限制性氨基酸，含硫氨基酸的含量对水貂毛皮质量有非常大的影响，因此适当的日粮蛋白质水平和氨基酸水平对冬毛生长期水貂的饲养十分重要。选择 5 组初始体重平均为（1.95±0.20）kg 的水貂，一组白质水平为 28%，其他 4 组水平蛋白质为 24%，以此为基础日粮（P24），蛋氨酸添加量分别为日粮干物质的 0.3%（P24+M1）、0.6%（P24+M2）和 0.9%（P24+M3）。试验日粮营养成分见表 4-50。通过饲养试验、消化代谢试验、氮平衡试验分析，确定鲜饲料基础上冬毛生长期水貂的蛋氨酸需要量。

表 4-50 试验日粮营养成分分析（%）

营养物质	P28 组	P24 组	P24+M1 组	P24+M2 组	P24+M3 组
干物质	25.54	25.33	25.04	25.10	25.44
灰分	7.01	6.38	6.33	6.21	6.01
粗蛋白质	28.47	24.93	25.28	25.79	25.93
脂肪	21.60	22.98	22.32	21.83	22.17
碳水化合物	42.92	45.71	46.07	46.17	45.89
代谢能	21.50	21.88	21.74	21.66	21.78
钙	3.75	3.98	3.35	3.27	3.38
磷	0.71	0.64	0.74	0.70	0.73
天冬氨酸	2.06	1.72	1.66	1.87	1.78
苏氨酸	1.28	1.04	0.97	1.13	1.04
丝氨酸	1.35	1.15	1.06	1.19	1.11
谷氨酸	4.35	3.58	3.36	3.78	3.53
甘氨酸	2.00	1.49	1.83	1.82	1.57
丙氨酸	1.93	1.55	1.64	1.75	1.55
缬氨酸	1.32	1.20	1.20	1.29	1.19
蛋氨酸	0.76	0.72	1.19	1.54	1.91
异亮氨酸	1.21	0.99	0.95	1.09	0.99
亮氨酸	2.38	2.05	1.93	2.21	2.01
酪氨酸	0.74	0.60	0.56	0.66	0.60
苯丙氨酸	1.39	1.24	1.22	1.34	1.23
赖氨酸	1.28	1.03	0.99	1.20	1.09
组氨酸	0.52	0.48	0.45	0.54	0.46
精氨酸	1.16	0.99	1.04	1.19	1.09
脯氨酸	1.56	1.17	1.71	1.97	0.98

1. 日粮蛋白质和蛋氨酸水平对冬毛生长期水貂生长性能的影响 低蛋白质日粮中添加蛋氨酸对水貂的体重影响差异不显著（$P>0.05$），添加蛋氨酸有体重增加的趋势，P24＋M2 组水貂终末体重最高，且高于 P28 组。不同蛋氨酸水平对水貂日采食量影响差异不显著（$P>0.05$）。日粮中蛋氨酸水平对氮表观消化率和脂肪消化率影响差异不显著（$P>0.05$）。实际生产中日粮添加适宜的蛋氨酸可以提高水貂的生长速度，对饲料转化率也有极其重要的作用。当水貂 17 周龄以后，消化系统和身体发育较为完善，此时蛋氨酸的作用主要体现在对毛绒生长的影响上。蛋氨酸是合成蛋白质所需 20 种氨基酸中毒性最强的一种，当日粮中蛋氨酸含量过高时，会明显抑制动物生长，所以日粮中蛋氨酸水平并不是越高越好，本试验中水貂的体重变化研究结果与前人结论相符。本试验中添加蛋氨酸未能提高水貂的干物质消化率和氮表观消化率，前人研究证明冬毛生长期蓝狐添加蛋氨酸的低蛋白质日粮比不添加蛋氨酸的同等水平的低蛋白质日粮脂肪消化率有所提高，对犬的研究也得到了同样的结果。本试验结果显示各组间脂肪消化率差异不显著，可能是由于水貂和狐狸冬毛生长期对脂肪的利用程度不同引起（表 4－51）。

表 4－51 日粮蛋白质和蛋氨酸水平对冬毛生长期水貂生长性能的影响

项目	初始体重（kg）	终末体重（kg）	日采食量（g）	干物质消化率（%）	氮表观消化率（%）	脂肪消化率（%）
P28	1.95±0.23	2.08±0.21	88.06±17.45[c]	82.96±1.06	85.88±1.10	94.65±2.16[a]
P24	1.92±0.19	2.04±0.17	96.94±9.1[ab]	82.60±3.36	85.39±1.42	94.26±1.19[a]
P24＋M1	2.06±0.10	2.19±0.24	96.87±17.26[ab]	82.04±1.53	85.91±1.27	92.33±2.29[ab]
P24＋M2	2.07±0.28	2.23±0.32	94.97±14.38[b]	81.36±1.64	85.60±1.50	92.34±2.71[ab]
P24＋M3	2.04±0.21	1.99±0.24	99.98±14.31[ab]	81.58±1.67	85.94±0.67	93.36±2.26[a]

2. 日粮蛋白质和蛋氨酸水平对冬毛生长期水貂毛皮品质的影响 低蛋白日粮中添加不同蛋氨酸对水貂体长、干皮重、针毛长和绒毛长影响差异不显著（$P>0.05$）。不同氨基酸水平日粮对水貂干皮长影响差异显著（$P<0.05$），P24＋M2 组最高，但同高蛋白日粮组差异不显著（$P>0.05$）。低蛋白质日粮中添加蛋氨酸对水貂针毛和绒毛细度有极显著的影响（$P<0.01$），针毛细度随低蛋白质日粮中蛋氨酸的添加量增加呈极显著的下降趋势（$P<0.01$），绒毛细度随日粮中蛋氨酸水平的添加呈极显著的上升趋势（$P<0.01$）。水貂的干皮重随日粮蛋白质水平的降低而下降，可能是因为冬毛生长期水貂维持需要的蛋白质和能量相对较高，随着日粮蛋白质水平的降低，对水貂体内蛋白质的动员使蛋白质在皮上的沉积相对减少造成。当日粮中添加蛋氨酸时，水貂的干皮重并未明显增加，但最终干皮长 P24＋M2 最大，可能是因为本身 P24＋M2 与高蛋白质日粮组毛皮质量差异不显著，P24＋M2 组水貂体重相对较大，而在毛皮处理过程中受拉伸等多种因素影响造成。另外，本试验在设计过程中，预计水貂毛皮质量最佳组可能为 P24＋M3，因为水貂冬毛生长期日粮蛋白质水平水平较育成生长期有所降低，日粮中的蛋氨酸水平也会随之降低，而水貂冬毛生长期为满足维持及毛皮生长的需要，蛋氨酸的需要量应有所增加，但结果与试验伊始设想相违。可能是因为冬毛生长期的水貂是在育成生长期的基础上继续饲喂不同蛋白质水平梯度和蛋氨酸梯度的日粮，P28＋M2 组水貂较其他组水貂生产性能好所致（表 4－52）。

表 4-52 日粮蛋白质水平和低蛋白质日粮中添加蛋氨酸对水貂毛皮品质的影响

项目	体长（cm）	干皮长（cm）	干皮重（g）	针毛长（cm）	绒毛长（cm）	针毛细度（μm）	绒毛细度（μm）
P28	44.75±1.16	76.13±2.99^{ab}	206.87±27.03^{a}	2.14±0.18	1.41±0.09	36.47±1.39^{C}	3.44±0.38^{D}
P24	44.75±1.28	74.37±1.84^{bc}	195.50±18.18^{b}	2.10±0.18	1.36±0.11	35.65±2.35^{D}	3.31±0.46^{E}
P24+M1	44.37±0.91	74.37±1.56^{bc}	195.62±15.94^{b}	2.14±0.20	1.41±0.20	37.39±1.49^{AB}	3.57±0.57^{C}
P24+M2	44.50±0.75	77.12±2.23^{a}	206.37±18.57^{a}	2.20±0.15	1.44±0.09	37.21±1.41^{B}	3.46±0.51^{B}
P24+M3	44.75±0.88	72.38±2.06^{c}	199.50±35.20^{b}	2.05±0.20	1.35±0.05	35.71±1.29^{D}	3.78±0.58^{A}

综上所述，水貂日采食量随日粮蛋白质水平的降低而显著地减少，添加蛋氨酸不能提高水貂的采食量。日粮蛋白质和蛋氨酸水平对水貂干物质消化率影响差异不显著。当水貂日粮蛋白质水平降低到 24%时，添加 0.6%的蛋氨酸，与适宜蛋白质水平日粮 28%比，对水貂的生产性能无显著影响，而且有提高的趋势。

（三）育成生长期水貂色氨酸营养需要量研究

张雪蕾（2018）在研究日粮色氨酸不同添加水平对育成生长期公天鹅绒水貂生长性能、氮代谢及氨基酸消化率的影响时，选取（60±5）日龄、健康公天鹅绒水貂，随机分成 6 组，5 组水貂分别饲喂在基础日粮（色氨酸含量为 0.22%）基础上添加 0（Ⅰ组）、0.1%（Ⅱ组）、0.3%（Ⅲ组）、0.5%（Ⅳ组）、0.7%（Ⅴ组）色氨酸，第Ⅵ组为对照组粗蛋白质水平 36%、色氨酸添加水平为 0。

1. 日粮色氨酸添加水平对育成生长期水貂生长性能的影响 色氨酸作为动物体的必需氨基酸，适量添加对生长性能有促进作用。色氨酸通过影响脑中神经递质 5-HT 和调控胃肠调节肽——胃饥饿素（ghrelin）的分泌来影响动物的采食量。本试验中，色氨酸对平均日采食量差异不显著（$P>0.05$），Ⅰ组、Ⅳ组采食量略高。由此可知，随着日龄的增长，水貂受色氨酸影响逐渐显现。水貂 105～120 日龄时，Ⅱ组、Ⅲ组、Ⅳ组和Ⅵ组平均体重相近。从整体趋势可知，随着色氨酸添加水平的提高，水貂的体重增长速度加快，当达到第Ⅲ组添加水平（色氨酸添加量 0.3%）后，体重增长速度降低，说明适量添加色氨酸可提高动物的生长性能，过量添加则会抑制动物生长。试验组与对照组相比较可知，适量添加色氨酸可减少蛋白质的饲喂量（表 4-53）。

2. 日粮色氨酸添加水平对育成生长期水貂氮代谢的影响 日粮中补充适量氨基酸可改善氨基酸平衡，使体内蛋白质合成代谢速度大于分解速度，提高蛋白质的沉积效率。本试验结果与上述报道不一致，添加色氨酸对蛋白质的消化率的影响不显著。色氨酸具有调控动物脂肪代谢的重要功能。色氨酸添加最高组Ⅴ组的脂肪消化率显著高于其他添加组（$P<0.05$），与高蛋白质水平组脂肪消化率相近，添加适量色氨酸有助于脂肪消化吸收。本试验发现，当色氨酸添加水平从 0.3%升高到 0.5%及以上时，育成生长期水貂尿氮的排出量上升，导致氮沉积、净蛋白质利用率以及蛋白质生物学效价提高。在日粮中添加色氨酸可增加机体内氮的沉积率，减少粪便中含氮代谢物的排放，从而减轻养殖废弃物对环境造成的污染（表 4-54）。

表 4-53　日粮色氨酸水平对育成生长期水貂生长性能的影响

项目	日龄（d）	Ⅰ组	Ⅱ组	Ⅲ组	Ⅳ组	Ⅴ组	Ⅵ组
平均日采食量（g）	60～120	386.00±38.30	371.44±35.98	370.00±38.92	385.58±30.00	370.72±25.35	370.28±31.10
平均体重（kg）	60	0.835±0.08	0.832±0.08	0.832±0.10	0.834±0.09	0.832±0.10	0.836±0.08
	75	1.117±0.09	1.165±0.11	1.154±0.10	1.208±0.16	1.214±0.13	1.249±0.09
	90	1.381±0.08	1.395±0.11	1.373±0.10	1.420±0.15	1.373±0.12	1.456±0.14
	105	1.782±0.10^{ab}	1 855±0.12^{a}	1.830±0.10^{ab}	1.604±0.08^{d}	1.666±0.07^{cd}	1.740±0.14^{bc}
	120	1.933±0.06^{b}	2.006±0.14^{ab}	2.040±0.06^{ab}	1.995±0.16^{ab}	1.941±0.06^{b}	2.068±0.12^{a}
日增重（g）	60～75	20.93±4.44^{b}	20.65±4.12^{b}	21.45±3.38^{b}	25.84±4.64^{a}	27.30±4.95^{a}	26.66±3.11^{a}
	75～90	15.01±3.24^{ab}	15.36±2.66^{ab}	15.10±2.92^{ab}	16.78±2.68^{a}	13.09±2.70^{b}	15.44±2.42^{ab}
	90～105	26.38±4.71^{a}	27.73±4.91^{a}	27.74±3.39^{a}	16.50±3.01^{b}	16.83±2.41^{b}	19.34±3.26^{b}
	105～120	13.23±3.94^{b}	13.13±3.08^{b}	13.30±4.29^{b}	19.74±4.45^{a}	19.28±3.05^{a}	19.39±6.43^{a}
平均日增重（g）	60～120	17.59±1.97	18.19±3.41	18.77±2.16	18.79±2.21	17.73±1.88	19.64±1.68

表 4-54　日粮色氨酸水平对育成生长期水貂氮代谢的影响

项目	Ⅰ组	Ⅱ组	Ⅲ组	Ⅳ组	Ⅴ组	Ⅵ组
食入氮（g/d）	7.70±0.72	7.77±0.75	7.43±1.13	7.43±1.09	7.75±0.54	7.99±0.67
粪氮（g/d）	0.90±0.23	0.94±0.16	0.94±0.19	0.96±0.17	0.94±0.14	1.02±0.18
尿氮（g/d）	3.04±0.94^{ab}	3.22±0.63^{ab}	2.22±1.11^{b}	3.74±0.86^{a}	3.78±0.65^{a}	3.91±1.43^{a}
氮沉积（g/d）	3.76±0.74^{ab}	3.60±1.12^{ab}	4.26±1.05^{a}	2.73±0.77^{b}	3.04±0.62^{ab}	3.05±1.37^{ab}
净蛋白质利用率（%）	49.32±11.02^{ab}	45.78±10.92^{ab}	57.65±11.76^{a}	36.89±9.97^{b}	39.23±7.71^{b}	38.37±17.54^{b}
蛋白质生物学效价（%）	55.59±11.51^{ab}	52.06±12.29^{ab}	66.09±14.23^{a}	42.25±10.67^{b}	44.58±8.69^{b}	43.91±19.81^{b}
干物质消化率（%）	83.37±0.87^{a}	81.37±1.64^{b}	80.84±1.58^{b}	80.61±1.69^{b}	82.45±1.07^{ab}	81.25±1.61^{b}
蛋白质消化率（%）	88.71±1.71	87.91±1.27	87.08±1.28	87.02±1.70	87.97±0.98	87.22±1.44
脂肪消化率（%）	94.94±0.92^{ab}	94.14±1.65^{ab}	94.18±1.75^{ab}	93.05±1.71^{b}	95.31±1.78^{a}	95.44±0.91^{a}

3. 日粮色氨酸水平对育成生长期水貂氨基酸消化率的影响　从Ⅱ组至Ⅴ组，随着色氨酸水平的升高，精氨酸的消化率逐渐增长，说明色氨酸和精氨酸之间存在正相关关系，色氨酸的消化率与精氨酸有不同的趋势。Ⅰ组与Ⅵ组相比，色氨酸添加量均为0，高蛋白组的消化率近似于低蛋白组，说明高蛋白不能促进精氨酸的吸收。在中性氨基酸中，对于脂肪族氨基酸（甘氨酸、丙氨酸、丝氨酸、苏氨酸、缬氨酸、亮氨酸、异亮氨酸），色氨酸对丙氨酸、亮氨酸和异亮氨酸的消化率有影响。Ⅲ组丙氨酸、亮氨酸和异亮氨酸的消化率最低，减少色氨酸的添加量，丙氨酸、亮氨酸和异亮氨酸的消化率有小幅升高；增加色氨酸添加量，丙氨酸、亮氨酸和异亮氨酸的消化率显著提高。亮氨酸与异亮氨酸互为同分异构体，色氨酸对其消化率影响一致；对于芳香族氨基酸（苯丙氨酸、酪氨酸）、含硫氨基酸（蛋氨酸）、杂环状氨基酸（脯氨酸），色氨酸对这些氨基酸的影响和脂肪族氨基酸影响相一致。脯氨酸与色氨酸同为杂环状氨基酸，相互之间可能存在拮抗作用。在酸性氨基酸中（天冬氨酸、谷氨酸），色氨酸对谷氨酸消化率的影响同以上结果。由此可知，色氨酸是动物体所必需的限制性氨基酸，对其他氨基酸的消化吸收有一定的的作用（表4－55）。

表4－55　日粮色氨酸水平对育成生长期水貂氨基酸消化率的影响（%）

项目	Ⅰ组	Ⅱ组	Ⅲ组	Ⅳ组	Ⅴ组	Ⅵ组
天冬氨酸	92.60±0.87	91.70±1.08	91.83±1.21	91.52±0.62	92.37±0.64	91.60±1.23
苏氨酸	90.98±0.97	89.67±1.48	89.69±1.34	89.77±1.02	90.16±0.98	90.63±1.27
丝氨酸	92.65±0.83	91.36±1.26	91.57±0.94	91.66±0.72	92.32±0.69	92.35±1.27
谷氨酸	94.64±0.44^{a}	94.13±0.53^{ab}	93.77±0.49^{b}	94.10±0.42^{ab}	94.34±0.44^{ab}	94.04±0.70^{ab}
甘氨酸	89.19±1.02	88.32±1.19	87.98±1.19	88.48±1.02	89.47±1.08	88.36±1.60
丙氨酸	93.06±0.53^{ab}	92.65±0.62^{ab}	92.14±0.73^{b}	92.65±0.68^{ab}	93.30±0.72^{a}	92.51±0.83^{ab}
半胱氨酸	93.30±1.81^{a}	92.55±1.71^{ab}	92.43±0.65^{ab}	90.96±1.41^{b}	93.01±1.48^{a}	93.52±1.37^{a}
缬氨酸	93.80±0.48	93.51±0.69	93.05±0.59	93.29±0.63	93.79±0.63	93.11±0.74
蛋氨酸	89.8±1.18^{b}	85.15±1.87^{c}	86.17±1.86^{c}	89.66±1.30^{b}	88.61±1.83^{b}	92.22±1.89^{a}
异亮氨酸	94.24±0.57^{a}	93.79±0.76^{ab}	93.40±0.50^{b}	93.90±0.61^{ab}	94.28±0.57^{a}	93.87±0.62^{ab}
亮氨酸	95.15±0.52^{a}	94.40±0.78^{ab}	94.21±0.45^{b}	94.61±0.51^{ab}	94.77±0.34^{ab}	94.99±0.77^{a}
酪氨酸	95.64±0.77^{a}	94.96±0.61^{ab}	94.59±0.75^{b}	94.31±0.63^{b}	95.60±0.52^{a}	95.50±0.80^{a}
苯丙氨酸	95.59±0.51^{a}	94.84±0.73^{ab}	94.74±0.55^{b}	94.92±0.50^{ab}	95.49±0.29^{ab}	95.19±0.77^{ab}
赖氨酸	96.14±0.45^{a}	95.49±0.63^{ab}	95.40±0.48^{b}	95.54±0.43^{ab}	96.05±0.25^{ab}	95.84±0.67^{ab}
组氨酸	94.57±0.98^{ab}	93.40±1.21^{b}	93.44±0.83^{b}	94.02±0.60^{ab}	95.15±0.35^{a}	94.29±1.17^{ab}
精氨酸	93.76±0.73^{a}	92.52±1.15^{b}	92.59±0.75^{b}	93.10±0.57^{ab}	93.90±0.59^{a}	93.70±1.10^{a}
脯氨酸	94.72±0.41^{a}	94.32±0.50^{ab}	94.00±0.51^{b}	94.26±0.39^{ab}	94.56±0.43^{ab}	94.32±0.66^{ab}
色氨酸	97.70±0.91^{a}	95.88±1.04^{b}	97.80±1.45^{a}	97.33±0.75^{ab}	97.26±1.14^{ab}	97.83±1.19^{a}

在本试验条件下，综合考虑色氨酸水平对于生长性能、营养物质消化率、氮代谢的影响，天鹅绒水貂日粮色氨酸添加水平0.3%时比较适宜（日粮色氨酸含量0.52%），育成生长期水貂色氨酸的摄入量为0.54 g/d即可满足营养需要。

(四) 冬毛生长期水貂色氨酸营养需要量研究

张雪蕾（2018）在研究日粮色氨酸不同添加水平对冬毛生长期公白水貂生长性能、氮代谢、营养物质消化率及血清生化指标的影响时，选取5组白色水貂分别饲喂在基础日粮（色氨酸含量为0.26%，蛋白质水平为34%）基础上，添加0（Ⅰ组）、0.1%（Ⅱ组）、0.3%（Ⅲ组）、0.5%（Ⅳ组）、0.7%（Ⅴ组）色氨酸，正对照组粗蛋白质水平36%、色氨酸添加水平为0%（Ⅵ组）。

1. 日粮色氨酸水平对冬毛生长期公白水貂生产性能的影响 日粮色氨酸水平对冬毛生长期白水貂平均日增重和平均日采食量无显著差异（$P>0.05$），Ⅰ组白水貂的平均日增重和平均日采食量略高于其他组。本试验中，各组平均日采食量和平均日增重没有显著差异，可能因为水貂肉食性日粮色氨酸含量较高（0.26%），基础日粮中色氨酸含量可以维持氨基酸平衡，满足水貂的基本营养需要。由料重比可知，添加色氨酸试验组的料重比低于未添加对照组和高蛋白对照组。Ⅲ组料重比最低，说明日粮色氨酸添加量为0.3%（即含量0.56%）时饲喂效果最好（表4-56）。

2. 日粮色氨酸水平对冬毛生长期公白水貂毛皮品质的影响 Ⅳ组皮长显著高于Ⅰ组、Ⅵ组皮长（$P<0.05$），Ⅰ组、Ⅵ组皮长比其他添加色氨酸的试验组皮长短。Ⅴ组体长和针毛长略长于其他组体长和针毛长，Ⅴ组绒毛长显著高于Ⅲ组绒毛长（$P<0.05$），Ⅱ组针、绒毛长度比显著高于Ⅴ组针、绒毛长度比（$P<0.05$）。体长、体重和毛皮品质是决定毛皮动物养殖经济效益的主要因素，毛皮品质主要体现在色泽、针毛及绒毛长度、针毛细度、绒毛密度和平齐度等几个方面。研究报道，如果必需氨基酸含量低，日粮蛋白质水平为40%时，可保证毛皮的质量；反之，如果饮食中的必需氨基酸含量相对较高，日粮中蛋白质水平仅达到30%时，可保证毛皮的质量（表4-57）。

3. 日粮色氨酸水平对冬毛生长期公白水貂机体血清指标的影响 Ⅳ组、Ⅴ组水貂血清中IgM（免疫球蛋白M）含量显著高于Ⅱ组IgM含量（$P<0.05$）。对于IgA（免疫球蛋白A）的含量，Ⅳ组、Ⅴ组显著高于Ⅱ组、Ⅲ组、Ⅵ组（$P<0.05$），Ⅵ组IgA含量最低并且显著低于Ⅰ组IgA含量（$P<0.05$）。血液中IgG（免疫球蛋白G）的含量Ⅰ组、Ⅱ组、Ⅲ组、Ⅳ组逐渐上升，Ⅴ组血液中IgG含量降低，Ⅵ组血液中IgG含量最低并且显著低于Ⅰ组、Ⅱ组、Ⅲ组、Ⅳ组（$P<0.05$）。色氨酸作为免疫相关蛋白的限制性氨基酸，在动物体液免疫调节中发挥着重要的作用。日粮中色氨酸含量升高会促进动物血清中免疫球蛋白的合成，增强机体的免疫力。色氨酸代谢通路中涉及免疫调节的关键因子吲哚-2,3双加氧酶、喹啉酸、5-羟色胺和褪黑激素均发挥重要作用。本试验中，Ⅳ组血清中免疫球蛋白含量最高，说明日粮色氨酸添加量为0.50%时，水貂机体免疫功能达到最好，日粮色氨酸水平超过0.76%，免疫功能下降，原因可能是过量的色氨酸对肝脏代谢造成负担，影响肝脏功能，从而使免疫功能下降。Ⅰ组与Ⅵ组相比可知，高蛋白不能提高水貂免疫力。当在一定色氨酸水平范围内，补充色氨酸可促进脾脏发育，提高脾脏指数。本试验中，免疫器官指数没有显著差异，试验组与负对照组相比，Ⅳ组肝脏指数略高于其他试验组；与高蛋白质正对照组相比，肝脏指数相近，说明高蛋白质与提高色氨酸添加量均可提高水貂免疫力。脾脏指数中Ⅳ组最高，并且高于高蛋白质组，由此推测，蛋白质是通过作用于肝脏提高免疫力的（表4-58）。

表 4-56 日粮色氨酸水平对冬毛生长期公白水貂生长性能的影响

项目	Ⅰ组	Ⅱ组	Ⅲ组	Ⅳ组	Ⅴ组	Ⅵ组
平均日采食量（g）	359.61±68.15	338.11±62.99	325.06±36.98	317.44±56.13	331.78±49.19	303.78±50.14
平均日增重（g）	7.54±3.20	7.34±3.28	7.00±3.36	6.27±4.23	6.75±3.94	5.86±2.59
料重比	45.87±6.90^{b}	38.60±7.32^{bc}	33.22±2.50^{c}	36.19±8.08^{bc}	44.65±2.70^{b}	55.59±4.63^{a}
IGF-1	897.25±343.03	755.67±194.77	820.00±105.28	753.60±397.67	752.25±293.03	819.25±112.57

表 4-57 日粮色氨酸水平对冬毛生长期公白水貂毛皮品质的影响

项目	Ⅰ组	Ⅱ组	Ⅲ组	Ⅳ组	Ⅴ组	Ⅵ组
毛皮品质打分	22.21±1.56	23.25±0.97	23.02±0.98	22.77±1.35	22.93±0.56	23.06±1.55
体长（cm）	49.50±1.43	50.10±2.70	48.20±3.11	48.20±3.42	51.00±2.92	47.72±1.51
皮长（cm）	72.80±2.56^{b}	75.40±3.63^{ab}	74.80±3.27^{ab}	78.25±2.12^{a}	75.50±4.18^{ab}	72.75±4.03^{b}
针毛长（cm）	2.38±0.20	2.28±0.04	2.14±0.36	2.18±0.22	2.40±0.16	2.40±0.16
绒毛长（cm）	1.98±0.25^{ab}	1.84±0.05^{ab}	1.78±0.29^{b}	1.86±0.21^{ab}	2.10±0.20^{a}	1.96±0.15^{ab}
针毛/绒毛	1.21±0.08^{ab}	1.24±0.04^{a}	1.20±0.04^{ab}	1.18±0.08^{ab}	1.15±0.04^{b}	1.23±0.07^{ab}

表 4-58 日粮色氨酸水平对冬毛生长期公白水貂血清免疫指标的影响

项目	Ⅰ组	Ⅱ组	Ⅲ组	Ⅳ组	Ⅴ组	Ⅵ组
IgM（μg/mL）	917.94±178.66^{ab}	825.26±44.43^{b}	1 044.16±230.69^{ab}	1 160.24±65.76^{a}	1 145.14±282.82^{a}	977.12±101.56^{ab}
IgA（μg/mL）	1 743.06±177.92^{ab}	1 439.82±212.69^{bc}	1 449.80±186.42^{bc}	1 933.99±242.55^{a}	1 903.45±345.55^{a}	1 320.71±216.64^{c}
IgG（g/L）	11.06±1.42^{a}	11.10±1.46^{a}	11.95±1.09^{a}	12.10±0.55^{a}	9.86±1.81^{ab}	7.99±1.79^{b}
肝脏指数	31.08±7.97	30.59±3.68	32.75±7.45	35.74±6.15	32.11±6.57	35.82±8.67
脾脏指数	4.50±1.62	3.41±0.62	4.26±1.44	5.18±1.03	4.42±1.16	3.73±1.25

综合研究结果得出，日粮蛋白质水平34%的情况下，色氨酸水平为0.30%～0.50%时，即含量为0.56%～0.76%时，冬毛生长期白水貂生产性能较好、毛皮品质较优。冬毛生长期水貂色氨酸的摄入量为0.48～0.65 g/d即可满足营养需要。

参考文献

程世鹏，单慧，2000. 特种经济动物常用数据手册［M］. 沈阳：辽宁科学技术出版社.

高秀华，杨福合，1988. 饲粮蛋白质水平对育成期公水貂的影响［J］. 特产研究（2）：53-54.

蒋清奎，张志强，李光玉，等，2012. 准备配种期母水貂适宜日粮蛋白质水平的研究［J］. 中国畜牧兽医，39（6）：117-120.

李光玉，张海华，蒋清奎，2012. 母水貂准备配种期日粮适宜脂肪水平的研究［J］. 经济动物学报，16（4）：187-191.

李光玉，杨福合，2006. 我国毛皮动物养猪业现状及发展趋势［J］. 当代牧业（5）：1-2，5.

李光玉，杨福合，王凯英，等，2008. 水貂不同赖氨酸、蛋氨酸水平颗粒饲料对营养物质消化代谢的影响［J］. 经济动物学报（2）：63-68.

苏振渝，林英庭，杜相，等，1989. 不同营养水平颗粒饲料对育成生长期幼貂生长发育的影响［J］. 毛皮动物饲养（2）：1-3.

苏振渝，林英庭，张廷荣，等，1994. 植物蛋白代替部分鱼粉对水貂生长发育的影响［J］. 莱阳农学院学报（2）：136-139.

万春孟，张铁涛，吴学壮，等，2015a. 饲粮L-精氨酸添加水平对育成期期水貂生长性能、营养物质消化率及氮代谢的影响［J］. 动物营养学报，27（8）：2607-2613.

万春孟，张铁涛，吴学壮，等，2015b. 饲粮L-精氨酸添加水平对冬毛期水貂生长性能、营养物质消化率及氮代谢的影响［J］. 动物营养学报，27（9）：2963-2969.

杨福合，2000. 毛皮动物饲养技术手册［M］. 北京：中国农业出版社.

杨嘉实，1999. 特种经济动物饲料配方［M］. 北京：中国农业出版社.

张海华，李光玉，任二军，等，2011. 日粮蛋白质水平对冬毛期水貂生长性能、血清生化指标及毛皮质量的影响［J］. 动物营养学报，23（1）：78-85.

张海华，2011b. 日粮蛋白质和蛋氨酸水平对水貂生产性能及毛皮发育的影响［D］. 北京：中国农业科学院.

张铁涛，崔虎，高秀华，等，2012. 日粮蛋白质水平对冬毛期水貂胃肠道消化酶活性以及空肠形态结构的影响［J］. 动物营养学报，24（2）：376-382.

张铁涛，崔虎，高秀华，等，2012. 日粮蛋白质水平对育成期母水貂生长性能、营养物质消化代谢及血清生化指标的影响［J］. 动物营养学报，24（5）：835-844.

张铁涛，孙皓然，杨雅涵，等，2016. 不同蛋白质和脂肪水平颗粒料对冬毛期水貂生长性能、营养物质消化率、氮代谢和毛皮品质的影响［J］. 动物营养学报，28（11）：3602-3610.

张铁涛，张志强，耿业业，等，2011. 日粮蛋白质水平对冬毛期雌性黑貂营养物质消化率及毛皮质量的影响［J］. 吉林农业大学学报，33（2）：204-209.

张铁涛，张志强，刘汇涛，等，2011. 日粮蛋白质水平对冬毛期水貂部分血清生化指标的影响［J］. 动物营养学报，23（6）：1052-1057.

张铁涛，张志强，任二军，等，2010. 日粮蛋白质水平对育成期水貂营养物质消化率及生长性能的影响［J］. 动物营养学报，22（4）：1101-1106.

张铁涛，张志强，任二军，等，2011. 不同蛋白质水平日粮对不同日龄育成期公水貂生长性能与消化代谢规律的影响［J］. 畜牧兽医学报，42（10）：1387－1395.

张铁涛，2012. 日粮蛋白质、赖氨酸、蛋氨酸水平对生长期水貂生产性能、消化代谢和肠道形态结构的影响［D］. 北京：中国农业科学院.

张雪蕾. 2018. 不同色氨酸水平对生长期水貂消化代谢、生产性能及空肠组织转录组学的影响［D］. 北京：中国农业科学院.

Allison J B，1949. Biological evaluation of protein［J］. Advances in Protein Chemistry，5：194－196.

Borsting C F，Gade A，2000. Glucose homeostasis in mink（Mustela vison）［J］. A review based on interspecies comparison Scient NJR Report，92：88－90.

Crampton E W，1964. Nutrient tocalorie ratio in applied nutrition［J］. Journal of Nutrition，82：352－363.

Fink R，Tauson A H，2000. Maikproduktion－effect of energifordelingmellem protein，fedt or kulhydrat［C］. Danish Institute of Ag. Sc.，Foulum，Denmark. Intern Report，135：39－44.

Fink R，Tauson A H，2004. Growth rate in mink kits－effect of protein，fat and carbohydrate supply［C］. Meeting of DIAS Research Centre.

Fink R，Tauson A H，Chwalibog A，et al.，2006. A first estimate of the amino acid requirement for milk production of the high－producing female mink（Mustela vison）［J］. Journal Animal Physiology and Animal Nutrition，90（1/2）：60－69.

Glem－Hansen N，1976. The requirement for sulfur amino acids for mink in the growth period［C］. 1st International. Science. Congress. In Fur Animal. Production.

Glem－Hansen N，1977. The requirement of protein，sulfur animo acids and energy value of nutrients for mink［D］. AFD for Forsog med pelsdyr，StatensHusdyrbrugs－Forsog.

Glem－Hansen，N. 1980a. The protein requirements of mink during the growth period［J］. Acta Agric. Scand，30：336－344.

Glem－Hansen N，1980b. The requirement for sulphur containing amino acids of mink during the growth period［J］. Acta Agric Scand，30：349－356.

Glem－Hansen N，1982. Utilization of L－cystine and L－and D－methionine by mink during the period of intensive hair growth［J］. Acta Agric. Scand，32：167－170.

Hedemann M S，Clausen T N，Jensen S K，2011. Changes in digestive enzyme activity，intestine morphology，mucin characteristics and tocopherol status in mink kits（Mustela neovision）during the weaning period［J］. Animal，5（3）：394－402.

Holstebro，Denmark. Clausen，T. N. Sandol，P. and Hejlesen，C，2005. Sulfur containing amino acids and methyl donors to mink in the furring period. Annual Report［C］. Danish Fur Breeders Research Center，Holsrebro，Denmark.

Hoogerbrugge A，1968b. 1928－1968 Jaar NFE Symposium－forty years of the dutch fur breeders assoc［C］，Rotterdam，Netherlands，Sept. 24，1968.

Jrgensen G，Eggum B O，1971. Mink skindets opbygning［J］. Dansk Pelsdyravl，34：261－267.

Leoschke W L，2001. Modern nutrition of the mink. Recommended protein levels as expressed as percent of metabolic energy［C］. Blue Book of Fur Farming，11：34－36.

NRC，1982. Nutrient requirements of mink and foxes［S］. Washington DC：National Academy Press.

Rasmussen PV，Borsting C F，2000. Effect of variations in dietary protein levels on hair growth and pelt quality in mink (Mustela vison) [J]. Journal of Animal Science，80：633 - 642.

Steven C E，1997. Comparative physiology of the digestive systems [C] //Swenson M J. Dukes' Physiology of Domestic Animals 9th Ed. Cornell University Press，Ithaca New York. USA 14850：216 - 232.

Varnish S A，Carpenter K J，1975. Mechanisms of heat damage in protein，the nutritional values of heat - damaged and propioylated proteins as sources of lysine，methionone and tryptophan [J]. British Journal of Nutrition，34：325 - 328.

第五章 水貂的矿物质营养

动物需要的矿物质元素根据其在体内含量的不同，可以分为常量元素和微量元素两类。常量元素是指在动物体内含量大于体重万分之一的元素，包括钙、磷、镁、硫、氯、钠、钾。微量元素是指在动物体内含量小于万分之一的元素，包括铁、铜、锌、钴、锰、碘、钼、铬、硒、镍、钒、锡、硅、氟等。这些必需的矿物质元素，有些需要量极少，一般饲料中的含量都能满足动物的需要，如氟、铅、镉等，在实际生产中还要注意防止中毒。在水貂养殖中，需要关注铁、铜、锌、钴、锰、碘、硒等的缺乏。

第一节　水貂的常量元素营养

一、钙、磷

钙是动物体内含量最高的矿物质元素，接近99%的钙存在于骨骼中，其余的在血液凝结和神经系统中发挥重要作用。磷与钙一样将近80%存在于骨骼中，10%左右参与机体蛋白质、脂肪和碳水化合物的组成，剩余的10%在能量代谢方面起到重要作用。

（一）钙、磷来源

1. 植物性饲料　植物籽实及加工副产品中，钙、磷多以植酸的形式存在。动物本身并不能分泌植酸酶，需要依靠消化道内微生物分泌的植酸酶水解，利用率低。然而一些植物中存在的柠檬酸钙比较容易被动物吸收。

2. 动物性饲料　动物性饲料中含有丰富的钙、磷，比如肉骨粉、鱼粉和鸡肉粉等。吸收利用率比较高，其中磷的吸收利用率可达90%左右。

3. 矿物质饲料　主要有石粉、贝壳粉、蛋壳粉、磷酸氢钙等。

（二）钙、磷的缺乏与过量

毛皮动物饲料中钙、磷水平十分重要，过量或缺乏均会引起相应的症状。日粮钙含量过高，会导致仔水貂行走困难甚至爬行，严重时会难以站立。高钙饲料会引发尿酸盐沉积，导致公水貂尿湿症。日粮磷含量过高时，未被吸收的磷排出体外会对环境造成污染（霍启光等，2002）。长期缺钙、磷会导致水貂嘴鼻变大、牙龈肿大、牙齿松动（李光玉等，2003）。

（三）钙、磷水貂营养需要量

毛皮动物对钙、磷的需求量不同。仔水貂及妊娠期、哺乳期母水貂需要量较大，冬毛生长期则有所降低。杨福合（2000）推荐，日粮钙和有效磷含量分别为育成生长期0.6%～1.0%、0.6%～0.8%，冬毛生长期0.6%～1.0%、0.6%～0.8%，泌乳期0.8%～1.2%、0.8%～1.0%，繁殖期0.6%～1.0%、0.6%～0.8%。国内水貂养殖场日粮钙含量一般为1.20%～3.16%，磷含量一般为0.62%～2.21%。Leoschke（1960）指出，在日粮中添加廉价的磷酸不仅可以延长日粮保存时间，还能够酸化尿液，预防结石的发生。一般酸化日粮中，基础日粮磷含量为总磷的28%～35%。日粮钙磷比影响水貂对两种元素的吸收，Hansen 等（1992）发现饲喂日粮钙磷比为（0.9～1.3）∶1的水貂体重显著高于钙磷比为1.9∶1的水貂；并指出，日粮钙磷比为1.9∶1时，水貂的体重较低，皮张长度较短。Mertin 等（2000）测定水貂养殖场中日粮钙的含量最高为3.4%，对水貂的生长性能没有负面影响。Basset 等（1957）研究结果表明，水貂在日粮维生素D含量为820 IU/kg，钙磷比为0.75～1.70时，钙的鲜饲料需要量为0.3%；Rimeslatten（1959）却在同等条件下得出钙需要量为0.4%～1.0%。国内对水貂营养的研究以及养殖场实际配料时，日粮中钙的含量不一，一般为2.30%～3.91%。日粮中的钙磷比影响水貂对钙、磷两种元素的吸收。Joergensen 等（1972）指出水貂每天摄入100IU维生素D，日粮适宜的钙磷比为0.75～1.70。《水貂配合饲料》（LS/T 3403—1992）推荐钙磷比为2∶1（顾华孝，2001）。NRC（1982）建议7～37周龄生长水貂钙的需求量占日粮干物质的0.5%～0.6%，适宜的钙磷比为（1.0～1.7）∶1。

1. 育成生长期水貂适宜钙、磷水平 刘帅（2017）研究不同磷水平（1%、1.4%和1.8%）和钙磷比（1、1.5、2）对育成生长期水貂生长性能的影响。通过测定水貂的生长性能、营养物质消化率和血清生化指标，筛选出水貂育成生长期适宜的日粮钙、磷水平。

（1）日粮钙、磷水平对育成生长期水貂生长性能的影响 由表5-1可知，育成生长期水貂各组间终末体重、平均日增重差异极显著（$P<0.01$），料重比差异显著（$P<0.05$）。不同磷水平对育成生长期水貂终末体重、平均日增重影响极显著（$P<0.01$），对平均日采食量、料重比差异显著（$P<0.05$）。钙磷比只对育成生长期水貂平均日增重影响极显著（$P<0.01$），对终末体重、料重比影响不显著。采食量有随钙磷比升高而增加的趋势。平均日增重有随磷水平增加而下降的趋势。不同组间水貂终末体重不一致，差异极显著（$P<0.01$），说明不同的钙、磷水平对水貂生产性能有一定影响，钙、磷添加量，钙磷比必须维持在一定范围内才能保证水貂的快速生长。磷水平增加到一定程度后，水貂平均日增重再降低，说明1.4%的磷已经可以满足水貂育成生长期生长需要，磷水平过高反而会不利于生长，减少采食量，导致动物增长缓慢。随着钙磷比的升高，水貂平均日增重同样有先升高后降低的规律，在钙磷比是1.5∶1时最适，过低或过高都会影响水貂生长速度。

表 5-1 日粮钙、磷水平对育成生长期水貂生长性能的影响

项目	钙水平（%）	磷水平（%）	初始体重（g）	终末体重（g）	平均日增重（g）	平均日采食量（g）	料重比
组别	1.02	0.96	779.20±56.32	1 011.00±80.76^{ABbc}	3.78±1.11^{BCcd}	61.23±6.23	15.34±2.12^{b}
	1.49	1.00	777.80±47.83	1 050.14±70.56^{ABbc}	4.39±1.23^{ABbc}	65.52±4.34	14.78±1.30^{b}
	1.98	1.01	777.00±47.21	1 055.50±100.23^{ABabc}	4.49±1.33^{ABabc}	70.79±5.32	15.63±1.45^{b}
	1.47	1.35	777.80±48.43	993.00±70.32^{ABbc}	3.47±1.01^{BCde}	73.43±5.67	19.32±2.35^{ab}
	2.11	1.40	776.00±49.00	1 106.20±90.78^{Aa}	5.34±0.79^{Aa}	76.67±3.81	14.54±0.79^{b}
	2.81	1.40	777.90±50.22	1 074.00±87.56^{ABabc}	4.77±0.89^{ABab}	78.32±6.56	16.44±0.47^{b}
	1.83	1.73	777.20±51.65	922.80±101.11^{Bd}	2.84±0.76^{Cef}	66.65±8.21	26.34±1.54^{a}
	2.70	1.80	777.70±50.00	931.29±70.44^{Bd}	2.47±0.67^{Cf}	62.87±6.32	23.45±1.39^{ab}
	3.59	1.80	778.80±49.67	924.75±80.21^{Bd}	2.35±0.87^{Cf}	70.43±4.34	26.87±1.98^{a}
磷水平（%）		1	778.00±55.34	1 037.59±90.36^{A}	4.23±1.22^{A}	66.37±4.67^{b}	14.65±1.43^{b}
		1.4	777.20±54.49	1 044.11±97.45^{A}	4.42±1.12^{A}	75.21±5.45^{a}	16.34±1.11^{b}
		1.8	777.90±52.18	926.55±89.21^{B}	2.59±0.78^{B}	67.02±5.65^{b}	26.87±1.67^{a}
钙磷比		1：1	778.07±49.34	980.85±70.32	3.33±1.01^{B}	67.32±6.02	21.78±1.34
		1.5：1	777.17±49.08	1 021.11±90.76	4.04±1.19^{A}	68.02±5.98	19.32±1.56
		2：1	777.90±50.12	999.41±89.45	3.98±1.09^{A}	73.00±6.43	20.56±1.45

注：同列上标无字母或相同小写字母表示差异不显著（$P>0.05$），不同小写字母表示差异显著（$P<0.05$），不同大写字母表示差异极显著（$P<0.01$）。本章表格标注与此表相同。

（2）日粮钙、磷水平对育成生长期水貂营养物质消化率的影响　由表 5-2 可知，

表 5-2 日粮钙、磷水平对育成生长期水貂营养物质消化率的影响

项目	钙水平（%）	磷水平（%）	干物质采食量（g）	干物质排出量（g）	干物质消化率（%）	蛋白质消化率（%）	脂肪消化率（%）
组别	1.02	0.96	63.18±4.54	21.30±2.04	66.54±1.43	65.55±2.11^{c}	68.33±3.29
	1.49	1.00	68.62±5.67	21.93±1.98	68.03±1.02	69.61±3.01^{abc}	70.52±4.72
	1.98	1.01	73.04±3.98	25.71±1.79	64.38±1.34	66.21±2.87^{bc}	68.16±3.65
	1.47	1.35	76.22±6.25	23.28±2.12	69.59±1.25	72.34±2.64^{abc}	74.15±3.27
	2.11	1.40	79.98±7.43	24.53±1.67	69.72±1.65	73.65±3.56^{a}	70.42±2.87
	2.81	1.40	80.49±5.78	24.38±1.99	69.79±1.44	74.81±1.90^{a}	65.57±3.08
	1.83	1.73	68.96±4.35	22.52±1.73	67.38±1.49	72.23±1.78^{abc}	64.58±3.49
	2.70	1.80	64.36±5.05	21.01±1.90	67.58±1.26	72.75±2.62^{ab}	71.63±3.25
	3.59	1.80	74.22±6.34	26.06±2.32	65.02±1.32	72.03±3.11^{abc}	70.16±4.18
磷水平（%）		1	68.28±5.65^{b}	22.98±1.88	66.32±1.41	67.13±2.35^{B}	69.00±3.22
		1.4	78.90±4.67^{a}	24.06±2.04	69.70±1.32	73.60±2.56^{A}	70.05±3.09
		1.8	69.18±7.54^{b}	23.19±1.76	66.66±1.16	72.34±1.98^{A}	68.79±4.08
钙磷比		1：1	69.45±4.38	22.37±1.67	67.84±1.27	70.04±3.02	69.02±3.20
		1.5：1	70.99±5.76	22.48±1.92	68.44±1.39	72.00±2.76	70.86±3.19
		2：1	75.92±4.56	25.38±2.15	66.40±1.38	71.01±2.17	67.97±3.51

不同磷水平极显著影响蛋白质消化率（$P<0.01$），1.4%磷水平的蛋白质消化率极显著高于其他组（$P<0.01$），1.4%磷水平干物质采食量显著高于其他组（$P<0.05$）。钙磷比对育成生长期水貂营养物质消化率影响不显著（$P>0.05$）。脂肪消化率有随钙磷比的升高呈先增加后降低的二次变化趋势。在本试验中，干物质消化率有随磷水平的增加、钙磷比的升高而产生的先升高后降低的趋势，说明低磷和低钙磷比、高磷和高钙磷比都不利于水貂的营养物质的消化吸收。随着钙磷比的增加，干物质采食量却在升高，同时干物质排出量增加，干物质消化率降低，这可能是因为高钙降低了干物质消化率，生长期动物为了正常的生长获取一定的营养而增加了采食量。

（3）日粮钙、磷水平对育成生长期水貂氮代谢的影响　由表5-3可知，各组间氮沉积差异显著（$P<0.05$），净蛋白质利用率、蛋白质生物学效价差异极显著（$P<0.01$）。钙磷比对净蛋白质利用率、蛋白质生物学效价影响差异极显著（$P<0.01$）。净蛋白质利用率、蛋白质生物学效价有随磷水平的升高而增加的趋势。本试验中磷水平的增加，导致粪氮的排出减少，提高了氮的利用率，增加了净蛋白质利用率、蛋白质生物学效价。高钙磷比在氮的沉积过程中起促进作用，这与高钙磷比提高了水貂的采食量、降低了尿氮的排出有关。

（4）日粮钙、磷水平对育成生长期水貂钙、磷代谢的影响　由表5-4可知，各组间粪钙含量、钙消化率差异极显著（$P<0.01$），磷水平和钙磷比对育成生长期水貂粪钙、钙消化率影响差异极显著（$P<0.01$）。各组间粪磷含量、磷消化率差异极显著（$P<0.01$），磷水平和钙磷比对育成生长期水貂粪磷、磷消化率影响差异极显著（$P<0.01$），交互作用显著（$P<0.05$）。磷的浓度与钙磷比极显著影响动物对钙、磷的吸收和沉积。钙与磷的吸收是相互作用的，也是与机体的需要量相适应的。磷水平增加，粪磷含量随之增加，磷吸收率随之升高。随着钙磷比的升高，磷消化率有下降趋势。随着钙磷比的升高，粪钙含量先升高后降低，钙消化率随之升高。在相同磷水平下，随着钙水平的增加，钙吸收率随之增加，这是因为钙会与蛋白形成钙结合蛋白，促进钙的吸收。钙磷比较小时，钙的吸收较少甚至会出现负值，这是因为摄入的钙无法满足机体需求，内源钙的大量排出导致的。

（5）日粮钙、磷水平对育成生长期水貂血清生化指标的影响　由表5-5可知，育成生长期血钙含量组间差异极显著（$P<0.01$），磷水平和钙磷比对育成生长期水貂血钙含量影响极显著（$P<0.01$）。随着磷水平升高，血钙含量随之升高，差异极显著（$P<0.01$）。随着钙水平升高，血钙含量随之升高，差异极显著（$P<0.01$）。磷水平和钙磷比对育成生长期水貂血磷含量影响极显著（$P<0.01$）。随着磷水平升高，血磷含量随之升高，差异极显著（$P<0.01$）。随着钙水平升高，血磷含量随之升高。碱性磷酸酶含量组间差异极显著（$P<0.01$），磷水平和钙磷比对育成生长期水貂碱性磷酸酶含量影响极显著（$P<0.01$）。随着磷水平升高，碱性磷酸酶含量先下降后上升，差异极显著（$P<0.01$）。随着钙磷比水平升高，碱性磷酸酶含量先上升后下降，差异极显著（$P<0.01$）。钙、磷在畜禽机体内在日粮—血液—肾小肠—骨骼这条轴上代谢，通过甲状旁腺素、降钙素和维生素D进行调节。畜禽通过日粮摄入钙、磷，通过消化道的吸收功能将其带入体内，钙、磷的变化直接反映在血液中钙、磷的变化。日粮水平的钙、磷变化直接反映在血清中钙、磷含量的变化，本试验中磷水平和钙磷比对血清钙、磷、碱性磷

表 5-3 日粮磷水平和钙磷比对育成生长期水貂氮代谢的影响

项目	钙水平（%）	磷水平（%）	食入氮（g/d）	尿氮（g/d）	粪氮（g/d）	氮沉积（g/d）	净蛋白质利用率（%）	蛋白质生物学效价（%）
组别	1.02	0.96	3.25±0.32	1.15±0.32	1.13±0.07	0.98±0.21^{b}	35.79±4.56^{ABbc}	54.79±7.45^{BCbcd}
	1.49	1.00	3.54±0.29	0.99±0.19	1.08±0.14	1.47±0.35^{ab}	25.94±3.98^{Bc}	37.93±6.51^{CDe}
	1.98	1.01	3.76±0.14	1.21±0.38	1.25±0.12	1.30±0.27^{ab}	33.50±5.31^{ABbc}	50.47±10.23^{BCDcd}
	1.47	1.35	3.93±0.28	1.56±0.17	1.09±0.09	1.27±0.24^{ab}	32.68±4.21^{ABbc}	45.11±8.88^{BCDcd}
	2.11	1.40	4.12±0.25	1.25±0.20	1.10±0.16	1.77±0.19^{ab}	35.28±6.43^{ABbc}	49.39±7.98^{BCDcd}
	2.81	1.40	4.15±0.19	1.12±0.38	1.05±0.12	1.97±0.36^{a}	46.52±5.98^{Aa}	63.93±10.09^{ABab}
	1.83	1.73	3.55±0.26	1.00±0.23	0.99±0.08	1.56±0.41^{ab}	43.70±7.12^{Aa}	60.45±9.06^{ABabc}
	2.70	1.80	3.32±0.17	1.36±0.28	0.92±0.10	1.03±0.22^{b}	25.07±4.39^{Bc}	34.26±7.36^{De}
	3.59	1.80	3.82±0.25	1.06±0.27	1.08±0.07	1.69±0.32^{ab}	44.23±3.67^{Aa}	73.83±12.56^{Aa}
磷水平（%）	1		3.52±0.23^{b}	1.11±0.26	1.15±0.11	1.25±0.24	32.38±3.67^{b}	48.77±8.32
	1.4		4.06±0.21^{a}	1.31±0.29	1.08±0.12	1.67±0.31	37.01±4.33^{a}	51.24±10.25
	1.8		3.56±0.22^{b}	1.14±0.22	0.99±0.08	1.43±0.25	37.62±5.01^{a}	55.07±9.78
钙磷比	1∶1		3.58±0.27	1.24±0.32	1.07±0.15	1.27±0.29	37.50±4.98^{A}	53.36±10.21^{Ab}
	1.5∶1		3.66±0.19	1.20±0.18	1.03±0.07	1.42±0.26	29.02±5.32^{B}	40.76±9.76^{Bc}
	2∶1		3.91±0.25	1.13±0.21	1.13±0.09	1.65±0.30	39.98±4.22^{A}	60.51±9.87^{Aa}

酸酶含量影响显著。随着磷水平的增加，血清碱性磷酸酶含量先降低后增加，血钙、血磷含量持续增加，说明低磷和高磷都会影响骨代谢，同时高磷情况下，骨吸收的也多。钙磷比的增加，血清碱性磷酸酶含量先增加后降低，血钙、血磷含量持续增加，说明适宜的钙磷比会促进骨的生成。

表 5－4　日粮磷水平和钙磷比对育成生长期水貂钙、磷代谢的影响

项目	钙水平（%）	磷水平（%）	粪钙（g/d）	粪磷（g/d）	钙消化率（%）	磷消化率（%）
组别	1.02	0.96	0.62 ± 0.08^{Cd}	0.40 ± 0.02^{Bc}	-2.35 ± 1.01^{Cd}	34.04 ± 6.01^{BCbcd}
	1.49	1.00	0.87 ± 0.05^{BCcd}	0.51 ± 0.02^{ABbc}	15.29 ± 4.32^{BCcd}	26.31 ± 5.43^{CDde}
	1.98	1.01	0.90 ± 0.08^{BCbcd}	0.50 ± 0.04^{ABbc}	37.14 ± 4.43^{ABab}	23.89 ± 2.43^{De}
	1.47	1.35	1.45 ± 0.15^{ABa}	0.72 ± 0.03^{ABab}	-34.83 ± 7.92^{De}	31.74 ± 4.32^{BCcd}
	2.11	1.40	1.63 ± 0.19^{Aa}	0.79 ± 0.05^{Aa}	4.47 ± 1.21^{Ccd}	24.82 ± 1.02^{De}
	2.81	1.40	1.24 ± 0.14^{ABCabc}	0.63 ± 0.06^{ABabc}	44.86 ± 8.81^{Aa}	35.63 ± 2.15^{BCbcd}
	1.83	1.73	1.19 ± 0.14^{ABCabc}	0.65 ± 0.02^{ABabc}	4.78 ± 2.85^{Ccd}	48.24 ± 4.34^{Aa}
	2.70	1.80	1.37 ± 0.14^{ABab}	0.72 ± 0.04^{ABab}	21.61 ± 5.81^{ABCbc}	38.00 ± 4.78^{ABbc}
	3.59	1.80	1.60 ± 0.07^{Aa}	0.83 ± 0.03^{Aa}	40.60 ± 7.59^{ABa}	41.97 ± 5.56^{ABabc}
磷水平（%）	1		0.81 ± 0.02^{B}	0.47 ± 0.01^{B}	18.05 ± 1.91^{AB}	27.66 ± 2.43^{B}
	1.4		1.39 ± 0.11^{A}	0.72 ± 0.02^{A}	4.83 ± 0.78^{B}	30.73 ± 2.98^{B}
	1.8		1.44 ± 0.09^{A}	0.74 ± 0.01^{A}	22.33 ± 4.32^{A}	42.74 ± 3.21^{A}
钙磷比	1∶1		1.12 ± 0.06^{B}	0.61 ± 0.04^{B}	-11.40 ± 3.67^{C}	38.29 ± 4.09^{A}
	1.5∶1		1.29 ± 0.09^{A}	0.67 ± 0.09^{A}	13.79 ± 2.45^{B}	29.71 ± 1.78^{B}
	2∶1		1.25 ± 0.08^{A}	0.66 ± 0.05^{AB}	40.86 ± 6.98^{A}	33.83 ± 2.67^{AB}

表 5－5　日粮钙、磷水平对育成生长期水貂血清生化指标的影响

项目	钙水平（%）	磷水平（%）	血钙（mmol/L）	血磷（mmol/L）	碱性磷酸酶（金氏单位，每 100 mL 中）
组别	1.02	0.96	3.65 ± 0.28^{Dd}	3.33 ± 0.11^{Cb}	3.24 ± 0.10^{ABCbc}
	1.49	1.00	4.12 ± 0.19^{Dcd}	2.97 ± 0.29^{Cb}	3.69 ± 0.17^{ABab}
	1.98	1.01	4.14 ± 0.32^{Dcd}	4.59 ± 0.21^{ABa}	2.14 ± 0.11^{Dde}
	1.47	1.35	4.18 ± 0.12^{CDcd}	3.01 ± 0.16^{Cb}	2.04 ± 0.05^{De}
	2.11	1.40	4.38 ± 0.34^{BCDc}	3.10 ± 0.06^{Cb}	2.13 ± 0.07^{Dde}
	2.81	1.40	4.91 ± 0.23^{ABCb}	4.73 ± 0.12^{Aa}	2.44 ± 0.16^{CDde}
	1.83	1.73	4.32 ± 0.33^{CDc}	3.48 ± 0.25^{Cb}	2.87 ± 0.20^{BCDcd}
	2.70	1.80	5.07 ± 0.27^{ABab}	3.71 ± 0.19^{BCb}	4.05 ± 0.18^{Aa}
	3.59	1.80	5.48 ± 0.31^{Aa}	4.65 ± 0.21^{ABa}	2.16 ± 0.05^{Dde}
磷水平（%）		1	3.97 ± 0.24^{C}	3.54 ± 0.08^{b}	2.73 ± 0.04^{Aa}
		1.4	4.47 ± 0.43^{B}	3.56 ± 0.21^{b}	2.09 ± 0.03^{Bb}
		1.8	4.91 ± 0.29^{A}	3.97 ± 0.16^{a}	2.66 ± 0.10^{Aa}

（续）

项目	钙水平（%）	磷水平（%）	血钙（mmol/L）	血磷（mmol/L）	碱性磷酸酶（金氏单位，每100 mL中）
钙磷比	1∶1		4.06±0.08[B]	3.24±0.05[Bb]	2.59±0.12[ABb]
	1.5∶1		4.54±0.02[A]	3.28±0.12[Bb]	3.00±0.22[Aa]
	2∶1		4.79±0.21[A]	4.67±0.09[Aa]	2.23±0.15[Bb]

综上所述，水貂生长性能方面，水貂育成生长期日粮添加1.4%磷水平，钙磷比为1.5较适宜；营养物质消化率方面，水貂育成生长期日粮添加1.4%磷水平，钙磷比为1.5较适宜；氮代谢方面，水貂育成生长期日粮添加1.4%～1.8%磷水平，钙磷比为2∶1较适宜；钙、磷代谢方面，水貂育成生长期日粮添加1.8%磷水平，钙磷比为2∶1较适宜；血清生化指标方面，水貂育成生长期日粮添加1%、1.8%磷水平，钙磷比为1.5较适宜。综合各项指标，日粮中磷添加水平为1.4%～1.8%、钙水平为2.1%～3.6%、钙磷比为（1.5～2）∶1，育成生长期水貂可以获得较好的生长性能及较高的营养物质消化率。

2. 冬毛生长期水貂适宜钙、磷水平 刘帅（2017）研究不同磷水平（1%、1.4%和1.8%）和钙磷比（1.0、1.5和2.0）对冬毛生长期水貂生长性能的影响。通过测定水貂的生长性能、营养物质消化率和血清生化指标，筛选出水貂冬毛生长期适宜的日粮钙、磷水平。

（1）日粮钙、磷水平对冬毛生长期水貂生长性能的影响　由表5-6可知，冬毛生长期水貂各组间平均日采食量差异不显著（$P>0.05$）。日粮不同磷水平和钙磷比极显著影响终末体重、平均日增重和料重比，本试验中随着钙水平的增加，水貂日增重出现先增加后降低的二次变化趋势，在1.8%磷水平下，随着钙水平增加，日增重变小，这是因为日粮钙过量会使动物适口性变差，稀释饲料中的营养浓度，也不利于其他矿物质元素（如锰、锌）的吸收。低磷日粮同样会降低采食量，1%的磷水平日增重最低，只有1.4%、1.8%磷水平的一半，说明低磷日粮影响了水貂的日增重。

表5-6　日粮钙、磷水平对冬毛生长期水貂生长性能的影响

项目	钙水平（%）	磷水平（%）	初始体重（g）	终末体重（g）	平均日增重（g）	平均日采食量（g）	料重比
组别	1.02	0.96	974.1±54.23	1 006±73.52[BCcd]	0.55±0.02[De]	77.82±4.31	150.21±10.32[Bb]
	1.49	1.00	973.0±47.14	1 014±43.54[BCcd]	0.66±0.04[CDde]	76.46±5.87	104.35±9.43[Ccd]
	1.98	1.01	972.0±65.41	1 023±61.51[BCbc]	0.77±0.01[BCc]	81.73±4.16	106.14±20.18[CDcd]
	1.47	1.35	972.2±63.42	974±52.82[De]	0.14±0.03[Ef]	76.82±4.53	602.38±59.32[Aa]
	2.11	1.40	975.3±42.41	1 083±16.31[Aa]	1.55±0.05[Aa]	77.35±8.32	45.32±3.21[Ef]
	2.81	1.40	975.1±74.36	1 036±98.45[BCbc]	0.94±0.06[BCb]	82.69±5.78	90.09±10.09[CDde]
	1.83	1.73	972.0±83.47	1 044±79.89[Bb]	1.05±0.07[Bb]	80.79±6.99	78.65±10.02[De]
	2.70	1.80	973.1±26.25	1 014±101.02[BCcd]	0.64±0.01[CDde]	80.62±2.99	115.76±15.33[BCc]
	3.59	1.80	972.0±26.45	1 023±83.20[BCbc]	0.77±0.05[BCc]	71.11±3.45	89.86±6.42[CDde]

（续）

项目	钙水平（%）	磷水平（%）	初始体重（g）	终末体重（g）	平均日增重（g）	平均日采食量（g）	料重比
磷水平（%）	1		973.2±62.24	1 014.0±45.92^{C}	0.66±0.02^{C}	79.00±8.45	110.00±8.32^{A}
	1.4		974.4±83.54	1 031±78.34^{A}	0.88±0.06^{A}	78.78±6.35	78.96±9.09^{C}
	1.8		973.0±76.46	1 027.0±89.33^{B}	0.82±0.04^{B}	77.51±6.15	94.09±8.34^{B}
钙磷比	1∶1		973.0±25.26	1 008±92.12^{C}	0.58±0.07^{C}	79.14±7.54	127.65±9.55^{A}
	1.5∶1		973.5±19.56	1 037±76.34^{A}	0.95±0.08^{A}	77.97±6.45	85.08±4.36^{C}
	2∶1		973.0±36.59	1 027±74.39^{B}	0.83±0.02^{B}	78.18±9.21	98.23±8.22^{B}

（2）日粮钙、磷水平对冬毛生长期水貂营养物质消化率的影响　由表 5－7 可知，各组水貂的干物质采食量、干物质排出量，以及干物质消化率、蛋白质消化率和脂肪消化率均差异不显著（$P>0.05$）。蛋白质消化率和脂肪消化率随之升高，达到最大后开始降低。日粮不同磷水平和钙磷比对冬毛生长期水貂蛋白质消化率和脂肪消化率影响不显著（$P>0.05$），但是呈现先上升后下降的趋势，这与各组之间生产性能变化趋势一致。

表 5－7　日粮钙、磷水平对冬毛生长期水貂营养物质消化率的影响

项目	钙水平（%）	磷水平（%）	干物质采食量（g）	干物质排出量（g）	干物质消化率（%）	蛋白质消化率（%）	脂肪消化率（%）
组别	1.02	0.96	78.82±5.35	24.85±1.53	68.64±7.25	64.67±7.43	81.47±5.36
	1.49	1.00	81.92±6.23	23.86±2.53	70.92±6.74	68.14±3.90	86.59±6.45
	1.98	1.01	84.69±6.25	22.49±1.64	73.21±4.64	72.46±9.56	82.51±8.24
	1.47	1.35	82.78±4.62	24.38±3.38	70.48±4.62	67.78±9.25	85.02±6.27
	2.11	1.40	83.62±7.72	24.45±1.54	70.42±8.65	69.86±6.55	86.38±7.60
	2.81	1.40	72.11±9.42	21.68±2.22	70.75±2.66	68.22±4.90	83.86±7.33
	1.83	1.73	81.67±7.26	26.46±3.01	67.57±4.62	65.85±8.36	82.68±5.86
	2.70	1.80	88.19±9.47	24.90±1.98	71.45±5.26	69.01±7.46	88.13±3.56
	3.59	1.80	85.22±2.62	30.69±2.22	64.15±3.44	63.22±6.47	82.14±8.46
磷水平（%）	1		81.82±5.26	23.74±1.18	70.92±4.75	68.39±7.26	83.72±3.64
	1.4		80.46±6.65	23.74±0.99	70.53±8.55	68.85±7.42	85.32±6.37
	1.8		84.73±8.62	27.00±1.39	68.01±5.62	66.01±9.42	84.36±6.26
钙磷比	1∶1		80.97±7.26	25.29±1.08	68.78±1.61	65.84±4.51	82.76±7.86
	1.5∶1		84.16±4.62	24.34±2.11	70.90±2.91	68.94±5.15	86.93±6.20
	2∶1		81.40±6.92	24.51±1.95	70.07±6.27	68.30±4.72	82.78±6.08

（3）日粮钙、磷水平对冬毛生长期水貂氮代谢的影响　由表 5－8 可知，日粮不同磷水平和钙磷比对冬毛生长期水貂食入氮、尿氮、粪氮、净蛋白质利用率、蛋白质生物学效价影响不显著（$P>0.05$）。钙磷比升高，氮沉积、蛋白质生物学效价随之升高。日粮中的氮沉积与生长性能基本一致，1.4%磷水平组氮沉积、净蛋白利用率高于其他

磷水平组。磷水平对氮代谢影响不大。随着钙磷比的增加，氮沉积、蛋白质生物学效价、净蛋白质利用率变高，当钙磷比为2∶1时最高，这是因为较高的钙磷比减小了尿氮的排出量，增加了氮的沉积，促进氮的利用。在钙磷比不是2∶1时，当钙水平持续升高，氮沉积也在减少。

表5-8 日粮钙、磷水平对冬毛生长期水貂氮代谢的影响

项目	钙水平（%）	磷水平（%）	食入氮（g/d）	尿氮（g/d）	粪氮（g/d）	氮沉积（g/d）	净蛋白质利用率（%）	蛋白质生物学效价（%）
组别	1.02	0.96	3.91±0.31	1.09±0.08	1.39±0.11	1.41±0.12	36.62±1.94	56.80±4.26
	1.49	1.00	4.06±0.25	1.11±0.14	1.31±0.09	1.65±0.14	40.64±2.61	59.81±5.73
	1.98	1.01	4.20±0.14	0.72±0.06	1.15±0.08	2.51±0.18	56.75±4.26	77.12±4.98
	1.47	1.35	4.19±0.25	1.27±0.09	1.25±0.10	1.94±0.17	46.49±3.98	59.52±2.62
	2.11	1.40	4.15±0.37	1.16±0.10	1.23±0.08	1.93±0.09	40.95±2.76	58.16±4.38
	2.81	1.40	3.59±0.15	1.06±0.06	1.17±0.05	1.55±0.12	47.54±3.69	60.76±7.25
	1.83	1.73	4.05±0.17	1.29±0.09	1.37±0.08	1.69±0.08	40.31±3.10	61.01±4.96
	2.70	1.80	4.18±0.29	1.27±0.10	1.15±0.12	1.67±0.14	40.50±1.41	62.39±5.16
	3.59	1.80	4.22±0.15	1.09±0.08	1.60±0.07	2.15±0.18	51.81±2.98	73.02±5.83
磷水平（%）	1		4.06±0.26	0.99±0.06	1.28±0.09	1.83±0.15	44.10±2.57	63.90±4.51
	1.4		4.01±0.21	1.12±0.10	1.22±0.10	1.83±0.16	44.68±1.75	59.38±3.91
	1.8		4.15±0.18	1.23±0.07	1.36±0.07	1.80±0.10	43.04±3.17	64.30±4.35
钙磷比	1∶1		4.05±0.07	1.75±0.09	1.35±0.06	1.70±0.09	41.08±2.89	59.26±3.62
	1.5∶1		4.12±0.29	1.69±0.11	1.23±0.08	1.75±0.13	40.70±2.05	60.10±5.22
	2∶1		4.03±0.18	0.94±0.07	1.30±0.07	2.06±0.12	52.05±3.53	70.05±4.65

（4）日粮钙、磷水平对冬毛生长期水貂钙、磷代谢的影响　由表5-9可知，随着日粮中磷水平的增加，粪钙含量随之增加，差异极显著（$P<0.01$）；随着日粮中钙水平的增加，粪中钙含量先升高后降低。随着日粮中磷水平的增加，粪磷含量随之增加，差异极显著（$P<0.01$）。钙磷比为2∶1时粪磷含量最少，极显著低于另外两组（$P<0.01$）。日粮不同磷水平对钙消化率影响极显著（$P<0.01$）。日粮不同钙磷比极显著影响钙消化率，钙磷比升高，钙消化率升高。日粮不同磷水平和钙磷比对磷消化率影响不显著（$P>0.05$）。不同组之间磷消化率影响显著。随着日粮中磷水平的增加，磷的消化率随之增加而后下降，说明随着日粮中磷水平的增加，磷的消化率会在达到最高消化率后开始降低。随着日粮中钙水平的增加，磷消化率先降低后升高，降低到一定水平后，不再变化。随着日粮中磷水平的增加，粪磷含量增加，磷消化率先升高后降低，出现二次变化趋势。随着日粮中磷水平的增加，粪钙含量持续增加，差异极显著（$P<0.01$），钙消化率先增加后降低，说明磷可以影响钙的吸收。同时钙的吸收量与机体的需要量是相适应的，当机体钙缺乏时，肠道吸收钙的速度增加；而当体内钙过多时，则钙吸收速度降低。在1%磷水平，随着钙水平升高，磷消化率随之升高；但是在1.4%和1.8%磷水平下，随着钙水平升高，磷消化率开始下降，说明磷水平已经满足水貂生长所需，过高的钙水平开始影响磷的吸收。

表 5-9 日粮钙、磷水平对冬毛生长期水貂钙、磷代谢的影响

项目	钙水平（%）	磷水平（%）	粪钙（g/d）	粪磷（g/d）	钙消化率（%）	磷消化率（%）
组别	1.02	0.96	1.15 ± 0.05^{BCDef}	0.65 ± 0.02^{BCDcd}	-45.70 ± 2.14^{Ed}	18.17 ± 0.98^{c}
	1.49	1.00	1.10 ± 0.07^{CDef}	0.60 ± 0.02^{CDcd}	10.53 ± 1.42^{BCDb}	26.95 ± 1.35^{bc}
	1.98	1.01	0.86 ± 0.03^{Df}	0.46 ± 0.01^{Dd}	49.08 ± 2.02^{Aa}	45.26 ± 2.87^{a}
	1.47	1.35	1.29 ± 0.05^{BCDefd}	0.66 ± 0.03^{BCDcd}	-16.75 ± 0.92^{Dc}	40.19 ± 2.07^{ab}
	2.11	1.40	1.64 ± 0.07^{ABCcd}	0.79 ± 0.02^{ABCbc}	5.75 ± 0.34^{CDb}	31.78 ± 1.33^{abc}
	2.81	1.40	1.34 ± 0.08^{BCDcde}	0.66 ± 0.01^{BCDcd}	35.44 ± 1.21^{ABa}	36.54 ± 2.65^{ab}
	1.83	1.73	1.73 ± 0.06^{ABbc}	0.92 ± 0.04^{Aab}	-17.44 ± 0.76^{Dc}	37.55 ± 3.13^{ab}
	2.70	1.80	2.17 ± 0.09^{Aa}	1.05 ± 0.03^{Aa}	5.65 ± 0.67^{CDb}	31.88 ± 1.85^{abc}
	3.59	1.80	2.08 ± 0.08^{Aab}	1.05 ± 0.03^{Aa}	32.53 ± 1.07^{ABCa}	31.79 ± 2.11^{abc}
磷水平（%）	1		1.04 ± 0.04^{C}	0.57 ± 0.02^{Bc}	5.00 ± 0.33^{Bb}	29.93 ± 1.90
	1.4		1.46 ± 0.06^{B}	0.72 ± 0.04^{Bb}	7.71 ± 0.59^{Aa}	35.37 ± 1.62
	1.8		1.95 ± 0.07^{A}	0.99 ± 0.01^{Aa}	2.48 ± 0.18^{Cc}	34.43 ± 1.76
钙磷比	1∶1		1.41 ± 0.06^{AB}	0.75 ± 0.03^{A}	-28.15 ± 0.23^{Cc}	30.71 ± 2.15
	1.5∶1		1.52 ± 0.07^{A}	0.76 ± 0.02^{A}	7.75 ± 0.09^{Bb}	29.73 ± 1.82
	2∶1		1.32 ± 0.05^{B}	0.67 ± 0.02^{B}	40.84 ± 0.38^{Aa}	39.21 ± 1.01

（5）日粮钙、磷水平对冬毛生长期水貂血清生化指标的影响　由表 5-10 可知，冬毛生长期血钙含量组间差异极显著（$P<0.01$），磷水平和钙磷比对冬毛生长期水貂血钙含量影响极显著（$P<0.01$）。随着磷水平升高，血钙含量随之升高，差异极显著（$P<0.01$）。随着钙水平升高，血钙含量先下降后上升，差异极显著（$P<0.01$）。随着磷水平升高，血磷含量随之升高，差异极显著（$P<0.01$）。钙磷比对冬毛生长期水貂碱性磷酸酶含量影响极显著，随着钙磷比水平升高，碱性磷酸酶含量先上升后下降。磷水平对冬毛生长期水貂碱性磷酸酶含量影响不显著（$P>0.05$），但是有随着磷水平升高，碱性磷酸酶含量先下降后上升的变化趋势。本试验中磷水平和钙磷比对血清钙、磷、碱性磷酸酶含量影响显著（$P<0.05$）。血清钙浓度随钙水平的增加呈先升高后降低的二次曲线变化。随着磷水平的增加，血清碱性磷酸酶含量有先降低后增加的趋势，血钙含量先增加后降低，血磷含量持续增加，说明低磷和高磷都会促进骨的生成，同时高磷情况下，骨吸收的也多。血钙含量的降低可能是因为高磷抑制了骨骼钙的释放，影响了肠道中钙的吸收导致的。钙磷比的增加，血清碱性磷酸酶含量先增加后降低，血钙、血磷含量先降低后增加，说明适宜的钙磷比会促进骨的生成，不适宜的钙磷比会使骨吸收增加，引起血钙、血磷含量的增加。

（6）日粮钙、磷水平对冬毛生长期水貂胫骨指标的影响　由表 5-11 可知，磷水平和钙磷比对水貂骨长影响不显著（$P>0.05$），组间骨重差异显著（$P<0.05$）。磷水平对水貂骨重影响不显著，钙磷比对水貂骨重影响显著（$P<0.05$），随着钙水平升高，骨重有下降趋势。磷水平和钙磷比对水貂灰分含量影响不显著。骨钙含量组间差异极显著 $P<0.01$，磷水平和钙磷比对水貂骨钙含量影响不显著（$P>0.05$）。磷水平对水貂

表 5-10 日粮钙、磷水平对冬毛生长期水貂血清生化指标的影响

项目	钙水平（%）	磷水平（%）	血钙（mmol/L）	血磷（mmol/L）	碱性磷酸酶（金氏单位/100 mL）
组别	1.02	0.96	3.30 ± 0.21^{Ccd}	3.12 ± 0.15^{CDEcde}	1.76 ± 0.06^{BCbc}
	1.49	1.00	3.02 ± 0.16^{Cd}	2.25 ± 0.13^{Ef}	2.25 ± 0.10^{ABab}
	1.98	1.01	4.01 ± 0.17^{ABab}	4.28 ± 0.19^{ABb}	1.46 ± 0.07^{BCc}
	1.47	1.35	4.16 ± 0.24^{ABab}	4.16 ± 0.15^{ABb}	1.61 ± 0.09^{BCbc}
	2.11	1.40	3.70 ± 0.19^{ABCbc}	2.69 ± 0.14^{DEef}	1.32 ± 0.08^{BCc}
	2.81	1.40	4.06 ± 0.21^{ABab}	3.62 ± 0.20^{BCDbcd}	1.57 ± 0.11^{BCbc}
	1.83	1.73	3.70 ± 0.25^{ABCbc}	5.13 ± 0.22^{Aa}	1.49 ± 0.07^{BCc}
	2.70	1.80	3.45 ± 0.13^{BCcd}	3.79 ± 0.18^{BCbc}	2.90 ± 0.04^{Aa}
	3.59	1.80	4.32 ± 0.21^{Aa}	3.0 ± 0.14^{CDEde}	1.19 ± 0.13^{Cc}
磷水平（%）	1		3.48 ± 0.19^{Bb}	3.08 ± 0.12^{B}	1.78±0.08
	1.4		3.99 ± 0.17^{Aa}	3.41 ± 0.15^{B}	1.51±0.05
	1.8		3.75 ± 0.26^{ABab}	3.98 ± 0.11^{A}	1.74±0.09
钙磷比	1∶1		3.75 ± 0.14^{ABb}	4.14 ± 0.17^{A}	1.60 ± 0.07^{Bb}
	1.5∶1		3.42 ± 0.19^{Bc}	2.89 ± 0.13^{C}	2.16 ± 0.10^{Aa}
	2∶1		4.10 ± 0.20^{Aa}	3.55 ± 0.17^{B}	1.40 ± 0.05^{Bb}

骨磷含量影响不显著（$P>0.05$），钙磷比对水貂骨磷含量影响极显著（$P<0.01$），随着钙水平升高，骨磷含量有下降趋势。磷水平与钙磷比在统计学上显示对骨长影响不显著（$P>0.05$），但是在不同组间影响显著（$P<0.05$），这可能是通过钙、磷之间的互作来影响的。本试验的骨重在不同磷水平上结果不显著（$P>0.05$），可能是由于测的骨重是脱脂后的骨重，也可能1%的磷水平已经达到可以使骨重变化的程度。钙磷比升高可以导致胫骨重减少，这可能与高钙影响体内磷的吸收与利用有关，不利于骨的矿化。

表 5-11 日粮钙、磷水平对冬毛生长期水貂胫骨指标的影响

项目	钙水平（%）	磷水平（%）	骨长（cm）	骨重（g）	灰分含量（%）	钙（%）	磷（%）
组别	1.02	0.96	4.10 ± 0.09^{ab}	0.44 ± 0.01^{a}	54.69 ± 2.14^{ab}	19.29 ± 0.99^{Cc}	13.22 ± 0.74^{BCcd}
	1.49	1.00	3.89 ± 0.08^{b}	0.41 ± 0.01^{ab}	56.53 ± 2.62^{a}	21.14 ± 1.23^{Aa}	15.05 ± 1.02^{ABab}
	1.98	1.01	4.13 ± 0.09^{a}	0.41 ± 0.02^{ab}	56.10 ± 1.93^{ab}	20.80 ± 1.25^{ABa}	14.78 ± 0.40^{ABabc}
	1.47	1.35	4.03 ± 0.06^{ab}	0.42 ± 0.01^{ab}	56.65 ± 3.85^{a}	20.86 ± 1.19^{ABa}	16.08 ± 0.94^{Aa}
	2.11	1.40	4.04 ± 0.07^{ab}	0.43 ± 0.02^{ab}	55.40 ± 2.63^{ab}	20.12 ± 1.01^{ABCabc}	15.15 ± 0.81^{ABab}
	2.81	1.40	3.95 ± 0.05^{ab}	0.38 ± 0.01^{b}	54.57 ± 2.94^{ab}	20.83 ± 0.89^{ABa}	12.37 ± 1.01^{Cd}
	1.83	1.73	4.14 ± 0.07^{a}	0.41 ± 0.02^{ab}	53.52 ± 1.49^{b}	20.41 ± 0.31^{ABCab}	14.32 ± 0.94^{ABCbc}
	2.70	1.80	4.01 ± 0.10^{ab}	0.41 ± 0.01^{ab}	55.54 ± 2.68^{ab}	20.86 ± 1.07^{ABa}	14.54 ± 1.21^{ABCabc}
	3.59	1.80	4.01 ± 0.08^{ab}	0.40 ± 0.01^{ab}	55.44 ± 2.83^{ab}	19.57 ± 0.41^{BCbc}	13.87 ± 0.32^{ABCbcd}

（续）

项目	钙水平（%）	磷水平（%）	骨长（cm）	骨重（g）	灰分含量（%）	钙（%）	磷（%）
磷水平（%）	1		4.04±0.06	0.42±0.02	55.77±2.16	20.41±0.77	14.33±0.48
	1.4		4.00±0.07	0.41±0.01	55.54±1.56	20.60±1.45	14.60±0.98
	1.8		4.05±0.06	0.41±0.02	54.83±2.41	20.28±1.26	14.24±0.73
钙磷比	1∶1		4.09±0.05	$0.42±0.01^{a}$	54.95±2.04	20.19±1.22	$14.52±1.02^{ABab}$
	1.5∶1		3.98±0.04	$0.42±0.02^{ab}$	55.82±1.99	20.71±1.16	$14.90±0.87^{Aa}$
	2∶1		4.03±0.06	$0.39±0.01^{b}$	55.37±2.73	20.40±0.99	$13.68±0.73^{Bb}$

（7）日粮钙、磷水平对冬毛生长期水貂毛皮品质的影响　由表5-12可知，日粮不同磷水平和钙磷比对冬毛生长期水貂体长、绒毛长和上楦皮长影响不显著（$P>0.05$）。日粮不同磷水平对针毛长影响不显著，日粮不同钙磷比对针毛长差异极显著（$P<0.01$），钙磷比为1∶1时针毛长最短。日粮不同磷水平对针绒比影响不显著，日粮不同钙磷比对针绒比影响显著（$P<0.05$）。钙磷比对针毛长影响极显著（$P<0.01$），对针绒比影响显著，说明钙对针毛的生长有促进作用。

表5-12　日粮钙、磷水平对冬毛生长期水貂毛皮品质的影响

项目	钙水平（%）	磷水平（%）	体长（cm）	针毛长（cm）	绒毛长（cm）	针绒比	上楦皮长（cm）
组别	1.02	0.96	39.30±1.51	1.92±0.10	1.30±0.03	$1.48±0.01^{ab}$	55.40±2.41
	1.49	1.00	39.50±2.12	2.04±0.15	1.40±0.04	$1.48±0.03^{ab}$	55.40±1.94
	1.98	1.01	41.20±2.59	2.06±0.12	1.34±0.02	$1.54±0.02^{ab}$	57.40±2.51
	1.47	1.35	39.80±1.62	1.78±0.19	1.50±0.02	$1.27±0.04^{b}$	57.60±.2.72
	2.11	1.40	41.00±2.67	2.12±0.18	1.34±0.01	$1.59±0.02^{a}$	57.40±2.62
	2.81	1.40	38.70±1.43	2.14±0.15	1.32±0.04	$1.63±0.03^{a}$	56.20±1.61
	1.83	1.73	39.70±1.98	1.90±0.14	1.33±0.03	$1.43±0.01^{ab}$	57.60±2.85
	2.70	1.80	40.60±2.09	2.08±0.17	1.30±0.05	$1.60±0.02^{a}$	58.20±2.74
	3.59	1.80	40.40±2.11	2.00±0.20	1.42±0.01	$1.41±0.01^{ab}$	57.20±1.95
磷水平（%）	1		40.00±2.16	2.01±0.16	1.35±0.01	1.40±0.01	56.07±2.57
	1.4		39.83±1.51	2.01±0.17	1.39±0.05	1.49±0.05	57.07±2.83
	1.8		40.23±1.61	1.99±0.13	1.35±0.02	1.48±0.01	57.67±1.95
钙磷比	1∶1		39.60±1.69	$1.87±0.16^{B}$	1.38±0.02	$1.39±0.02^{b}$	56.87±1.67
	1.5∶1		40.37±1.77	$2.08±0.13^{A}$	1.35±0.06	$1.56±0.03^{a}$	57.00±2.63
	2∶1		40.10±1.93	$2.07±0.16^{AB}$	1.36±0.02	$1.53±0.01^{ab}$	56.93±1.83

综上所述，水貂生产性能方面，水貂冬毛生长期日粮添加1.4%磷水平，钙磷比为1.5∶1较适宜；营养物质消化率方面，1.4%磷水平，钙磷比为1.5∶1较适宜；氮代

谢方面，钙磷比为2∶1较适宜；钙、磷代谢方面，1.4%磷水平，钙磷比为2∶1较适宜；毛皮品质方面，钙磷比为1.5∶1时针毛较长，较为适宜；血清生化指标和胫骨指标方面，1%的磷水平，钙磷比为1.5较适宜。综合各项指标，从冬毛生长期水貂生产性能和胫骨指标出发，日粮磷水平为1%～1.4%，钙水平为1.5%～2.8%，钙磷比为（1.5～2）∶1时较为适宜。

（四）钙、磷与维生素D的相互作用关系

钙、磷与维生素D的交互作用对毛皮动物具有十分重要的影响，主要表现为钙、磷与维生素D对钙的吸收具有协同作用。维生素D能够调节毛皮动物机体对日粮中钙、磷的吸收，但钙、磷的吸收有时也受机体对日粮中其他矿物成分吸收的影响。自然状态下，毛皮动物自由采食，自由活动，一般不会缺乏钙、磷及维生素D。但在人工笼舍饲养的条件下，由于笼舍光照条件的不足，或者养殖户为了节约饲料成本，对毛皮动物进行低营养水平饲养，大幅度提高价格较低的植物性饲料在日粮中所占的比例，容易造成钙、磷及维生素D的缺乏。

1. 育成生长期水貂日粮适宜钙及维生素D水平的研究 王静（2018）研究日粮中添加不同钙水平（0、0.4%和0.8%）和维生素D（0、2 000 IU/kg和4 000 IU/kg）对育成生长期水貂生产性能的影响，通过固定钙磷比2∶1，配制不同钙和维生素D水平的日粮，以筛选出水貂育成生长期适宜的日粮钙和维生素D水平。

（1）日粮钙和维生素D水平对育成生长期水貂生长性能的影响 日粮钙水平对育成生长期水貂的终末体重、平均日增重和料重比有极显著的影响（$P<0.01$），随着钙水平的升高，终末体重、平均日增重呈现逐渐上升的趋势，且钙添加水平为0时极显著低于0.8%钙添加水平（$P<0.01$），料重比呈现逐渐下降的趋势，且钙添加水平为0时极显著高于另两个钙添加水平（数据见第六章表6-5）（$P<0.01$）。随着日粮钙水平的升高，水貂平均日增重呈现升高的趋势，说明高钙有利于提高育成生长期水貂的生长性能；钙添加水平为0.8%（日粮总计3.1%）时，水貂生长较快。

（2）日粮钙和维生素D水平对育成生长期水貂营养物质消化率的影响 钙水平显著影响干物质排出量（$P<0.05$），0.8%添加水平显著高于0.4%添加水平（$P<0.05$）。0.8%钙添加水平脂肪消化率极显著低于另两种添加水平（数据见第六章表6-6）（$P<0.01$）。随着日粮钙水平的升高，干物质排出量先降低后升高，干物质消化率呈现出升高的趋势，这与水貂体重变化的趋势是一致的。育成生长期水貂的脂肪消化率随日粮钙水平的升高呈现先增加后降低的趋势，钙水平为3.1%时的脂肪消化率比钙水平为2.7%时降低了2%。在钙磷比固定的情况下，钙水平升高即磷水平升高，磷参与ATP（三磷酸腺苷）供能，有利于体内脂肪酸的活化作用，从而使动物机体脂肪沉积降低。

（3）日粮钙和维生素D水平对育成生长期水貂氮代谢的影响 钙水平极显著影响氮沉积（$P<0.01$），0.8%钙添加水平极显著高于无钙添加组（$P<0.01$），且氮沉积呈现随钙水平增加而增加的趋势（数据见第六章表6-7）。随着日粮钙水平的升高，氮沉积呈现上升的趋势（本试验中最高钙水平在适宜钙水平范围内）。日粮钙水平对育成生长期水貂的净蛋白质利用率、蛋白质生物学效价无显著影响，可能是因为试验中在钙磷

比一定的情况下，磷梯度变化不大。

(4) 日粮钙和维生素D水平对育成生长期水貂钙、磷代谢的影响　随着日粮钙添加量的增加，粪钙和粪磷呈上升趋势。钙消化率和磷消化率不受钙水平升高的影响，表明钙摄入量越大，动物在一定范围内可以吸收的钙越多（数据见第六章表6-8）。在维生素D添加水平为2 000 IU/kg时，钙、磷消化率最高，表明日粮中适量的维生素D_3可以提高钙和磷的利用率。

综上所述，当日粮中钙磷比为2∶1时，日粮中含有3.1%钙和4 100 IU/kg维生素D时，育成生长期水貂能获得较好的生产性能。

2. 冬毛生长期水貂日粮适宜钙及维生素D的研究　王静（2018）研究日粮中添加不同水平钙（0、0.4%和0.8%）和维生素D（0、2 000 IU/kg和4 000 IU/kg）对冬毛生长期水貂生产性能的影响，通过固定钙磷比1.7∶1，配制不同钙和维生素D水平的日粮，以筛选出水貂冬毛生长期适宜的日粮钙和维生素D水平。

(1) 日粮钙和维生素D水平对冬毛生长期水貂生产性能的影响　钙水平对料重比有显著的影响（$P<0.05$），钙水平添加量为0时料重比显著低于0.4%和0.8%添加水平（$P<0.05$）（表6-9）。钙水平对皮长有显著的影响（$P<0.05$），钙水平添加量为0时皮长显著高于0.4%和0.8%添加水平（$P<0.05$）（表6-10）。这说明过高的钙会降低饲料利用率，影响水貂生长。

(2) 日粮钙和维生素D水平对冬毛生长期水貂营养物质消化率的影响　钙添加水平对脂肪消化率有极显著的影响（$P<0.01$），0.8%钙添加水平极显著低于另两个添加水平（$P<0.01$）（表6-11）。脂肪消化率随着钙水平的升高而降低，这可能与磷水平升高增强了脂肪的β-氧化过程有关。

(3) 日粮钙和维生素D水平对冬毛生长期水貂钙、磷代谢的影响　钙水平对粪钙、粪磷有极显著的影响（$P<0.01$），0.8%钙添加水平粪钙、粪磷极显著高于0.4%钙添加水平（$P<0.01$），0.4%钙添加水平粪钙、粪磷极显著高于0添加水平（$P<0.01$）。钙、磷消化率0添加水平极显著高于0.4%和0.8%添加水平（$P<0.01$）（表6-12）。说明过高的钙、磷不利于机体对钙、磷的利用。

(4) 日粮维生素D和钙水平对冬毛生长期水貂血清指标的影响　日粮钙水平对水貂血清中血清总蛋白和球蛋白均无显著影响，表明动物钙的摄入量足以满足机体需要。钙添加水平显著影响水貂血清高密度脂蛋白浓度（$P<0.05$），0添加水平显著低于0.4%和0.8%添加水平。钙添加水平极显著影响水貂血清低密度脂蛋白浓度（$P<0.01$），0.8%钙添加水平极显著低于另两个添加水平（$P<0.01$），说明提高日粮钙水平可以降低动物机体内的脂肪含量，有利于血脂的代谢和转运（表6-13和表6-14）。

二、钠、钾、氯

钠、钾、氯主要存在于体液和软骨组织中，作为电解质的组成成分，主要作用是维持细胞内外渗透压，主要参与调节体内酸碱平衡和控制水、盐代谢。钠、钾是维持神经和肌肉正常生理活动的重要营养元素；钠、钾、氯在营养物质消化吸收中具有重要作用。

（一）钠、钾、氯的来源

植物性饲料中钠、氯的含量较低，因此各种动物的日粮中需要额外地添加一定的食盐（氯化钠），以满足动物机体需要。但动物性饲料（如鱼粉、肉粉）中含量较高，特别是一些以海鱼为主要原料的鱼粉。常用的饲料中钾的含量比较丰富，一般不需要另外添加。

（二）钠、钾、氯的缺乏和过量

钠和氯不会在动物机体内大量沉积，因此需要每天从饲料中摄取，未被吸收利用的会通过肾被排出。如果短期内氯化钠供应不足，机体本身能够维持一定的平衡，但是长期供应不足会导致动物钠缺乏症的发生。钠和氯缺乏会导致体重下降和皮肤黏膜干燥等症状。由于钠、氯在其他营养物质代谢方面也有重要的作用，因此两者的缺乏也会导致其他营养物质吸收代谢紊乱，从而影响动物的健康。钾在饲料中含量比较多，一般不会出现缺乏的症状。

动物对氯化钠的耐受性较高，摄入过多时会通过大量饮水来进行调节。在控制饮水的情况下，动物会出现氯化钠中毒，表现为极度口渴、腹泻，产生高钾血症。

（三）钠、钾、氯的营养需要量

目前还没有关于氯化钠最低需要量的报道，NRC（1982）推荐水貂鲜饲料中氯化钠含量为 0.5%，国内一般不会超过这个标准。Hartsough（1955）研究发现妊娠期水貂干粉日粮中食盐含量为 1.3%或 1.5%时，可以预防哺乳病的发生。但是在水貂的其他生理时期，日粮中的食盐含量较低。Perel'dik 等（1972）研究发现，在生长期水貂日粮中食盐含量为 1.5%时，会降低繁殖期的产仔数，但这也可能是限制饮水导致的结果。一般在水貂饲料中钾的含量为 0.2%～0.3%。

三、镁

动物体内的镁近 70%存在于骨骼组织中，同时也是软组织的重要组成成分。镁与钙在功能上既协同又拮抗，在骨骼、心脏以及神经组织中维持一定的平衡，发挥着作用。镁是多种酶的辅助因子，在蛋白质、核酸合成等方面起重要作用。

（一）镁的来源

植物饲料中含镁较高，尤其是一些饼粕、糠麸类饲料。另外，鱼类饲料中也含有丰富的镁。一般在水貂饲料中不会出现镁的缺乏。

（二）镁的缺乏和过量

动物缺镁主要表现是厌食生长受阻、过度兴奋、抽搐，严重的导致昏迷死亡。血液检查表明，缺镁会导致血镁降低，但不会影响血钙、血无机磷的浓度。饲料中镁含量过多，会影响钙、磷的利用率，引起动物采食量下降、骨化作用障碍、运动失调、昏迷，严重的可致死亡。

（三）镁的营养需要量

目前，关于镁的最低需要量，还存在着分歧。Wood（1962）提出水貂饲料中需要含有镁 396～440 mg/kg，而 Warner 等（1964）建议在水貂饲料中需要含有镁 625 mg/kg 才能满足需要。在没有其他更准确数据的前提下，NRC（1982）将水貂对镁的需要量暂定为 440 mg/kg。水貂饲料中镁含量为 400～600 mg/kg，一般可满足需要。

四、硫

硫元素分布于动物体内的各个细胞中，主要以有机硫的形式存在于蛋氨酸、胱氨酸和半胱氨酸中，还是多种维生素黏多糖的组成成分，如生物素、硫胺素、黏多糖中的硫酸软骨素和硫酸黏液素。另外，动物的被毛、蹄爪、角等蛋白中也含有硫元素。

（一）硫的来源

饲料蛋白质是动物硫的主要来源。鱼粉、肉粉、血粉等动物性蛋白饲料含硫可达 0.3%，饼粕类为 0.25%，谷物和糠麸类为 0.2%。在饲养实践中，如果含硫氨基酸满足营养需要，就不必考虑无机硫的补充。

（二）硫的缺乏和过量

如果饲料中蛋白质饲料充足，一般不会出现硫缺乏的症状。含硫氨基酸供应不足时，会发生生长发育停滞、消瘦，角、蹄、爪、被毛生长缓慢，采食量下降。通常情况下硫过量的情况很罕见，用无机硫作为添加剂时，用量超过 0.5%则可能会使动物出现厌食、失重、便秘等毒性反应，严重的可致死。

第二节　水貂的微量元素营养

根据微量元素在机体内的作用，可以将微量元素分为必需微量元素、可能必需微量元素和非必需微量元素。目前公认必需微量元素有铁、锰、锌、铜、钴、碘、硒等，人们对这七种微量元素的生理过程了解较多，这些微量元素在动物的生长发育过程中起到不可或缺的作用。

饲料中微量元素一般以添加剂的形式添加到饲料中，大致可分为无机盐（如硫酸盐和氧化盐）、简单的有机盐（如柠檬酸铜、葡萄糖酸锌和乳酸铁）、氨基酸螯合物、纳米级添加剂（如纳米氧化铜）四种类型。生产实践中以硫酸盐和氧化盐为主，其价格低廉，但是消化利用率低，并且易潮解结块，不利于动物吸收。柠檬酸锌等二代添加剂相比于一代添加剂吸收利用率有所提高，较易吸收，稳定性好，但是易溶解于水。三代添加剂是由氨基酸和矿物质元素螯合而成，具有较高的生物和化学稳定性，对饲料中维生素和脂肪等营养物质影响较小，微量元素之间的拮抗作用较小，在动物体内酸性 pH 环境下对其吸收利用率明显高于前两代，是良好的替代品。纳米级添加剂由于价格高，暂时还未大规模应用于生产实践中。本节介绍了各种必需微量元素对水貂的营养作用，并结合多年的研究数据和成果，详细地阐述了不同生理时期水貂对各种微量元素的需要量。

一、锌

（一）锌的来源和分布

在生产实践中动物锌添加剂的来源主要是硫酸锌、氧化锌和氨基酸螯合锌。锌是动物体的必需微量元素，广泛存在于体内各个组织。在成熟动物体内，前列腺、精液和眼睛中的含量最高，其次是骨骼、肝脏和皮毛，其他组织中的含量较少。

（二）锌的功能

锌是动物体内多种酶的组成成分，如碳酸酐酶、二肽酶、醇脱氢酶、碱性磷酸酶、胸苷激酶和超氧化物歧化酶等，广泛参与调控机体的代谢活动和调节激素功能，比如锌缺乏使胸苷激酶活性降低，则胸苷掺入到 DNA 的量也降低，可导致 DNA 合成减少，出现蛋白质合成障碍，细胞分裂和生长受阻。锌还通过一些酶的作用来调节精子的生成，并参与维持精子的生理功能，从而影响雄性动物的繁殖性能。锌可以改善胃黏膜和肠上皮细胞的功能，提高含锌消化酶的活性，从而使动物的胃肠功能得到增强。锌可以抑制大肠杆菌的呼吸链，从而控制动物病原性大肠杆菌的数量，使得有益菌能够正常生长，进而改善肠道环境，缓解动物腹泻。动物和人体内的锌主要通过唾液中的一种含有两个锌离子的唾液蛋白——味觉素作介质影响味觉，因此锌还具有调节动物食欲的作用。

（三）锌缺乏与过量

锌作为机体重要的微量元素，对水貂神经发育、繁殖、抗氧化能力及免疫均具有重要作用。动物缺锌，会导致皮肤增厚、脱毛、毛皮粗糙，毛皮品质下降；睾丸和精子发育不良；碱性磷酸酶活力下降，从而导致骨骼发育不健全；影响营养物质的消化、维生素的吸收、伤口愈合和生长；严重缺锌时，会导致胎儿发育不良、畸形；锌过量，一方面会造成资源浪费；另一方面会造成中毒，使动物食欲和免疫力都下降。高锌还可导致铁、铜继发性缺乏，出现贫血，促使体内脂肪的氧化，结果导致肌肉和肝脏的含脂量下降。毛皮动物对锌的要求主要体现在生产性能、免疫力、毛色质量等几个方面。仔水貂缺锌最明显的症状是食欲降低、生长受阻，还会导致鼻镜干燥、口舌发炎、关节僵硬、爪肿胀和皮肤不完全角化（李光玉，2003）。

（四）水貂锌的营养研究进展

研究表明，在实际生产过程中毛皮动物在不同生物学时期对锌的要求有很大差异，如换毛期应尽量减少锌的摄入量，而冬毛生长期应增加锌的摄入量。王淑明等（2009）研究表明，日粮锌水平 30 mg/kg 可以有效提高水貂日增重。Plonka（2005）

等研究发现，锌具有延缓褪毛期和脱毛的功能，同时可抑制新毛的生长。Krakow（2005）等发现，锌能促进毛囊分化和生长，有助于毛发的生长。Wood（1962）基于加拿大和美国地区的水貂，建议日粮干物质中锌的含量为 66 mg/kg 和 59 mg/kg 能够维持水貂正常的生长发育和营养代谢。Kiiskinen 和 Mäkelä（1977）推荐日粮干物质中锌水平以 57～94 mg/kg 为宜。NRC（1982）推荐水貂锌添加水平为 55～65 mg/kg。不同发育时期水貂对锌的需求量不同，而且水貂对不同形式的元素来源需求量也有所不同。

（五）繁殖期水貂锌营养需要量

吴学壮等（2013）研究了繁殖期水貂适宜锌的添加水平，以一水硫酸锌作为锌的来源，日粮中添加锌水平为 50 mg/kg、100 mg/kg、200 mg/kg 和 400 mg/kg，基础日粮中锌含量为 90 mg/kg。通过评价日粮锌添加水平对繁殖期水貂的繁殖性能、营养物质消化率及氮代谢的影响，筛选出繁殖期适宜的日粮锌水平。

1. 日粮中锌水平对繁殖期公水貂繁殖性能的影响 由表 5－13 可知，种公水貂的日粮中添加 50 mg/kg 和 100 mg/kg 锌，精子活力与对照组相比有极显著提高，睾丸直径与对照组相比可分别增加 6.94 mm 和 4.88 mm，表明日粮中添加锌可以显著增加睾丸体积（$P<0.05$），进而降低所配种母水貂的不受孕率。由于锌是促性腺激素和睾酮分泌不可缺少的物质，锌不足可影响促性腺激素的分泌，并能影响睾酮及其运输载体蛋白的合成。添加 200 mg/kg 和 400 mg/kg 锌时，对水貂精子活力没有显著的影响。日粮锌添加水平为 50 mg/kg 和 100 mg/kg 时，总锌水平为 140 mg/kg 和 190 mg/kg，水貂的繁殖性能最佳。

表 5－13 日粮锌水平对繁殖期公水貂繁殖性能的影响

项目	硫酸锌水平（mg/kg）				
	0	50	100	200	400
精子活力	0.63 ± 0.08^{Bb}	0.81 ± 0.14^{Aa}	0.81 ± 0.10^{Aa}	0.72 ± 0.12^{ABab}	0.76 ± 0.12^{ABa}
睾丸直径（mm）	21.52 ± 2.62^{Bc}	28.46 ± 4.01^{Aa}	24.60 ± 4.83^{ABab}	24.52 ± 4.66^{ABbc}	24.00 ± 5.19^{ABbc}
成功配种次数	8.50 ± 1.51^{Bb}	10.40 ± 1.90^{ABa}	11.38 ± 1.19^{Aa}	10.50 ± 1.72^{ABa}	10.11 ± 2.62^{ABab}
母水貂产仔率（%）	76.67	90.00	86.67	83.33	86.67

2. 日粮中锌水平对繁殖期公水貂营养物质消化率和氮代谢的影响 由表 5－14 可知，日粮锌添加水平为 100 mg/kg，总锌含量为 140～190 mg/kg 时，水貂的干物质采食量较高。日粮锌添加水平对水貂的干物质采食量、脂肪消化率、食入氮、尿氮、氮沉积、净蛋白质利用率及蛋白质生物学效价影响不显著。这一结果可能是由于处于繁殖期的水貂个体发育基本完成，快速生长阶段基本结束，对蛋白质的吸收和利用比快速生长的育成生长期相对要低。本试验中，各组水貂的尿氮排出量接近食入氮量的 67%～75%，水貂的净蛋白质利用率为 15%，蛋白质生物学效价为 20%，这可能与水貂的日粮组成有很大关系。

表 5-14 日粮锌水平对繁殖期公水貂营养物质消化率和氮代谢的影响

项目	硫酸锌水平（mg/kg）				
	0	50	100	200	400
干物质采食量（g）	78.78±25.64[c]	91.76±17.92[b]	108.99±22.92[a]	96.92±28.84[b]	94.45±31.69[b]
干物质排出量（g）	20.46±6.22[b]	22.81±3.37[ab]	30.76±6.15[a]	27.52±6.93[ab]	25.66±6.92[ab]
干物质消化率（%）	71.01±4.15[ABabc]	74.79±3.27[Aa]	73.32±2.44[ABbc]	69.22±3.45[ABbc]	67.91±4.46[Bc]
蛋白质消化率（%）	81.10±4.51[ab]	82.96±3.12[a]	82.70±4.17[a]	79.66±4.52[ab]	77.56±3.85[b]
脂肪消化率（%）	82.08±3.64	84.30±3.46	84.07±1.78	85.09±1.80	82.77±3.53
食入氮（g/d）	6.18±2.02	6.61±1.93	7.91±2.67	7.61±2.26	6.44±3.26
粪氮（g/d）	0.85±0.29[b]	1.00±0.16[ab]	1.19±0.25[a]	1.19±0.28[a]	0.89±0.25[ab]
尿氮（g/d）	4.15±1.15	5.02±1.76	5.44±0.55	5.31±2.00	4.18±1.89
氮沉积（g/d）	1.18±1.77	0.59±0.73	1.27±1.75	1.11±0.56	1.38±1.47
净蛋白质利用率（%）	23.11±23.79	8.65±10.00	10.82±24.63	15.09±9.45	9.95±8.99
蛋白质生物学效价（%）	21.77±27.76	10.50±11.34	17.90±25.52	19.07±14.11	21.97±14.85

针对繁殖期水貂适宜锌水平试验结果得出如下结论，随着日粮锌添加水平的增加，公水貂的精子活力、睾丸直径、成功配种次数先升高后降低。日粮锌添加水平为50 mg/kg和100 mg/kg（总锌水平为140 mg/kg和190 mg/kg）时，公水貂的繁殖性能最佳，此时水貂的干物质采食量较高。

（六）育成生长期水貂锌营养需要量研究

周宁（2015）通过在水貂日粮中添加不同水平的硫酸锌（50 mg/kg、100 mg/kg、300 mg/kg和600 mg/kg），研究日粮不同锌水平对水貂生长性能、消化代谢、氮代谢、血清生化指标、免疫性能、抗氧化性能及脏器系数的影响。

1. 日粮锌水平对育成生长期水貂不同日龄生长性能的影响 各个组之间平均日增重变化见表5-15。75～90日龄各组水貂日增重呈现显著差异性，添加水平100 mg/kg和600 mg/kg显著高于其他水平（$P<0.05$）。105～120日龄水貂100 mg/kg和300 mg/kg组平均日增重显著高于其他组（$P<0.05$）。锌能通过增加采食量影响日增重，添加水平100 mg/kg时效果最佳。

不同日粮锌水平对水貂生长性能的影响见表5-16，锌添加100 mg/kg时，水貂平均日增重显著高于其他各组（$P<0.05$）。平均日采食量随锌水平升高而增加，300 mg/kg和600 mg/kg组显著高于对照组（$P<0.05$）。育成生长期水貂平均日采食量随日粮中锌水平升高而增加，添加量为300 mg/kg和600 mg/kg时育成生长期水貂采食量最大。采食量增加的原因可能是：一方面味觉素是一种含锌的唾液蛋白，对口腔黏膜上皮细胞的结构、功能及代谢有重要作用，补锌能够刺激口腔黏膜味蕾细胞快速再生，刺激食欲，因此添加锌利于增加动物采食量；另一方面，锌参与和摄食相关的神经内分泌调控途径，通过影响与摄食相关的神经肽或神经递质，以及激素的合成和分泌等途径来调节水貂采食量。

日粮中添加不同锌水平对育成生长期水貂营养物质消化率均无显著影响。

表 5-15 日粮锌水平对育成生长期水貂平均日增重的影响

项目	日龄	硫酸锌水平（mg/kg）				
		0	50	100	300	600
平均日增重（g）	60～75	19.61±2.72	19.27±2.19	19.88±2.21	18.87±2.69	18.08±2.02
	75～90	10.44±2.23[b]	11.29±2.11[b]	13.67±2.48[a]	13.12±2.45[a]	13.67±2.48[b]
	90～105	6.00±0.94	6.28±0.85	6.69±0.59	6.47±0.61	6.16±0.79
	105～120	8.22±0.94[b]	8.24±1.74[b]	9.53±1.26[a]	9.08±1.55[ab]	8.08±1.28[b]

表 5-16 日粮锌水平对育成生长期水貂生长性能的影响

项目	硫酸锌水平（mg/kg）				
	0	50	100	300	600
初始体重（g）	824±47.73	826±58.41	823±37.48	826±57.61	826±62.76
终末体重（g）	1510±70	1520±70	1630±80	1600±110	1570±90
平均日增重（g）	10.83±1.30[b]	10.94±1.26[b]	12.63±1.21[a]	12.12±1.52[ab]	11.47±1.11[ab]
平均日采食量（g）	75.79±4.90[b]	75.84±3.20[b]	79.55±6.60[ab]	85.11±3.92[a]	84.74±3.78[a]
料重比	6.99±0.42	6.93±0.62	6.29±0.47	7.02±0.60	7.38±0.61

2. 日粮锌水平对育成生长期水貂氮代谢的影响 由表 5-17 可知，随着日粮锌水平的升高食入氮和尿氮显著增加，其中 300 mg/kg 和 600 mg/kg 显著高于 50 mg/kg（$P<0.05$）。

表 5-17 日粮锌水平对育成生长期水貂氮代谢的影响

项目	硫酸锌水平（mg/kg）				
	0	50	100	300	600
食入氮（g）	4.64±0.32[b]	4.49±0.19[b]	4.79±0.39[ab]	5.13±0.24[a]	5.16±0.41[a]
粪氮（g）	0.68±0.26	0.55±0.11	0.54±0.12	0.60±0.11	0.56±0.10
尿氮（g）	1.67±0.27[b]	1.75±0.35[b]	1.84±0.40[ab]	2.26±0.35[a]	2.31±0.36[a]
氮沉积（g）	2.27±0.22	2.19±0.28	2.39±0.32	2.26±0.27	2.29±0.38

3. 日粮锌水平对育成生长期水貂血清免疫指标的影响 血清中的大部分锌主要以锌蛋白的形式存在，血清中蛋白的含量是反映动物蛋白质合成及营养状况的重要指标。当日粮锌水平达到 300 mg/kg 时，白蛋白不再增加，此时动物机体蛋白质合成效率较高，该水平下 IgA 和 IgG 的含量最高，有利于提高水貂机体免疫力（表 5-18）。

表 5-18 日粮锌水平对育成生长期水貂血清免疫指标的影响

项目	硫酸锌水平（mg/kg）				
	0	50	100	300	600
白蛋白（g/L）	35.75±4.10[c]	43.82±5.86[bc]	51.17±7.47[ab]	60.35±10.35[a]	51.81±14.25[ab]
球蛋白（g/L）	48.67±15.04[c]	56.56±10.62[bc]	68.12±12.64[ab]	76.28±12.74[a]	47.38±13.76[c]
总蛋白（g/L）	84.69±17.93[c]	100.57±8.56[bc]	119.28±15.94[ab]	136.68±19.97[a]	99.20±23.20[c]

（续）

项目	硫酸锌水平（mg/kg）				
	0	50	100	300	600
IgG（g/L）	2.63±0.008[ab]	2.63±0.025[ab]	2.63±0.006[ab]	2.65±0.020[a]	2.61±0.036[b]
IgA（g/L）	0.14±0.042[c]	0.16±0.056[bc]	0.16±0.047[bc]	0.23±0.050[a]	0.21±0.055[ab]
IgM（g/L）	2.58±0.12	2.57±0.10	2.57±0.34	2.7±0.20	2.65±0.28

4. 日粮锌水平对育成生长期水貂血清中钙、磷和锌及相关酶类的影响 由表5-19可知，随着日粮锌水平的升高，血清锌含量显著提高（$P<0.05$）。锌添加水平600 mg/kg时，血清锌显著高于其他组；反之，血清磷的含量随日粮锌水平的升高而降低，锌添加水平600 mg/kg时，血清磷的浓度显著低于其他各组（$P<0.05$）。如表5-20可知，锌添加水平300 mg/kg时，碱性磷酸酶活性与100 mg/kg差异不显著（$P>0.05$），显著高于其他组。锌是碱性磷酸酶和乳酸脱氢酶的活性中心组成成分及激活因子，所以血清中碱性磷酸酶的活性可以间接地反映机体对锌元素的吸收和利用情况。从碱性磷酸酶和乳酸脱氢酶两种锌酶的活性来看，日粮中添加300 mg/kg和添加100 mg/kg的锌都提高了锌的利用效率并促进了水貂生长。另外，通过其他试验，笔者还发现过高的锌水平会抑制碱性磷酸酶活性，这可能源于高锌对机体的毒害作用。

表5-19 日粮锌水平对育成生长期水貂血清中钙、磷和锌的影响

项目	硫酸锌水平（mg/kg）				
	0	50	100	300	600
钙（mmol/L）	6.31±0.73	5.93±1.19	5.17±0.86	4.8±1.16	4.71±0.61
磷（μmol/L）	7.81±1.80[a]	7.71±1.86[a]	6.58±0.82[ab]	6.10±1.03[ab]	5.48±0.76[b]
锌（μmol/L）	169.81±209.55[b]	282.21±217.19[b]	329.71±209.55[b]	476.75±227.53[ab]	675.67±247.76[a]

表5-20 日粮锌水平对育成生长期水貂血清中相关锌酶的影响

项目	硫酸锌水平（mg/kg）				
	0	50	100	300	600
碱性磷酸酶（U/L）	140.56±60.53[b]	188.59±39.57[ab]	203.67±68.71[a]	218.98±38.72[a]	136.13±35.34[b]
乳酸脱氢酶（U/L）	1 392.42±492.24	1 715.33±375.28	1 646.71±545.16	1 950.42±581.30	1 253.19±227.29

综上所述，日粮中添加锌水平为100 mg/kg、饲料总锌含量为119.28 mg/kg，有利于育成生长期水貂的生长发育，能够提高育成生长期水貂免疫球蛋白和锌酶活性。日粮中添加300 mg/kg的锌，实际日粮中锌含量为316.38 mg/kg，能够提高水貂血清中蛋白和相关酶活性，有利于加强机体免疫能力。

（七）冬毛生长期水貂硫酸锌营养研究

周宁（2015）通过研究日粮不同锌水平（0、50 mg/kg、100 mg/kg、300 mg/kg、600 mg/kg）对冬毛生长期水貂生产性能的影响。以0添加量为对照组，通过评定水貂生长性能、营养物质消化率、氮代谢、抗氧化性能、免疫性能及血清中蛋白质代谢相关

指标和其他元素水平的影响，探讨锌元素对冬毛生长期水貂的影响，从而确定水貂冬毛生长期锌添加量的适宜水平。

1. 日粮锌水平对冬毛生长期水貂生产性能的影响 由表 5－21 可知，水貂的初始体重各组之间无明显差异，且日粮不同锌水平对各组水貂终末体重和饲料转化率均无显著影响，但终末体重最高组为硫酸锌添加量为 300 mg/kg 组。平均日采食量随日粮锌水平先升高后降低，在硫酸锌添加量为 100 mg/kg 组处达到最大；继续提高锌水平，平均日采食量下降。平均日增重与平均日采食量趋势相近，先随日粮锌水平增加而增大后随之降低，其最大组为硫酸锌添加量为 100 mg/kg 组。

表 5－21 日粮锌水平对冬毛生长期水貂生长性能的影响

项目	硫酸锌水平（mg/kg）				
	0	50	100	300	600
初始体重（kg）	1.76±0.17	1.77±0.13	1.76±0.19	1.79±0.19	1.77±0.11
终末体重（kg）	2.05±0.15	2.07±0.16	2.10±0.15	2.11±0.13	2.06±0.13
平均日增重（g）	3.67±0.57[b]	3.75±0.64[b]	4.19±0.48[a]	3.94±0.46[ab]	3.59±0.34[b]
平均日采食量（g）	71.51±5.23[bc]	73.43±4.56[bc]	76.33±2.59[a]	75.57±2.97[ab]	70.11±4.28[c]
饲料转化率（%）	19.36±1.61	19.61±1.27	18.34±2.20	19.13±2.40	19.39±1.45

2. 日粮锌水平对冬毛生长期水貂营养物质消化率的影响 由表 5－22 可知，日粮锌水平对各组冬毛生长期水貂粗蛋白质消化率、碳水化合物消化率及总能消化率无显著影响，其中粗蛋白质消化率最高值为 89.60%、碳水化合物消化率最高值为 78.59%、总能消化率最高值为 90.10%。日粮中干物质消化率随锌水平先增加后降低，最大组为添加量为 50 mg/kg 组，显著高于添加量为 600 mg/kg 组（$P<0.05$）。日粮不同锌水平对冬毛生长期水貂的脂肪消化率影响显著，其中硫酸锌添加量为 50 mg/kg、100 mg/kg 和 300 mg/kg 组显著高于其他各组（$P<0.05$）。

表 5－22 日粮锌水平对冬毛生长期水貂营养物质消化率的影响

项目	硫酸锌水平（mg/kg）				
	0	50	100	300	600
干物质消化率（%）	82.69±2.14[ab]	84.66±1.71[a]	84.10±2.48[a]	83.12±2.97[ab]	80.94±2.55[b]
粗蛋白质消化率（%）	87.22±2.33	89.31±1.99	89.02±1.79	89.60±1.94	87.42±1.62
脂肪消化率（%）	95.90±0.58[ab]	96.12±0.64[a]	96.14±0.73[a]	96.23±0.45[a]	95.25±0.45[b]
碳水化合物消化率（%）	77.11±2.88	76.35±1.88	78.59±2.90	77.14±2.99	74.70±2.00
总能消化率（%）	89.33±2.58	89.66±1.16	90.10±2.05	89.80±2.02	87.66±2.23

3. 日粮锌水平对冬毛生长期水貂氮代谢的影响 由表 5－23 可知，每日食入氮、尿氮、粪氮及氮代谢均未受日粮中不同锌水平的影响。这一结果可能与水貂生理阶段有关，冬毛生长期水貂生长发育速率降低，对蛋白质的需求量减少，因此蛋白质的转化效率降低，受到影响相对减少。观察硫酸锌添加量为 0 和 600 mg/kg 组中的最低值，可以观察到氮代谢的趋势是随日粮锌水平先升高后降低。

表 5-23 日粮锌水平对冬毛生长期水貂氮代谢的影响

项目	硫酸锌水平 (mg/kg)				
	0	50	100	300	600
食入氮 (g)	4.59± 0.39	4.77± 0.55	4.91± 0.32	4.89± 0.31	4.55± 0.37
粪氮 (g)	0.59± 0.04	0.51± 0.09	0.54± 0.08	0.50± 0.04	0.56± 0.08
尿氮 (g)	2.59± 0.35	2.79± 0.42	2.79± 0.32	2.79± 0.41	2.53± 0.20
氮沉积 (g)	1.41± 0.18	1.47± 0.20	1.57± 0.24	1.59± 0.18	1.44± 0.25

4. 日粮锌水平对冬毛生长期水貂抗氧化性能的影响 由表 5-24 可知，过氧化氢酶的活性先随日粮锌水平的增加而升高，在硫酸锌添加量为 100 mg/kg 组处开始下降，其中硫酸锌添加量为 100 mg/kg 组过氧化氢酶活性显著高于对照组和硫酸锌添加量为 50 mg/kg 组（$P<0.05$）。各组水貂中，硫酸锌添加量为 100 mg/kg、300 mg/kg 和 600 mg/kg组铜-锌超氧化物歧化酶活性显著高于其他两组。日粮中不同锌水平对各组水貂总超氧化物歧化酶的活性影响显著，最高组硫酸锌添加量为 300 mg/kg 组，显著高于对照组和硫酸锌添加量为 600 mg/kg 组（$P<0.05$）。各组水貂丙二醛含量最低组为硫酸锌添加量为 300 mg/kg 组，显著低于对照组和硫酸锌添加量为 600 mg/kg 组（$P<0.05$）。日粮添加不同锌水平对冬毛生长期水貂谷胱甘肽过氧化氢酶活性的影响显著，各组之间差异显著（$P<0.05$），其中最大组为硫酸锌添加量为 300 mg/kg 组，最小组为对照组。

表 5-24 日粮锌水平对冬毛生长期水貂抗氧化性能的影响

项目	硫酸锌水平 (mg/kg)				
	0	50	100	300	600
过氧化氢酶 (U/mL)	9.65±1.82[c]	10.61±2.36[bc]	13.67±2.14[a]	13.27±1.13[a]	11.69±1.41[ab]
铜-锌超氧化物歧化酶 (U/mL)	15.94±5.24[c]	15.94±5.24[c]	27.18±7.85[ab]	29.81±3.51[a]	24.04±4.14[ab]
总超氧化物歧化酶 (U/mL)	109.51±10.96[b]	112.45±12.53[ab]	113.71±12.57[ab]	125.12±12.81[a]	101.02±11.93[b]
丙二醛 (nmol/mL)	20.41±2.68[a]	17.71±3.67[ab]	16.76±3.58[ab]	13.7±2.22[b]	18.81±3.74[a]
谷胱甘肽过氧化氢酶 (U/mL)	2 099.12±89.21[d]	2 228.67±92.25[c]	2 342.67±42.05[b]	2 475.16±99.88[a]	2 413.38±96.67[ab]

5. 日粮锌水平对冬毛生长期水貂免疫性能的影响 由表 5-25 可知，日粮中锌水平不同对免疫球蛋白 A 影响显著（$P<0.05$），其中硫酸锌添加量为 100 mg/kg、300 mg/kg 和 600 mg/kg 组免疫球蛋白 A 含量显著高于其他两组（$P<0.05$）。对照组的免疫球蛋白 M 含量显著低于其他各组（$P<0.05$）。日粮中不同锌水平对冬毛生长期水貂免疫球蛋白 G 的含量影响不显著。

表 5-25　日粮锌水平对冬毛生长期水貂免疫性能的影响

项目	硫酸锌水平（mg/kg）				
	0	50	100	300	600
免疫球蛋白 A（mg/dL）	0.07±0.01[b]	0.13±0.05[b]	0.21±0.06[a]	0.22±0.07[a]	0.22±0.05[a]
免疫球蛋白 G（mg/dL）	2.64±0.01	2.63±0.02	2.64±0.01	2.65±0.01	2.64±0.01
免疫球蛋白 M（mg/dL）	2.47±0.09[b]	2.65±0.04[a]	2.70±0.09[a]	2.72±0.09[a]	2.67±0.07[a]

6. 日粮锌水平对冬毛生长期水貂血清中锌、钙和磷的影响　由表 5-26 可知，各组水貂血清中钙的含量差异不显著，其最高值为对照组。血清中磷的含量随日粮锌水平升高显著下降（$P<0.05$），对照组显著高于硫酸锌添加量为 300 mg/kg 和 600 mg/kg 组。硫酸锌添加量为 300 mg/kg 和 600 mg/kg 组血清锌含量显著高于对照组和硫酸锌添加量为 50 mg/kg组（$P<0.05$），各组水貂血清锌浓度随日粮锌水平升高而显著升高。

表 5-26　日粮锌水平对冬毛生长期水貂血清中钙、磷和锌的影响

项目	硫酸锌水平（mg/kg）				
	0	50	100	300	600
钙（mmol/L）	4.79±1.83	4.63±2.56	4.16±1.46	3.54±1.46	2.50±1.39
磷（μmol/L）	9.96±2.18[a]	9.09±1.18[ab]	8.52±1.27[ab]	7.09±1.05[bc]	5.45±2.42[c]
锌（μmol/L）	59.08±16.67[b]	79.96±7.91[b]	88.77±14.9[ab]	94.48±27.03[a]	92.94±17.26[a]

综上所述，饲料中添加 100 mg/kg 的锌（硫酸锌）、日粮中实际锌含量为 212.39 mg/kg，有利于冬毛生长期水貂的生长发育及脂肪积累。日粮中添加 300 mg/kg 的锌（硫酸锌）能够提高抗氧化酶活性。日粮中添加 300 mg/kg 的锌能提高血清蛋白和相关酶活性，有利于水貂蛋白质合成及增强机体免疫力。

二、铜

（一）铜的来源

日粮中铜源分为有机铜源和无机铜源。无机铜源主要是五水硫酸铜，有时还包括硫酸铜、碳酸铜、硝酸铜、氧化铜和氯化铜等。有机铜源主要包括蛋白铜盐、氨基酸络合铜和氨基酸螯合铜。蛋白铜盐有奶蛋白铜、豆浆蛋白铜和酪蛋白铜等。动物对于有机铜的吸收利用高于无机铜，碱式氯化铜和硫酸铜等无机铜源都有促生长作用，但是由于阴离子基团不同，作用机制可能也会产生差异，并且不同无机铜源的物理性质和化学性质明显不同，晶体结构和溶解度也存在差异。无机铜进入体内后以铜离子的形式和氨基酸形成螯合盐才能被机体吸收，而有机铜通过细胞的胞饮作用进入，减少了微量元素之间的拮抗作用，省去许多生理生化过程，提高了能量的利用率和饲料利用率。常见饲料中均含有铜，如饼类饲料、谷类饲料、禾本科植物，一些添加剂中也含有铜。

（二）铜的分布

铜在成年动物体内分布较为稳定，广泛分布于组织和器官中；但主要分布在骨骼和肌肉中，占总含量的50%～70%，其次依次分布于肝、皮肤、血液、脑、肾、心中等部位。铜进入消化道后，在胃内就已经开始吸收，但其主要吸收部位在小肠，以十二指肠中居多，主要储存部位在肝脏，然后经胆汁排进肠腔，进行重吸收或由粪排出体外，从而保持体内的铜代谢平衡，避免铜中毒。尿铜的含量很低，不会随着日粮铜水平的变化而变化，对铜的调节很小。

（三）铜的功能

铜具有重要的生理功能，在体内以结合态的形式存在，比如其是多种酶的辅基，如细胞色素氧化酶、单胺氧化酶、赖氨酸氧化酶、酪氨酸酶，铜蓝蛋白、铜-锌超氧化物歧化酶等，所以能影响动物机体多种代谢和生理过程，如能量代谢、血管和骨骼的发育、毛发和皮肤颜色等。此外，铜还能抑制胃肠有害微生物的生长，改善肠道内的环境。

（四）铜的缺乏与过量

动物体采食低铜日粮，肝脏铜水平首先降低，随后铜蓝蛋白合成减少，血浆铜水平下降。动物铜缺乏的临床症状包括：①毛发褪色；②毛发强度减弱，造成柔韧性减弱，形成“钢毛症”；③骨骼异常，包括骨质疏松和骨骺的扩大。骨质疏松和成骨细胞分化主要发生在幼龄动物（Suttle等，1972）；④贫血。铜是酪氨酸酶的辅助因子，动物缺铜使酪氨酸酶活性下降，色素合成受阻，致使被毛粗乱，无光泽，特别是在眼睛周围的毛发（Holstein等，1979）。毛发的弯曲、拉伸强度和毛发弹性主要是由毛发内的二硫键决定，铜缺乏不利于将—SH基氧化成—S—S。铜可以直接影响铁的吸收以及在体内的代谢，从而间接地影响血红蛋白的形成，所以缺铜可引起贫血（Prohaska和Broderius，2006）。缺铜会使肝脏谷胱甘肽合成增加，从而促进肝脏对铜的吸收（Chen等，1995）。

铜是重要的必需微量元素，但若动物摄食铜过多，也易引起铜中毒反应。铜中毒的症状主要有：①胃肠炎症，即畜禽采食大量铜盐，铜盐直接刺激胃肠黏膜，从而引起胃肠炎症。②肝脏损伤，即动物日粮中含有高剂量铜时，肝脏从血液中吸取的铜可能超过其储存的限度，抑制多种酶的活性，进而导致肝细胞变性、坏死，并引发血清谷草转氨酶活性升高、肝内胆汁瘀积症等。③溶血和贫血，即铜进入动物体内后主要储存在肝脏中，肝脏铜含量超过肝脏的处理限度时，肝脏的铜即释放，进入血液，大量的Cu^{2+}与—SH结合，并在红细胞中大量积集，引起红细胞内酶系统的氧化失活，增加细胞膜的通透性，破坏红细胞稳定性，损伤红细胞；另外，铜与血红蛋白结合形成海因小体（Heinz Body），使细胞内谷胱甘肽还原酶失活，还原型谷胱甘肽减少，从而引起血红蛋白的自动氧化，最终导致溶血和贫血。

（五）铜源及水貂对不同铜源的相对生物学利用率

1. 饲料中常用的铜源 硫酸铜是日粮中最常见、应用最普遍的铜源，但硫酸铜易吸潮结块而影响在饲料中的混合均匀度，易受饲料中植酸等的影响而降低其吸收效率，并且硫酸铜有特殊的金属涩味，从而影响动物的适口性；添加的硫酸铜大大加速了油脂的氧化速度。此外，很多研究表明，动物对无机铜的利用率较低，大剂量使用无机铜会造成铜元素的浪费。

碱式氯化铜（TBCC）在化学性质上与硫酸铜都属于无机铜，成本与使用硫酸铜相当；但TBCC克服了硫酸铜易发生还原反应的弱点，在单胃动物中的生物利用率比硫酸铜稍高。所以，TBCC作为饲料新铜源，非常具有应用价值，可以作为硫酸铜的理想替代品。

氨基酸螯合铜是一种新型的铜添加剂，主要有蛋氨酸螯合铜（Met-Cu）、甘氨酸螯合铜、赖氨酸螯合铜等。氨基酸螯合铜与无机铜的吸收模式不同，一般认为氨基酸螯合铜可以直接被动物吸收利用，不受其他矿物质元素拮抗的影响。因此，氨基酸螯合铜利用率高，且有良好的化学稳定性，无毒副作用，适口性好，易转运，生物学效价明显高于无机矿物盐类，从而被认为是一种较理想的铜添加剂。因为蛋氨酸是水貂的第一限制性氨基酸，所以蛋氨酸铜在水貂饲料中有更大的应用价值。

2. 水貂对不同铜源的相对生物学利用率 日粮中添加硫酸铜在动物体内代谢后有大部分要经胆汁的分泌随粪便排出体外，所以日粮中添加高水平的铜会导致大量的排出，使环境受到污染。研究表明，氨基酸螯合铜与无机铜相比明显提高了铜的利用率，同时减少了对环境的污染。氨基酸螯合铜等有机铜产品则因其生物学利用率高，可能成为未来畜牧业生产中微量元素铜的主要来源。然而，现有相关文献报道差异较大，一些学者认为氨基酸螯合铜比无机铜（硫酸铜、氧化铜）有更高的消化吸收率和独特的生理作用（Gheisari等，2011）；也有一些学者报道有机铜与无机铜饲喂动物没有显著差异（Miles等，2003）。

吴学壮（2015）采用多元线性回归斜率比法计算不同生理时期水貂（育成生长期和冬毛生长期）不同铜源相对于硫酸铜的相对生物学利用率。

（1）育成生长期水貂对不同铜源的相对生物学利用率　回归分析结果显示，育成生长期水貂血清铜蓝蛋白（CER）活性和铜-锌超氧化物歧化酶（Cu-Zn SOD）活性与铜水平之间存在极显著的线性回归关系（图5-1和图5-2）。以血清CER活性为指标，以硫酸铜为参比标准物（100%），TBCC和Met-Cu的相对生物学利用率分别为107.97%和124.53%。以血清Cu-Zn SOD活性为指标，以硫酸铜为参比标准物，TBCC和Met-Cu的相对生物学利用率分别为107.65%和113.41%。

（2）冬毛生长期水貂对不同铜源的相对生物学利用率　回归分析结果显示，冬毛生长期水貂血清CER活性和肝脏铜含量与铜水平之间存在极显著的线性回归关系（$P<0.01$）（图5-3至图5-6）。以冬毛生长期公水貂血清CER活性为指标，以硫酸铜为参比标准物（100%），TBCC和Met-Cu的相对生物学利用率分别为108.01%和116.48%。冬毛生长期母水貂以血清CER活性为指标，以硫酸铜为参比标准物（100%），TBCC和Met-Cu的相对生物学利用率分别为97.36%和104.98%。以冬毛生长期公水貂肝脏铜含量为指标，以硫酸铜为参比标准物（100%），TBCC和Met-Cu的相对生物学利用率分别为104.98%和110.97%。以冬毛生长期母水貂肝脏铜含量为指标，以硫酸铜为参比标准物（100%），TBCC和Met-Cu的相对生物学利用率分别为102.55%和110.10%。

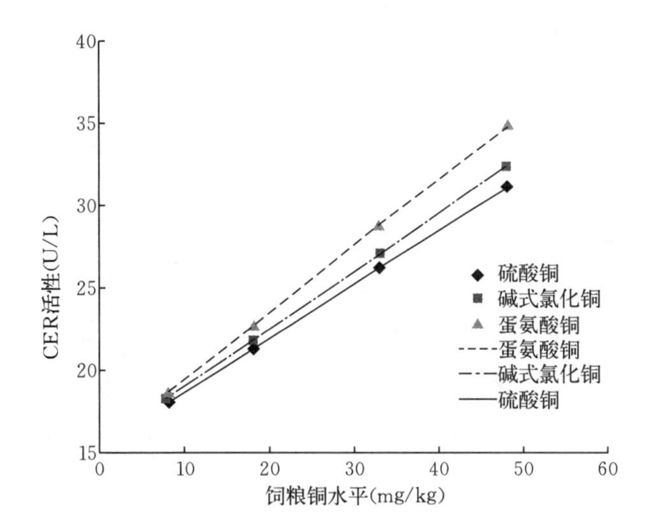

图 5-1 血清铜蓝蛋白活性与日粮铜水平的线性回归关系

回归方程为：

Y=15.388+0.327 4X_1+0.353 5X_2+0.407 7X_3（R^2=0.585 1，P<0.01）

Y 为血清 CER 活性（U/L），X_1、X_2 和 X_3 分别为硫酸铜、TBCC、Met-Cu 的添加量（以铜元素计算）。

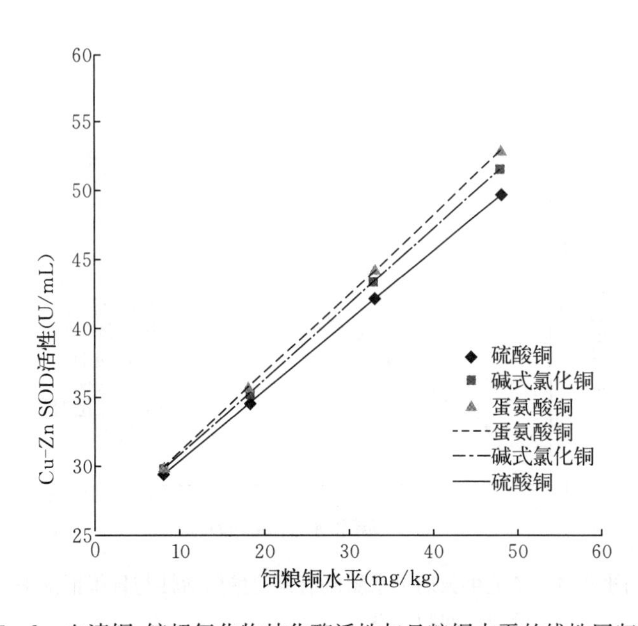

图 5-2 血清铜-锌超氧化物歧化酶活性与日粮铜水平的线性回归关系

回归方程为：

Y=25.493+0.588 2X_1+0.633 2X_2+0.667 1X_3（R^2=0.278 4，P<0.01）

Y 为血清 Cu-Zn SOD 活性（U/mL），X_1、X_2 和 X_3 分别为硫酸铜、TBCC、Met-Cu 的添加量（以铜元素计算）。

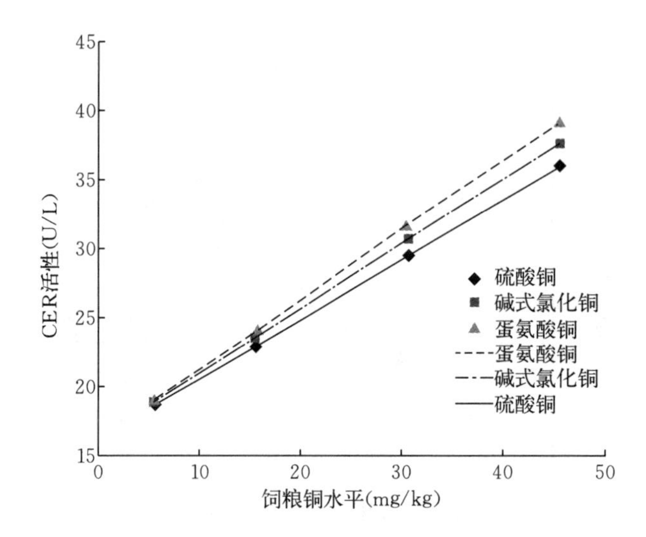

图 5-3 冬毛生长期公水貂血清铜蓝蛋白活性与日粮铜水平的线性回归关系

回归方程为：

$Y=16.09326+0.588X_1+0.5725X_2+0.6173X_3$（$R^2=0.7963$，$P<0.01$）

Y 为血清 CER 活性（U/L），X_1、X_2 和 X_3 分别为硫酸铜、TBCC、Met-Cu 的添加量（以铜元素计算）。

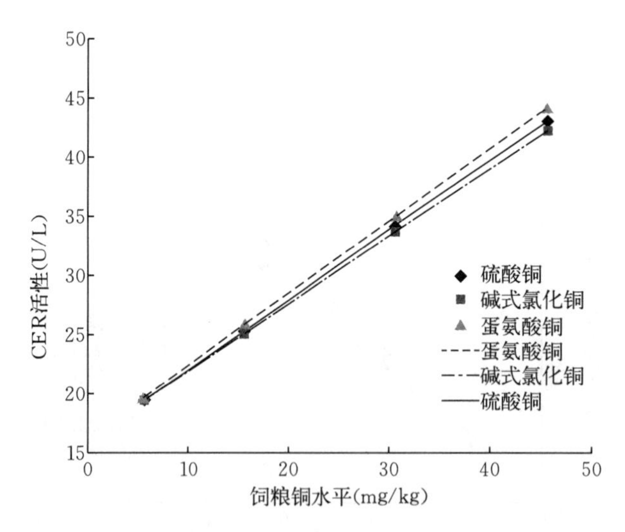

图 5-4 冬毛生长期母水貂血清铜蓝蛋白活性与日粮铜水平的线性回归关系

回归方程为：

$Y=4.0707+1.0987X_1+1.1534X_2+1.2192X_3$（$R^2=0.9801$，$P<0.01$）

Y 为血清 CER 活性（U/L），X_1、X_2 和 X_3 分别为硫酸铜、TBCC、Met-Cu 的添加量（以铜元素计算）。

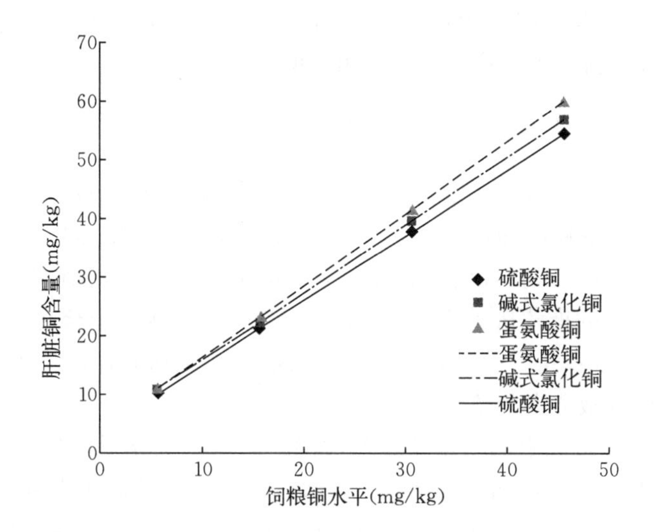

图 5-5 公水貂肝脏铜含量与日粮铜水平的线性回归关系

回归方程为：

$Y=5.1809+1.2203X_1+1.2514X_2+1.3435X_3$ （$R^2=0.9866$，$P<0.01$）

Y 为水貂肝脏铜含量（mg/kg），X_1、X_2 和 X_3 分别为硫酸铜、TBCC、Met-Cu 的添加量（以铜元素计算）。

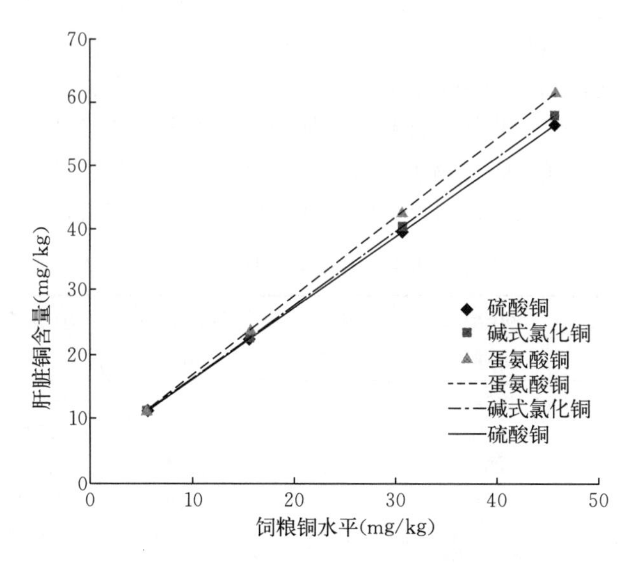

图 5-6 母水貂肝脏铜含量与日粮铜水平的线性回归关系

回归方程为：

$Y=5.1809+1.2203X_1+1.2514X_2+1.3435X_3$ （$R^2=0.9866$，$P<0.01$）

Y 为水貂肝脏铜含量（mg/kg），X_1、X_2 和 X_3 分别为硫酸铜、TBCC、Met-Cu 的添加量（以铜元素计算）。

研究结果表明，水貂对三种铜源的相对生物学利用率为：Met-Cu>TBCC>硫酸铜。Met-Cu 虽然相对生物学利用率较高，但是价格较为昂贵，在实际生产中应用较少。水貂对TBCC的生物利用率比硫酸铜稍高，且成本又与使用硫酸铜相当。所以，TBCC作为水貂饲料新铜源，非常具有应用价值。

（六）育成生长期水貂铜适宜水平研究

铜是水貂体内的重要微量元素之一，Aulerich和Ringer（1976）研究发现，饲喂水貂以五水硫酸铜为铜源铜添加水平为0、25 mg/kg和50 mg/kg的日粮，饲喂铜添加水平25 mg/kg日粮组的公水貂日增重显著大于0和50 mg/kg日粮组的水貂（$P<0.05$）。NRC（1982）水貂铜的推荐量是6.5 mg/kg，近年来一直未进行修订。实际生产上的推荐量往往高于NRC推荐量。此外，生产中应该根据水貂的品种、日粮类型和评价指标对水貂日粮铜添加量做适当调整。

1. 日粮铜水平对育成生长期水貂生产性能的影响 吴学壮（2015）研究了育成生长期水貂铜适宜水平，基础日粮含铜7.63 mg/kg，在此基础上分别添加不同铜水平（0、4 mg/kg、8 mg/kg、16 mg/kg、32 mg/kg、64 mg/kg、128 mg/kg和256 mg/kg），通过评价生长性能、营养物质消化率以及铜代谢指标，确定此时期水貂适宜的铜水平。

（1）日粮铜水平对育成生长期水貂生长性能的影响 表5-27中结果显示，喂铜添加水平为32 mg/kg日粮的水貂在育成生长期获得最大体重，据相关系数计算，可能在取皮时获得最大的皮张面积及最佳经济收益。水貂日粮铜添加水平为0～64 mg/kg时，采食量随铜水平升高而提高，但是水貂饲喂铜水平为256 mg/kg时，采食量显著降低（$P<0.05$），说明水貂日粮铜水平达到256 mg/kg时，日粮适口性相对较差。总结分析可能由于试验中选用的铜源是硫酸铜，硫酸铜具有金属涩味，同时，饲料级的硫酸铜要求过80目*筛，粒度较细，动物采食高铜日粮过程中硫酸铜弥漫在空气中产生刺激性气味，影响饲料的适口性；此外，日粮中添加的高铜大大加速了油脂的氧化速度，在常温下铜的氧化催化性最强。脂类物质和氧气发生反应，生成醛、酮、酸和醇等物质，从而使日粮产生难闻的哈喇味，适口性下降，并产生一系列的毒害作用。

表5-27 日粮铜水平对育成生长期水貂生长性能的影响

性别	铜添加量 (mg/kg)	初始体重 (g)	终末体重 (g)	平均日增重 (g)	平均日采食量 (g)	料重比
公	0	862.9	1 575^{Ab}	11.87^{Bc}	107.2^{ABbc}	9.09^{Bb}
	4	859.2	1 613^{Aab}	12.56^{ABbc}	111.8^{ABabc}	8.90^{Bbc}
	8	855.1	1 652^{Aab}	13.28^{Aab}	115.4^{ABab}	8.71^{Bbc}
	16	854.9	1 668^{Aa}	13.55^{Aab}	114.7^{ABab}	8.51^{Bbc}
	32	854.3	1 683^{Aa}	13.82^{Aa}	111.6^{ABabc}	8.09^{Bc}
	64	862.3	1 682^{Aa}	13.67^{Aa}	118.4^{Aa}	8.68^{Bbc}
	128	859.6	1 642^{Aab}	13.04^{ABab}	114.4^{ABab}	8.80^{Bbc}
	256	857.9	1 389^{Bc}	8.85^{Cd}	104.5^{Bc}	12.02^{Aa}
	SEM	6.86	13.93	0.20	1.03	0.16

* 筛网有多种形式、多种材料和多种形状的网眼。网目是正方形网眼筛网规格的度量，一般是每2.54厘米中有多少个网眼，名称有目（英）、号（美）等，且各国标准也不一，为非法定计量单位。孔径大小与网材有关，不同材料筛网，相同目数网眼孔径大小有差别。

（续）

性别	铜添加量 (mg/kg)	初始体重 (g)	终末体重 (g)	平均日增重 (g)	平均日采食量 (g)	料重比
母	0	596.5	963.4^{ABa}	6.12^{ABa}	83.50^{ABab}	13.85^{ABb}
	4	596.5	965.9^{ABa}	6.16^{ABa}	81.10^{ABabc}	13.62^{ABb}
	8	595.9	968.2^{ABa}	6.21^{ABa}	84.30^{ABab}	13.82^{ABb}
	16	594.2	981.7^{Aa}	6.46^{Aa}	90.80^{Aa}	14.27^{ABb}
	32	597.2	$1\,017^{Aa}$	7.00^{Aa}	88.90^{Aa}	12.83^{Bb}
	64	596.7	$1\,008^{Aa}$	6.86^{Aa}	82.30^{ABabc}	12.24^{Bb}
	128	597.7	986.2^{Aa}	6.48^{Aa}	77.90^{ABbc}	12.05^{Bb}
	256	598.2	884.1^{Bb}	4.77^{Bb}	73.10^{Bc}	17.52^{Aa}
	SEM	6.87	8.65	0.14	1.24	0.39

注：同列同一项目中不同大写字母表示差异极显著（$P<0.01$），不同小写字母表示差异显著（$P<0.05$）。下表同。

（2）日粮铜水平对育成生长期水貂营养物质消化率的影响　由表5-28可知，各组水貂粗脂肪的消化率随着日粮铜添加水平的增加有降低的趋势。

表5-28　日粮铜水平对育成生长期水貂营养物质消化率的影响

性别	铜添加量 (mg/kg)	干物质消化率 (%)	粗蛋白质消化率 (%)	粗脂肪消化率 (%)	灰分消化率 (%)	铜消化率 (%)
公	0	69.66^{ab}	70.41	81.34^{ABab}	23.63	39.87
	4	69.17^{ab}	70.15	81.33^{ABab}	24.78	36.91
	8	69.69^{ab}	72.38	82.14^{ABab}	28.73	38.06
	16	69.74^{ab}	70.95	84.01^{Aa}	24.54	37.51
	32	70.58^{a}	73.15	85.02^{Aa}	23.24	38.83
	64	68.62^{b}	71.44	84.96^{Aa}	24.47	37.92
	128	69.53^{ab}	70.82	84.57^{Aa}	31.40	37.22
	256	70.63^{a}	69.54	79.00^{Bb}	28.46	42.36
	SEM	0.21	0.40	0.48	0.97	1.24
母	0	67.17	69.17	79.42^{ABbc}	29.97	44.53
	4	67.19	68.18	81.10^{ABabc}	29.68	37.00
	8	67.72	69.87	81.62^{ABab}	27.86	35.74
	16	69.90	68.78	83.82^{ABab}	26.86	35.22
	32	68.02	69.16	84.51^{Aa}	28.06	42.69
	64	67.33	70.30	84.21^{ABa}	27.04	46.38
	128	68.84	70.44	83.56^{ABab}	27.41	44.10
	256	70.10	69.58	78.22^{Bc}	30.07	45.40
	SEM	0.38	0.41	0.55	0.54	1.45
公		69.70^{Aa}	71.11^{Aa}	82.80	26.16^{b}	38.59
母		68.28^{Bb}	69.44^{Bb}	82.06	28.37^{a}	41.39

（3）日粮铜水平对育成生长期水貂铜和氮代谢的影响　由表 5－29 可知，氮沉积随日粮铜水平增加先增加后降低。育成生长期水貂日粮添加铜可以促进氮沉积，但对冬毛生长期水貂日粮添加铜对氮沉积没有影响。分析结果，可能是由于育成生长期水貂的增重主要是由肌肉、内脏和骨骼的生长所积累，冬毛生长期水貂的增重主要靠体内脂肪的沉积为主。本研究表明，水貂食入铜、粪铜、尿铜和铜沉积都随日粮铜水平增加而增加。铜主要通过粪便排出体外，尿液中含量极低，但是随着日粮铜含量增加，尿液中铜的含量也增加。铜在水貂体内的沉积量是随日粮铜水平增加而增加。

表 5－29　日粮铜水平对育成生长期水貂铜和氮代谢的影响

性别	铜添加量 (mg/kg)	摄入		粪排泄		尿排泄		沉积	
		铜（mg/d）	氮（g/d）	铜（mg/d）	氮（g/d）	铜（mg/d）	氮（g/d）	铜（mg/d）	氮（g/d）
公	0	0.78^{Ee}	5.68^{Aab}	0.47^{Ef}	1.68^{a}	0.002^{Ef}	3.58^{ABabc}	0.31^{Cd}	0.42^{Bb}
	4	1.13^{Ee}	5.39^{ABab}	0.71^{Eef}	1.61^{ab}	0.02^{Ef}	3.33^{ABCbc}	0.41^{Cd}	0.45^{ABb}
	8	1.63^{DEe}	5.76^{Aab}	0.99^{Eef}	1.59^{ab}	0.04^{Ef}	3.69^{ABab}	0.60^{Ccd}	0.49^{ABab}
	16	2.19^{DEe}	5.14^{ABbc}	1.37^{Ee}	1.49^{ab}	0.09^{De}	3.07^{BCcd}	0.73^{Ccd}	0.58^{ABa}
	32	4.32^{CDd}	6.04^{Aa}	2.63^{Dd}	1.52^{ab}	0.13^{Dd}	3.94^{Aa}	1.56^{Ccd}	0.58^{Aa}
	64	6.98^{Cc}	5.40^{ABab}	4.34^{Cc}	1.54^{ab}	0.22^{Cc}	3.28^{ABCbc}	2.42^{Cc}	0.57^{ABa}
	128	13.49^{Bb}	5.51^{ABab}	8.40^{Bb}	1.60^{ab}	0.28^{Bb}	3.40^{ABCabc}	4.82^{Bb}	0.51^{ABab}
	256	21.35^{Aa}	4.49^{Bc}	11.97^{Aa}	1.37^{b}	0.32^{Aa}	2.67^{Cd}	9.29^{Aa}	0.45^{ABb}
	SEM	0.96	0.11	0.54	0.03	0.01	0.08	0.44	0.01
母	0	0.49^{Ef}	3.55	0.27^{Ef}	1.10	0.002^{De}	2.23	0.22^{Dd}	0.23^{b}
	4	0.72^{Eef}	3.43	0.45^{Eef}	1.08	0.02^{De}	2.10	0.25^{Dd}	0.24^{ab}
	8	0.95^{Eef}	3.35	0.61^{DEef}	1.01	0.04^{De}	2.08	0.30^{Dd}	0.27^{ab}
	16	1.54^{DEe}	3.60	1.00^{DEde}	1.11	0.09^{Cd}	2.21	0.45^{CDd}	0.28^{a}
	32	2.57^{Dd}	3.60	1.48^{D}	1.10	0.14^{Cc}	2.21	0.96^{CDcd}	0.29^{a}
	64	4.45^{Cc}	3.44	2.38^{Cc}	1.03	0.21^{Bbab}	2.14	1.86^{Cc}	0.28^{a}
	128	8.45^{Bb}	3.45	4.69^{Bb}	1.01	0.25^{AB}	2.16	3.52^{Bb}	0.28^{a}
	256	14.82^{Aa}	3.11	7.96^{Aa}	0.99	0.29^{Aa}	1.90	6.58^{Aa}	0.22^{b}
	SEM	0.64	0.06	0.35	0.02	0.01	0.04	0.32	0.01
公		6.48	5.43^{a}	3.86^{a}	1.55^{a}	0.14	3.37^{a}	2.52	0.51^{a}
母		4.25	3.44^{b}	2.35^{b}	1.05^{b}	0.13	2.13^{b}	1.77	0.26^{b}

2. 日粮铜源对育成生长期水貂生长性能的影响　吴学壮（2015）研究了日粮中硫酸铜、蛋氨酸铜（Met－Cu）和碱式氯化铜（TBCC）3 种铜源及其不同添加水平（10 mg/kg、25 mg/kg、40 mg/kg）对育成生长期水貂生长性能的影响，以无铜添加的日粮为对照组，旨在比较不同铜源的相对生物学利用率，筛选出水貂适宜的铜源及水平，为不同铜源在水貂日粮中的应用提供理论依据和参考。

（1）日粮铜源对育成生长期水貂生长性能的影响　由表 5－30 可知，铜源对育成生长期水貂的终末体重、平均日增重、平均采食量和料重比均无显著影响。说明日粮铜来源对育成生长期水貂的生长性能无显著的影响。

表 5－30　日粮铜源对育成生长期水貂生长性能的影响

性别	铜源	初始体重（g）	终末体重（g）	平均日采食量（g）	平均日增重（g）	料重比
公	对照组	997.1	1 808	113.0	13.52	8.44
	硫酸铜	992.8	1 850	113.1	14.28	8.11
	碱式氯化铜	997.2	1 833	115.6	13.93	8.55
	蛋氨酸铜	991.1	1 854	114.5	14.38	8.11
母	对照组	567.1	945.7	69.11	6.31	10.85
	硫酸铜	567.8	975.1	72.34	6.79	10.66
	碱式氯化铜	568.6	969.6	74.07	6.68	11.04
	蛋氨酸铜	567.5	980	73.42	6.88	10.69

（2）日粮铜源对育成生长期水貂营养物质消化率的影响　由表 5－31 可知，铜源对育成生长期公水貂营养物质消化率均无显著影响。碱式氯化铜和蛋氨酸铜的消化率极显著高于硫酸铜的消化率（$P<0.01$）。铜源对育成生长期母水貂粗脂肪消化率有显著影响（$P<0.05$），其中日粮中添加蛋氨酸铜和硫酸铜组显著高于对照组，对铜消化率有显著的影响（$P<0.05$）。

表 5－31　日粮铜源对育成生长期水貂营养物质消化率的影响

性别	铜源	干物质消化率（%）	粗蛋白质消化率（%）	粗脂肪消化率（%）	灰分消化率（%）	铜消化率（%）
公	对照组	68.59	74.34	80.64	29.62	23.62^{Cc}
	硫酸铜	68.88	75.22	83.39	27.63	40.19^{Bb}
	碱式氯化铜	67.91	74.92	81.59	28.92	43.72^{ABa}
	蛋氨酸铜	69.03	75.21	82.54	27.92	44.15^{Aa}
母	对照组	68.59	70.67	82.14^{b}	26.96	37.64^{a}
	硫酸铜	70.13	70.65	84.39^{a}	27.41	37.02^{ab}
	碱式氯化铜	68.24	70.57	83.75^{ab}	27.84	32.69^{b}
	蛋氨酸铜	69.3	70.71	84.01^{a}	27.56	37.86^{a}

（3）铜源对育成生长期水貂铜和氮代谢的影响　由表 5－32 可知，对于育成生长期公水貂，铜源处理组水貂铜代谢指标均极显著高于对照组（$P<0.01$）；碱式氯化铜和蛋氨酸铜组水貂粪铜排泄量极显著低于硫酸铜组水貂（$P<0.01$）；铜源对氮代谢没有显著的影响。对于育成生长期母水貂，日粮中添加铜极显著提高了水貂铜代谢指标（$P<0.01$），添加硫酸铜组母水貂尿氮极显著低于蛋氨酸铜添加组。

综上所述，水貂采用 TBCC 和 Met－Cu 作为铜源可以减少日粮中 8%～10%铜添加量，同时也可以减少粪铜的排泄量，减轻因铜导致的环境污染。

表 5－32　日粮铜源及水平对育成生长期水貂铜和氮代谢的影响

性别	铜源	铜（mg/d）				氮（g/d）			
		摄入量	粪排泄量	尿液排泄量	体内存留量	摄入量	粪排泄量	尿液排泄量	体内存留量
公	对照组	0.81^{Bc}	0.62^{Cc}	0.05^{Bb}	0.14^{Bb}	6.18	1.59	4.03	0.56
	硫酸铜	4.12^{Aa}	2.54^{Aa}	0.19^{Aa}	1.39^{Aa}	6.26	1.55	4.11	0.61
	碱式氯化铜	3.75^{Ab}	2.14^{Bb}	0.19^{Aa}	1.42^{Aa}	6.44	1.61	4.21	0.62
	蛋氨酸铜	3.96^{Aab}	2.26^{Bb}	0.21^{Aa}	1.49^{Aa}	6.37	1.57	4.17	0.63
母	对照组	0.69^{Bb}	0.44^{Bb}	0.01^{Cc}	0.24^{Bb}	4.52	1.31	2.97	0.23
	硫酸铜	2.93^{Aa}	1.91^{Aa}	0.08^{Bb}	0.93^{Aa}	4.63	1.36	3.02	0.25
	碱式氯化铜	3.04^{Aa}	2.12^{Aa}	0.08^{ABb}	0.84^{Aa}	4.75	1.4	3.11	0.25
	蛋氨酸铜	3.02^{Aa}	1.96^{Aa}	0.09^{Aa}	0.97^{Aa}	4.73	1.39	3.09	0.25

（七）冬毛生长期水貂铜营养研究

吴学壮（2015）基于育成生长期得出的适宜铜需要量，根据冬毛生长期水貂的特性，分别饲喂铜添加水平为（0、6 mg/kg、12 mg/kg、24 mg/kg、48 mg/kg、96 mg/kg、192 mg/kg），以铜添加量 0 为对照组，其中含有铜 7.68 mg/kg。通过测定冬毛生长期水貂生长性能、营养物质消化率、血清生化指标和皮毛质量，研究日粮不同铜水平对冬毛生长期水貂生长性能的影响。

1. 日粮铜水平对冬毛生长期水貂生长性能的影响　由表 5－33 可知，铜添加量为 48 mg/kg 组公水貂终末体重和平均日增重极显著大于对照组和铜添加量为 192 mg/kg 组水貂（$P<0.01$），显著大于铜添加量为 6 mg/kg 组水貂（$P<0.05$）。铜添加量为 48 mg/kg组公水貂平均采食量极显著大于铜添加量 192 mg/kg 组水貂（$P<0.01$），显著大于对照组水貂（$P<0.05$）。

表 5－33　日粮铜水平对冬毛生长期水貂生长性能的影响

性别	铜添加量（mg/kg）	初始体重（g）	终末体重（g）	平均日增重（g）	平均日采食量（g）	料重比
公	0	1 698	2 331^{BCbc}	7.04^{BCcd}	112.8^{ABbc}	16.54^{ABb}
	6	1 699	2 392^{ABCb}	7.70^{ABbc}	113.5^{ABabc}	15.02^{Bbc}
	12	1 701	2 418^{ABab}	7.97^{ABbc}	113.9^{ABabc}	14.42^{Bbc}
	24	1 700	2 462^{ABab}	8.47^{ABab}	116.5^{ABab}	14.02^{Bbc}
	48	1 702	2 528^{Aa}	9.18^{Aa}	121.0^{Aa}	13.28^{Bc}
	96	1 700	2 453^{ABab}	8.36^{ABab}	120.0^{Aab}	14.55^{Bbc}
	192	1 700	2 245^{Cc}	6.06^{Cd}	108.2^{Bc}	19.07^{Aa}
	SEM	13.60	18.69	0.18	0.99	0.47

（续）

性别	铜添加量 (mg/kg)	初始体重 (g)	终末体重 (g)	平均日增重 (g)	平均日采食量 (g)	料重比
母	0	978.2	1 173^{ab}	2.17^{ABb}	79.74^{ab}	38.87^{ABab}
	6	979.2	1 191^{ab}	2.35^{ABab}	77.77^{b}	34.74^{ABab}
	12	979.0	1 195^{ab}	2.40^{ABab}	80.07^{ab}	35.67^{ABab}
	24	979.2	1 225^{a}	2.73^{Aa}	82.17^{a}	31.31^{Bb}
	48	978.7	1 222^{a}	2.70^{Aa}	82.07^{a}	30.72^{Bb}
	96	978.9	1 219^{a}	2.67^{Aa}	81.90^{a}	31.16^{Bb}
	192	976.4	1 156^{b}	1.99^{Bb}	80.87^{ab}	43.07^{Aa}
	SEM	6.92	7.07	0.07	0.50	1.11
公		1 700^{Aa}	2 404^{Aa}	7.83^{Aa}	115.1^{Aa}	15.27^{Bb}
母		978.5^{Bb}	1 197^{Bb}	2.43^{Bb}	80.66^{Bb}	35.08^{Aa}

2. 日粮铜水平对冬毛生长期水貂营养物质消化率的影响 由表 5-34 可知。随日粮铜水平增加，公水貂的粗脂肪消化率先增加后降低。铜添加量 48 mg/kg 组母水貂粗脂肪消化率极显著高于对照组水貂（$P<0.01$），显著高于铜添加量 12 mg/kg 组水貂（$P<0.05$）；对照组水貂铜的消化率极显著高于其他组（$P<0.01$），其他各组间差异不显著。公水貂的干物质和粗蛋白质消化率均极显著大于母水貂（$P<0.01$）。

表 5-34 日粮铜水平对冬毛生长期水貂营养物质消化率的影响

性别	铜添加量 (mg/kg)	干物质消化率 (%)	粗蛋白质消化率 (%)	粗脂肪消化率 (%)	灰分消化率 (%)	铜消化率 (%)
公	0	64.76	68.56	84.63^{b}	27.17	47.31^{Aa}
	6	64.40	69.25	84.31^{b}	26.12	32.38^{Bb}
	12	65.59	68.56	86.97^{ab}	27.89^{a}	36.31^{Bb}
	24	66.95	69.93	87.53^{ab}	26.39	33.87^{Bb}
	48	67.41	69.27	88.03^{a}	26.06	33.28^{Bb}
	96	65.83	68.08	87.11^{ab}	26.58	33.91^{Bb}
	192	65.26	69.74	86.72^{ab}	26.24	32.77^{Bb}
	SEM	0.43	0.39	0.44	0.31	1.11
母	0	62.88	64.71	83.65^{Bc}	28.15	53.45^{Aa}
	6	63.58	65.18	86.57^{ABabc}	28.88	37.50^{Bb}
	12	64.56	66.02	85.17^{ABbc}	27.77	38.29^{Bb}
	24	63.40	64.73	86.18^{ABabc}	29.14	34.29^{Bb}
	48	62.24	65.13	88.77^{Aa}	28.00	36.28^{Bb}
	96	62.57	65.49	87.78^{Aab}	29.02	34.70^{Bb}
	192	63.09	64.83	86.68^{ABab}	29.65	34.71^{Bb}
	SEM	0.38	0.39	0.40	0.33	1.21
公		65.74^{Aa}	69.06^{Aa}	87.06	26.28^{Bb}	35.69
母		63.19^{Bb}	65.16^{Bb}	86.40	28.66^{Aa}	38.46

3. 日粮铜水平对冬毛生长期水貂血清抗氧化酶活性的影响 由表 5-35 可知，铜添加量 96 mg/kg 组水貂血清铜蓝蛋白活性极显著高于对照组（$P<0.01$）、铜添加量 6 mg/kg、铜添加量 12 mg/kg 和铜添加量 192 mg/kg 组，铜添加量 24 mg/kg 和铜添加量 48 mg/kg 组水貂血清铜蓝蛋白活性极显著高于其他组（$P<0.01$）；铜添加量 48 mg/kg 和铜添加量 96 mg/kg 组水貂血清铜-锌超氧化物歧化酶活性显著高于对照组水貂（$P<0.05$）。

表 5-35 日粮铜水平对冬毛生长期水貂血清抗氧化酶活性的影响

性别	铜添加量（mg/kg）	铜蓝蛋白（U/L）	铜-锌超氧化物歧化酶（U/mL）
公	0	17.92^{Cc}	37.41^{Cb}
	6	18.97^{BCc}	36.71^{Cb}
	12	23.20^{Cb}	39.87^{BCb}
	24	28.09^{Aa}	46.04^{ABa}
	48	30.66^{Aa}	50.91^{Aa}
	96	30.67^{Aa}	48.01^{ABa}
	192	18.46^{Cc}	39.79^{BCb}
	SEM	1.18	2.26
母	0	19.00^{Cd}	35.80^{b}
	6	20.24^{Cdc}	37.88^{ab}
	12	24.86^{BCbc}	42.87^{ab}
	24	28.62^{ABab}	47.71^{ab}
	48	30.76^{ABa}	49.62^{a}
	96	31.91^{Aa}	49.01^{a}
	192	20.24^{Cdc}	39.40^{ab}
	SEM	0.85	1.24
	公	23.99	42.68
	母	25.09	43.18

4. 日粮铜水平对冬毛生长期水貂毛皮品质的影响 由表5-36可知。毛皮综合品质和颜色随日粮铜水平的增加而增加，柔软性随日粮铜水平的增加而先增后降；公水貂干皮长、干皮重和毛皮综合品质极显著大于母水貂，公水貂毛皮颜色比母水貂更深。

本研究发现，饲喂基础日粮（不添加铜）的水貂，其毛皮整体颜色较浅，底层绒毛呈白色或灰白色，随着日粮中铜含量增加，毛皮的颜色加深。此外，日粮添加铜也增加了水貂的体重，进而提高了皮张重和长度。所以，冬毛生长期水貂日粮添加适宜的铜水平（公水貂 48 mg/kg；母水貂 24 mg/kg）可以改善毛色，提高干皮重和干皮长度，进而改善毛皮综合品质。通过单斜率折线回归模型建立日粮铜含量与水貂毛皮综合品质之间的单斜率折线回归方程，估测冬毛生长期公水貂和母水貂获得最佳毛皮品质的日粮铜水平分别为 41.14 mg/kg 和 36.95 mg/kg。

表 5-36 日粮铜水平对冬毛生长期水貂毛皮品质的影响

性别	铜添加量 (mg/kg)	干皮重 (g)	干皮长 (cm)	综合品质	颜色	柔软性	绒毛密度 (根/mm²)	皮张厚度 (cm)
公	0	186.6	80.78	7.72	2.30	2.85	241.2	0.49
	6	194.3	83.29	7.95	2.57	3.10	245.2	0.44
	12	196.5	81.76	7.96	2.75	2.91	239	0.45
	24	208.3	87.32	8.59	2.92	3.19	247.4	0.54
	48	203.3	85.84	8.86	3.40	3.32	250.9	0.49
	96	192.1	82.59	8.78	3.60	2.66	247.7	0.47
	192	184.3	80.53	8.67	3.55	3.00	247	0.52
	SEM	2.09	0.71	0.11	0.10	0.10	1.49	0.01
母	0	94.53	62.9	5.73	2.16	2.48	242.8	0.47
	6	95.03	63.7	6.06	2.41	2.67	241.9	0.48
	12	100.9	65.6	6.46	2.66	3.04	245.3	0.45
	24	102.9	66.6	6.62	2.91	3.48	246.9	0.45
	48	101.78	68	6.91	3.03	3.23	244.8	0.46
	96	103.79	66.6	6.64	3.36	3.30	244.1	0.46
	192	99.71	65.3	6.74	3.45	3.42	246.9	0.48
	SEM	0.98	0.62	0.12	0.13	0.09	1.33	0.01
公		195.0^{A}	83.16^{A}	8.41^{A}	3.01^{a}	3.01	245.5	0.48
母		99.80^{B}	65.50^{B}	6.49^{B}	2.85^{b}	3.09	244.7	0.46

(八)水貂日粮中铜、锌互作效应研究

铜、锌都是动物体内必不可少的矿物质微量元素，在动物体内发挥着重要的生物学功能（Suttle，2010）。锌主要作为蛋白质的辅酶或辅基发挥生物学功能，是机体200多种酶的组成成分，参与多种代谢反应，对动物的生长发育起重要作用（Beattie 和 Kwun，2004；Cousins 等，2006；Jain，2014）。铜也是通过一些含铜的酶发挥作用，铜在机体造血、生长繁殖、维持生产性能等方面有不可替代的作用（Acikgoz 等，2006；Rolff 等，2011）。此外，铜、锌是铜-锌超氧化物歧化酶的组成成分，在机体抗氧化方面发挥着重要作用（Koury 等，2005；Santi 等，2011；Sirmali 等，2013）。铜和锌在肠道的吸收存在拮抗关系（杨凤，2007）。铜和锌都是二价金属，二者在吸收过程中会竞争性结合肠黏膜上的金属硫蛋白结合位点（Oestreicher 和 Cousins，1985；Condomina 等，2002；Znidarsic 等，2005；Hill 和 Link，2009）。Aulerich 等（1983）发现水貂饲喂高锌日粮，可以导致水貂出现铜的缺乏症（眼、耳、口及生殖器周围的毛发颜色变浅并伴随褪毛、皮肤损伤的症状，并在随后几周的时间里毛发褪色和褪毛遍及全身），并且导致毛发中黑色素含量显著低于饲喂低锌日粮组的水貂，饲喂高锌日粮组水貂肝脏铜含量比对照组减少18%。铜在水貂营养中发挥着重要作用，特别是在血红蛋白合成和色素沉积方面。日粮中高剂量的锌通过竞争性结合金属硫蛋白结合位点，进

而影响铜的吸收。吴学壮（2015）研究了日粮铜和锌水平对水貂生长性能，营养物质消化率，铜、锌代谢，血清生化指标，铜、锌拮抗关系和毛皮品质的影响，揭示水貂铜、锌营养互作关系。

1. 日粮铜、锌水平对育成生长期水貂生产性能的影响 吴学壮（2015）分别在基础日粮（不添加铜、锌）中添加3个水平的锌（0、150 mg/kg和300 mg/kg）和3个水平的铜（0、15 mg/kg和30 mg/kg）。研究日粮铜、锌水平对水貂生长性能，营养物质消化率，铜、锌代谢和铜、锌拮抗关系，为铜、锌在水貂生产中的应用提供更科学的理论依据。

（1）日粮铜、锌水平及其互作效应对育成生长期水貂生长性能的影响 由表5-38可知，各处理组水貂初始体重差异不显著。日粮铜、锌水平及其互作效应对水貂终末体重和采食量影响均不显著；日粮铜水平对水貂平均日增重（$P=0.069$）和料重比（$P=0.058$）有影响；而饲喂日粮铜水平为39.83 mg/kg的水貂平均日增重显著大于日粮铜水平为9.83 mg/kg的水貂（$P<0.05$）；日粮铜水平为39.83 mg/kg，可以显著提高水貂对日粮的利用率（表5-37，$P<0.05$）。

表5-37 日粮铜、锌水平及其互作效应对育成生长期水貂生长性能的影响

锌水平(mg/kg)	铜水平(mg/kg)	样本数量(只)	初始体重(g)	终末体重(g)	平均日增重(g/d)	平均日采食量(g/d)	料重比
80.6	9.83	12	815.2	1 550	12.25	111.4	9.36
	24.83	12	814.6	1 599	13.07	113.6	8.89
	39.83	12	815.8	1 654	13.97	116.1	8.39
230.6	9.83	12	816.4	1 571	12.58	112.4	9.10
	24.83	12	815.4	1 623	13.47	115.6	8.64
	39.83	12	814.8	1 652	13.96	116.0	8.39
380.6	9.83	12	814.4	1 554	12.33	110.1	9.04
	24.83	12	816.4	1 612	13.26	112.9	8.56
	39.83	12	814.8	1 601	13.11	113.7	8.87
SEM		108	7.35	18.13	0.23	1.16	0.11
铜水平(mg/kg)	9.83	36	815.3	1 559	12.39[b]	111.3	9.17[a]
	24.83	36	815.5	1 611	13.27[ab]	114.0	8.69[ab]
	39.83	36	815.1	1 636	13.68[a]	115.3	8.55[b]
锌水平(mg/kg)	80.6	36	815.2	1 601	13.10	113.7	8.88
	230.6	36	815.5	1 616	13.34	114.7	8.71
	380.6	36	815.2	1 589	12.90	112.2	8.82

通过二次响应面回归模型建立日粮铜、锌添加量与水貂平均日增重之间的回归方程：

$z=0.089\,654\,x+0.005\,39y-0.001\,037\,x^2-0.000\,014\,995\,y^2-0.000\,104\,xy+12.140\,676$，$R^2=0.963\,6$，$P=0.022\,8$。其中$x$表示日粮铜添加量，$y$表示日粮锌添加量，$z$表示水貂平均日增重，响应面的最高点所对应的$x$、$y$和$z$值（41.10 mg/kg、36.89 mg/kg、14.10 g），即模型预测的日粮铜、锌适宜添加量和预测的最大平均日增

重（图 5-7）。

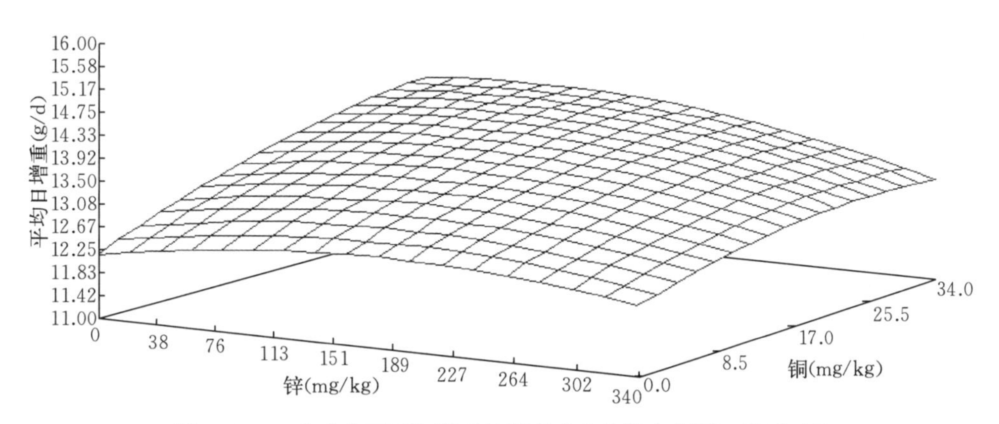

图 5-7 二次响应面回归模型估测育成生长期水貂铜、锌需要量

(2) 日粮铜、锌水平及其互作对育成生长期水貂营养物质消化率的影响 由表 5-38可知，日粮铜、锌水平及其互作效应对水貂干物质、粗蛋白质和灰分表观消化率没有显著影响；日粮铜水平对水貂粗脂肪（$P=0.019$）和铜（$P=0.001$）表观消化率影响显著；日粮锌水平对水貂粗脂肪和铜表观消化率均没有显著影响；铜、锌互作效应对水貂粗脂肪表观消化率没有显著影响，对铜表观消化率影响显著（$P=0.002$）。饲喂日粮铜水平为 39.83 mg/kg 的水貂粗脂肪表观消化率显著大于日粮铜水平为 9.83 mg/kg 的水貂（$P<0.05$）；饲喂日粮铜水平为 39.83 mg/kg 和 24.83 mg/kg 的水貂铜表观消化率极显著大于日粮铜水平为 9.83 mg/kg 的水貂（$P<0.01$）；饲喂日粮锌水平为 80.6 mg/kg 的水貂锌表观消化率极显著大于日粮锌水平为 230.6 mg/kg 和 806 mg/mg 的水貂（$P<0.01$）；饲喂日粮锌水平为 230.6 mg/kg 的水貂锌表观消化率极显著大于日粮锌水平为 80.6 mg/kg 的水貂（$P<0.01$）。日粮铜水平可以降低水貂对低铜日粮铜表观消化率，而对高铜日粮铜表观消化率没有影响。

表 5-38 日粮铜、锌水平及其互作效应对育成生长期水貂营养物质消化率的影响

锌水平 (mg/kg)	铜水平 (mg/kg)	样本数量 (只)	干物质消化率（%）	粗蛋白质消化率（%）	粗脂肪消化率（%）	灰分消化率 (%)	铜消化率 (%)	锌消化率 (%)
80.6	9.83	8	68.39	71.36	83.13	32.45	35.32	−33.32
	24.83	8	68.13	73.94	83.83	32.62	49.34	−27.95
	39.83	8	67.29	72.44	85.38	30.59	42.74	−30.92
230.6	9.83	8	69.41	73.52	82.93	32.17	36.35	3.98
	24.83	8	69.29	71.93	83.89	32.96	48.44	15.19
	39.83	8	68.98	71.03	86.22	30.45	49.01	23.31
380.6	9.83	8	68.77	71.99	83.75	32.97	28.60	49.28
	24.83	8	68.67	70.15	84.79	31.20	50.18	46.41
	39.83	8	69.70	72.90	86.07	32.85	49.98	47.38
SEM		72	0.26	0.42	0.38	0.66	1.05	4.26

（续）

锌水平（mg/kg）	铜水平（mg/kg）	样本数量（只）	干物质消化率（%）	粗蛋白质消化率（%）	粗脂肪消化率（%）	灰分消化率（%）	铜消化率（%）	锌消化率（%）
	9.83	24	68.86	72.29	83.27[b]	32.53	33.43[Bb]	6.65
铜	24.83	24	68.70	72.01	84.17[ab]	32.26	49.32[Aa]	11.21
	39.83	24	68.66	72.13	85.89[a]	31.30	47.24[Aa]	13.26
	80.6	24	67.94	72.58	84.11	31.89	42.47	−30.73[Cc]
锌	230.6	24	69.23	72.16	84.34	31.86	44.60	14.16[Bb]
	380.6	24	69.05	71.68	84.87	32.34	42.92	47.69[Aa]
	铜		0.948	0.962	0.019	0.748	0.001	0.364
P 值	锌		0.109	0.679	0.698	0.951	0.301	0.001
	铜×锌		0.719	0.175	0.985	0.874	0.002	0.396

（3）日粮铜、锌水平及其互作效应对水貂铜、氮和锌代谢的影响　由表 5 - 39 可知，日粮铜水平对水貂铜的摄入量、粪铜和尿铜的排出量以及铜的体内存留量均有极显著影响（$P=0.001$）；日粮铜和锌水平对粪铜的排出量（$P=0.001$）和铜的沉积量（$P=0.019$）有显著的互作效应。日粮锌水平对水貂锌的摄入量、粪锌和尿锌的排出量以及锌的体内存留量均有极显著影响（$P=0.001$）；日粮铜水平和铜、锌互作效应对锌代谢没有显著影响。日粮铜、锌水平及其互作效应对水貂氮代谢没有显著影响。饲喂日粮铜水平为 39.83 mg/kg 的水貂铜代谢各项指标均极显著大于日粮铜水平为 24.83 mg/kg 的水貂（$P<0.01$）；饲喂日粮铜水平为 24.83 mg/kg 的水貂铜代谢各项指标均极显著大于日粮铜水平为 9.83 mg/kg 的水貂（$P<0.01$）。饲喂日粮锌水平为 380.6 mg/kg 的水貂锌摄入量、尿锌排泄量和锌的体内存留量极显著大于日粮锌水平为 230.6 mg/kg 的水貂（$P<0.01$）；饲喂日粮锌水平为 230.6 mg/kg 的水貂锌摄入量、尿锌排泄量和锌的体内存留量极显著大于日粮锌水平为 80.6 mg/kg 的水貂（$P<0.01$）。饲喂日粮锌水平为 380.6 mg/kg 和 230.6 mg/kg 的水貂粪锌排泄量极显著大于日粮锌水平为 80.6 mg/kg 的水貂（$P<0.01$）。

2. 日粮铜、锌水平对冬毛生长期水貂生产性能的影响　吴学壮（2015）分别在基础日粮中添加 3 个水平的锌（80.6 mg/kg、230.6 mg/kg 和 380.6 mg/kg）和 3 个水平的铜（9.83 mg/kg、24.83 mg/kg 和 39.83 mg/kg）。研究日粮铜和锌水平对水貂生长性能，营养物质消化率，铜、锌代谢，铜、锌拮抗关系和毛皮品质的影响，筛选水貂冬毛生长期日粮中适宜的锌铜水平。

（1）日粮铜、锌水平及其互作效应对水貂生长性能的影响　日粮铜、锌水平对冬毛生长期水貂生长性能影响的结果见表 5 - 40。日粮铜锌水平及其铜锌互作效应对冬毛生长期水貂生长性能影响不显著。

表 5-39 日粮铜、锌水平对育成生长期水貂铜、锌和氮代谢的影响

锌水平 (mg/kg)	铜水平 (mg/kg)	样本含量 (只)	铜				锌				氮			
			摄入量 (mg/d)	粪排泄量 (mg/d)	尿排泄量 (mg/d)	体内存留量 (mg/d)	摄入量 (mg/d)	粪排泄量 (mg/d)	尿排泄量 (mg/d)	体内存留量 (mg/d)	摄入量 (mg/d)	粪排泄量 (mg/d)	尿排泄量 (mg/d)	体内存留量 (mg/d)
80.6	9.83	8	0.82	0.53	0.03	0.27	11.18	14.84	0.06	−3.72	4.65	1.31	2.89	0.45
	24.83	8	2.21	1.13	0.08	1.01	11.81	15.00	0.06	−3.25	4.96	1.29	3.17	0.51
	39.83	8	3.56	2.04	0.16	1.36	12.13	15.95	0.07	−3.89	4.96	1.36	3.06	0.54
230.6	9.83	8	0.77	0.49	0.03	0.25	22.56	20.25	0.10	2.22	4.37	1.16	2.74	0.47
	24.83	8	2.26	1.17	0.09	1.01	25.75	21.81	0.10	3.85	5.05	1.42	3.10	0.53
	39.83	8	3.46	1.77	0.15	1.54	25.23	19.27	0.11	5.84	4.91	1.43	2.93	0.56
380.6	9.83	8	0.95	0.68	0.04	0.24	40.73	20.31	0.15	20.2	5.24	1.46	3.29	0.49
	24.83	8	2.20	1.09	0.09	1.02	37.92	20.31	0.11	17.50	4.83	1.44	2.88	0.51
	39.83	8	3.44	1.73	0.16	1.56	39.11	20.59	0.15	18.38	4.95	1.34	3.07	0.54
SEM		72	0.13	0.07	0.01	0.06	1.39	0.41	0.01	1.18	0.07	0.03	0.05	0.02
铜水平	9.83	24	0.85^{Cc}	0.57^{Cc}	0.03^{Cc}	0.25^{Cc}	24.82	18.47	0.10	6.26	4.75	1.31	2.98	0.47
	24.83	24	2.22^{Bb}	1.13^{Bb}	0.08^{Bb}	1.01^{Bb}	25.16	19.04	0.09	6.03	4.95	1.38	3.05	0.52
	39.83	24	3.49^{Aa}	1.84^{Aa}	0.16^{Aa}	1.49^{Aa}	25.49	18.60	0.11	6.78	4.94	1.38	3.02	0.55
锌水平	80.6	24	2.20	1.23	0.09	0.88	11.70^{Cc}	15.26^{Bb}	0.06^{Cc}	-3.60^{Cc}	4.86	1.32	3.04	0.50
	230.6	24	2.16	1.14	0.09	0.93	24.51^{Bb}	20.44^{Aa}	0.10^{Bb}	3.97^{Bb}	4.78	1.33	2.92	0.52
	380.6	24	2.20	1.17	0.09	0.94	39.26^{Aa}	20.40^{Aa}	0.14^{Aa}	18.72^{Aa}	5.00	1.41	3.08	0.51
P 值	铜		0.001	0.001	0.001	0.001	0.777	0.707	0.139	0.758	0.446	0.429	0.825	0.241
	锌		0.761	0.103	0.167	0.112	0.001	0.001	0.001	0.001	0.400	0.240	0.380	0.900
	铜×锌		0.254	0.001	0.775	0.019	0.131	0.342	0.466	0.192	0.111	0.076	0.076	0.994

表 5-40 日粮铜、锌水平及其互作对冬毛生长期水貂生长性能的影响

锌水平 (mg/kg)	铜水平 (mg/kg)	样本数量 (只)	初始体重 (g)	终末体重 (g)	平均日增重 (g)	平均日采食量 (g/d)	料重比
75.3	9.83	12	1 550	2 393	9.37	117.8	12.59
	24.83	12	1 599	2 451	9.47	116.5	12.32
	39.83	12	1 654	2 512	9.53	113.7	11.95
225.3	9.83	12	1 571	2 418	9.41	114.4	12.18
	24.83	12	1 623	2 500	9.73	115.7	11.95
	39.83	12	1 652	2 514	9.57	114.0	11.95
375.3	9.83	12	1 554	2 406	9.46	114.9	12.28
	24.83	12	1 612	2 464	9.47	115.5	12.21
	39.83	12	1 601	2 463	9.57	115.9	12.29
SEM		108	7.35	18.13	0.21	2.25	0.21
铜水平 (mg/kg)	9.83	36	1 559	2 406	9.41	115.7	12.35
	24.83	36	1 611	2 472	9.56	115.9	12.16
	39.83	36	1 636	2 496	9.56	114.5	12.06
锌水平 (mg/kg)	75.3	36	1 601	2 452	9.46	116.0	12.28
	225.3	36	1 616	2 477	9.57	114.7	12.03
	375.3	36	1 589	2 444	9.50	115.4	12.26
P 值		铜	0.228	0.453	0.409	0.870	0.214
		锌	0.844	0.851	0.939	0.904	0.630
		铜×锌	0.982	0.982	0.977	0.954	0.817

(2) 日粮铜、锌水平及其互作效应对水貂营养物质消化率的影响　如表 5-41 可知，日粮铜、锌水平及其互作效应对水貂干物质消化率、粗蛋白质消化率和灰分表观消化率没有显著影响（$P>0.05$）；日粮铜水平对水貂粗脂肪和铜表观消化率影响显著（$P<0.05$）；日粮锌水平对水貂粗脂肪和铜表观消化率均没有显著影响（$P>0.05$）；铜、锌互作效应对水貂粗脂肪表观消化率没有显著影响（$P>0.05$），对铜表观消化率影响显著（$P<0.05$）；日粮锌水平对水貂锌表观消化率影响显著（$P<0.05$）。饲喂日粮铜水平为 39.83 mg/kg 的水貂粗脂肪表观消化率显著大于日粮铜水平为 9.83 mg/kg 的水貂（$P<0.05$）；饲喂日粮铜水平为 39.83 mg/kg 和 24.83 mg/kg 的水貂铜表观消化率极显著大于日粮铜水平为 9.83 mg/kg 的水貂（$P<0.01$）；饲喂日粮锌水平为 375.3 mg/kg 的水貂铜表观消化率显著小于日粮锌水平为 225.3 mg/kg 的水貂（$P<0.05$）；饲喂日粮锌水平为 375.3 mg/kg 的水貂锌表观消化率极显著大于日粮锌水平为 225.3 mg/kg 的水貂（$P<0.01$）；饲喂日粮锌水平为 225.3 mg/kg 的水貂锌表观消化率极显著大于日粮锌水平为 75.3 mg/kg 的水貂（$P<0.01$）。

表 5-41 日粮铜、锌水平及其互作效应对冬毛生长期水貂表观营养物质消化率的影响

锌水平 (mg/kg)	铜水平 (mg/kg)	样本数量 (只)	干物质消化率 (%)	粗蛋白质消化率 (%)	粗脂肪消化率 (%)	灰分消化率 (%)	铜消化率 (%)	锌消化率 (%)
75.3	9.83	8	67.02	70.21	86.08	31.04	38.43	−26.61
	24.83	8	67.22	70.57	87.05	30.61	47.50	−30.16
	39.83	8	65.07	69.20	88.50	30.71	41.06	−37.53
225.3	9.83	8	71.49	73.87	85.73	26.88	43.04	18.66
	24.83	8	66.20	68.43	87.04	34.92	47.04	13.82
	39.83	8	65.90	68.46	89.20	32.27	50.39	23.89
375.3	9.83	8	64.84	67.61	87.10	36.02	22.58	47.57
	24.83	8	64.66	67.51	87.73	33.21	49.44	46.60
	39.83	8	67.70	69.53	89.19	31.63	50.15	45.79
SEM		72	0.60	0.58	0.40	0.83	1.44	4.31
铜水平 (mg/kg)	9.83	24	67.79	70.56	86.30^{b}	31.31	34.69^{Bb}	13.21
	24.83	24	66.03	68.84	87.27^{ab}	32.91	47.99^{Aa}	10.08
	39.83	24	66.22	69.06	88.96^{a}	31.54	47.20^{Aa}	10.72
锌水平 (mg/kg)	75.3	24	66.44	69.99	87.21	30.79	42.33^{Aab}	−31.43^{Cc}
	225.3	24	67.86	70.25	87.32	31.36	46.82^{a}	18.79^{Bb}
	375.3	24	65.73	68.22	88.01	33.62	40.72^{b}	46.65^{Aa}
P 值	铜		0.409	0.410	0.028	0.695	0.001	0.804
	锌		0.324	0.289	0.679	0.342	0.075	0.001
	铜×锌		0.129	0.201	0.984	0.189	0.001	0.624

(3) 日粮铜、锌水平及其互作效应对水貂铜、氮和锌代谢的影响　如表 5-42 可知，日粮铜、锌水平及其互作效应对水貂氮代谢没有显著影响（$P<0.05$）。日粮铜水平对水貂铜的摄入量、粪铜和尿铜的排泄量以及铜的体内存留量均有显著影响（$P=0.001$）；日粮铜和锌水平对粪铜的排泄量（$P=0.001$）有显著的互作效应。日粮锌水平对水貂锌的摄入量、粪锌和尿锌的排出量以及锌的体内存留量均有显著影响（$P=0.001$）；日粮铜水平和铜、锌互作效应对锌代谢没有显著影响。饲喂日粮铜水平为 39.83 mg/kg的水貂铜代谢各项指标均极显著大于日粮铜水平为 24.83 mg/kg 的水貂（$P<0.01$）；饲喂日粮铜水平为 24.83 mg/kg 的水貂铜代谢各项指标均极显著大于日粮铜水平为 9.83 mg/kg 的水貂（$P<0.01$）。饲喂日粮锌水平为 375.3 mg/kg 的水貂锌摄入量、尿锌排泄量和锌存留量极显著大于日粮锌水平为 225.3 mg/kg 的水貂（$P<0.01$）；饲喂日粮锌水平为 225.3 mg/kg 的水貂锌摄入量、尿锌排泄量和锌存留量极显著大于日粮锌水平为 75.3 mg/kg 的水貂（$P<0.01$）。饲喂日粮锌水平为 375.3 mg/kg 和 225.3 mg/kg 的水貂粪锌排泄量极显著大于日粮锌水平为 75.3 mg/kg 的水貂（$P<0.01$）。

表 5-42　日粮铜、锌水平及其互作效应对冬毛生长期水貂铜、锌和氮代谢的影响

锌水平 (mg/kg)	铜水平 (mg/kg)	样本数量 (只)	铜				锌				氮			
			摄入量 (mg/d)	粪排泄量 (mg/d)	尿排泄量 (mg/d)	体内存留量 (mg/d)	摄入量 (mg/d)	粪排泄量 (mg/d)	尿排泄量 (mg/d)	体内存留量 (mg/d)	摄入量 (mg/d)	粪排泄量 (mg/d)	尿排泄量 (mg/d)	体内存留量 (mg/d)
75.3	9.83	8	1.12	0.69	0.03	0.40	15.10	19.11	0.08	−4.09	5.88	1.74	3.75	0.40
	24.83	8	2.82	1.46	0.09	1.26	15.07	19.31	0.08	−4.32	5.87	1.71	3.76	0.41
	39.83	8	4.55	2.65	0.19	1.71	15.15	20.54	0.09	−5.48	5.90	1.80	3.71	0.39
225.3	9.83	8	1.12	0.64	0.03	0.45	32.19	26.07	0.13	5.99	5.89	1.54	3.96	0.40
	24.83	8	2.87	1.51	0.11	1.25	32.69	28.08	0.13	4.47	5.98	1.88	3.69	0.41
	39.83	8	4.62	2.29	0.18	2.14	32.77	24.82	0.14	7.80	5.99	1.89	3.68	0.42
375.3	9.83	8	1.14	0.88	0.04	0.22	50.09	26.16	0.19	23.74	5.98	1.94	3.65	0.39
	24.83	8	2.84	1.42	0.11	1.31	49.41	26.15	0.15	23.11	5.90	1.91	3.60	0.39
	39.83	8	4.52	2.24	0.20	2.08	49.13	26.51	0.19	22.42	5.87	1.78	3.68	0.41
SEM		72	0.17	0.08	0.01	0.09	1.70	0.52	0.01	1.44	0.06	0.03	0.06	0.02
铜水平 (mg/kg)	9.83	24	1.13^{Cc}	0.74^{Cc}	0.04^{Cc}	0.35^{Cc}	32.46	23.78	0.13	8.54	5.92	1.74	3.78	0.39
	24.83	24	2.84^{Bb}	1.47^{Bb}	0.10^{Bb}	1.27^{Bb}	32.39	24.52	0.12	7.76	5.92	1.83	3.68	0.40
	39.83	24	4.56^{Aa}	2.39^{Aa}	0.19^{Aa}	1.98^{Aa}	32.35	23.96	0.14	8.25	5.92	1.83	3.69	0.40
锌水平 (mg/kg)	75.3	24	2.83	1.60	0.11	1.12	15.11^{Cc}	19.65^{Bb}	0.08^{Cc}	-4.63^{Cc}	5.89	1.75	3.74	0.40
	225.3	24	2.87	1.48	0.11	1.28	32.55^{Bb}	26.33^{Aa}	0.13^{Bb}	6.09^{Bb}	5.95	1.77	3.77	0.41
	375.3	24	2.83	1.51	0.12	1.20	49.54^{Aa}	26.27^{Aa}	0.18^{Aa}	23.09^{Aa}	5.92	1.88	3.65	0.40
P 值	铜		0.001	0.001	0.001	0.001	0.991	0.707	0.139	0.807	0.999	0.429	0.729	0.966
	锌		0.862	0.103	0.167	0.274	0.001	0.001	0.001	0.001	0.907	0.240	0.646	0.963
	铜×锌		0.987	0.001	0.775	0.126	0.955	0.342	0.466	0.563	0.979	0.076	0.886	0.998

(4) 日粮铜、锌水平及其互作效应对水貂毛皮品质的影响　如表 5-43 可知，日粮铜水平对水貂干皮长、干皮重、综合毛皮品质和毛皮颜色均有极显著影响（$P<0.01$），日粮锌水平对水貂毛皮颜色有显著影响（$P<0.05$）；铜、锌互作效应对水貂干皮长、干皮重、综合毛皮品质和毛皮色泽均没有显著影响。饲喂日粮铜水平为 39.83 mg/kg 的水貂干皮长、综合毛皮品质和毛皮色泽均极显著大于日粮铜水平为 24.83 mg/kg 的水貂（$P<0.01$）；饲喂日粮铜水平为 24.83 mg/kg 的水貂干皮长、综合毛皮品质和毛皮色泽均极显著大于日粮铜水平为 9.83 mg/kg 的水貂（$P<0.01$）；饲喂日粮铜水平为 39.83 mg/kg 的水貂干皮重极显著大于日粮铜水平为 9.83 mg/kg 的水貂（$P<0.01$）。饲喂高锌日粮组的水貂比饲喂低锌日粮组水貂毛皮颜色深（$P<0.05$）。

表 5-43　日粮铜、锌水平及其互作效应对水貂毛皮品质的影响

锌水平 (mg/kg)	铜水平 (mg/kg)	样本数量（只）	干皮长（cm）	干皮重（g）	综合品质	颜色*
75.3	9.83	8	77.66	174.6	7.8	2.9
	24.83	8	82.75	182.6	8.2	3.8
	39.83	8	89.84	191.2	9.5	4.5
225.3	9.83	8	80.23	180.9	8.0	2.89
	24.83	8	84.13	185.3	8.5	3.3
	39.83	8	89.86	191.1	9.5	4.3
375.3	9.83	8	77.97	175.2	7.5	2.6
	24.83	8	83.21	183.7	8.3	3.3
	39.83	8	88.04	186.7	9.3	4.3
SEM		72	0.89	1.85	0.11	0.09
铜水平 (mg/kg)	9.83	24	78.62^{Cc}	176.9^{Bb}	7.77^{Cc}	2.80^{Cc}
	24.83	24	83.37^{Bb}	183.9^{ABab}	8.33^{Bb}	3.47^{Bb}
	39.83	24	89.24^{Aa}	189.7^{Aa}	9.43^{Aa}	4.37^{Aa}
锌水平 (mg/kg)	75.3	24	83.42	182.8	8.50	3.73^{a}
	225.3	24	84.74	185.8	8.67	3.50^{ab}
	375.3	24	83.07	181.9	8.37	3.40^{b}
P 值	铜		0.001	0.008	0.001	0.001
	锌		0.849	0.858	0.495	0.037
	铜×锌		0.989	0.988	0.926	0.554

* 表示颜色的评比规则，毛色越浅，分值越高。

由以上结果可知，水貂日粮中铜、锌含量比大于 40 时，可以显著降低铜表观消化率和铜沉积量（$P<0.05$）；水貂日粮添加铜（39.83 mg/kg）对锌表观消化率和锌的代谢没有影响。所以，水貂日粮添加正常水平的铜不会影响锌的吸收，而日粮添加锌有可能影响铜的吸收。建议在实际生产中，日粮中锌含量过高时，适量补充铜。

三、锰

（一）锰的来源及特点

常用锰元素的添加剂形式有蛋氨酸锰（Mn－Met）、氯化锰、硫酸锰、碳酸锰、二氧化锰及氧化锰等，不同形态的锰对畜禽生产效果也不同。有机形态的锰较无机形态的锰在吸收和代谢方面更有优势，是由于锰在机体内转运方式主要是以饱和载体的形式，与无机锰相比，有机锰可增加十二指肠的锰转运水平，进而提高络合锰的吸收强度。锰主要通过胆汁和胰液排出，但部分锰也可通过十二指肠和空肠肠壁排出。在植物性饲料中，锰的含量比较丰富，酵母和动物性饲料中锰的含量较少，水貂主要以肉食性饲料为主，因此在水貂的饲养中要额外地添加适宜的锰。常用的硫酸锰易潮解，影响在日粮中的混匀度，此外还容易与植物日粮中的植酸形成不易被吸收的螯合物。蛋氨酸锰是目前较为理想的锰添加剂，其具有良好的化学稳定性和生化稳定性，并且其分子内电荷趋于中性，加上在体内酸环境下溶解性良好，易释放金属离子，容易被动物体吸收；同时蛋氨酸锰具有一定的杀菌作用，可以在一定程度上降低饲料的酸败速度。

（二）锰的功能及分布

动物体内锰含量较低，为0.2～0.3 mg/kg。骨、肝、肾、胰腺中锰的含量较高，为1～3 mg/kg，肌肉中的锰含量为0.1～0.2 mg/kg。骨中锰占动物总体锰量的25%，主要沉积在骨的无机物中，有机基质中含少量。锰是水貂必需的一种微量元素，锰在机体内可以构成多种金属酶类，如超精氨酸酶、氧化物歧化酶、精氨酸酶、核糖核苷酸还原酶、磷酸烯醇丙酮酸脱羧酶、过氧化氢酶、氨基肽酶等。锰参与动物机体三大营养物质代谢，也参与机体造血、免疫、生殖等功能。日粮的营养水平、锰的存在形式、其他矿物元素的含量等均可影响锰的需要量。

（三）锰缺乏与过量

动物缺锰可导致采食量下降、生长减慢、饲料利用率降低、骨异常、共济失调和繁殖功能异常等，其中骨异常是缺锰的典型表现。另外，锰是促进动物性腺发育和影响内分泌功能的重要因素之一。日粮缺锰时，影响动物的繁殖性能和生产性能。雄性动物缺锰时其睾丸的曲精细管发生退行性变化，精子数量减少，性欲减退或失去配种能力；雌性动物缺锰时，性周期发生紊乱，易患不育症。锰具有特殊的促脂肪动员的作用，能促进机体脂肪的利用，并能防止肝脏脂肪变性。锰还与造血功能密切相关，在胚胎早期肝脏里就聚集了多量的锰，胚胎期的肝脏是重要的造血器官。若给贫血动物补充小剂量的锰或锰与蛋白质的复合物，就可以使血红蛋白、中幼红细胞、成熟红细胞及循环血量增多。此外，铁和钴的增加也会导致动物体产生继发性缺锰，因为它们有共同的结合部位。当动物体缺锰时，要考虑日粮中铁、钴含量是否过量。锰过量可引起动物生长受阻、贫血和胃肠道损害，有时出现神经症状（张金环，2005）。动物锰的中毒剂量远远高于正常剂量，一般情况下不会出现中毒情况。当锰含量过高时，会抑制体内的血红蛋白合成，这一现象是由于锰、铁拮抗所导致，添加适当的铁可以纠正这种抑制。此外，高锰饲料还会使动物对纤维素的消化率降低、食欲不佳、生长缓慢，同时对钙、磷利用也会有一定不利的影响，导致动物患软骨症或佝偻症。

对水貂锰需要量的研究报道不多，美国 NRC（1982）标准对水貂锰的最低需求量目前还不确定。Wood（1962）建议，繁殖期和生长期的水貂锰添加量分别为 44 mg/kg 和 40 mg/kg。有报道证实，彩貂缺乏锰可以引起“旋颈”和“斜头”症状，这是由于内耳负责维持平衡的重力感受器耳石的缺失或尺寸的减小所致的先天缺陷，显示出这种缺陷的水貂在游泳时极度困难，根据缺失的程度可能导致完全无法平衡而下沉，这种症状可以通过在母水貂胚胎发育期添加 1 g/kg 的锰来预防。此外，Erway 和 Mitchell（1973）试验还显示补充锰可以使水貂产仔数有所增加。

（四）准备配种期水貂锰营养需要量

王夕国（2012）在母水貂准备配种期日粮中添加不同水平的有机螯合锰（15 mg/kg、50 mg/kg、100 mg/kg 和 500 mg/kg），以基础日粮为对照组（锰水平为 26.46 mg/kg）。研究日粮中锰水平对这个时期水貂生产性状和繁殖性能的影响，确定这一时期水貂对锰营养的需要量。

1. 日粮有机螯合锰水平对准备配种期母水貂营养物质消化率的影响 由表5-44可知，干物质采食量添加量为 15 mg/kg 和 50 mg/kg 组极显著高于对照组和添加量 500 mg/kg 组（$P<0.01$），这可能是因为锰过量引起了胃肠道损害。5 组之间干物质表观消化率差异不显著，但整体随着有机螯合锰添加水平的升高表现出先增加后减少的趋势，添加量 15 mg/kg 组、50 mg/kg 组和 100 mg/kg 组较对照组分别提高 0.44%、2.20%和 5.89%，500 mg/kg 组较对照组降低 1.63%。各组间蛋白质和脂肪表观消化率差异不显著。

表 5-44 日粮有机螯合锰水平对准备配种期母水貂营养物质消化率的影响

项目	有机螯合锰水平（mg/kg）				
	0	15	50	100	500
干物质采食量（g/d）	37.75 ± 6.01^{BC}	49.71 ± 4.04^{A}	46.09 ± 3.21^{A}	43.99 ± 5.30^{AB}	33.55 ± 12.24^{C}
干物质排出量（g/d）	9.33 ± 2.15^{BC}	12.06 ± 1.61^{A}	10.57 ± 1.38^{AB}	8.83 ± 1.11^{BC}	7.92 ± 1.12^{C}
干物质消化率（%）	75.35±3.31	75.68±3.19	77.01±3.06	79.79±2.53	74.12±8.21
粗蛋白质消化率（%）	73.22±4.69	70.37±4.49	72.87±5.61	74.66±3.84	74.54±8.96
粗脂肪消化率（%）	96.50±2.55	96.79±0.64	96.82±0.97	97.40±0.99	96.83±1.25

2. 日粮有机螯合锰水平对准备配种期母水貂血清激素水平的影响 由图 5-8 和图 5-9 可知，基础日粮添加不同水平的有机螯合锰对准备配种期母水貂血清激素中雌二醇、孕酮含量，除对照组外其他各组没有显著性差异，这种变化也不是规律性的，但孕酮含量对照组均高于加锰组，加锰组孕酮含量相较对照组分别降低 45.62%、48.54%、49.60%、45.36%。

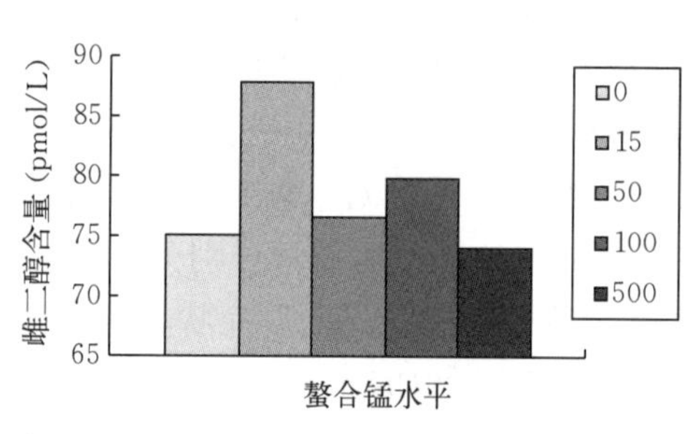

图 5-8　日粮有机螯合锰水平对配种准备期母水貂血清雌二醇含量的影响

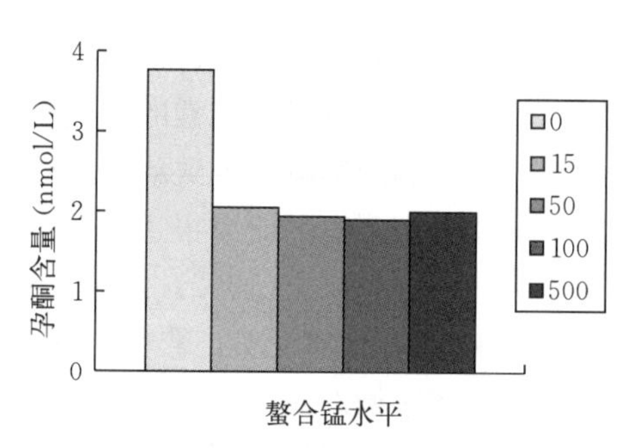

图 5-9　日粮有机螯合锰水平对配种准备期母水貂血清孕酮含量的影响

3. 日粮有机螯合锰水平对准备配种期母水貂血清指标的影响　由表 5-45、图 5-10、图 5-11 可知，不同锰添加水平能够影响准备配种期水貂部分血清生化指标，锰添加水平 100 mg/kg 极显著提高血清乳酸脱氢酶、谷丙转氨酶、谷草转氨酶含量（$P<0.01$），显著提高准备配种期水貂血清中锰含量。血清中微量元素含量反映微量元素在体内的代谢状况和饲料中微量元素的利用率，而血清中锰、铜、铁、锌等微量元素浓度的升高则表明机体内微量元素的代谢旺盛。金属元素与络合剂络合后，能够提高该金属元素的可溶性，增加其吸收率。

表 5-45　日粮有机螯合锰水平对准备配种期母水貂血清指标的影响

项目	有机螯合锰水平（mg/kg）				
	0	15	50	100	500
乳酸脱氢酶（U/L）	265.40±45.19^{B}	262.39±34.81^{B}	267.63±51.18^{B}	397.90±77.00^{A}	425.40±95.48^{A}
谷丙转氨酶（U/L）	117.37±24.43^{C}	111.38±13.38^{C}	112.30±14.94^{C}	199.42±55.49^{B}	256.70±45.21^{A}
谷草转氨酶（U/L）	76.70±19.15^{A}	77.66±29.19^{A}	83.97±21.90^{A}	127.09±25.49^{B}	152.43±31.73^{C}
碱性磷酸酶（U/L）	63.59±8.75^{AB}	59.10±4.85^{B}	61.74±15.11^{AB}	72.19±11.85^{A}	72.35±11.82^{A}
血清总蛋白（g/L）	83.45±9.85^{ab}	81.80±5.70^{ab}	88.73±10.81^{a}	78.32±8.83^{b}	80.91±9.63^{ab}
血清白蛋白（g/L）	45.53±3.75^{AB}	45.00±3.50^{AB}	47.72±2.56^{A}	42.85±5.01^{B}	44.19±6.03^{AB}
血清尿素氮（mmol/L）	4.21±0.76^{ab}	4.68±0.64^{b}	3.65±0.62^{a}	3.68±1.05^{a}	3.73±0.79^{a}
总胆固醇（mmol/L）	6.55±0.86	7.10±0.51	7.10±0.61	6.69±0.56	6.77±0.95
超氧化物歧化酶（U/mL）	77.81±8.12	77.26±10.57	76.61±11.90	81.07±6.27	82.72±14.60
锰超氧化物歧化酶（U/mL）	20.47±8.28	22.54±12.19	20.80±10.77	19.08±6.31	23.53±5.79

4. 日粮有机螯合锰水平对准备配种期母水貂机体锰代谢规律的影响　配种准备期母水貂基础日粮中添加锰能够打破机体原有的元素平衡状态，导致新一轮的元素稳态调整。日粮中添加锰能够增加配种准备期水貂血清、毛发、粪样、尿样中锰含量，对照组与加锰组之间差异不显著，对毛发锰的影响在短时间内不形成显著差异（$P>0.05$），能够急剧升高粪样中锰含量，尿样中锰只有在加锰 500 mg/kg 才表现出显著差异（$P<0.05$）；加锰对铜影响不具有规律性，本试验中日粮加锰 50 mg/kg 血清铜、毛发铜最高，粪铜最少；加锰能够逐渐降低血清、毛发中铁含量，对尿铁影响不具有规律性；加锰对血清锌、毛发锌均影响不显著（图 5-10 至图 5-16）。

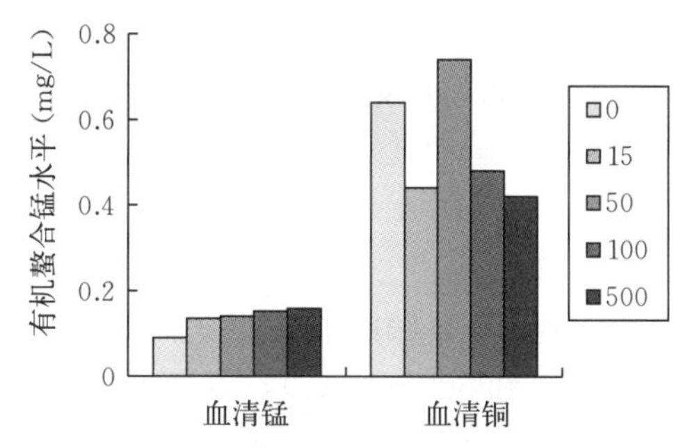

图 5-10　日粮有机螯合锰水平对准备配种期水貂血清锰、铜含量的影响

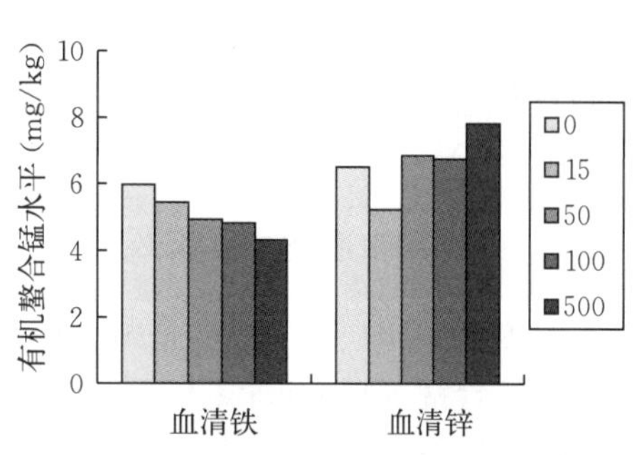

图 5-11　日粮有机螯合锰水平对准备配种期母水貂血清铁、锌含量的影响

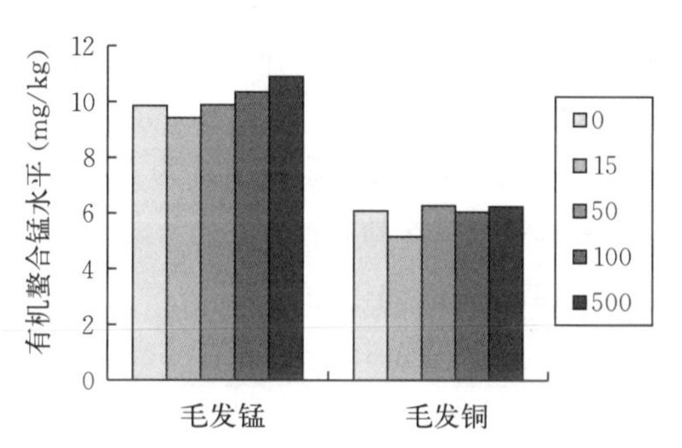

图 5-12　日粮有机螯合锰水平对准备配种期母水貂毛发锰、铜含量的影响

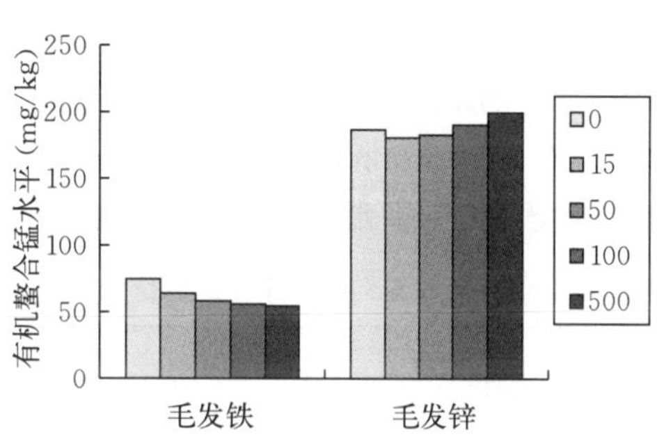

图 5-13　日粮有机螯合锰水平对准备配种期母水貂毛发铁、锌含量的影响

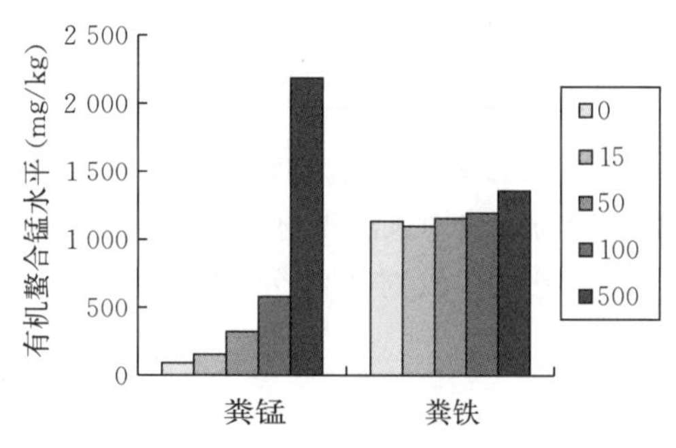

图 5-14　日粮有机螯合锰水平对准备配种期母水貂粪样锰、铁含量的影响

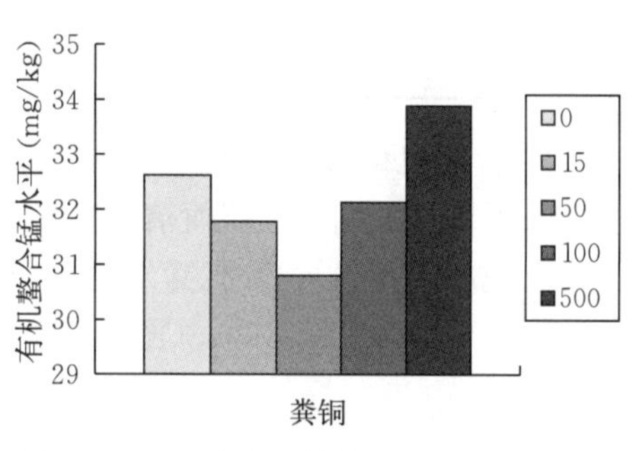

图 5-15　日粮有机螯合锰水平对准备配种期母水貂粪样铜含量的影响

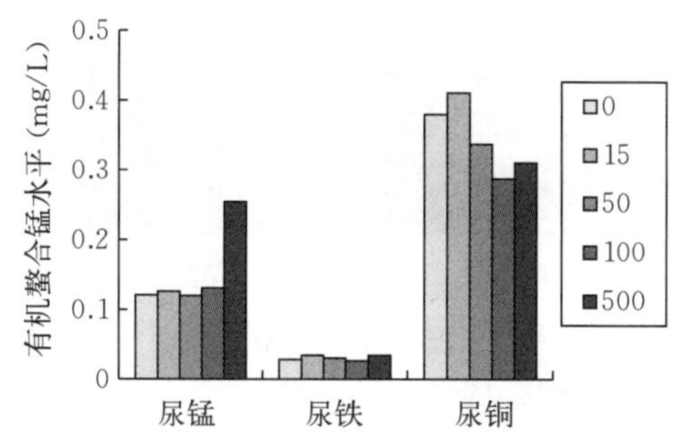

图 5-16　日粮有机螯合锰水平对准备配种期母水貂尿样锰、铁、铜含量的影响

综合营养物质代谢，血清生化指标，元素在血清、毛发中的含量，准备配种期母水貂基础日粮中锰的适宜添加量范围建议为 50～100 mg/kg（基础日粮锰水平为 26.46 mg/kg）。

（五）妊娠期水貂适宜锰需要量研究

王夕国（2012）在上述准备配种期试验的基础上，在妊娠期水貂日粮中添加不同水平的有机螯合锰（15 mg/kg、50 mg/kg、100 mg/kg 和 500 mg/kg），以基础日粮为对照组（锰含量为 24.54 mg/kg），通过营养物质消化率、配种率、产仔率等繁殖性能指标的评定，确定这一时期水貂日粮中适宜的锰水平。

1. 日粮有机螯合锰水平对妊娠期母水貂营养物质消化率的影响 由表 5 - 46 可知，采食量上以加锰 100 mg/kg 组最好，50 mg/kg 组次之，两组之间差异不显著。随着有机螯合锰添加水平的增加，蛋白质表观消化率在日粮中添加锰水平为 50 mg/kg 时达到最高，随后开始降低，以 500 mg/kg 组最低，但这种差异不显著。除添加量为 15 mg/kg 组，其余各组随锰水平的增加，脂肪表观消化率皆比对照组要高。

表 5 - 46 日粮有机螯合锰水平对妊娠期水貂营养物质消化率的影响

项目	有机螯合锰水平（mg/kg）				
	0	15	50	100	500
干物质采食量（g/d）	62.44±6.22[a]	52.58±6.37[b]	63.30±5.53[a]	63.98±6.60[a]	60.97±5.67[ab]
干物质消化率（%）	77.60± 1.02[ab]	77.58±1.04[ab]	77.86±0.58[a]	77.76±1.20[a]	76.54±0.59[b]
蛋白质消化率（%）	78.36±1.75	78.43±1.73	80.25±1.10	79.71±1.94	77.63±2.63
脂肪消化率（%）	94.47±2.65[A]	92.19±2.28[B]	95.10±0.59[A]	95.54±0.76[A]	95.41±0.93[A]

2. 日粮有机螯合锰水平对妊娠期母水貂血清雌二醇与孕酮含量的影响 日粮有机螯合锰水平对妊娠期母水貂血清雌二醇与孕酮含量的影响均未出现显著性变化，且含量变化没有规律，但孕酮添加锰组含量均低于对照组，相较对照组分别降低 19.41%、27.15%、34.51%和 2.87%（图 5 - 17）。

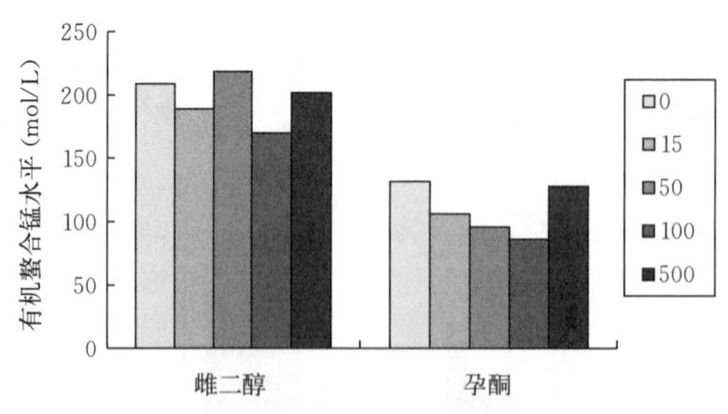

图 5 - 17 日粮有机螯合锰水平对妊娠期水貂血清雌二醇与孕酮含量的影响

3. 日粮有机螯合锰水平对妊娠期母水貂繁殖性能指标的影响

（1）日粮有机螯合锰水平对母水貂初配及妊娠期的影响 由表 5 - 47 可知，添加不同水平的有机螯合锰对配种跨度影响不大，但能够缩短组平均初配持续天数，使配种更为集中，对妊娠天数无显著差异影响。

表 5-47 日粮有机螯合锰水平对母水貂初配及妊娠期的影响

项目	有机螯合锰水平（mg/kg）				
	0	15	50	100	500
配种跨度（d）	14	16	14	18	16
平均初配持续天数（d）①	9.86	7.86	8.60	9.14	8.08
妊娠天数（d）②	46.17±3.34	45.11±3.04	46.17±3.77	47.43±4.45	46.83±3.39

注：因试验工作量大，采取两天一轮回配种的方式进行，即第 1 天和 2 天记为 1，第 3 和 4 天记为 2，依次类推，第 $2n-1$ 天、第 $2n$ 天记为 n。配种跨度为整个组群所有水貂初配完成所需的天数。

① 计算方式为：平均初配持续天数=（第 1 天、第 2 天初配母水貂数×1+第 3 天、第 4 天初配母水貂数×2+…+第 $2n-1$ 天第 $2n$ 天初配母水貂数×n）×2/初配母水貂总数。

② 妊娠天数以最后一次配种日期计算。

（2）日粮有机螯合锰水平对母水貂配种质量的影响　由表 5-48 可知，各组间水貂受配率与产仔率进行比较，差异不显著，除 15 mg/kg 组外，加锰组在产仔率上有增加现象，以添加量为 500 mg/kg 组产仔率最高，较对照组产仔率提高 7.42%。

表 5-48 有机螯合锰水平对母水貂配种质量的影响

项目	有机螯合锰水平（mg/kg）				
	0	15	50	100	500
参加配种数（只）	29	27	30	30	27
完成配种数（只）	29	27	29	30	27
受配率（%）	100	100	96.67	100	100
产仔母水貂数（只）	21	17	21	22	21
产仔率（%）	72.41	62.96	72.41	73.33	77.78

（3）日粮有机螯合锰水平对母水貂产仔性能的影响　由表 5-49 可知，除添加量为 15 mg/kg 组外，其他各组窝产仔数、窝产活仔数、初生窝重均比对照组高。窝产仔数在锰含量为 500 mg/kg 组达到最高，窝产活仔数在加锰 100 mg/kg 组最高，初生窝重在锰含量为 500 mg/kg 组最高。初生个体重各组之间差异不明显，以加锰 100 mg/kg 组最高，加锰 500 mg/kg 组最低。

表 5-49 日粮有机螯合锰水平对母水貂产仔性能的影响

项目	有机螯合锰水平（mg/kg）				
	0	15	50	100	500
窝产仔数（只）	6.00±2.16	5.55±1.69	6.37±2.30	6.38±1.70	6.41±1.32
窝产活仔数（只）	5.37±1.82	5.27±1.67	5.56±2.15	5.75±1.98	5.53±1.37
初生窝重（g）	62.93±16.39	61.18±18.22	64.31±19.47	63.71±20.15	65.29±16.33
初生个体重（g）	10.61±0.91	10.58±0.66	10.51±1.47	10.77±0.79	10.48±0.86

综合以上各项指标，结合生产实际利益，本试验条件下妊娠期水貂日粮中添加锰100 mg/kg较为适宜（基础日粮锰含量为24.54 mg/kg）。

（六）泌乳期水貂锰营养需要量

王夕国（2012）在上述准备配种期和妊娠期试验的基础上，在泌乳期母水貂日粮中添加不同水平的有机螯合锰（15 mg/kg、50 mg/kg、100 mg/kg和500 mg/kg），以基础日粮为对照组（锰含量为24.54 mg/kg），通过测定母水貂的血清生化指标、断奶成活数、断奶成活率、断奶窝重等指标，确定这一时期水貂日粮中适宜的锰水平。

1. 日粮有机螯合锰水平对泌乳期母水貂血清生化指标的影响 由表5-50可知，添加锰50 mg/kg组可以显著提高泌乳末期水貂乳酸脱氢酶的含量（$P<0.05$），但是添加锰100 mg/kg、500 mg/kg反而对乳酸脱氢酶的含量出现降低的现象。分析其原因可能有以下两种情况：日粮锰源形式不同；饲喂方式不同。这两种方式的不同可能导致锰对组织影响程度的不同，从而影响乳酸脱氢酶的含量。加锰对谷丙转氨酶和谷草转氨酶的活性影响均是先增加后减少，活性最高均出现在添加锰含量为50 mg/kg组，最低均出现在加锰500 mg/kg组，与对照组相比差异极显著（$P<0.01$）。在水貂泌乳末期血清碱性磷酸酶活性呈先上升后下降的趋势，在日粮加锰50 mg/kg时，碱性磷酸酶活性达到最大。泌乳末期水貂血清中血清总蛋白含量随锰水平的改变发生了极显著变化（$P<0.01$），加锰50 mg/kg组极显著高于对照组和15 mg/kg组（$P<0.01$），加锰100 mg/kg、500 mg/kg组极显著低于对照组。加锰水平对泌乳末期水貂血尿素氮的影响不显著（$P>0.05$），加锰组血尿素氮呈逐渐降低的趋势。加锰对泌乳末期水貂血清总胆固醇影响不大，但也出现随锰水平增加血清总胆固醇先上升后降低的趋势。日粮锰水平不影响哺乳后期血清超氧化物歧化酶和锰超氧化物歧化酶活性的变化，数据经过统计学分析差异不显著。

表5-50 日粮有机螯合锰水平对泌乳期母水貂血清指标的影响

项目	有机螯合锰水平（mg/kg）				
	0	15	50	100	500
乳酸脱氢酶（U/L）	777.69 ± 436.02^{b}	866.77 ± 284.10^{b}	$1\,223.87\pm465.00^{a}$	799.20 ± 226.76^{b}	590.41 ± 148.20^{b}
谷丙转氨酶（U/L）	198.79 ± 36.37^{B}	220.62 ± 27.90^{B}	270.99 ± 44.33^{A}	226.17 ± 25.06^{B}	165.12 ± 14.70^{C}
谷草转氨酶（U/L）	154.61 ± 32.21^{AB}	159.44 ± 12.45^{A}	272.93 ± 50.04^{C}	132.24 ± 27.93^{BD}	123.97 ± 7.31^{D}
碱性磷酸酶（U/L）	102.92 ± 45.89^{B}	130.79 ± 24.04^{B}	177.73 ± 79.45^{A}	100.48 ± 25.79^{B}	106.96 ± 22.67^{B}
血清总蛋白（g/L）	84.48 ± 8.53^{A}	83.36 ± 4.69^{A}	105.13 ± 18.87^{B}	71.08 ± 12.18^{C}	63.56 ± 8.51^{C}

（续）

项目	有机螯合锰水平（mg/kg）				
	0	15	50	100	500
血清白蛋白（g/L）	41.64±2.24	39.95±4.53	41.15±1.96	42.46±3.07	40.53±2.28
血尿素氮（mmol/L）	4.62±1.11	4.59±0.68	3.99±1.00	3.82±0.75	3.71±1.02
总胆固醇（mmol/L）	8.56±0.47	8.63±0.52	8.69±1.01	8.48±0.78	8.05±0.72
超氧化物歧化酶（U/mL）	114.01±12.45	105.95±12.94	116.23±12.87	110.17±11.81	115.70±4.93
锰超氧化物歧化酶（U/mL）	59.56±12.72	58.36±4.18	72.63±12.73	69.33±12.20	67.68±0.26

2. 日粮有机螯合锰水平对泌乳末期母水貂血清、仔水貂微量元素的影响 由图5-18至图5-20可知，加锰能够提高血清中锰水平，加锰500 mg/kg组与其他组差异极显著（$P<0.01$），加锰对血清铜、铁、锌影响不显著；加锰能够提高初生仔水貂体内锰元素含量，但影响不显著，对仔水貂体内铜影响不显著，加锰50 mg/kg组能显著提高仔水貂体内铁含量（$P<0.05$）和极显著提高仔水貂体内锌含量（$P<0.01$），说明加锰能够影响铁、锌在母体和胎儿之间的传递。

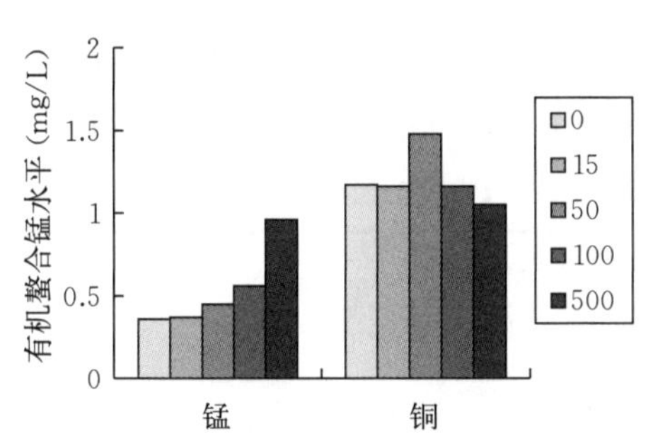

图5-18 日粮有机螯合锰水平对泌乳末期水貂血清锰、铜含量的影响

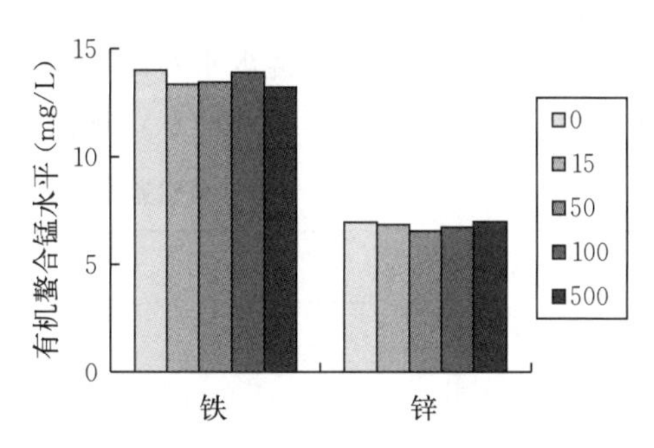

图5-19 日粮有机螯合锰水平对泌乳末期水貂血清铁、锌含量的影响

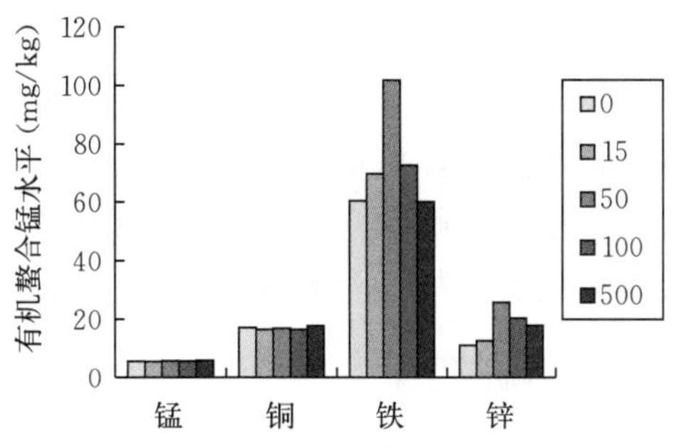

图5-20 日粮有机螯合锰水平对初生仔水貂体内锰、铜、铁、锌的影响

3. 日粮有机螯合锰水平对泌乳期母水貂哺育性能的影响 由表 5-51 可知，加锰能够提高仔水貂断奶的成活数，并随锰水平增加而增加，仔水貂的断奶成活率也出现加锰组高于对照组，断奶成活数与断奶成活率最高值均出现在加锰 500 mg/kg 组；断奶窝重加锰 500 mg/kg 组低于 100 mg/kg 组，差异不显著但高于其他组，说明加锰能够提高仔水貂成活率，高锰组虽对仔水貂生长状况有影响但差异不显著。

表 5-51 日粮有机螯合锰水平对母水貂哺育性能的影响

项目	有机螯合锰水平（mg/kg）				
	0	15	50	100	500
断奶成活数（只）	4.43±2.27	4.54±1.57	4.62±1.92	5.00±1.71	5.11±1.65
断奶成活率（%）	83.49±29.95	88.09±16.76	85.92±16.82	87.85±13.04	93.50±21.29
断奶窝重（g）	1 360.83±157.29[ab]	1 255.20±187.90[b]	1 410.42±133.56[ab]	1 501.45±204.09[a]	1 486.00±172.49[a]

添加不同剂量的锰对出生 0～7 d 的仔水貂增重无显著影响，出生 15 d 后日粮中添加锰 500 mg/kg 组平均个体重最小，与对照组、加锰 15 mg/kg 组差异显著（$P<0.05$）；出生 45 d 对照组与加锰 15 mg/kg 组差异显著（$P<0.05$），出现这种结果（表 5-52）的原因，可能与准备配种期营养物质利用率有关，也可能由此水平上锰与其他元素之间的相互关系引起；加锰量为 50 mg/kg、100 mg/kg 和 500 mg/kg 组在出生 15 d 后相较对照组个体重依次出现降低的趋势，但差异不显著，这可能与窝仔数有关，同时锰含量的增加也可能影响生长性能。仔水貂在断奶之前，能量来源主要是母乳，探究锰对水貂生长性能的影响应从仔水貂断奶独立采食后进行，进而反推在繁殖期哺乳阶段的锰的适宜添加量。日粮锰水平对泌乳期母水貂哺育性能的影响，在母水貂泌乳期日粮中加锰能够增加仔水貂断奶成活数，提高断奶成活率，但降低仔水貂日增重水平。

表 5-52 有机螯合锰水平对仔水貂生长性能的影响

项目	日龄	有机螯合锰水平（mg/kg）				
		0	15	50	100	500
平均个体重（g）	0	10.61±0.91	10.58±0.66	10.51±1.47	10.77±0.79	10.48±0.86
	7	30.60±2.75	31.92±2.19	31.26±4.73	31.28±2.35	30.03±4.30
	15	74.19±9.61[a]	74.72±7.44[a]	71.30±8.89[ab]	69.70±7.46[ab]	64.87±9.29[b]
	45	319.46±24.77[a]	277.66±17.72[b]	312.58±27.99[ab]	303.00±25.88[ab]	290.34±20.47[ab]
平均日增重（g）		6.86±0.99[a]	5.93±0.84[b]	6.71±0.78[ab]	6.49±0.80[ab]	6.21±0.89[ab]

综上所述，考虑经济效益成本及环境负效应问题，加锰 100 mg/kg 组可提高断奶成活数又不影响仔水貂生长性能，既满足了增加经济效益又不会对环境造成太大负担，故本时期试验中锰的适宜添加量建议为 100 mg/kg（基础日粮锰含量为 24.54 mg/kg）。

（七）育成生长期水貂锰营养研究

张海华（2017）通过研究不同日粮锰水平（0、50 mg/kg、100 mg/kg、300 mg/kg、600 mg/kg）对育成生长期水貂生长性能及血液生化指标的影响，为筛选育成生长期水貂日粮锰的最适宜添加水平提供科学依据。

1. 日粮锰水平对育成生长期水貂生长性能的影响 日粮锰水平对水貂平均日采食量无显著影响（表5-53）。各组水貂在第60、75、90和105天时平均体重差异不显著，第120天添加硫酸锰300 mg/kg组水貂平均体重显著高于未添加锰组（$P<0.05$），与其他组间差异不显著；60～75 d各组间水貂平均日增重添加硫酸锰300 mg/kg组最高，但与添加量为100 mg/kg组差异不显著；76～90 d，各组水貂平均日增重差异不显著；91～105 d添加量为300 mg/kg组水貂平均日增重显著高于其他处理组（$P<0.05$），其他各组间差异不显著；106～120 d添加量为300 mg/kg组水貂平均日增重显著高于其他组（$P<0.05$），其他各组间差异不显著。水貂日粮锰最适宜添加量较其他动物高，可能是由动物品种差异导致，水貂锰中毒的阈值目前未见报道，本试验条件下日粮中添加600 mg/kg锰时水貂未出现中毒现象，此外本试验中水貂日增重在育成生长期开始阶段增重较育成生长后期快，可能是由于锰是骨骼生长的重要营养元素，因此需要量也较其他生物学时期高。

表5-53 日粮锰水平对育成生长期水貂生长性能的影响

项目	日龄	硫酸锰水平（mg/kg）				
		0	50	100	300	600
平均日采食量（g）		80.44±1.98	81.84±4.83	81.89±6.69	80.06±3.62	80.83±4.73
平均体重（kg）	60	0.83±0.04	0.84±0.05	0.83±0.03	0.84±0.05	0.84±0.04
	75	1.16±0.11	1.16±0.07	1.17±0.16	1.20±0.21	1.18±0.12
	90	1.37±0.08	1.38±0.13	1.38±0.12	1.40±0.15	1.38±0.17
	105	1.46±0.17	1.47±0.21	1.48±0.16	1.52±0.19	1.48±0.17
	120	1.58±0.10[b]	1.59±0.12[ab]	1.60±0.09[ab]	1.66±0.11[a]	1.60±0.14[ab]
平均日增重（g）	60～75	22.02±1.98[bc]	21.41±2.01[c]	22.62±1.75[ab]	24.04±2.12[a]	22.56±1.08[b]
	76～90	14.31±1.11	14.62±0.96	14.11±1.21	13.41±1.13	13.39±1.07
	91～105	6.03±0.64[b]	6.14±0.33[b]	6.61±0.57[b]	8.02±0.42[a]	6.67±0.59[b]
	106～120	8.11±0.51[b]	8.24±0.63[b]	8.29±0.46[b]	9.33±0.57[a]	8.14±0.59[b]

2. 日粮锰水平对育成生长期水貂血清中蛋白质代谢相关指标的影响 由表5-54可知，水貂血清中总蛋白添加量300 mg/kg组最高，显著高于其他组，无添加量组最低，除50 mg/kg组外显著低于其他组（$P<0.05$）；血清中白蛋白添加量为300 mg/kg组显著高于无添加组和添加量为50 mg/kg组，与其他两组差异不显著；血清尿素氮添加量为300 mg/kg组最低，显著低于不添加组和50 mg/kg处理组，其他各组差异不显著，说明日粮锰可能通过影响日粮中蛋白质代谢发挥营养作用。血清丙氨酸氨基转移酶和天门冬氨酸氨基转移酶添加量为300 mg/kg组均显著高于除添加量为100 mg/kg组外的其他处理组（$P<0.05$），无添加组均显著低于其他处理组（$P<0.05$），出现这种现象的原因可能与物种不同有关，也可能与动物的不同生长发育时期有关。

表 5-54　日粮锰水平对水貂血清中蛋白质代谢相关指标的影响

项目	硫酸锰水平（mg/kg）				
	0	50	100	300	600
总蛋白（g/L）	88.64±14.25[c]	93.32±9.17[bc]	106.01±10.54[b]	125.36±11.62[a]	99.68±9.58[b]
白蛋白（g/L）	38.46±3.52[b]	41.52±4.12[b]	52.25±2.98[ab]	60.62±3.64[a]	51.24±4.22[ab]
尿素氮（mmol/L）	195.31±12.52[a]	193.26±13.81[a]	175.47±14.20[ab]	158.39±9.63[b]	179.62±10.35[ab]
丙氨酸氨基转移酶（U/L）	182.69±22.68[c]	193.52±23.51[b]	224.21±21.85[ab]	248.56±19.52[a]	202.47±13.21[b]
天门冬氨酸氨基转移酶（U/L）	142.68±23.74[c]	159.37±19.48[bc]	181.58±15.68[ab]	225.86±17.24[a]	167.21±12.52[b]

3. 日粮锰水平对育成生长期水貂血清中相关酶类的影响　由表 5-55 可知，饲喂不同锰水平的日粮，水貂血清中碱性磷酸酶各组间存在显著性差异（$P<0.05$），随着日粮锰水平的提高碱性磷酸酶呈上升趋势，其中添加量为 300 mg/kg 组和添加量为 600 mg/kg组显著高于对照组和添加量 50 mg/kg 组（$P<0.05$）。水貂血清中乳酸脱氢酶、超氧化物歧化酶、锰超氧化物歧化酶各组间差异不显著，但随着日粮锰水平的提高均有上升趋势。结果显示日粮锰水平对血清超氧化物歧化酶、锰超氧化物歧化酶活性均无显著性差异，可能是由于对基础日粮中作为锰超氧化物歧化酶活性必需的金属辅基锰已经基本达到饱和状态。

表 5-55　日粮锰水平对育成生长期水貂血清中相关酶类的影响

项目	硫酸锰水平（mg/kg）				
	0	50	100	300	600
碱性磷酸酶（U/L）	148.27±10.95[c]	162.64±21.14[bc]	194.28±13.56[ab]	234.69±17.17[a]	242.07±14.85[a]
乳酸脱氢酶（U/L）	1 238.36±123.52	1 489.45±212.34	1 651.37±185.62	1 725.68±197.25	1 826.59±136.87
超氧化物歧化酶（U/mL）	85.46±6.85	87.21±5.23	86.54±7.84	87.89±7.29	89.22±4.71
锰超氧化物歧化酶（U/mL）	21.68±6.98	22.04±7.29	22.15±5.87	23.17±6.23	23.85±7.12

4. 日粮锰水平对育成生长期水貂血清中免疫指标的影响　由表 5-56 可知，添加量 300 mg/kg 水貂血清中球蛋白显著高于其他处理组（$P<0.05$），其他各组间差异不显著；水貂血清中免疫球蛋白 G 各组间差异不显著；免疫球蛋白 A 和免疫球蛋白 M 均为添加量 300 mg/kg 组最高，显著高于添加量 0、50 mg/kg 组（$P<0.05$），与添加量 600 mg/kg组差异不显著。锰能够显著提高血清球蛋白的含量，但日粮中锰的含量过高或过低均不利于蛋白质的合成。

表 5-56 日粮锰水平对育成生长期水貂血清中免疫指标的影响

项目	硫酸锰水平（mg/kg）				
	0	50	100	300	600
球蛋白（g/L）	50.42±8.97[b]	51.78±6.84[b]	53.88±5.12[b]	64.75±6.37[a]	48.52±4.81[b]
免疫球蛋白 G（g/L）	2.61±0.02	2.62±0.01	2.62±0.03	2.63±0.04	2.62±0.01
免疫球蛋白 A（g/L）	0.16±0.01[b]	0.15±0.02[b]	0.17±0.01[b]	0.23±0.03[a]	0.21±0.05[ab]
免疫球蛋白 M（g/L）	2.56±0.06[b]	2.58±0.12[b]	2.58±0.07[b]	2.69±0.11[a]	2.61±0.09[ab]

综上所述，本试验条件下当日粮中添加 300 mg/kg 的锰，日粮中总锰含量为 343.69 mg/kg 时能够提高育成生长期水貂的生长性能，同时能够提高饲料蛋白质的利用率及锰相关酶的活性和水貂机体免疫力。

（八）冬毛生长期水貂锰营养研究

张海华（2015）研究了冬毛生长期水貂锰营养需要量，选择硫酸锰作为锰来源，拟通过研究不同日粮锰水平对水貂生长性能、营养物质消化率及氮代谢的影响，明确冬毛生长期水貂日粮中适宜的锰水平。以冬毛生长期水貂为研究对象，分别设置锰添加水平为 0、50 mg/kg、100 mg/kg、300 mg/kg 和 500 mg/kg。

1. 日粮锰水平对冬毛生长期水貂生长性能的影响 由表 5-57 可知，水貂试验终末体重、日增重和体长受日粮锰水平影响差异显著，当日粮中添加 300 mg/kg 锰时，水貂的终末体重、日增重和体长均最高，显著高于 0、50 mg/kg 和 500 mg/kg 组，但各指标与 100 mg/kg 组水貂差异不显著。体长是反映水貂毛皮品质的一项重要指标。本试验结果显示，日粮中添加 300 mg/kg 锰组水貂体长最大，各组水貂初始体重相同，试验终末体重可能直接影响了体长，可见日粮中添加 300 mg/kg 锰有助于冬毛生长期水貂体脂或肌肉生长，从而提高水貂生长性能。

表 5-57 日粮锰水平对冬毛生长期水貂生长性能的影响

项目	硫酸锰水平（mg/kg）				
	0	50	100	300	500
初始体重（kg）	1.58±0.09	1.59±0.08	1.58±0.04	1.59±0.11	1.60±0.05
终末体重（kg）	2.15±0.07[c]	2.16±0.05[bc]	2.19±0.03[ab]	2.22±0.06[a]	2.17±0.09[bc]
日增重（g）	7.60±0.92[c]	7.60±0.81[bc]	8.13±0.84[ab]	8.40±0.71[a]	7.60±0.91[bc]
体长（cm）	44.00±2.09[c]	44.87±1.35[bc]	46.38±1.40[ab]	47.44±1.08[a]	45.00±1.31[bc]

2. 日粮锰水平对冬毛生长期水貂营养物质消化率的影响 由表 5-58 可知，日粮中添加锰时，水貂日采食量有显著的增加趋势（$P<0.05$），其中添加量为 100 mg/kg 组采食量最高，但与其他添加锰处理组差异不显著。日粮锰水平对蛋白质消化率无显著影响，可能通过对蛋白质代谢发挥作用。日粮中添加不同水平锰与对照组相比采食量显著增加（$P<0.05$），本试验结果显示日粮不同锰水平对脂肪和碳水化合物消化率影响差异显著（$P<0.05$）。大量研究表明，锰参与动物脂类代谢，不仅如此，锰可以作为一种亲脂因子进一步发挥作用，当日粮中补充锰时可以使肝脏脂肪浓度下降，缺乏锰时

可使机体全身脂肪和肝脏脂肪含量增加，并且长期补充锰能够使血清、肝脏和主动脉的胆固醇含量减少。

表 5－58　日粮锰水平对冬毛生长期水貂采食量及营养物质消化率的影响

项目	硫酸锰水平（mg/kg）				
	0	50	100	300	500
日采食量（g）	97.92 ± 2.54^{b}	107.44 ± 3.47^{ab}	117.35 ± 3.25^{a}	115.53 ± 7.52^{a}	113.54 ± 5.34^{a}
干物质消化率（%）	76.85±2.32	77.18±3.78	79.48±1.04	77.80±2.61	77.30±3.53
蛋白质消化率（%）	85.30±3.13	86.90±2.12	87.15±1.96	86.40±2.44	87.79±2.82
脂肪消化率（%）	96.71 ± 0.95^{ab}	96.04 ± 1.72^{b}	97.01 ± 1.12^{ab}	97.52 ± 0.50^{a}	96.77 ± 1.15^{ab}
碳水化合物消化率（%）	70.68±3.54a	71.32 ± 3.62^{a}	62.66 ± 2.50^{b}	68.53 ± 3.90^{a}	68.73 ± 3.06^{a}

3. 日粮锰水平对冬毛生长期水貂氮代谢的影响　由表 5－59 可知，日粮锰水平对水貂食入氮、尿氮排出量、氮沉积影响显著（$P<0.05$）。除 50 mg/kg 组外，日粮中添加锰，水貂食入氮与对照组相比显著提高（$P<0.05$），其中添加量为 100 mg/kg 组最高。水貂粪氮排出量和氮沉积均是添加量为 300 mg/kg 组最高，且与添加量为 500 mg/kg 差异不显著。这可能是由于不同日粮锰水平对水貂粪氮排出量影响差异不显著。研究表明，日粮中的锰参与氧化磷酸化和柠檬酸循环，同时锰具有刺激胰岛素、促进甲状腺激素的作用，并且可以促进氮代谢，增加氮的排出。

表 5－59　日粮锰水平对水貂氮代谢的影响

项目	硫酸锰水平（mg/kg）				
	0	50	100	300	500
日食入氮（g/d）	6.48 ± 0.77^{b}	7.11 ± 0.53^{ab}	7.74 ± 0.28^{a}	7.64 ± 0.51^{a}	7.51 ± 0.70^{a}
粪氮排出量（g/d）	0.85±0.15	1.01±0.21	1.01±0.18	1.02±0.22	0.97±0.28
尿氮排出量（g/d）	3.72 ± 0.44^{a}	3.49 ± 0.72^{ab}	3.89 ± 0.58^{a}	2.79 ± 0.67^{b}	3.30 ± 0.83^{ab}
氮沉积（g/d）	1.91 ± 0.12^{c}	2.61 ± 0.17^{bc}	2.84 ± 0.24^{bc}	3.83 ± 0.44^{a}	3.24 ± 0.23^{ab}

综上所述，当日粮中添加 300 mg/kg 锰、日粮中锰的总量为 365.48 mg/kg 时，能够提高冬毛生长期水貂生长性能和氮沉积量，降低由于尿氮排出量过多造成的环境污染。

四、铁

（一）铁源

日粮中的铁主要有血红素铁和非血红素铁两种不同的存在形式，血红素铁主要存在于动物性产品中，如来自猪肉、禽和鱼的血红蛋白和肌红蛋白中；非血红素铁主要以氧化物或无机盐的形式存在于植物性产品（如谷物、蔬菜等）中。在胃酸和胃蛋白酶的作用下，饲料中的铁被释放出来并还原成二价铁，其吸收部位主要在十二指肠。血红素铁和非血红素铁的吸收机制和途径有所不同，血红素化合物中的铁不需要从结合物中释放出来，可以卟啉铁的形式直接被肠细胞吸收。影响铁消化吸收的因素很多，动物体本身的铁储备状况，铁的化学剂型和剂量，日粮成分、加工方式等均可影响铁的消化吸收。貂对铁的吸收与体内铁储备量呈负相关。血红素铁的吸收率比非血红素铁高2～3倍，且很少受其他日粮成分的影响。植物来源的铁比动物来源的非血红素铁易吸收，这与其吸收与自身溶解状态密切相关，即只有在溶解状态时才易于吸收，Fe^{2+}由于溶解度高，较Fe^{3+}易吸收，亚铁盐较铁盐易吸收（马春艳，2014）。此外，日粮中草酸、植酸、单宁以及过量的磷酸等可降低铁离子的溶解性而抑制铁的吸收，而柠檬酸、乳酸、丙酮酸、琥珀酸等可促进铁的吸收，日粮中的还原性物质（如维生素C）、抗氧化剂（如谷胱甘肽）可使肠道内的Fe^{3+}变成Fe^{2+}，从而促进铁的吸收，但高浓度的钙、磷、铜、锌、锰、钴、镉等也会干扰铁的吸收（董冬华，2014）。

（二）分布

铁是动物体内的必需微量元素，广泛分布在动物机体内，其含量依动物种类、性别、年龄、体况和营养不同而有所差异。各主要脏器内铁的沉积情况依次排列如下：脾脏>肝脏>肺脏>心脏，但是体内的铁主要存在于血液中。铁是血红素（即带有铁卟啉辅基的蛋白质）和表皮组织的组成成分，多数以蛋白复合物的形式存在于体内，主要有血红蛋白、肌红蛋白及部分酶（细胞色素酶、过氧化氢酶、过氧化物酶等）。一部分铁为非血红素铁，有铁蛋白（包括运铁蛋白、乳铁蛋白、子宫铁蛋白等）、血铁黄素及部分酶（黄嘌呤氧化酶、琥珀酸脱氢酶、还原型辅酶Ⅰ脱氢酶等）。铁蛋白和血铁黄素是储存铁的两种基本形式，主要存在于肝脏、网状内皮细胞和骨髓中。铁蛋白为水溶性，适应于短期快速储存的需要。血铁黄素为脂溶性，适应于较长期的铁储存，在缺铁性贫血发生前，储存铁就几乎全部耗竭；极少数以二价或三价铁离子的形式存在，参与机体的物质和能量代谢。

（三）功能

铁是血红蛋白和肌红蛋白所必需的组成成分，并与细胞色素酶、过氧化氢酶、过氧化物酶、乙酰辅酶、琥珀酸脱氢酶等酶的活性密切相关。研究证实，铁参与机体组织内氧的正常运输，直接影响机体的能量和蛋白质代谢。三羧酸循环中一半以上的酶和因子含铁或在铁存在时才能发挥其作用，而且还会影响动物体的免疫机能，如缺铁会导致白细胞杀菌能力降低（赵洪亮，1994）。

（四）铁缺乏与过量

妊娠期水貂及幼水貂日粮中富含各种生鱼原料时，易出现缺铁性贫血症。在日粮中添加铁的有机复合物，如组氨酸铁、天门冬氨酸铁、谷氨酸铁可以改善此类状况，提高幼水貂的成活率和毛皮质量（Ahman，1974）。动物缺铁时，会出现易疲劳、懒于运动、稍运动后则喘息不止、可视黏膜色淡甚至苍白、缺铁性贫血，肌肉颜色变浅、食欲不振、精神萎靡、绒毛褪色、腹泻、生长停滞等现象。严重缺铁会导致水貂脚垫发白、肥大，脚趾间开裂、流血甚至溃疡等，其水貂血清中铁含量低于健康动物，此外在暴发寄生虫病和长期发生等腹泻情况下，也会出现继发性缺铁的症状。

铁中毒的情况比较少见，主要表现为急性中毒和慢性中毒。急性中毒的情况一般是由试验或者饲喂失误造成的，大量的铁摄入超出血浆的结合能力，导致铁中毒的一系列反应，首先会对动物体的胃肠黏膜造成损伤，引起酸中毒，当不能及时处理的时候会导致细胞膨胀坏死，肝以及其他脏器衰竭，造成死亡。慢性中毒是由于长时间摄入高铁，使铁在动物体大量沉积，造成胃肠道功能异常、肝坏死、心血管损坏等多种疾病。

（五）冬毛生长期水貂铁营养需要量

张海华（2017）通过在日粮中添加不同水平的铁，探讨其对冬毛生长期水貂生产性能、血清中蛋白代谢指标及相关酶活性及脏器指数的影响。参考 NRC（1982）相关营养指标配制水貂日粮，采用硫酸亚铁作为铁源。日粮中添加铁的水平分别为 0、100 mg/kg、200 mg/kg、300 mg/kg 和 400 mg/kg。

1. 日粮铁水平对冬毛生长期水貂生产性能的影响 由表 5－60 可知，铁添加量 300 mg/kg组水貂体重和体长均最高，显著高于对照组和铁添加量 100 mg/kg 组（$P<0.05$），但与铁添加量 200 mg/kg 和铁添加量 400 mg/kg 组差异不显著；水貂毛皮品质各组间差异不显著。铁是动物必需的微量元素之一，日粮中的铁能够保证动物正常的生长发育与代谢。NRC（1982）建议水貂日粮中铁的含量为 90 mg/kg，这是满足水貂生产的最低需要量，发挥水貂最佳生产性能的日粮铁水平，目前报道较少。衡量水貂皮张价值的两个重要因素就是尺码和品质，而水貂打皮时的体重和体长与皮张的尺码显著相关（$P<0.05$），一般水貂体重和体长越大，水貂皮张的尺码就越大。因此，提高水貂的体重和体长，可以提高水貂的经济效益。

表 5－60 日粮铁水平对冬毛生长期水貂生产性能的影响

项目	硫酸亚铁水平（mg/kg）				
	0	100	200	300	400
体重（kg）	1.96 ± 0.11^{b}	1.92 ± 0.07^{b}	2.05 ± 0.10^{ab}	2.19 ± 0.09^{a}	2.08 ± 0.04^{ab}
体长（cm）	45.17 ± 1.25^{b}	45.22 ± 1.46^{b}	47.72 ± 2.10^{ab}	48.16 ± 1.91^{a}	47.19 ± 1.54^{ab}
毛皮品质（1～5 分）	3.76 ± 0.21	3.69 ± 0.17	3.86 ± 0.9	3.81 ± 0.12	3.74 ± 0.23

2. 日粮铁水平对冬毛生长期水貂血清生化指标的影响 由表 5－61 可知，铁添加量 300 mg/kg 组水貂血清中白蛋白和球蛋白均最高，铁添加量 300 mg/kg 组白蛋白水平显著高于对照组、铁添加量 200 mg/kg 和铁添加量 400 mg/kg 组，添加量 300 mg/kg 组球蛋白水平显著高于其他各组；铁添加量 300 mg/kg 组总蛋白显著高于对照组、添加量 100 mg/kg 组和 200 mg/kg 组，但与铁添加量 400 mg/kg 组差异不显著。尿素氮在铁添加量 300 mg/kg 组水貂血清中含量最高，显著高于铁添加量为 0、100 mg/kg、200 mg/kg 组，与铁添加量 400 mg/kg 组差异不显著，尿素氮在铁添加量为 0、100 mg/kg、200 mg/kg 组中差异不显著。血清中蛋白质代谢相关指标，如总蛋白、球蛋白、白蛋白和血清尿素氮等直接反映动物对日粮中蛋白质的利用程度。在本试验条件下，当日粮中补充 300 mg/kg 铁时，水貂血清中白蛋白、总蛋白和球蛋白的水平均最高，在同等日粮组成的情况下，说明该日粮铁水平下蛋白质的利用率相对较高。

表 5-61　日粮铁水平对冬毛生长期水貂血清中蛋白质代谢相关指标的影响

项目	硫酸亚铁水平（mg/kg）				
	0	100	200	300	400
白蛋白（g/L）	38.19±6.11^{b}	45.21±9.24^{ab}	39.63±3.56^{b}	47.53±5.96^{a}	40.83±3.58^{b}
球蛋白（g/L）	47.55±8.01^{b}	41.23±6.10^{b}	48.01±7.62^{b}	59.51±5.70^{a}	45.53±5.19^{b}
总蛋白（g/L）	85.74±10.58^{b}	86.52±9.48^{b}	87.64±9.18^{b}	100.04±9.37^{a}	96.54±6.28^{ab}
尿素氮（g/L）	11.13±1.80^{c}	12.51±2.57^{bc}	13.74±3.15^{bc}	17.73±3.45^{a}	16.69±3.95^{ab}

3. 日粮铁水平对冬毛生长期水貂血清中相关免疫指标的影响　体液免疫是动物特异性免疫的一个重要方面，无论是抗体对病原体和毒素的中和作用，还是免疫调理吞噬作用以及抗体依赖性细胞介导的细胞毒作用，都与免疫球蛋白水平和抗体的效价有密切关系。因此，铁对免疫球蛋白水平的影响，直接反映铁与体液免疫功能的关系。从表 5-62 可以看出，水貂血清中免疫球蛋白 G 的水平各组间差异不显著，但最高值出现在铁添加量 300 mg/kg 组；铁添加量 300 mg/kg 组免疫球蛋白 A 含量显著高于对照组和铁添加量 200 mg/kg 组，与铁添加量 100 mg/kg 和铁添加量 400 mg/kg 组差异不显著；免疫球蛋白 M 各组间差异不显著。关于铁与体液免疫，本试验中，当日粮中添加 300 mg/kg 铁时，能够显著提高水貂血清中免疫球蛋白 A 和免疫球蛋白 M 的含量，说明此铁水平下的日粮能够提高水貂体液免疫水平。

表 5-62　日粮铁水平对冬毛生长期水貂血清中相关免疫指标的影响

项目	硫酸亚铁水平（mg/kg）				
	0	100	200	300	400
免疫球蛋白 G（g/L）	1.26±0.24	1.20±0.11	1.20±0.10	1.31±0.14	1.24±0.15
免疫球蛋白 A（g/L）	1.46±0.03^{b}	1.51±0.06^{ab}	1.48±0.09^{b}	1.60±0.14^{a}	1.51±0.08^{ab}
免疫球蛋白 M（g/L）	1.39±0.06	1.22±0.19	1.26±0.18	1.17±0.24	1.18±0.23

4. 日粮铁水平对水貂血清中铁及相关酶的影响　由表 5-63 可以看出，水貂血清中铁的含量随着日粮铁水平的提高呈显著的升高趋势（$P<0.05$），铁添加量 400 mg/kg 组最高，显著高于对照组和铁添加量 100 mg/kg 组（$P<0.05$）。铁添加量 400 mg/kg

表 5-63　日粮铁水平对水貂血清中铁及相关酶的影响

项目	硫酸亚铁水平（mg/kg）				
	0	100	200	300	400
血清铁（μmol/L）	115.28±19.30^{c}	140.65±32.39^{bc}	150.82±23.50^{abc}	167.01±30.57^{ab}	183.43±31.01^{a}
丙氨酸氨基转移酶（U/L）	111.64±20.12^{ab}	116.28±12.21^{b}	124.71±9.82^{b}	125.50±11.53^{b}	138.53±14.62^{a}
天冬氨酸转氨酶（U/L）	208.44±29.44	197.18±39.21	201.84±14.49	210.42±18.37	218.83±31.70
乳酸脱氢酶（U/L）	1 425±162.52	1 523±143.77	1 476±127.33	1 512±155.21	1 598±131.27
碱性磷酸酶（U/L）	83.64±10.25	87.60±11.37	79.20±6.85	85.23±9.37	98.02±7.22

组中天冬氨酸转氨酶最高，显著高于铁添加量 100 mg/kg、200 mg/kg、300 mg/kg（$P<0.05$），日粮铁水平对水貂血清中天冬氨酸转氨酶、乳酸脱氢酶、碱性磷酸酶影响不显著，但碱性磷酸酶、天冬氨酸转氨酶和乳酸脱氢酶最高组均为铁添加量 400 mg/kg 组。

5. 日粮铁水平对水貂脏器指数的影响 脏器系数是评价脏器中物质毒性常用的指标，其与物质的毒性程度呈一定的相关性，并且器官的大小在一定程度上能够反映出动物机体内器官功能的强弱以及受损情况。由表 5-64 可知，铁添加量 300 mg/kg 组水貂心脏指数显著高于对照组和铁添加量 100 mg/kg 组（$P<0.05$），与其他两组差异不显著。铁添加量 300 mg/kg 组水貂肝脏指数与铁添加量为 200 mg/kg 组差异不显著，但显著高于其他几组（$P<0.05$）。水貂脾脏指数和肾脏指数各组间差异不显著（$P>0.05$），但最高值均出现在铁添加量 300 mg/kg 组。说明日粮铁水平对动物脏器系数有一定的影响。本试验结果显示，日粮中的铁水平对肝脏指数有显著影响（$P<0.05$），但对脾脏、肾脏的指数无显著影响，300 mg/kg 组水貂各脏器指数均较高，结合血清中蛋白质代谢及免疫指标，可以得出当日粮补充 300 mg/kg 的铁时，有利于增强水貂各脏器的功能，由于饲养和屠宰试验观察日粮铁水平并未对水貂产生异常影响，结合本试验中铁代谢和血清肝生化指标检测得出，日粮铁可能通过肝脏来调节其在动物体内的代谢。

表 5-64 日粮铁水平对水貂脏器指数的影响

项目	硫酸亚铁水平（mg/kg）				
	0	100	200	300	400
心脏指数	0.65 ± 0.06^{b}	0.67 ± 0.08^{b}	0.72 ± 0.06^{ab}	0.73 ± 0.07^{a}	0.70 ± 0.05^{ab}
肝脏指数	4.47 ± 0.39^{b}	4.61 ± 0.44^{b}	4.76 ± 0.49^{ab}	4.83 ± 0.52^{a}	4.60 ± 0.24^{b}
脾脏指数	0.46 ± 0.08	0.48 ± 0.03	0.48 ± 0.06	0.49 ± 0.05	0.47 ± 0.06
肾脏指数	0.42 ± 0.07	0.47 ± 0.06	0.47 ± 0.04	0.48 ± 0.05	0.47 ± 0.06

结合水貂生产性能指标、血清中蛋白质代谢相关指标、血清中体液免疫指标、血清铁浓度、相关酶活性剂及脏器指数指标结果，得出当冬毛生长期水貂日粮中添加 300 mg/kg铁、日粮中总铁含量为 401 mg/kg 时，能够提高水貂生产性能，同时能够促进蛋白质代谢和提高水貂体液免疫水平，降低铁对水貂脏器的不利影响以及毒害作用。不同日粮铁水平对水貂毛皮品质影响不显著，可能是由于日粮中铁对水貂的影响主要在体重和皮张上。

五、硒

（一）硒源

无机硒，如亚硒酸钠和硒酸钠，其中亚硒酸钠被广泛使用。无机硒价格低，含硒量高，但是其毒性高，其随粪便排出的硒会严重影响环境。此外，无机硒是通过被动运输的方式进入体内，再进一步转换为生物硒被利用，因此无机硒的利用率低于酵母硒。酵母硒就是在培养酵母的过程中加入硒元素，酵母生长时吸收利用了硒，使硒与酵母体内的蛋白质和多糖有机结合转化为生物硒，从而消除了化学硒（如亚硒酸钠）对动物体的毒副反应和肠胃的刺激，使硒能够更高效、更安全地被机体吸收利用，但是这种硒源由于各个厂家酵母不同，导致硒含量差异较大，并且其中的无机硒含量比较高，蕴含一定毒性。蛋氨酸硒，普遍存在于自然界植物和饲料谷物中，是一种以硒形式存在的氨基酸，其价格低、毒性小，化学性质和生化性质稳定，是一种很有效的硒来源。纳米硒，具有良好的吸收效率且毒性低的特点，但是由于价格高，生产工艺复杂，暂时还未大量投入生产。

（二）分布和功能

在植物中，硒主要以蛋氨酸硒的形式存在。在人体中，硒主要分布在肝、肾、胰脏等器官中。硒是谷胱甘肽过氧化物酶的活性成分。硒缺乏会造成谷胱甘肽过氧化物酶活性降低，体内组织细胞抗过氧性毒物损害能力降低，导致需氧组织的细胞发生病变、坏死。

（三）硒缺乏

水貂缺硒时，食欲下降，顽固性腹泻，精神不振，心跳加快，呼吸困难，喜卧，呈犬坐姿势。有机硒与维生素 E 有协同关系，补充硒的同时应加一定的维生素 E。

（四）水貂硒营养需要量研究进展

曹家银等（1991）结果表明，以鱼、肉为主的水貂日粮，含硒量能够满足冬毛生长期水貂对硒的营养需要，加硒量达 1 mg/kg 以上时水貂增重有下降趋势。McCarthy 等（1966）研究表明，水貂纯合日粮含有 0.25 mg/kg 的硒可以满足水貂育成生长期和冬毛生长期的需要。日粮维生素 E 的含量与微量元素硒在体内有协同关系，维生素 E 含量充足时，可以代替硒部分抗氧化功能。Kiiskinen 等（1977）推荐冬毛生长期水貂日粮干物质硒元素含量为 0.05～0.42 mg/kg。Aulerich 等（1993）推荐生长期、妊娠期、哺乳期水貂获得最佳生产性能的日粮干物质硒元素含量为 0.8 mg/kg。本研究得出日粮中硒元素的需要量为 0.2 mg/kg。

（五）育成生长期水貂硒营养研究

张婷（2018）研究了日粮添加维生素 E 和硒对育成生长期水貂生长性能、营养物质消化率及血清生化指标的影响，设计基础日粮（对照组）、基础日粮＋200 mg/kg 维生素 E（以 DL-α-生育酚乙酸酯为维生素 E 源，含量为 50%）（维生素 E 组）、基础日粮＋0.2 mg/kg 硒（以甘氨酸纳米硒为硒源，含量为 1%）（硒组）、基础日粮＋200 mg/kg 维生素 E＋0.2 mg/kg 硒（维生素 E＋硒组）四组。

试验结果参见第六章表 6-16 至表 6-19。结果表明，日粮添加 0.2 mg/kg 硒对育成生长期水貂生长性能没有显著性影响。由此说明，基础日粮中硒水平（0.48 mg/kg）可满足育成生长期水貂的生长基本需要。日粮同时添加维生素 E 和硒显著提高育成生长期水貂脂肪表观消化率（$P<0.05$）。这可能与维生素 E 对脂肪代谢相关基因的调控有关。因此可得出结论，日粮同时添加 200 mg/kg 维生素 E 和 0.2 mg/kg 硒可促进育成生长期水貂生长，提高脂肪表观消化率，同时增强机体抗氧化及免疫水平。维生素 E 和硒对免疫功能至关重要，在包括人类在内的多种动物的饮食中都有免疫增强作用。作为抗氧化剂，维生素 E 和硒对免疫反应的作用，有可能通过其抗氧化性来维持免疫细

胞及周围组织免受氧化应激产物的损害，从而维持免疫细胞及组织的完整性和正常生理功能。在体液免疫方面，维生素 E 和硒能够刺激机体产生特异性体液免疫反应，产生免疫球蛋白，促进免疫球蛋白 G、免疫球蛋白 M 等抗体的合成，在改善育成生长期水貂机体免疫机能上，维生素 E 和硒具有协同作用。

六、碘

（一）碘源

碘一般以无机盐的形式添加，如碘酸钙，碘酸钾。有机碘盐虽然吸收率与无机盐相近，但是吸收速率低，周转周期慢。

（二）分布

正常饲养条件下，碘在动物体内分布为甲状腺 70%～80%、肌肉 3%～4%、骨骼 3%、其他器官组织 5%～10%。血液中碘以甲状腺素形式存在，主要与血浆蛋白结合，少量游离存在于血浆中。碘在水貂体内的吸收部位是小肠，进入血液后以 I^- 的形式存在，60%～70%的碘被甲状腺吸收，在甲状腺内氧化成 I_2，再与甲状腺球蛋白中的酪氨酸残基结合形成碘化甲状腺球蛋白，然后储存于肝脏中。碘主要通过肾脏随尿排出，少部分通过唾液、胆汁、粪排出。

（三）功能

碘参与动物机体甲状腺素的合成，主要参与动物的新陈代谢，影响动物生长发育、繁殖性能及动物的毛皮状况。

（四）缺乏与过量

动物缺碘，会造成体质衰弱，生长受阻、部分或者周身脱毛，呼吸和吞咽困难，严重时会导致窒息死亡；碘在动物体内与氯、锰、钙等元素之间存在拮抗作用。近年来有关资料表明，高碘不仅会引起甲状腺肿，而且会对脑、肾、胚胎发育以及子代的代谢造成不良影响。

（五）水貂碘营养需要量

Wood（1962）认为，繁殖期水貂日粮中碘的量为 0.02 mg/kg 时，可满足水貂生产需要。

七、钴

（一）钴源

钴一般以氯化钴的形式添加。

（二）代谢

钴的吸收与食物中钴的含量及存在形式有密切关系，当缺乏钴和维生素 B_{12}时，机体对钴的吸收能力增强；可溶性的二价钴盐以离子（Co^{2+}）的形式被吸收。钴的吸收部位主要是小肠，此外还有胃、呼吸道等。钴主要通过尿液排泄，少量经胆汁进入肠中随粪便排出体外，也有少量随肠道、毛发、乳汁和汗腺等途径排出。

（三）功能

钴是机体内的一种微量元素，维生素 B_{12} 的重要成分之一，参与机体造血功能，能增强动物免疫力，具有提高动物产胎和成活率的作用。

（四）缺乏与过量

动物缺钴表现为食欲减退、生长缓慢、贫血、消瘦和脂肪肝。钴中毒表现为采食量下降、失重、贫血，其症状与钴缺乏症相似。

（五）水貂钴营养需要量

薛修亮（1985）研究指出，水貂繁殖期必须连续投喂氯化钴一定时间，才能收到满意效果。氯化钴必须首先溶解于水中与基础饲料同时绞制，并立即饲喂，不可将结晶体与饲料同时绞制。以鱼饲料为主的日粮中每只水貂添加氯化钴 10～12 μg/d，对提高母水貂的繁殖有一定的作用。徐从（1957）证明，钴能够减少早期胚胎死亡、胎儿吸收和流产，并能增强仔水貂的生命力，促进生长发育。维生素 B_{12} 含有 4.3%的钴元素，水貂的肠上皮细胞在微生物作用下能够利用钴元素和碳水化合物合成维生素 B_{12}（Leoschke，1954a，1954b）。有研究表明水貂饲喂纯合日粮时，钴元素和双糖能够使维生素 B_{12} 的合成速度提高 5 倍。水貂日粮中维生素 B_{12} 推荐添加量为 0.03 mg/kg，因而日粮中钴元素的建议添加量为 0.001 mg/kg。

第三节　有毒有害微量元素

一、汞

汞主要以元素汞（水银）、无机汞（朱砂等）和有机汞（甲基汞等）3 种基本状态存在。汞在自然界主要以元素汞与无机硫化汞形式存在，在地壳中约占千万分之五。

（一）汞的毒代动力学

1. 元素汞　俗称金属汞或水银。水银蒸汽可溶解在血清中，黏附在红细胞膜上，被输送到大脑并停留在脑中，易通过血脑屏障和胎盘。除此以外，元素汞还可以沉积在甲状腺、乳腺、心肌、肌肉、肾上腺、肝脏、肾脏、皮肤、睾丸和前列腺等各组织器官中，可能导致这些器官的功能障碍。元素汞主要以氯化汞的形式排出，排泄半衰期从几天到几个月，其长短主要与组织器官不同有关，中枢神经系统等部位沉积的汞半衰期可以长达几年。

2. 无机汞　常见的有氯化亚汞、氯化汞和朱砂等。

（1）氯化亚汞（Hg_2Cl_2） 也称为甘汞。它是电化学中参考电极的组成部分，难溶于水，不易被肠道吸收。甘汞毒性较低，但甘汞与粉红病或肢端痛症有关，说明甘汞还是能够被动物体吸收的。

（2）氯化汞（$HgCl_2$） 可用作防腐剂和照相胶片的显影剂，也是一些润肤霜的成分。氯化汞具有很强的毒性，胃肠吸收率约为2%，皮肤是否会渗透性吸收尚不明确。

（3）朱砂 是汞与硫结合的天然矿物，不溶于水、稳定性好，是传统中药和印度阿育吠陀药物中的重要成分。根据我国药典，大约40种中成药含有朱砂。朱砂胃肠道吸收不良，产生神经毒性所需的剂量比甲基汞高1 000倍。朱砂可导致肾脏汞蓄积，长期使用朱砂可致肾功能障碍。

3. 有机汞 甲基汞是有机汞的主要形式，相关毒理学研究最为深入。鱼体中的汞大部分是甲基汞，甲基汞容易吸收，进入血流后分布于全身各组织。甲基汞易透过血脑屏障，这可能与甲基汞和半胱氨酸的结合物模拟蛋氨酸进入中枢神经系统的机制有关。甲基汞可分布于大脑、肝脏、肾脏、胎盘与周围神经。甲基汞在人体中的排泄半衰期约为70 d，约90%由粪便中排泄，存在一定程度的肠肝循环，约20%的甲基汞可在母乳中排泄。随着时间的推移，大脑中的汞可转化成无机汞，并牢固地与含巯基（—SH）的大分子结合。这些汞-巯基复合物控制着汞的转运。

（二）汞的毒理机制

汞的毒理机制复杂，目前尚不完全清楚，但大多数研究认为，汞与含巯基和硒基（—SeH）大分子的牢固结合起主要作用，这种结合破坏了重要分子的生物学功能。

1. 汞与巯基和硒基结合 汞对存在于氨基酸、蛋白质和酶中的巯基（谷胱甘肽）和硒基（谷胱甘肽过氧化物酶）具有高度亲和力，汞和巯基络合物的稳定常数很高，可以结合到任何的自由巯基上。汞与硒基的结合能力更强，因此，硒基比硫基更容易与汞相互作用。含硒的酶如谷胱甘肽过氧化物酶和硫氧还原蛋白还原酶是汞的良好靶标。汞可干扰含硒、硫分子的生物学功能，如可以改变蛋白质构象，或通过修饰侧链产生蛋白质加合物，导致蛋白质形状和活性的变化，当巯基和硒基基团处于酶的活性位点时影响更强。这些结合可导致氧化还原状态失衡，产生自由基，导致线粒体损伤、细胞凋亡、神经退行性疾病和其他疾病。

2. 氧化应激 汞与肽或蛋白质中巯基和硒基的结合使得后者生物活性容易受到影响，当与抗氧化有关的分子受到影响时会导致氧化应激。汞可引起几种抗氧化酶的活性变化，如谷胱甘肽过氧化物酶（GSH－PX）、谷胱甘肽还原酶（GR）、超氧化物歧化酶（SOD）和过氧化氢酶（CAT）；也可引起谷胱甘肽耗竭，从而导致氧化应激。汞可直接诱导线粒体氧化损伤，从而导致氧自由基（ROS）的积累。此外，汞诱导的自由基过度生成与细胞内钙稳态的破坏和细胞内谷胱甘肽（GSH）的耗尽有关。自由基可通过多种机制导致细胞损伤，包括对脂质过氧化、蛋白质和DNA氧化的直接损伤。

3. 兴奋毒性 兴奋毒性通常指由于谷氨酸受体的过度激活而引起的神经元的损伤和死亡，该受体影响细胞钙离子稳态，进而导致全身性急性氧化应激。谷氨酸是主要的兴奋性神经递质，在汞的神经毒性中起着关键作用，这是由于对谷氨酸代谢的抑制而导致N－甲基－D－天冬氨酸受体（NMDARs）的过度激活致使神经元死亡。

4. 线粒体损伤和细胞凋亡 线粒体是细胞能量生成的供电站，对细胞的生存至关重要；此外，线粒体还参与细胞凋亡信号转导通路。线粒体 DNA（mtDNA）与细胞核 DNA 不同，mtDNA 缺乏保护蛋白，因而对自由基损伤非常敏感。甲基汞诱导的氧化应激可导致线粒体损伤。此外，甲基汞还可积累到线粒体，抑制呼吸酶活性，降低线粒体跨膜电位，减少 ATP 的生产和 Ca^{2+} 缓冲容量。这种线粒体损伤通常始于线粒体通透性转变（MPT）、外膜破裂，以及促凋亡因子（如 Cyt－C 和 AIF）释放到细胞浆中，进一步激活凋亡通路，引起 DNA 断裂和染色质凝聚，最终导致细胞死亡。神经细胞之间紧密相连，广泛的凋亡将破坏其正常的组织结构和功能，这可能与汞的许多毒性症状有关。

5. 其他机制汞抑制重要酶活性 汞与巯基的共价结合抑制了脑内含有巯基的重要酶，包括乙酰胆碱酯酶（AChE）和 Na^{+}/K^{+}－ATPase。AChE 涉及多种功能，例如保持正常的神经传递、大脑发育、学习和记忆以及神经元损伤后修复。Na^{+}/K^{+}－ATPase 以 ATP 为驱动力，负责钠和钾离子跨细胞膜的转运，从而维持动物细胞中这些阳离子的正常梯度，使神经冲动传播、神经递质释放和阳离子稳态等功能得以正常发挥。汞对 AChE 和 Na^{+}/K^{+}－ATPase 的抑制损害了神经的正常功能。

6. 汞抑制核酸与蛋白质合成 核酸和蛋白质是所有生命过程的核心分子。核酸作为蛋白质构建的模板，是生物信息储存的重要分子，汞化合物对 DNA 和 RNA 合成的抑制作用早有报道，这种核酸含量的降低可能归因于自由基对 DNA 的损伤和活性氧（ROS）直接相互作用对 RNA 合成的抑制。汞对核酸的抑制可进一步抑制蛋白质的合成，同时，汞还可以抑制蛋白质合成的其他环节，涉及复杂的作用机制。

7. 汞破坏细胞修复和细胞周期机制 硫氧还原蛋白系统［包括硫氧还原蛋白（Trx）、硫氧还原蛋白还原酶（TrxR）和还原型辅酶Ⅱ（NADPH）］参与汞毒性的分子机制已被证实。硫氧还原蛋白系统对多种细胞功能，如蛋白质修复和细胞周期调节具有重要作用。硫氧还原蛋白还原酶存在高度亲核结构，因而对汞特别敏感，成为汞的结合靶标，硫氧还原蛋白还原酶因此受到抑制，从而破坏细胞修复和细胞周期，这可能是汞毒性发展的关键机制。

二、镉

重金属镉（Cd）是一种重要的环境污染物，不是动物或人类的必需微量元素。研究表明，镉可经消化道、呼吸道和皮肤接触等多种途径进入并损害机体，甚至会通过母体胎盘在子代的肝脏、心脏、肾脏等器官蓄积；镉的生物毒性非常大，对血液、肝脏、肾脏、骨骼、生殖、心脏和消化系统等都有严重的损伤。其毒害作用是镉通过与巯基结合或通过竞争或非竞争性替代作用，置换出细胞内金属依赖性酶类，特别是抗氧化酶系中的金属辅基，降低机体抗氧化酶的活性，使机体清除自由基的能力下降，是镉引起机体氧化损伤的主要机制之一。Cd^{2+} 能占据钙离子通道并通过钙离子通道进入细胞内，能取代 Ca^{2+} 与肌动蛋白、微管、微丝相结合，破坏细胞骨架的完整性，损害细胞功能。镉还可通过影响 DNA、RNA 的结构，各种酶活性的改变，导致基因突变等方式；可致中枢神经系统损伤，表现为干扰各种神经递质的分泌和影响其功能；诱导氧化应激，导致细胞膜的脂质过氧化；诱导细胞因氧化应激进而引起细胞凋亡。

参考文献

刁书永，张立志，袁慧，2005. 镉中毒机理研究进展［J］. 动物医学进展（5）：49－51.

董冬华，2014. 不同铁源及添加水平对母猪和仔猪铁营养状况影响的研究［D］. 泰安：山东农业大学.

顾华孝，2001. SB/T 1007—92 中华人民共和国行业标准水貂配合日粮［S］. 南京：江苏省饲料监察所.

霍启光，屠焰，2002. 动物磷营养与磷源［M］. 北京：中国农业科学技术出版社.

李光玉，王凯英，赵靖波，2003. 毛皮动物矿物元素的需要［J］. 经济动物学报，7（4）：10－13.

李志强，韩俊艳，郭宇俊，等，2018. 汞毒性研究进展［J］. 畜牧与饲料科学，39（12）：64－68.

刘帅，2017. 育成期、冬毛生长期水貂日粮适宜钙磷水平的研究［D］. 北京：中国农业科学院.

马春艳，2014. 22～42 日龄肉鸡玉米-豆粕型日粮铁适宜水平的研究［D］. 北京：中国农业科学院.

王静，2018. 日粮维生素 D_3 及钙水平对水貂生产性能影响研究［D］. 北京：中国农业科学院.

王夕国，2012. 母水貂繁殖期饲粮中锰适宜需要量的研究［D］. 镇江：江苏科技大学.

吴学壮，2015. 水貂饲粮适宜铜源及铜水平研究［D］. 北京：中国农业科学院.

徐丛，1957. 钴对水貂繁殖成活率的影响［J］. 动物学杂志（1）：21－22.

薛修亮，1985. 氯化钴与母水貂的繁殖［J］. 饲料研究（3）：13－14.

杨福合，2000. 毛皮动物饲养技术手册［M］. 北京：中国农业出版社.

杨涛，周志，李昂，2012. 钴在动物营养应用中的研究进展［J］. 饲料博览（12）：48－50.

张海华，2011. 日粮蛋白质和蛋氨酸水平对水貂生产性能及毛皮发育的影响［D］. 北京：中国农业科学院.

张海华，南韦肖，王士勇，等，2015. 不同日粮锰水平对冬毛生长期水貂生长性能、营养物质消化率及氮代谢的影响［J］. 动物营养学报，27（10）：3279－3284.

张海华，王士勇，南韦肖，等，2017. 日粮铁水平对冬毛生长期水貂生产性能、血清生化指标和脏器指数的影响［J］. 畜牧兽医学报，48（8）：1557－1564.

张金环，甄二英，张艳铭，等，2005. 锰的营养学研究进展［J］. 饲料博览（2）：8－11.

张铁涛，张海华，孙皓然等，2014. 日粮添加黄粉虫对冬毛生长期水貂体重变化、营养物质消化率、氮代谢及毛皮品质的影响［J］. 动物营养学报，26（8）：2414－2420.

赵洪亮，1994. 水貂饲喂生鱼引起贫血的防治［J］. 中国兽医杂志（1）：31.

周宁，2015. 锌对水貂毛色基因表达及生产性能的影响［D］. 延吉：延边大学.

Ahman G，1974. Basic facts of reproductive physiology in the mink［J］. Deutsche Pelztierzuchter，48：21－22.

Basset C F，Travis H E，Warner R G，et al.，1957. Stilbesterol and reproduction［J］. America Fur Breeder，30（1）：10.

Erway L C，Mitchell S E，1973. Prevention of otolith defect in pastel mink by manganese supplementation［J］. Journal of Heredity，64：111.

Hansen N E，Glem H N，Jorgensen G，1992. Effects of dietary calcium－phosphorus ratio on growth，skin length and quality in mink（Mustela vison）［J］. Scientifur，16：293－297.

Hartsough G R，1955. Nursing sickness－is it a lack of salt［J］. Animal. Fur Breeder，28（5）：10.

Joergensen，Scientifur G，hilleroed，et al.，1972. Forsoeg med for skellige protein maeng der til mink [J]. Dansk Pels－dyravlog，5：15.

Leoschke W L，Elvehjem C A，1954. Prevention of urinary calculi formation in mink by alteration of urinary pH [J]. Proceedings of the Society for Experimental Biology and Medicine Society for Experimental Biology and Medicine，85 (1)：42.

Leoschke W L，1954. Studies on the nutritional requirements of the mink (Mustela vison) [D]. Wisconsin：University of Wisconsin.

Mertin D，Süvegová K，Poláčiková M，et al.，2000. Contents of some micro－elements in diets for farm mink (Mustela vison) [J]. Czech Journal of Animal Science，45 (10)：469－474.

NRC，1982. Nutrient requirements of mink and foxes [M]. Washington，DC：National Academy Press.

Rimeslatten H，1959. Trials with vitamins，animal liver and trace elements for silver fox，blue fox and mink [J]. Dansk Pelsdyravl，22：273－276.

Wood A J，1962. Nutrient requirements of the mink [M]. Western Fur Farmer，1：10.

第六章 水貂的维生素营养

维生素是动物机体维持正常代谢和功能所必需的一类低分子化合物，多数体内不能合成，须从食物中获取，或从食物摄取其前体物在体内合成。维生素在机体里的含量很少，但却是维持动物机体正常生理机能所必需的物质。饲料中如果缺乏维生素，就会使机体生理机能失调，出现维生素缺乏症。根据溶解性将维生素分为脂溶性维生素和水溶性维生素。脂溶性维生素指维生素 A、维生素 D、维生素 E 和维生素 K。目前已经确定的水溶性维生素有硫胺素（维生素 B_1）、核黄素（维生素 B_2）、尼克酸（维生素 B_3、烟酸、维生素 PP）、维生素 B_6、泛酸（遍多酸、维生素 B_5）、生物素（维生素 B_7）、叶酸（维生素 B_{11}）、钴胺素（维生素 B_{12}）、胆碱、维生素 C 10 种。水溶性维生素都是机体代谢所必需的营养物质，部分可由动物消化道内微生物合成，但水貂因为消化道较短合成量极低。判断水溶性维生素的营养状况一般可从血液和尿液中维生素浓度、维生素相关的功能性酶的代谢产物含量、以维生素为辅酶的标志性酶的活性等参数来判断。

第一节　水貂的脂溶性维生素营养

一、维生素 A

（一）维生素 A 概述

维生素 A 属于脂溶性维生素，是一类物质的混合物，凡是呈现视黄醇（retinol）生物活性的化合物，除了类胡萝卜素外，均统称为维生素 A（vitamin A），其化学结构是含有 β-白芷酮环和两分子 2-甲基丁二烯构成的不饱和一元醇，活性形式包括视黄醇（retinol）、视黄醛（retinal）和视黄酸（retinoic acid），天然存在的维生素 A 主要是视黄醇。维生素 A 和其衍生物化学性质活泼，易被空气氧化而失去生理作用，紫外线照射可破坏维生素 A 结构，使其失去活性。所以自然界中的维生素 A 多与脂肪酸结合，以全反式棕榈酸酯的形式存在（Blomhoff 等，1991）。

维生素 A 是人和动物维持机体正常代谢所必需的营养素，能维持正常视觉，减小眼部疾病发生的可能性，而且能增强眼睛对外部光线的抵御能力，对视力的正常发育发挥起到了关键作用；还可促进细胞的增殖和生长，具有促进骨骼发育与组织生长，保护黏膜和上皮结构完整性，防止脱毛及上皮角化、皮肤硬化等功能；同时可稳定脑脊髓液压，参与激素合成，调节免疫细胞增殖和刺激抗体产生，抗氧化、抗肿瘤和增强免疫力；能改善雌性动物的繁殖机能，对胚胎发育、精子生成、味觉、听觉及食欲等方面也具有重要作用。虽然饲料中维生素 A 的添加水平并不高，但其在动物营养中所起的作用是不可替代的。

（二）水貂维生素 A 研究进展

Helgebostad（1955）、Bassett（1951）等研究发现，水貂维生素 A 缺乏会导致腹泻；影响毛皮品质；引发夜盲症，眼睛变得不透明，结膜硬化；影响皮肤结构完整性甚至肝脏出现脂肪浸润。缺乏维生素 A 会使头骨不再扩大，从而使得小脑被压缩损伤，出现肌肉不协调；公水貂睾丸萎缩，影响精子形成；母水貂发情不正常，卵泡不成熟，或排卵障碍，造成配种延迟或空怀，即使不空怀，有的则造成胚胎吸收，流产或死胎等，同时也影响仔水貂的发育。

生长期水貂每千克体重每天需要的维生素 A 量是 100～400 IU（1 IU＝0.3μg 视黄醇）。Abernathy（1960）建议维生素 A 添加量为每千克体重 200 IU。由于幼水貂的快速生长，水貂每天需要的代谢能为 1.155～1.47 MJ/kg，要达到每千克体重 200 IU 的维生素 A 含量，饲粮中每 0.42 MJ 代谢能中需含维生素 A 57～72 IU。McCarthy 等（1966）研究指出水貂每天每千克体重摄入维生素 A 100 IU，肝脏维生素 A 含量没有变化；水貂每天每千克体重摄入维生素 A 400 IU，肝脏维生素 A 含量略有增加；水貂每天每千克体重摄入维生素 A 1 000 IU，肝脏维生素 A 含量增加 2～3 倍。Rimeslatten（1968）报道每千克日粮干物质维生素 A 含量为 6 000～48 000 IU 对繁殖性能未见明显影响，但日粮维生素 A 含量与仔兽肝脏维生素 A 含量呈正相关。但是摄入过量会对骨骼产生不利影响，引起骨骼代谢异常。

（三）育成生长期水貂维生素 A 需要量研究

南韦肖（2018）通过日粮添加不同维生素 A 水平（0、5 000 IU/kg、20 000 IU/kg、80 000 IU/kg、320 000 IU/kg 及 1 280 000 IU/kg），研究维生素 A 对水貂生长性能的影响，并结合营养物质消化率及血液生化指标探讨其影响的可能机制，探究过量维生素 A 对水貂造成不良影响的机制。

1. 维生素 A 对育成生长期水貂生长性能的影响 本试验表明，水貂日粮中添加 0、5 000 IU/kg、20 000 IU/kg、80 000 IU/kg、320 000 IU/kg 和 1 280 000 IU/kg 的维生素 A 对水貂日增重、采食量虽无显著影响，但存在先升高后降低的趋势（表 6－1）。表明摄入过量维生素 A 可导致动物生长速度减慢、体重下降等。

2. 维生素 A 对育成生长期水貂营养物质消化率的影响 添加维生素 A 20 000 IU/kg 组的蛋白质消化率最高，说明缺乏维生素 A 在一定程度上影响了蛋白质在体内的代谢。添加维生素 A 1 280 000 IU/kg 组的脂肪消化率显著低于其他 5 个剂量组，说明动物食入过量的维生素 A 会引起机体脂肪代谢异常，适量的维生素 A 可以增加组织内的脂肪动员和有效氧化脂类分解产生的脂肪酸，进而增加能量消耗。添加维生素 A 20 000 IU/kg 组的水貂干物质消化率、蛋白质消化率及脂肪消化率均最高，说明维生素 A 通过促进水貂对营养物质的消化，从而促进水貂生长；而过量添加维生素 A 则会引起动物营养物质代谢异常，从而影响水貂生长（表 6－2）。

表 6-1 日粮维生素 A 水平对育成生长期水貂生长性能的影响

项目	维生素 A 水平（IU/kg）					
	0	5 000	20 000	80 000	320 000	1 280 000
初始体重（g）	1 023.33±79.90	1 026.67±100.12	1 049.33±50.44	1 038.18±67.09	1 033.92±93.78	1 001.43±58.43
终末体重（g）	1 941.68±140.30^{ab}	2 031.26±169.39^{ab}	2 077.00±144.22^{a}	2 004.55±133.29^{ab}	1 977.09±121.90^{ab}	1 880.71±157.54^{b}
平均日增重（g）	14.50±1.79^{ab}	15.65±2.26^{ab}	16.71±3.39^{a}	15.23±2.04^{ab}	15.14±1.84^{ab}	13.73±2.08^{b}
干物质采食量（g）	123.47±9.61	146.37±8.42	141.94±9.68	131.75±11.17	123.05±9.09	125.13±6.91
料重比	8.71±0.73	8.79±1.15	8.35±1.29	8.86±1.14	8.12±1.21	9.46±1.46

表 6-2 日粮维生素 A 水平对育成生长期水貂营养物质消化率的影响

项目	维生素 A 水平（IU/kg）					
	0	5 000	20 000	80 000	320 000	1 280 000
干物质消化率（%）	86.07±0.61^{b}	89.57±1.57^{a}	89.71±0.68^{a}	88.83±1.16^{a}	87.89±1.12^{ab}	87.81±1.26^{ab}
蛋白质消化率（%）	85.08±0.50^{b}	88.71±2.16^{a}	89.90±0.7^{a}	88.36±2.12^{a}	87.20±1.30^{a}	85.26±0.67^{b}
脂肪消化率（%）	77.22±1.32^{ab}	80.74±1.36^{a}	83.65±1.66^{a}	76.11±1.00^{ab}	74.58±1.69^{ab}	67.64±1.38^{b}

表 6-3 日粮维生素 A 水平对育成生长期水貂血清中血糖及脂类代谢相关指标的影响

项目	维生素 A 水平（IU/kg）					
	0	5 000	20 000	80 000	320 000	1 280 000
血糖（mmol/L）	5.07±0.39	5.16±0.54	5.40±0.44	5.09±0.93	5.01±0.78	4.66±0.67
甘油三酯（mmol/L）	1.58±0.51^{ab}	1.44±0.22^{ab}	1.30±0.63^{b}	1.46±0.26^{ab}	1.67±0.062^{ab}	1.75±0.121^{a}
胆固醇（mmol/L）	6.39±0.47	6.10±0.55	6.04±0.14	6.20±0.26	6.09±0.40	6.55±0.27
高密度脂蛋白胆固醇（mmol/L）	5.17±0.25^{a}	5.22±0.67^{a}	5.41±0.35^{a}	5.14±0.56^{a}	4.57±0.45^{b}	4.27±0.52^{b}
低密度脂蛋白胆固醇（mmol/L）	0.45±0.08^{ab}	0.37±0.04^{b}	0.40±0.07^{ab}	0.39±0.06^{ab}	0.49±0.09^{a}	0.49±0.08^{a}

3. 维生素A对育成生长期水貂血糖及脂类代谢指标的影响 维生素A对水貂血清中的血糖含量影响并不显著，存在着先上升后降低的趋势，添加维生素A 20 000 IU/kg组的水貂血糖含量最高，添加量维生素A 1 280 000 IU/kg组的水貂血糖含量最低，这说明维生素A可以促进水貂生长，保护肝脏，并提高对营养物质的吸收能力。添加维生素A 5 000 IU/kg和20 000 IU/kg时，可以降低水貂血清中甘油三酯和低密度脂蛋白胆固醇的含量，而超过320 000 IU/kg后，水貂血清中甘油三酯和低密度脂蛋白胆固醇的含量明显增高（表6-3）。

4. 维生素A对育成生长期血清中相关酶的影响 维生素A对水貂血清中的碱性磷酸酶影响显著，添加维生素A 1 280 000 IU/kg组的血清碱性磷酸酶含量最高。天冬氨酸氨基转移酶及丙氨酸氨基转移酶随着维生素A添加水平的提高存在着先降低后升高的趋势，5 000 IU/kg和20 000 IU/kg组血清中天冬氨酸氨基转移酶及丙氨酸氨基转移酶的含量较低，说明适量的维生素A可促进水貂对营养物质的利用，添加维生素A 1 280 000 IU/kg组血清中的天冬氨酸氨基转移酶含量最高，这可能是因为过量的维生素A具有肝毒性，导致肝细胞破坏、细胞膜通透性增加，从而使碱性磷酸酶、天冬氨酸氨基转移酶、丙氨酸氨基转移酶的活性显著升高，造成肝损伤（表6-4）。

本试验条件下，在水貂饲粮中添加5 000 IU/kg和20 000 IU/kg维生素A均可以优化水貂的生长潜力。然而过量添加维生素A会造成水貂生长缓慢、脂类代谢能力下降等不良影响，过量添加维生素A对水貂生长造成不良影响的机制仍需进一步研究。

二、维生素D

（一）维生素D概述

维生素D分为两种：存在于动物体组织及鱼肝油中的称为胆钙化醇，即维生素D_3；植物来源的称麦角钙化醇，维生素D_2。这两种维生素D总称为钙化醇。维生素D能够促进钙的吸收，维持正常的钙、磷代谢平衡。在适钙水平之下提高维生素D的添加量，能够强化动物机体的免疫功能，有效提升机体所具有的抗氧化功能，同时能够降低血糖、血脂。维生素D缺乏是养殖业生产中幼龄动物佝偻病和成年动物软骨症发生的主要原因，严重时还会影响繁殖性能。

（二）水貂维生素D研究进展

Basset等（1951）建议当水貂生长期有充足的阳光照射时，日粮中含有的维生素D可以满足水貂生长的需要，日粮不需额外添加维生素D。Hillemann（1978）证明，从7月至取皮，水貂日粮中每天每克干物质添加10 IU、25 IU和40 IU维生素D对水貂的毛皮质量没有显著影响。Helgebostad等（1978）研究表明，日粮每千克干物质中添加50 000 IU维生素D水貂不会中毒，添加到100 000 IU会出现中毒。

Helgebostad等（1978）研究表明水貂维生素D中毒的临床症状包括食欲不振、恶心、消瘦和行动困难。分析血清结果显示钙水平显著升高，钙主要沉积在肾脏、肌肉、胃黏膜、支气管和大血管中。Jorgensen等（1977）研究指出造成水貂维生素D中毒的主要原因是水貂饲粮中含有高水平的海鱼。

维生素 A 和维生素 D 之间存在拮抗关系，维生素 A 水平的提高会增加机体对维生素 D 的需要，而造成维生素 D 缺乏。维生素 A 与维生素 D 在动物体内的相互作用与其在日粮中的添加量有直接的关系，而且主要表现为高剂量维生素 A 对维生素 D 的拮抗作用，引起钙、磷代谢紊乱，骨骼发育受阻。维生素 D 不足时，水貂繁殖性能受到影响，妊娠母水貂会出现泌乳量下降，甚至出现无乳现象。幼水貂缺乏维生素 D，易患佝偻病，骨骼发育畸形，易患感冒、肺炎、传染病等。成年水貂缺乏维生素 D，易患软骨症，骨骼变软，关节粗大。水貂长期缺乏维生素 D，能导致冬毛生长不良，毛绒品质下降。在生产实践中，这些现象并不常见，只有个别水貂出现这种情况，可能是因为自身消化吸收不好造成的，只要注意合理搭配日粮，一般不会出现大群发病的情况。在繁殖季节和仔水貂生长期，可适当补充。

（三）育成生长期水貂维生素 D 需要量研究

王静（2017）以公水貂为研究对象，采用 3×3 双因素随机试验设计，基础饲粮中维生素 D 水平为 2 100 IU/kg，钙水平为 2.3%，钙磷比固定为 2∶1，这 9 种饲粮的钙与维生素 D 水平分别设为 3 个维生素 D（以维生素 D_3 形式）添加水平（0、2 000 IU/kg、4 000 IU/kg）和 3 个钙添加水平（0、0.4%和 0.8%），共配制 9 种试验饲粮，研究饲粮不同维生素 D_3 和钙、磷水平对水貂生长性能，营养物质消化率，氮代谢，血清生化指标，钙、磷代谢，毛皮质量的影响，筛选出生长期和毛皮生长期水貂维生素 D 和钙的适宜水平。

1. 日粮维生素 D 添加水平对育成生长期水貂生长性能的影响 试验结束后不同组水貂平均日增重不一致，组间存在极显著差异（$P<0.01$），说明不同的饲粮维生素 D 和钙水平对水貂的生长性能有一定影响，饲粮的维生素 D 水平和钙水平必须维持在一定范围内才能保证水貂的快速生长。饲粮维生素 D 及钙水平对育成生长期水貂生长性能的影响见表 6－5。日粮中添加维生素 D_2 水平 2 000 IU/kg 时比不添加时，育成生长期水貂的平均日增重有所提高，维生素 D 水平添加 4 000 IU/kg 时，平均日增重反而降低，说明饲粮适宜的维生素 D 水平能够促进育成生长期水貂的生长，高水平的维生素 D 反而不利于其生长。

2. 日粮维生素 D 添加水平对育成生长期水貂营养物质消化率的影响 脂肪消化率随着维生素 D 摄入量的增加呈现先升高后降低的趋势，可能是由于适量的维生素 D 促进了钙吸收，同时提高了脂肪消化率，而过量的维生素 D 则血钙增加，多余的钙沉积在关节、血管、心脏、肠壁等部位，导致肝脏负荷工作，组织、器官退化和钙化，引起水貂脂肪消化率下降（表 6－6）。

3. 日粮维生素 D 添加水平对育成生长期水貂氮代谢的影响 氮沉积、净蛋白质利用率、蛋白质生物学效价随维生素 D 水平的升高先增高后降低，可能是由于适量的维生素 D 促进了磷的吸收，提高了氮的利用率，而过量的维生素 D 使血钙、血磷增加，导致氮的利用率降低（表 6－7）。

4. 日粮维生素 D 添加水平对育成生长期水貂钙、磷代谢指标的影响 饲粮不同维生素 D 和钙水平对育成生长期水貂钙、磷代谢的各指标各组间差异均有极显著性影响（表 6－8）。钙、磷的消化率显著增加。说明钙、磷和维生素 D 的剂量对水貂的钙、磷利

表 6-4 日粮维生素 A 水平对育成生长期水貂血清中相关酶类的影响

项目	维生素 A 水平（IU/kg）					
	0	5 000	20 000	80 000	320 000	1 280 000
碱性磷酸酶（U/L）	209.64±27.47^{b}	221.92±16.05^{ab}	226.16±35.00^{ab}	198.89±13.87^{b}	204.84±12.23^{b}	250.53±25.12^{a}
天冬氨酸氨基转移酶（U/L）	139.99±13.14^{a}	113.25±10.00^{b}	103.35±14.76^{b}	116.90±15.37^{ab}	138.31±30.50^{a}	141.30±6.63^{a}
丙氨酸氨基转移酶（U/L）	181.43±7.64^{b}	180.44±13.07^{b}	157.89±12.25^{c}	191.02±7.87^{ab}	187.99±7.68^{ab}	200.62±17.85^{a}
乳酸脱氢酶（U/L）	805.42±61.59^{ab}	849.36±98.43^{a}	845.16±97.28^{a}	701.01±76.78^{b}	799.56±92.80^{bc}	571.29±60.05^{c}

表 6-5 日粮维生素 D 和钙水平对育成生长期水貂生长性能的影响

项目	维生素 D 添加水平（IU/kg）	钙水平（%）	初重（g）	末重（g）	平均日增重（g）	平均日采食量（g）	料重比
组别	0	0	1 048.86±55.46	1 959.80±191.06^{Bc}	16.66±0.94^{Bc}	114.64±4.71	12.99±0.78^{Aa}
	2 000	0	1 045.80±77.17	2 015.88±190.36^{Bbc}	17.99±1.71^{ABabc}	110.18±6.38	10.24±0.37^{CDbc}
	4 000	0	1 047.50±54.03	1 970.25±107.50^{Bc}	17.12±0.83^{ABbc}	115.36±7.55	11.92±0.55^{ABa}
	0	0.4	1 051.60±78.79	2 071.89±142.96^{ABbc}	18.05±1.29^{ABabc}	109.52±5.62	10.09±0.69^{CDbc}
	2 000	0.4	1 046.29±94.81	2 166.22±129.46^{ABab}	18.76±1.43^{ABab}	115.28±6.31	9.52±0.43^{CDc}
	4 000	0.4	1 047.43±54.26	1 976.00±76.30^{Bc}	16.92±1.18^{Bbc}	116.14±7.37	12.08±0.80^{ABa}
	0	0.8	1 045.50±87.98	2 059.13±135.28^{ABbc}	18.34±1.37^{ABabc}	115.87±9.90	9.94±0.89^{CDbc}
	2 000	0.8	1 051.33±44.09	2 253.88±128.72^{Aa}	19.55±1.70^{Aa}	109.58±9.11	9.01±0.54^{Dc}
	4 000	0.8	1 047.14±69.62	2 095.10±99.42^{ABbc}	17.96±0.94^{ABabc}	111.23±4.82	10.77±0.75^{BCb}
钙水平（%）	0		1 047.56±57.85	1 985.14±157.02^{Bb}	17.25±1.24^{Bb}	113.79±6.27	11.60±1.21^{Aa}
	0.4		1 048.83±74.48	2 087.96±141.58^{ABa}	18.05±1.49^{ABab}	113.73±6.78	10.57±1.30^{Bb}
	0.8		1 048.24±62.31	2 132.88±142.54^{Aa}	18.68±1.50^{Aa}	112.42±8.36	9.99±1.01^{Bb}
维生素 D 水平（IU/kg）	0		1 049.52±69.87	2 041.77±151.47^{ABb}	17.54±1.32^{Bb}	113.48±7.45	10.76±1.53^{Ab}
	2 000		1 047.83±71.78	2 146.16±175.12^{Aa}	18.85±1.63^{Aa}	112.07±7.50	9.59±0.66^{Bc}
	4 000		1 047.35±56.82	2 025.78±112.46^{Bb}	17.39±1.03^{Bb}	114.24±6.67	11.55±0.88^{Aa}

表 6-6　日粮维生素 D 和钙水平对育成生长期水貂营养物质消化率的影响

项目	维生素 D 水平（IU/kg）	钙水平（%）	干物质采食量（g）	干物质排出量（g）	干物质消化率（%）	蛋白质消化率（%）	脂肪消化率（%）
组别	0	0	112.43±3.89	23.34±1.74^{ABCDabc}	79.05±2.02^{Bb}	87.49±2.00	93.65±1.55^{ABcd}
	2 000	0	114.89±7.21	21.53±0.36^{CDcd}	79.14±1.73^{Bb}	87.20±1.87	96.06±1.68^{Aa}
	4 000	0	112.80±4.73	25.09±1.00^{Aa}	78.31±1.65^{Bb}	86.80±2.94	94.85±1.04^{ABabc}
	0	0.4	108.44±5.54	21.93±1.49^{BCDbcd}	79.59±1.65^{ABb}	87.74±1.65	95.70±1.64^{Aab}
	2 000	0.4	115.36±4.33	21.46±1.30^{CDd}	80.32±2.96^{ABab}	88.10±2.45	95.59±1.45^{Aab}
	4 000	0.4	114.03±5.87	23.66±1.31^{ABCab}	78.99±1.96^{Bb}	87.04±1.58	93.99±2.29^{ABbcd}
	0	0.8	114.74±5.80	24.86±1.76^{Aa}	78.26±1.56^{Bb}	86.33±1.67	91.13±0.92^{Ce}
	2 000	0.8	106.93±4.02	21.02±0.36^{Dd}	82.13±1.64^{Aa}	87.84±1.39	92.92±1.76^{BCd}
	4 000	0.8	112.70±3.58	24.27±0.60^{ABa}	79.35±1.33^{ABb}	87.14±0.95	94.63±1.84^{ABabcd}
钙水平（%）	0		113.33±5.04	23.32±1.87^{ab}	78.86±1.76	87.16±2.24	94.91±1.64^{Aa}
	0.4		112.61±5.80	22.49±1.60^{b}	79.64±2.27	87.62±1.91	95.14±1.88^{Aa}
	0.8		112.15±5.28	23.74±1.91^{a}	79.89±2.17	87.10±1.46	93.23±2.12^{Bb}
维生素 D 水平（IU/kg）	0		111.83±5.58	23.38±2.02^{Aa}	78.90±1.75^{b}	87.19±1.82	93.75±2.33^{b}
	2 000		113.10±6.15	21.37±0.69^{Bb}	80.41±2.41^{a}	87.71±1.91	94.92±2.06^{a}
	4 000		113.18±4.50	24.34±1.12^{Aa}	78.91±1.63^{b}	86.99±1.93	94.53±1.71^{ab}

表 6-7 日粮维生素 D 和钙水平对育成生长期水貂氮代谢的影响

项目	维生素 D 水平（IU/kg）	钙水平（%）	食入氮（g/d）	粪氮（g/d）	尿氮（g/d）	氮沉积（g/d）	净蛋白质利用率（%）	蛋白质生物学效价（%）
组别	0	0	6.21±0.53	0.81±0.13	1.89±0.27	3.37±0.36^{Bc}	56.54±3.58^{ABbc}	64.74±3.69^{bc}
	2 000	0	5.88±0.74	0.77±0.15	1.79±0.55	3.45±0.01^{Bbc}	57.63±5.44^{ABbc}	66.21±5.87^{bc}
	4 000	0	6.55±0.62	0.90±0.26	2.05±0.46	3.61±0.30^{Bbc}	55.66±3.87^{Bbc}	64.51±4.76^{bc}
	0	0.4	6.35±0.48	0.80±0.16	1.72±0.31	3.77±0.36^{Bbc}	60.16±3.98^{ABab}	68.51±4.77^{ab}
	2 000	0.4	6.81±0.54	0.83±0.19	2.24±0.54	3.97±0.33^{ABb}	56.29±5.64^{ABbc}	63.86±5.16^{bc}
	4 000	0.4	6.31±1.00	0.86±0.17	1.85±0.69	3.48±0.43^{Bbc}	58.48±4.67^{ABabc}	67.08±4.90^{ab}
	0	0.8	6.60±0.70	0.91±0.18	1.78±0.82	3.79±0.35^{Bbc}	58.25±4.69^{ABabc}	67.41±5.33^{ab}
	2 000	0.8	6.48±0.61	0.85±0.09	1.57±0.76	4.45±0.41^{Aa}	63.66±5.85^{Aa}	72.57±6.39^{a}
	4 000	0.8	6.45±0.42	0.84±0.07	2.19±0.23	3.40±0.28^{Bc}	52.92±3.05^{Bc}	60.69±3.11^{c}
钙水平（%）		0	6.23±0.65	0.83±0.19	1.91±0.43	3.50±0.30^{Bb}	56.61±4.23	65.15±4.67
		0.4	6.48±0.69	0.83±0.16	1.93±0.53	3.76±0.39^{ABa}	58.53±4.70	66.72±5.02
		0.8	6.51±0.54	0.87±0.12	1.88±0.65	3.89±0.57^{Aa}	58.28±6.31	66.29±6.74
维生素 D 水平（IU/kg）	0		6.38±0.56	0.84±0.15	1.80±0.49	3.63±0.39^{Bb}	58.31±4.18^{ab}	66.88±4.70^{ab}
	2 000		6.36±0.72	0.81±0.14	1.86±0.64	4.03±0.50^{Aa}	59.50±6.27^{a}	67.39±6.53^{a}
	4 000		6.45±0.64	0.87±0.17	2.05±0.46	3.51±0.32^{Bb}	55.39±4.24^{b}	63.78±4.80^{b}

表 6-8　日粮维生素 D 和钙水平对育成生长期水貂钙、磷代谢的影响

项目	维生素 D 水平（IU/kg）	钙水平（%）	粪钙（g/d）	粪磷（g/d）	钙消化率（%）	磷消化率（%）
组别	0	0	1.70±0.17^{DEcd}	0.81±0.07^{CDde}	34.22±2.89^{ABCab}	36.44±2.55^{ABCab}
	2 000	0	1.50±0.22^{Ed}	0.73±0.09^{De}	34.59±3.00^{ABCab}	40.15±3.30^{ABa}
	4 000	0	1.80±0.14^{DEbc}	0.89±0.07^{Ccd}	30.53±1.80^{CDbc}	31.64±2.45^{BCbc}
	0	0.4	1.95±0.15^{CDbc}	0.93±0.08^{BCc}	33.50±2.58^{ABCDab}	32.56±5.73^{ABCbc}
	2 000	0.4	1.98±0.38^{BCDb}	0.95±0.04^{BCc}	37.13±3.27^{Aa}	41.32±9.97^{Aa}
	4 000	0.4	2.25±0.13^{ABCa}	1.15±0.09^{Aab}	28.17±2.84^{Dc}	29.02±1.13^{Cc}
	0	0.8	2.47±0.21^{Aa}	1.19±0.07^{Aa}	31.02±2.45^{BCDbc}	31.25±1.77^{BCbc}
	2 000	0.8	2.33±0.28^{ABa}	1.06±0.07^{ABb}	36.30±2.57^{ABa}	41.63±2.27^{Aa}
	4 000	0.8	2.50±0.19^{Aa}	1.2±0.09^{Aa}	28.70±2.15^{Dc}	32.92±2.92^{ABCbc}
钙水平（%）	0		1.67±0.21^{Cc}	0.81±0.10^{Cc}	32.91±3.05	35.80±4.47
	0.4		2.07±0.28^{Bb}	1.04±0.14^{Bb}	32.88±4.81	35.39±8.51
	0.8		2.44±0.22^{Aa}	1.16±0.10^{Aa}	31.30±3.56	34.11±4.58
维生素 D 水平（IU/kg）	0		2.05±0.38^{ABa}	0.96±0.17^{Bb}	32.46±2.84^{Bb}	33.37±4.29^{Bb}
	2 000		1.89±0.45^{Bb}	0.88±0.17^{Cc}	35.98±2.93^{Aa}	40.95±6.17^{Aa}
	4 000		2.18±0.34^{Aa}	1.10±0.16^{Aa}	29.20±2.32^{Cc}	31.89±2.76^{Bb}

用率有重要影响，可以通过减少磷的利用率来降低环境污染。

综合各项指标，本试验条件下，饲粮中钙磷比为2∶1、维生素D水平为4 000 IU/kg、钙水平为3.1%时，水貂能获得较好的生产性能。

（四）冬毛生长期水貂维生素D营养研究

王静（2018a，2018b）以公水貂为研究对象，通过采用3×3双因素随机试验，钙磷比固定为1.7∶1，基础饲粮中维生素D水平为2 300 IU/kg，钙水平为2.0%。设3个维生素D添加水平，分别为0、2 000 IU/kg、4 000 IU/kg；3个钙添加水平，分别为0、0.4%、0.8%，研究饲粮不同维生素D和钙水平对冬毛生长期水貂生产性能、血清生化指标及脏器指数的影响，以筛选出适宜冬毛生长期水貂的饲粮维生素D和钙水平。

1. 日粮维生素D和钙水平对冬毛生长期公水貂生长性能及毛皮品质的影响 水貂的终末体重、平均日增重差异不显著（表6-9），说明维生素D和钙水平对冬毛生长期公水貂体重增长无明显调节作用。而在饲粮维生素D添加水平为2 000 IU/kg，钙添加水平为0时，料重比较低，说明此时饲料的质量与饲喂效果较好。维生素D在钙、磷吸收的过程中具有决定性的调节作用，此水平下饲喂效果好，可能与协调水貂体内其他矿物元素的代谢平衡有关。维生素D和钙水平对水貂体重、皮长和毛皮品质均无显著影响（表6-10），可能维生素D和钙对水貂的影响主要在代谢等其他方面上。

表6-9 日粮维生素D和钙水平对冬毛生长期公水貂生长性能的影响

项目	维生素D水平（IU/kg）	钙水平（%）	初始体重（g）	终末体重（g）	平均日增重（g）	平均日采食量（g）	料重比
组别	0	0	2 376.00±130.23	2 527.63±251.05	2.18±0.49	107.34±10.35	35.72±5.99[BCcd]
	2 000	0	2 345.80±107.26	2 510.25±205.99	2.38±0.42	108.96±4.76	30.66±8.60[Cd]
	4 000	0	2 315.45±194.88	2 362.73±211.69	2.10±0.86	104.18±10.14	43.60±7.25[ABCabc]
	0	0.4	2 306.00±197.55	2 320.55±226.95	1.57±0.28	98.67±2.94	49.52±2.02[ABab]
	2 000	0.4	2 301.00±122.43	2 423.82±138.47	1.96±0.71	107.77±10.28	40.82±5.62[ABCbcd]
	4 000	0.4	2 333.44±165.43	2 432.90±230.85	1.84±0.57	116.58±5.03	43.04±6.83[ABCabc]
	0	0.8	2 356.50±140.13	2 427.14±239.99	1.39±0.66	107.49±11.47	52.83±7.28[Aa]
	2 000	0.8	2 338.00±148.86	2 487.73±181.48	2.14±0.38	107.64±11.95	36.12±6.44[BCcd]
	4 000	0.8	2 307.67±186.15	2 355.64±168.63	1.40±0.26	106.73±7.52	45.96±7.22[ABCabc]
钙水平（%）		0	2 340.48±157.17	2 455.30±227.58	2.23±0.53	107.06±8.54	36.66±8.51[b]
		0.4	2 313.39±163.25	2 391.16±202.44	1.77±0.51	109.29±9.70	44.10±6.06[a]
		0.8	2 327.88±161.09	2 423.00±194.15	1.77±0.55	107.14±8.87	44.97±9.55[a]
维生素D水平（IU/kg）	0		2 339.04±163.33	2 412.96±245.14	1.73±0.54	105.52±9.75	46.70±9.28[Aa]
	2 000		2 325.15±123.94	2 470.30±172.00	2.16±0.49	108.28±7.69	36.34±7.38[Bb]
	4 000		2 317.59±178.11	2 382.22±200.78	1.78±0.61	109.17±8.81	44.38±6.43[ABa]

表 6-10　日粮维生素 D 和钙水平对冬毛生长期公水貂毛皮品质的影响

项目	维生素 D 水平（IU/kg）	钙水平（%）	体重（g）	体长（cm）	皮长（cm）	毛皮品质（1～5 分）
组别	0	0	2 573.00±134.09	47.08±2.29	75.79±2.86	3.77±0.08
	2 000	0	2 453.50±204.97	46.83±0.98	77.08±2.78	3.83±0.19
	4 000	0	2 462.50±206.49	45.00±1.26	75.36±2.04	3.87±0.15
	0	0.4	2 372.00±174.52	45.67±0.52	74.25±1.26	3.92±0.21
	2 000	0.4	2 433.00±155.55	45.00±0.89	73.79±1.98	3.92±0.15
	4 000	0.4	2 574.17±177.69	45.67±1.21	75.08±3.32	3.97±0.21
	0	0.8	2 500.33±155.30	46.33±1.37	74.43±2.91	3.88±0.13
	2 000	0.8	2 530.33±208.82	45.67±1.03	74.83±0.82	3.83±0.22
	4 000	0.8	2 376.67±29.57	46.00±0.63	73.63±2.18	3.92±0.16
钙水平（%）	0		2 496.33±182.51	46.31±1.79	76.03±2.54[a]	3.82±0.14
	0.4		2 459.72±181.53	45.44±0.92	74.35±2.36[b]	3.93±0.18
	0.8		2 469.11±157.67	46.00±1.03	74.24±2.15[b]	3.88±0.17
维生素 D 水平（IU/kg）	0		2 481.78±169.27	46.36±1.59	74.92±2.58	3.86±0.16
	2 000		2 472.28±184.82	45.83±1.20	75.16±2.37	3.86±0.18
	4 000		2 471.11±170.32	45.56±1.10	74.62±2.51	3.92±0.17

2. 日粮维生素 D 水平对冬毛生长期公水貂营养物质代谢的影响　饲粮维生素 D 和钙水平对水貂干物质排出量、干物质消化率、蛋白质消化率的影响不显著（表 6-11），水貂进入冬毛生长期，由增加体长转为以生长肌肉和沉积脂肪为主的育肥阶段，脂肪消化率随着钙水平的升高而降低，可能是由于适量的维生素 D 促进钙吸收，提高脂肪消化率，而过量的维生素 D 则引起血钙增加，引起水貂脂肪消化率下降。

表 6-11　日粮维生素 D 和钙水平对冬毛生长期公水貂营养物质消化率的影响

项目	维生素 D 水平（IU/kg）	钙水平（%）	干物质采食量（g）	干物质排出量（g）	干物质消化率（%）	蛋白质消化率（%）	脂肪消化率（%）
组别	0	0	106.65±6.37	22.03±1.59	79.12±1.44	85.81±0.90	97.39±1.03[Aa]
	2 000	0	110.62±3.43	21.37±1.41	79.99±0.99	86.24±1.10	97.40±0.52[Aa]
	4 000	0	106.63±9.39	19.97±1.79	81.1±1.58	85.39±1.72	97.32±0.97[ABa]
	0	0.4	102.82±10.53	20.83±2.85	80.54±1.61	85.40±0.50	97.50±0.51[Aa]
	2 000	0.4	104.67±14.43	21.24±1.92	80.86±1.28	85.90±1.24	97.37±0.52[Aa]
	4 000	0.4	117.20±4.75	22.75±2.64	80.28±3.22	85.07±1.29	97.08±0.52[ABa]
	0	0.8	110.94±12.57	21.88±2.98	80.46±1.22	85.08±1.10	96.91±0.78[ABab]
	2 000	0.8	110.88±11.72	21.25±1.92	80.33±1.81	85.99±0.44	96.27±0.60[Bb]
	4 000	0.8	105.37±7.95	22.16±1.93	80.58±3.79	85.33±1.34	96.81±0.67[ABab]

（续）

项目	维生素D水平（IU/kg）	钙水平（%）	干物质采食量（g）	干物质排出量（g）	干物质消化率（%）	蛋白质消化率（%）	脂肪消化率（%）
钙水平（%）	0.0		107.86±6.50	21.12±1.73	80.07±1.56	85.81±1.22	97.37±0.83^{Aa}
	0.4		108.44±11.78	21.66±2.42	80.55±2.16	85.45±1.06	97.34±0.52^{Aa}
	0.8		108.31±10.05	21.73±2.21	80.46±2.45	85.38±1.07	96.68±0.72^{Bb}
维生素D水平（IU/kg）	0		106.55±10.10	21.63±2.38	80.04±1.53	85.41±0.91	97.27±0.81
	2 000		108.41±10.78	21.29±1.64	80.39±1.39	86.05±0.96	97.03±0.74
	4 000		109.59±8.89	21.58±2.37	80.65±2.92	85.26±1.36	97.08±0.76

3. 日粮维生素D水平对冬毛生长期公水貂钙、磷代谢的影响　本试验中钙磷比是固定的，随着日粮钙水平的增加，粪钙和粪磷含量逐渐上升（表6-12）。维生素D在动物的钙、磷代谢过程中起着不可或缺的作用，适量的膳食维生素D可以提高钙和磷的利用率。钙添加水平为0，维生素D添加水平为2 000 IU/kg，有利于水貂减少粪钙、粪磷含量，提高钙、磷消化率，降低磷排放对环境造成的污染。

表6-12　日粮维生素D和钙水平对冬毛生长期水貂钙、磷代谢的影响

项目	维生素D水平（IU/kg）	钙水平（%）	粪钙（g/d）	粪磷（g/d）	钙消化率（%）	磷消化率（%）
组别	0	0	1.51±0.10^{Cd}	0.70±0.05^{Ec}	26.00±2.15^{CDcd}	42.89±3.25^{ABCbc}
	2 000	0	1.50±0.07^{Cd}	0.69±0.05^{Ec}	32.85±2.04^{Aa}	47.28±3.55^{Aa}
	4 000	0	1.43±0.17^{Cd}	0.63±0.08^{Ec}	31.15±2.59^{ABab}	46.38±2.13^{ABab}
	0	0.4	1.84±0.26^{BCc}	0.76±0.11^{DEc}	28.75±3.02^{ABCbc}	42.20±4.13^{BCc}
	2 000	0.4	1.95±0.20^{ABbc}	0.91±0.10^{CDb}	26.93±2.84^{BCcd}	38.11±3.68^{CDd}
	4 000	0.4	2.15±0.25^{ABabc}	1.01±0.12^{BCb}	21.85±2.37^{De}	37.15±3.51^{Dde}
	0	0.8	2.11±0.19^{ABabc}	1.02±0.13^{BCb}	26.57±2.63^{BCDcd}	43.52±1.71^{ABbc}
	2 000	0.8	2.34±0.25^{Aa}	1.25±0.10^{Aa}	24.14±2.86^{CDde}	38.17±2.07^{CDd}
	4 000	0.8	2.26±0.34^{ABab}	1.17±0.14^{ABa}	25.51±0.62^{CDcd}	34.19±1.23^{De}
钙水平（%）	0		1.49±0.10^{Cc}	0.67±0.06^{Cc}	30.42±3.55^{Aa}	45.52±3.47^{Aa}
	0.4		1.99±0.26^{Bb}	0.89±0.15^{Bb}	25.51±4.05^{Bb}	38.83±4.11^{Bb}
	0.8		2.24±0.26^{Aa}	1.14±0.15^{Aa}	25.77±2.43^{Bb}	39.44±4.18^{Bb}
维生素D水平（IU/kg）	0		1.78±0.31	0.83±0.17^{Bb}	27.04±2.72^{ABab}	42.94±2.93^{Aa}
	2 000		1.90±0.41	0.95±0.25^{Aa}	29.29±4.44^{Aa}	41.34±5.42^{ABab}
	4 000		2.00±0.42	0.94±0.25^{Aa}	26.60±4.85^{Bb}	40.08±5.86^{Bb}

4. 日粮维生素D和钙水平对冬毛生长期公水貂血清中蛋白质代谢及脂肪代谢相关指标的影响　钙水平对水貂血清中蛋白质代谢相关指标除总蛋白外无显著影响。维生素D添加水平为2 000 IU/kg时，总蛋白含量显著高于4 000 IU/kg组，与0组差异不显著，血清总蛋白浓度提高，水貂血清甘油三酯浓度显著降低，白蛋白和球蛋白的水平均

最高（表 6－13），说明该水平下蛋白质的利用率相对较高。但在本试验中，当饲粮维生素 D 添加量到 4 000 IU/kg 时，蛋白质代谢相关指标有所降低，可能是由于饲粮维生素 D 量过高，引起动物机体不适，从而导致蛋白质代谢利用率有所降低。

表 6－13　日粮维生素 D 和钙水平对冬毛生长期公水貂血清中蛋白质代谢相关指标的影响

项目	维生素 D 水平（IU/kg）	钙水平（%）	总蛋白（g/L）	白蛋白（g/L）	球蛋白（g/L）
组别	0	0	76.45±3.99	49.98±2.52	26.94±4.17
	2 000	0	81.26±5.03	52.68±2.84	27.83±7.58
	4 000	0	73.56±5.22	50.18±5.37	23.24±5.73
	0	0.4	75.15±5.95	47.08±6.91	27.49±8.49
	2 000	0.4	77.67±6.40	50.29±4.44	27.47±5.49
	4 000	0.4	76.24±6.58	49.77±5.49	25.72±4.87
	0	0.8	77.25±6.17	49.37±3.15	27.26±8.95
	2 000	0.8	81.45±5.61	50.80±3.95	30.77±9.41
	4 000	0.8	74.11±2.13	49.56±5.54	24.59±8.50
钙水平（%）	0		77.04±5.34	51.15±3.68	25.84±5.56
	0.4		76.45±5.88	49.16±5.43	26.84±5.96
	0.8		77.90±5.60	49.91±4.06	27.95±8.76
维生素 D 水平（IU/kg）	0		76.30±4.94^{ab}	48.81±4.47	27.23±7.01
	2 000		80.05±5.61^{a}	51.36±3.67	29.21±7.67
	4 000		74.64±4.68^{b}	49.83±5.10	24.52±6.02

与脂肪代谢相关的血液指标是甘油三酯（TG）、低密度脂蛋白（LDL）组间存在极显著差异（$P<0.01$），维生素 D 添加水平显著影响水貂血清甘油三酯（TG）浓度（$P<0.05$），2 000 IU/kg 添加水平显著低于 0 IU/kg 添加水平（$P<0.05$）。钙添加水平显著影响水貂血清高密度脂蛋白（HDL）浓度（$P<0.05$），0 添加水平显著低于 0.4%和 0.8%添加水平（$P<0.05$）。钙添加水平极显著影响水貂血清低密度脂蛋白（LDL）浓度（$P<0.01$），0.8%钙添加水平极显著低于另两个添加水平（$P<0.01$）。维生素 D 和钙添加水平对水貂血清总胆固醇（CHO）浓度均无显著影响（$P>0.05$）（表 6－14）。

表 6－14　日粮维生素 D 和钙水平对冬毛生长期公水貂血清中脂肪代谢相关指标的影响

项目	维生素 D 水平（IU/kg）	钙水平（%）	甘油三酯（mmol/L）	总胆固醇（mg/dL）	高密度脂蛋白（mg/dL）	低密度脂蛋白（mg/dL）
组别	0	0	1.11±0.18^{ABb}	290.01±24.73	156.83±12.66^{Bc}	38.25±2.23^{Cc}
	2 000	0	0.97±0.14^{Bb}	324.09±30.03	167.49±17.36^{ABbc}	50.60±5.96^{Aa}
	4 000	0	1.13±0.14^{ABb}	300.23±49.72	154.91±15.49^{Bc}	48.12±1.58^{ABab}
	0	0.4	1.33±0.22^{Aa}	304.29±23.16	165.18±16.08^{ABbc}	51.22±3.99^{Aa}
	2 000	0.4	0.95±0.10^{Bb}	311.00±38.37	183.74±16.07^{ABab}	42.22±4.30^{BCc}
	4 000	0.4	1.04±0.20^{Bb}	301.76±25.44	175.75±17.63^{ABabc}	43.45±1.57^{ABCbc}
	0	0.8	1.06±0.09^{ABb}	347.97±48.37	193.80±19.04^{Aa}	39.98±2.00^{Cc}
	2 000	0.8	1.12±0.13^{ABb}	326.10±34.38	170.00±15.72^{ABbc}	39.85±2.30^{Cc}
	4 000	0.8	1.10±0.07^{ABb}	305.64±36.46	166.37±15.30^{ABbc}	40.09±4.33^{Cc}

（续）

项目	维生素D水平（IU/kg）	钙水平（%）	甘油三酯（mmol/L）	总胆固醇（mg/dL）	高密度脂蛋白（mg/dL）	低密度脂蛋白（mg/dL）
钙水平（%）	0		1.07±0.16	304.49±37.85	159.37±15.09^{b}	45.66±6.54^{Aa}
	0.4		1.12±0.25	306.13±29.04	174.94±17.30^{a}	45.83±5.42^{Aa}
	0.8		1.09±0.10	324.96±40.70	174.59±19.15^{a}	39.97±2.77^{Bb}
维生素D水平（IU/kg）	0		1.18±0.21^{a}	312.24±39.69	171.42±21.70	43.59±6.64
	2 000		1.01±0.14^{b}	319.39±32.98	173.91±16.72	43.64±5.94
	4 000		1.08±0.14^{ab}	302.40±36.83	166.31±17.44	43.51±4.43

5. 日粮维生素D和钙水平对冬毛生长期公水貂脏器指数的影响 0.8%钙添加水平显著提高了水貂心脏指数、肝脏指数、脾脏指数，添加0和2 000 IU/kg维生素D水平水貂肾脏指数极显著高于4 000 IU/kg添加水平（表6-15）。

综合以上指标，本试验条件下（基础饲料维生素D水平为2 100 IU/kg），水貂饲粮中添加0和2 000 IU/kg维生素D，即总维生素D含量为2 300～4 300 IU/kg，能够促进水貂蛋白质代谢，提高水貂肾脏指数；水貂饲粮中添加0.8%钙，即饲粮中总钙含量为2.8%，能够提高水貂心脏指数、肝脏指数、脾脏指数。当日粮中钙磷比为1.7∶1、基础饲粮维生素D水平为2 100 IU/kg、冬毛生长期水貂饲粮维生素D水平为2 300 IU/kg和4 300 IU/kg、钙水平为2.0%时，水貂能获得较好的生产性能。

表6-15 日粮维生素D和钙水平对冬毛生长期公水貂脏器指数的影响

项目	维生素D水平（IU/kg）	钙水平（%）	心脏指数	肝脏指数	脾脏指数	肾脏指数
组别	0	0	0.46±0.02^{bc}	3.10±0.48	0.26±0.05^{ab}	0.28±0.04^{ABa}
	2 000	0	0.50±0.01^{ab}	3.15±0.35	0.28±0.06^{ab}	0.29±0.04^{Aa}
	4 000	0	0.45±0.02^{c}	3.04±0.53	0.24±0.05^{b}	0.22±0.02^{Cc}
	0	0.4	0.48±0.04^{abc}	3.33±0.87	0.28±0.07^{ab}	0.28±0.03^{ABa}
	2 000	0.4	0.47±0.01^{abc}	3.12±0.46	0.29±0.06^{ab}	0.26±0.01^{ABCab}
	4 000	0.4	0.45±0.03^{c}	3.04±0.33	0.26±0.04^{ab}	0.24±0.01^{BCbc}
	0	0.8	0.49±0.05^{abc}	3.34±0.40	0.26±0.04^{ab}	0.24±0.02^{ABCbc}
	2 000	0.8	0.51±0.04^{a}	3.62±0.51	0.36±0.09^{a}	0.27±0.04^{ABCab}
	4 000	0.8	0.50±0.02^{ab}	3.58±0.20	0.36±0.09^{a}	0.24±0.01^{BCbc}
钙水平（%）	0		0.47±0.03^{b}	3.10±0.43^{b}	0.26±0.05^{b}	0.26±0.04
	0.4		0.47±0.03^{b}	3.16±0.57^{b}	0.28±0.05^{ab}	0.26±0.03
	0.8		0.50±0.04^{a}	3.51±0.39^{a}	0.33±0.08^{a}	0.25±0.03
维生素D水平（IU/kg）	0		0.48±0.04	3.26±0.59	0.27±0.05	0.27±0.03^{Aa}
	2 000		0.49±0.03	3.30±0.48	0.31±0.07	0.27±0.03^{Aa}
	4 000		0.47±0.04	3.22±0.44	0.29±0.08	0.23±0.02^{Bb}

三、维生素 E

（一）水貂维生素 E 概述及缺乏症

维生素 E 又称生育酚，能使生殖细胞正常发育，维持生殖机能，对防止饲料中的脂肪氧化具有重要的作用，并且参与机体的正常代谢和许多生物化学过程。

由于水貂日粮结构的特殊性，饲料中含有过多酸败脂肪时，不饱和脂肪酸含量过高，或者维生素 E 供给不足、供给方式不合理，常导致水貂缺乏维生素 E。据研究发现，水貂维生素 E 缺乏后，主要表现为生殖器官病理性变化和生殖机能的紊乱。雄性动物性欲低，睾丸体积变小，精细管萎缩，精液生成发生障碍，精子形态异常，精子数目减少，活动力弱；雌性动物发情推迟，失配率增加，最明显的表现为胚胎吸收，流产或死胎，胎产仔数下降，母性不强，空怀率上升，失去正常生育能力。

（二）水貂维生素 E 需要量研究

Tauson 等（1991）发现，在给生长期的水貂饲喂高水平的鱼油和菜籽油的同时，若饲粮中的维生素 E 不能满足水貂需要，其就会发生缺铁性贫血现象。Engberg 等（1994）研究证明，在水貂的饲粮中添加新鲜鱼油来提供 55%代谢能，同时不添加任何氧化稳定剂，饲喂一段时间后可导致水貂发生渐进性贫血症状。

维生素 E 在日粮中既作为一种维生素又作为抗氧化剂。日粮中存在的维生素 E 与其他抗氧化剂相比是少量的，需要额外添加。Stowe 等（1963）研究当日粮中猪油作为脂肪来源时，α-维生素 E 的需求量约为每千克纯合日粮中含 25 mg，就相当于每 0.42 MJ 代谢能中含维生素 E 0.66 mg。饲粮中一些锌、铁或铜的抗氧化剂往往会对维生素 E 结构造成破坏，因此，水貂日粮中维生素 E 的添加量要结合饲料原料的具体情况确定。水貂每天代谢能的 30%～55%需要依靠摄入脂肪来提供。Rouvinen（1991）研究发现，将多脂鲱鱼作为水貂的饲粮时，妊娠和哺乳期的母水貂需在每天的饲粮中添加约 60 mg 维生素 E 以满足其需要。Tauson（1993）研究发现，在水貂妊娠期和哺乳期内饲粮中来自鱼产品的脂肪超过 95%时，在饲料（湿质量）中添加28 mg/kg维生素 E 可保证母水貂的正常产仔数，但与所有饲喂鱼脂肪组的母水貂比较后可发现其产出的仔水貂体重偏低。因此，在水貂繁殖期间的饲料应降低脂肪含量并提高蛋白质含量，否则脂肪转化为糖的过程中会产生有机酸（乙酸、丙酸和丁酸等），易导致酮病的发生；对于生长期的仔水貂来说，每千克饲粮中维生素 E 的安全含量在 60～80 mg。Engberg 等（2009）研究表明，饲粮中添加 82 mg/kg DL-α-生育酚醋酸酯饲料，可有效保护生长仔水貂，避免在饲喂高氧化海鱼时生长仔水貂缺乏维生素 E。Harris 等（1963）在比较人和试验动物的维生素 E 需要量与日粮多不饱和脂肪酸（PUFA）关系的试验后，推荐饲粮中每克 PUFA 添加 0.6 mg 的维生素 E，可以提高基础日粮中的维生素 E 水平。

实际中，在水貂饲粮中维生素 E 的使用剂量过高，不但不会提升水貂的各项生产性能，反而会降低水貂的生产性能。饲粮中添加过高水平维生素 E 时，水貂的繁殖与哺乳性能都比较低，说明过高水平的维生素 E 对水貂的繁殖与哺乳性能有负面效应。

仔水貂的饲粮中维生素 E 含量过多会导致仔水貂大量出血并死亡。维生素 E 的抗氧化作用与浓度在一定范围内呈负相关，在较低浓度时维生素 E 具有抗氧化作用，但当浓度超过一定范围后，维生素 E 不但不具有抗氧化作用，反而会起到助氧化的作用；Knox（1977）、Brand（1984）和 Henriksen（1984）研究表明，水貂日粮中添加高水平的多不饱和脂肪酸时，在维生素 E 和抗氧化剂缺乏或不足的条件下可能会产生水貂脂肪组织炎，即“黄脂肪”病。

（三）维生素 E 对育成生长期水貂生产性能的影响

张婷（2018）试验用基础饲粮以膨化玉米、秘鲁鱼粉、肉粉、豆粕、鸡油等为主要原料，饲喂基础饲粮、基础饲粮＋200 mg/kg 维生素 E（以 DL-α-生育酚乙酸酯为维生素 E 源，含量为 50%）、基础饲粮＋0.2 mg/kg 硒（以甘氨酸纳米硒为硒源，含量为 1%）、基础饲粮＋200 mg/kg 维生素 E＋0.2 mg/kg 硒，研究干粉饲粮添加维生素 E 和硒对育成生长期水貂生长性能、营养物质消化率及血清生化指标的影响。

1. 日粮维生素 E 和硒水平对育成生长期水貂生长性能的影响 与对照组相比，添加 200 mg/kg 维生素 E 组和添加 200 mg/kg 维生素 E＋0.2 mg/kg 硒组水貂平均日增重显著增加而料重比显著下降（表 6-16）。饲料添加维生素 E 可显著提高育成生长期水貂的生长性能，可能是因为水貂肠道内环境复杂，饲粮中过氧化物以及肠细胞自身产生的活性氧会导致肠道细胞膜的氧化，导致其功能异常。特别是在断奶后一段时间内，水貂肠道内黏液染色区减少，易受病原体感染和氧化应激损伤。维生素 E 作为抗氧化剂，直接作为电子供体，阻断自由基的链式反应，保护肠黏膜抵抗氧化损伤和病原体的感染，进而提高营养物质的消化利用率。饲粮添加 0.2 mg/kg 硒对育成生长期水貂的生长性能没有产生显著影响，说明基础饲粮中的硒（0.48 mg/kg）可满足育成生长期水貂的基本生长需要。

表 6-16 日粮维生素 E 和硒水平对育成生长期水貂生长性能的影响

项目	对照组（0）	维生素 E 组（200 mg/kg）	硒组（0.2 mg/kg）	维生素 E+硒组（200 mg/kg 维生素 E+0.2 mg/kg 硒）
初始体重（g）	1 030.64±84.13	1 031.47±80.23	1 030.06±68.92	1 031.82±72.04
终末体重（g）	1 519.16±118.66	1 610.90±142.43	1 538.33±188.67	1 632.72±125.70
平均日增重（g）	8.14±2.36^{b}	9.65±2.89^{a}	8.44±1.79^{ab}	10.04±2.61^{a}
平均日采食量（g）	109.24±11.67	112.37±12.84	110.43±14.40	114.24±13.09
料重比	13.42±1.87^{a}	11.64±2.0^{b}	13.08±1.96^{a}	11.37±1.52^{b}

2. 日粮维生素 E 和硒水平对育成生长期水貂营养物质消化率及氮代谢的影响 添加 200 mg/kg 维生素 E＋0.2 mg/kg 硒组水貂脂肪消化率极显著高于对照组，与添加 200 mg/kg 维生素 E 组和添加 0.2 mg/kg 硒组差异不显著（表 6-17）。饲粮同时添加维生素 E 和硒显著提高育成生长期水貂脂肪消化率，可能与维生素 E 对脂肪代谢相关基

因的调控有关。维生素 E 和硒可能还通过抗氧化性能保护肠黏膜免受自由基和病原的攻击，维持肠道对营养素的消化吸收功能。本试验中添加 200 mg/kg 维生素 E+0.2 mg/kg 硒组水貂，未发现对蛋白质消化率有显著影响，氮代谢各项指标在组间差异不显著。

表 6-17 日粮维生素 E 和硒水平对育成生长期水貂营养物质消化率及氮代谢的影响

项目	对照组（0）	维生素 E 组（200 mg/kg）	硒组（0.2 mg/kg）	维生素 E+硒组（200 mg/kg 维生素 E+0.2 mg/kg 硒）
干物质消化率（%）	76.50±1.79	76.35±1.91	75.23±3.03	77.54±1.61
脂肪消化率（%）	90.48±2.41^{Bb}	92.03±2.06^{AaBb}	90.48±2.54^{AaBb}	93.17±1.32^{Aa}
蛋白质消化率（%）	76.61±1.66	76.30±2.07	74.51±3.51	75.65±2.26
尿氮（g/d）	2.88±0.52	2.86±0.62	2.95±0.42	2.97±0.30
粪氮（g/d）	1.22±0.22	1.28±0.13	1.30±0.15	1.19±0.22
食入氮（g/d）	5.75±0.76	5.91±0.80	5.81±0.93	6.01±0.62
氮沉积（g/d）	1.65±0.36	1.77±0.54	1.56±0.42	1.85±0.24

3. 日粮维生素 E 和硒水平对育成生长期水貂血清抗氧化指标的影响 在饲粮中同时添加维生素 E 和硒可显著提高育成生长期水貂血清超氧化物歧化酶和谷胱甘肽过氧化物酶活性（表 6-18）。在生理条件下，体内活性氧的形成与内源性抗氧清除化合物的清除能力之间存在着平衡。机体在遭受各种刺激时，体内活性氧的产生超出机体的清除能力，造成氧化损伤如脂质过氧化、生物膜结构和功能的改变、DNA 损伤等。在本试验条件下，饲粮单独添加维生素 E 和同时添加维生素 E 与硒可降低水貂血清活性氧水平。

表 6-18 饲粮维生素 E 和硒水平对育成生长期水貂血清抗氧化指标的影响

项目	对照组（0）	维生素 E 组（200 mg/kg）	硒组（0.2 mg/kg 硒）	维生素 E+硒组（200 mg/kg 维生素 E+0.2 mg/kg 硒）
超氧化物歧化酶（U/mL）	20.45±2.15^{b}	21.63±3.84^{ab}	22.94±2.52^{ab}	23.17±2.67^{a}
丙二醛（nmol/mL）	8.04±1.74	7.01±1.05	7.76±1.62	7.14±0.86
谷胱甘肽过氧化物酶（U/L）	1 695.11±286.74^{Bb}	2 174.12±350.96^{Aa}	1 933.80±265.30^{AaBb}	2 028.0±308.25^{Aa}
总抗氧化能力（U/mL）	9.24±1.85	10.02±1.26	9.04±1.04	9.43±1.45
活性氧（mL）	552.39±8.64^{Aa}	474.67±68.84^{BbCc}	502.76±76.50^{AaBb}	430.69±51.12^{Cc}

4. 日粮维生素 E 和硒水平对育成生长期水貂血清免疫指标的影响 添加 200 mg/kg 维生素 E+0.2 mg/kg 硒组水貂血清免疫球蛋白 G 水平显著高于添加 200 mg/kg 维生素

E 组和添加 0.2 mg/kg 硒组，但与对照组差异不显著。与对照组相比，饲粮同时添加维生素 E 和硒显著提高水貂血清白介素-2（IL-2）水平（表 6-19）。这说明在改善育成生长期水貂机体免疫机能上，维生素 E 和硒各自发挥相应作用。

表 6-19 饲粮维生素 E 和硒水平对育成生长期水貂血清免疫指标的影响

项目	对照组（0）	维生素 E 组（200 mg/kg）	硒组（0.2 mg/kg）	维生素 E+硒组（200 mg/kg 维生素 E+0.2 mg/kg 硒）
免疫球蛋白 A（μg/mL）	71.25±11.13	74.40±10.07	72.40±15.75	74.26±14.23
免疫球蛋白 G（μg/mL）	704.62±38.24[ab]	675.46±35.06[b]	695.48±59.48[b]	744.50±46.93[a]
免疫球蛋白 M（μg/mL）	3.61±0.56	4.14±0.63	3.93±0.42	4.26±0.50
白介素-2（ng/L）	1 059.25±270.36[b]	1 202.64±184.46[ab]	1 198.45±226.09[ab]	1 363.61±254.41[a]
白介素-6（ng/L）	111.15±6.08	108.17±5.92	116.14±6.12	120.65±6.86
肿瘤坏死因子-α（ng/L）	816.84±56.80	874.78±64.04	808.79±58.87	840.31±49.74

综合考虑得出，试验条件下饲粮中同时添加 200 mg/kg 维生素 E 和 0.2 mg/kg 硒可促进育成生长期水貂生长，提高脂肪消化率，同时增强机体抗氧化能力及免疫力。

四、维生素 K

（一）维生素 K 概述

维生素 K 又名抗出血维生素，不仅促进凝血，是维持血液正常凝固所必需的物质，参与骨代谢，还在抑制血管钙化、控制糖代谢等方面具有调节作用。维生素 K 的吸收需要胆盐的存在和健康的肠道功能。在许多动物中，维生素 K 不是一种饮食需求，因为它们的肠道菌群合成了足够数量的维生素 K。然而，水貂的肠道菌群合成维生素 K 的能力非常有限，这与水貂的胃肠道相对较短，没有盲肠，大肠相对未分化，只有体长的 1/3 有直接关系（Kainer，1954）。

（二）水貂维生素 K 研究进展

水貂日粮中维生素 K 水平的研究很少，日粮中维生素 K 缺乏的可能性不大。Travis 等（1961）研究表明，水貂对维生素 K 的需求量小于每吨饲料含有 13 mg，此数据是由亚硫酸氢钠甲萘醌（合成维生素 K）换算的，相当于每 0.418 MJ 代谢能（ME）中不到 0.037 mg。这个添加水平对水貂血液中产生的凝血酶没有影响，很可能水貂的肠道菌群已经合成了大量的维生素 K。水貂饲粮中如果含有高水平的维生素 E，可能会出现维生素 K 缺乏的症状，继而引发出血和死亡。添加高剂量的合成维生素 K 会导致水貂中毒，Perel’dik（1972）研究表明，每千克体重使用 6 mg 的合成维生素 K 会使水貂出现消化不良、恶心和唾液分泌加剧的症状。每只水貂每天添加 10 mg 的合成维生素 K 会导致妊娠水貂在 7 d 内中毒，幼崽无法存活。

第二节　水貂的水溶性维生素营养

一、硫胺素（维生素 B_1）

（一）硫胺素概述

硫胺素分子由一分子嘧啶和一分子噻唑通过一个亚甲基桥连接而成，含有硫和氨基，故被称为硫胺素。硫胺素能溶于水和乙醇中，在酸性环境下稳定，受热、碱性条件下迅速被破坏；此外，紫外线、铜离子以及淡水鱼中的硫胺素酶均会导致硫胺素失去活性。硫胺素主要在空肠及回肠吸收，在肝脏经 ATP 作用转化成羧辅酶，参与能量代谢，是 α-酮酸、亮氨酸、异亮氨酸、缬氨酸的酮基类似物氧化脱羟作用必需的辅酶。硫胺素还可能是神经介质和细胞膜的组成成分，参与脂肪酸、胆固醇和乙酰胆碱的合成，影响神经系统能量代谢和脂肪酸合成，对维持神经、肌肉正常功能，保持正常食欲、胃肠道蠕动以及消化液分泌十分重要。

（二）水貂硫胺素营养及缺乏症

硫胺素缺乏主要损伤神经及血循环系统，表现为厌食、疲倦、烦躁、消化不良、心肌水肿、神经炎、生长受阻，甚至导致动物繁殖性能降低或丧失。但到目前为止，公认的硫胺素缺乏的特异性症状只有人的脚气病、禽类的多发性神经炎以及水貂和狐狸的查斯特克麻痹症（chastek paralysis）。硫胺素的需求量受饲料成分影响很大，当饲料中碳水化合物含量提高时，动物对硫胺素的需求也会相应加大。NRC 给出的幼水貂饲料硫胺素适宜量为 1.2 mg/kg；此外，NRC 还指出即使饲料中本身并不缺乏硫胺素，但当饲料中生淡水鱼比例较高时，因其含有硫胺素酶成分较高，也会导致硫胺素失活，引发硫胺素缺乏疾病。

二、核黄素（维生素 B_2）

（一）核黄素概述

核黄素由一个二甲基异咯嗪和一个核醇结合而成，橙色结晶，耐热并微溶于水，在蓝光、紫光或其他可见光照射下可被破坏。饲料中的核黄素多以黄素腺嘌呤二核苷酸（FAD）和黄素单核苷酸（FMN）的形式存在，在动物肠道中随蛋白质消化而释放出来，经磷酸酶水解后成为游离的核黄素，在小肠黏膜细胞内经磷酸化生成 FMN，在门脉系统与血浆白蛋白结合，在肝脏转化为 FAD 或黄素蛋白质。核黄素在体内以辅基的形式与特定蛋白酶结合成多种黄素蛋白酶，这些酶与碳水化合物、脂肪和蛋白质的代谢密切相关。动物机体自身不能合成核黄素，但消化道微生物可以合成，另外动物缺乏储存核黄素能力。所以当饲料中核黄素含量低、保存不当失活或因为拮抗物（D-阿拉伯糖黄素、二氢核黄素、异核黄素及二乙基核黄素等）影响而失活时，动物就会发生核黄素缺乏症。

（二）水貂核黄素缺乏症

饲喂未补加核黄素纯合日粮 2 周后，水貂呈现食欲不振、体重下降、极度虚弱等核黄素缺乏的典型症状。核黄素缺乏时，动物表现为骨骼、肌肉、神经系统及皮肤损伤，通过外源补充可有效缓解以上症状（Leoschke，1960）。

（三）生长期水貂核黄素营养需要研究

Leoschke（1960）通过纯合日粮试验得出生长期幼水貂核黄素适宜量为每千克饲料 1.5 mg 或每 0.418 MJ 代谢能 40 μg；Joergensen（1975）研究表明，干饲料中核黄素从 4.5 mg/kg 提高到 26 mg/kg，短期内对成年水貂血液、肌肉、器官中核黄素水平没有显著影响；穆琳琳等（2018）研究表明，在饲粮中添加不同水平的核黄素（0、2.5 mg/kg、5 mg/kg、10 mg/kg、20 mg/kg 和 40 mg/kg），对育成生长期水貂始末体重、料重比、平均日增重均有显著影响，其中核黄素 20 mg/kg 添加水平时生长发育相关指标综合评价最好，同时在此添加水平下水貂脂肪消化率、蛋白质消化率显著提高，育成生长期水貂氮沉积、净蛋白质利用率和蛋白质生物学效价极显著高于对照组。随着核黄素添加量的增加，脂肪、蛋白质消化率显著提高，育成生长期水貂氮沉积、净蛋白利用率和蛋白质生物学效价呈先提高后下降的趋势。综合分析可知，育成生长期水貂日粮中核黄素添加水平 20 mg/kg，基础饲料中含有 3.35 mg/kg，日粮总含量为 23.35 mg/kg 是适宜的。详细结果见表 6-20 至表 6-22。

表 6-20 日粮核黄素水平对育成生长期水貂生长性能的影响

核黄素添加量 (mg/kg)	初始体重 (g)	终末体重 (g)	平均日增重 (g)	平均日采食量 (g)	料重比
0	1 201.00±16.50	2 080.00±58.50^{b}	15.16±0.81^{Bc}	118.08±5.86	8.05±0.60^{Aa}
2.5	1 205.83±16.40	2 139.17±44.93^{ab}	16.09±0.60^{ABbc}	122.32±3.35	7.15±0.36^{ABab}
5	1 237.14±18.88	2 188.57±40.16^{ab}	16.17±0.42^{ABbc}	113.42±4.70	7.22±0.42^{ABab}
10	1 205.45±18.80	2 139.09±62.12^{ab}	16.10±0.81^{ABbc}	114.74±4.84	7.21±0.16^{ABab}
20	1 216.88±24.87	2 301.25±62.97^{a}	18.70±0.86^{Aa}	125.30±3.49	6.14±0.17^{Bb}
40	1 226.00±13.18	2 277.00±46.17^{a}	18.12±0.70^{ABab}	125.95±4.54	6.83±0.37^{ABb}

表 6-21 日粮核黄素水平对育成生长期水貂营养物质消化率的影响

核黄素添加量 (mg/kg)	干物质采食量 (g)	干物质排出量 (g)	干物质消化率 (%)	蛋白质消化率 (%)	脂肪消化率 (%)
0	120.36±5.62	24.52±1.50	79.67±0.50	74.09±0.80^{Bb}	84.80±1.23^{Bc}
2.5	121.35±3.11	23.00±0.70	80.95±0.85	74.00±0.66^{Bb}	89.47±0.66^{Aa}
5	110.50±5.07	21.30±1.90	80.75±1.68	74.40±0.92^{Bb}	88.42±0.77^{ABab}
10	113.21±3.88	23.19±1.55	79.60±0.98	75.48±0.27^{ABb}	86.32±0.98^{ABbc}
20	125.30±3.49	22.32±1.20	82.12±0.95	78.54±1.22^{Aa}	89.65±1.77^{Aa}
40	119.63±6.11	21.57±0.90	81.80±0.56	76.44±0.47^{ABab}	90.26±0.59^{Aa}

表 6-22 日粮核黄素水平对育成生长期水貂氮代谢的影响

核黄素添加量（mg/kg）	食入氮（g）	尿氮（g）	粪氮（g）	氮沉积（%）	净蛋白质利用率（%）	蛋白质生物学效价（%）
0	7.06±0.25	3.69±0.22	1.28±0.15	2.08±0.20^{b}	29.50±2.67^{bc}	36.15±3.31^{b}
2.5	7.17±0.20	3.46±0.24	1.47±0.05	2.24±0.20^{b}	31.15±2.57^{bc}	39.34±3.46^{ab}
5	7.00±0.17	3.20±0.19	1.44±0.11	2.36±0.21^{ab}	33.71±2.90^{abc}	42.35±3.57^{ab}
10	6.75±0.30	2.90±0.27	1.45±0.15	2.50±0.18^{ab}	37.13±2.38^{abc}	47.47±3.68^{ab}
20	7.33±0.28	3.05±0.26	1.27±0.07	3.00±0.29^{a}	40.79±3.41^{a}	49.40±3.74^{a}
40	7.38±0.29	2.94±0.32	1.41±0.09	3.04±0.24^{a}	39.20±2.86^{ab}	48.16±3.90^{a}

穆琳琳等（2018）在冬毛生长期水貂日粮中添加不同水平的核黄素（分别为 0、2.5 mg/kg、5 mg/kg、10 mg/kg、20 mg/kg 和 40 mg/kg）。研究指出，核黄素添加水平对冬毛生长期水貂平均日增重、平均日采食量和终末体重均无显著影响，但对料重比存在极显著影响，对水貂针毛长和绒毛长均有极显著影响，其中核黄素 20 mg/kg 添加组极显著高于对照组和添加水平 40 mg/kg 组。核黄素添加水平对净蛋白质利用率和蛋白质生物学效价影响显著，净蛋白质利用率以核黄素添加水平 20 mg/kg 组最高；核黄素添加水平对水貂干物质消化率、脂肪消化率和蛋白质消化率无显著影响，对水貂食入氮、粪氮、尿氮和氮沉积无显著影响。综合各项指标，从提高生产性能和减少饲料成本角度考虑，冬毛生长期饲粮中核黄素添加水平为 2.5 mg/kg，即饲粮中核黄素实际含量为 5.49 mg/kg 较适宜。详细结果见表 6-23 至表 6-26。

表 6-23 日粮核黄素水平对冬毛生长期水貂生长性能的影响

核黄素添加量（mg/kg）	初始体重（g）	终末体重（g）	平均日增重（g）	平均日采食量（g）	料重比
0	2 167.50±275.31	2 363.77±266.15	3.12±0.50	142.79±5.75	51.95±6.82^{Aa}
2.5	2 150.91±199.72	2 351.91±216.36	3.19±0.48	145.97±4.61	44.44±5.06^{ABb}
5	2 232.73±173.21	2 432.70±165.57	3.17±0.65	147.74±8.72	44.36±6.25^{ABb}
10	2 154.00±242.14	2 366.03±210.65	3.37±0.60	150.87±7.12	42.69±5.29^{ABb}
20	2 263.33±241.92	2 491.56±237.77	3.62±0.49	151.92±7.57	38.99±3.27^{Bb}
40	2 156.00±321.29	2 380.12±334.19	3.56±0.34	144.71±9.90	40.85±3.33^{Bb}

表 6-24 日粮核黄素水平对冬毛生长期水貂毛皮品质的影响

核黄素添加量（mg/kg）	毛皮品质评分	体长（cm）	针毛长（mm）	绒毛长（mm）
0	20.96±1.34	46.33±1.21	22.74±0.90^{Bb}	15.54±0.81^{Cc}
2.5	21.22±2.05	46.50±0.84	22.65±3.10^{Bb}	15.54±0.95^{Cc}
5	21.23±1.58	46.43±0.98	22.82±1.45^{Bb}	15.43±0.90^{Cc}
10	21.25±1.83	47.17±1.17	24.67±1.47^{Aa}	16.28±0.75^{Bb}
20	21.50±2.15	47.80±0.84	24.96±2.13^{Aa}	17.03±0.98^{Aa}
40	21.46±1.98	47.33±1.51	23.31±1.41^{Bb}	15.94±0.82^{BCbc}

表 6-25 日粮核黄素水平对冬毛生长期水貂营养物质消化率的影响

核黄素添加量（mg/kg）	干物质排出量（g）	干物质消化率（%）	蛋白质消化率（%）	脂肪消化率（%）
0	30.76±4.37	75.79±2.18	75.24±2.53	94.86±2.34
2.5	30.75±5.40	76.02±1.36	76.26±2.01	95.27±0.67
5	32.58±6.98	76.00±2.45	76.11±2.79	95.35±0.54
10	30.75±6.61	76.11±1.77	76.09±1.91	95.11±1.24
20	29.12±6.74	76.35±4.03	77.73±2.93	95.22±1.30
40	32.31±3.33	76.35±1.58	76.29±2.29	95.40±1.87

表 6-26 日粮核黄素水平对冬毛生长期水貂氮代谢的影响

核黄素添加量（mg/kg）	食人氮（g）	尿氮（g）	粪氮（g）	氮沉积（%）	净蛋白质利用率（%）	蛋白质生物学效价（%）
0	7.51±1.08	4.01±0.78	1.67±0.26	1.83±0.31	24.34±2.29[b]	31.39±1.72[b]
2.5	7.27±1.38	3.56±0.83	1.77±0.38	1.95±0.23	27.15±3.01[ab]	33.26±6.50[b]
5	8.04±1.34	3.63±0.69	2.14±0.42	2.27±0.77	27.93±7.11[ab]	32.57±3.06[b]
10	8.01±1.05	3.67±0.59	2.08±0.35	2.26±0.50	28.27±5.49[ab]	38.03±6.53[ab]
20	7.47±0.95	3.35±0.82	1.65±0.13	2.47±0.44	33.04±3.81[a]	42.74±5.81[a]
40	7.58±0.38	3.36±0.66	1.84±0.11	2.48±0.32	32.70±5.44[ab]	43.31±8.63[a]

三、尼克酸（烟酸）

（一）尼克酸概述

尼克酸又称烟酸，是吡啶 3-羟酸及其衍生物的总称，易转变成尼克酰胺。尼克酸为白色、无味针状结晶，溶于水，在酸、碱、光、热条件下均稳定。烟酸、烟酰胺均可在胃、肠内被迅速吸收，血液中主要转运形式为烟酰胺，代谢产物主要经尿液排出体外。主要通过 NAD（烟酰胺腺嘌呤二核苷酸）和 NADP（烟酰胺腺嘌呤二核苷酸磷酸）参与碳水化合物、脂类和蛋白质代谢，特别是在体内功能代谢反应链中起到重要作用。此外，烟酸还是葡萄糖耐量因子的重要成分，对增强胰岛素效能具有一定作用。

（二）尼克酸缺乏症

尼克酸首次提纯在 1867 年，1937 年被证明是抗犬黑舌病和癞皮病的维生素。尼克酸缺乏主要损伤皮肤、口、舌、胃肠道黏膜及神经系统，典型症状为皮炎、腹泻和痴呆。主要出现在以玉米、高粱为主食的人群，这是因为玉米、高粱中色氨酸含量相对较低，而色氨酸恰恰可以转化成尼克酸，因此色氨酸缺乏也会表现尼克酸缺乏症状（水貂将色氨酸转化成尼克酸的能力极低，所以当水貂饲料中动物源成分下降时，尼克酸缺乏症状就更为明显）。另外，尼克酸缺乏还常常与硫胺素、核黄素缺乏并发。

Warner（1968）通过纯合日粮试验发现日粮中尼克酸含量为每 0.418 MJ ME 中 0.5 mg 时，水貂健康生长；当尼克酸水平下降一半时，水貂表现食欲不振、体重下降、声音微弱、全身无力、血便；当饲喂尼克酸水平减半纯合日粮 6 d 时，水貂死亡率超过 50%；但是研究表明（Rimeslåtten，1966；Utne，1974）常规日粮尼克酸含量为每 0.418 MJ ME 中 1.25～1.87 mg，所以不必额外添加。

四、维生素 B_6（吡哆素）

（一）维生素 B_6 概述

维生素 B_6 又称吡哆素，包括吡哆醇、吡哆醛和吡哆胺 3 种吡啶衍生物，为无色晶体，易溶于水，在酸性溶液中稳定，在碱性溶液中易被破坏，光照条件下不稳定。吡哆醇热稳定，吡哆醛、吡哆胺热不稳定。主要吸收部位在回肠，通过与血浆白蛋白结合在体内转运，随着血液流动，扩散到肌肉中，并与糖原磷酸化酶结合，在肌肉组织中保存。当维生素 B_6 缺乏时，再通过肌肉蛋白转换将维生素 B_6 分解出来满足身体最低需要量，在肝脏中转化为 4-吡哆酸，并以 4-吡哆酸形式通过尿液排出体外。维生素 B_6 以磷酸吡哆醛（PLP）形式参与近百种酶反应，多数与氨基酸代谢有关，包括转氨基、脱羧、侧链裂解、脱水及转硫化作用。生理功能具体包括：①参与蛋白质合成与分解代谢，参与所有氨基酸代谢，如与血红素的代谢、色氨酸合成尼克酸有关；②参与糖异生、不饱和脂肪酸代谢，与糖原、神经鞘磷脂和类固醇的代谢有关；③参与某些神经介质（5-羟色胺、牛磺酸、多巴胺、去甲肾上腺素和 γ-氨基丁酸）合成；④参与一碳单位、维生素 B_{12} 和叶酸盐的代谢，这些代谢发生障碍可造成巨幼红细胞贫血；⑤参与核酸和 DNA 合成，因此缺乏维生素 B_6 会损害 DNA 的合成，这个过程对维持适宜的免疫功能是非常重要的；⑥与维生素 B_2 的关系十分密切，维生素 B_6 缺乏常伴有维生素 B_2 缺乏症状；⑦参与尼克酸合成对淋巴细胞增殖产生有利作用，增强机体免疫力，使神经递质水平升高。

（二）维生素 B_6 缺乏症

1926 年人们发现当饲料中缺乏尼克酸之外的一种维生素时，也会引发小老鼠的糙皮病，此物质在 1934 年被定名为维生素 B_6，但是直到 1939 年才完成了分离提纯。因为维生素 B_6 涉及的生理功能较多，所以缺乏时会对血液、肌肉、皮肤、功能性抗体合成、胃酸的产生、脂肪与蛋白质利用造成严重危害，直接表现为厌食、消化率降低、失重、下痢、贫血、关节炎、痉挛、易激怒、抑郁、毛发脱落、免疫功能受损、黄尿酸症等症状，同时因为维生素 B_6 与多种 B 族维生素关系密切，所以维生素 B_6 缺乏时往往表现为并发多种 B 族维生素缺乏症。

Bowman 等（1968）通过纯合日粮试验发现，生长发育期代谢正常的水貂日粮中维生素 B_6 含量为 1.6 mg/kg（干物质基础）或每 0.418 MJ ME 中 40 μg 时，即可满足需求；而 Rimeslåtten 等（1962）表明，繁殖期水貂日粮中维生素 B_6 水平为 3.2 mg/kg（干物质基础）仍无法满足需求，达到 9.5 mg/kg（干物质基础）或每 0.418 MJ ME 中

80～237 μg时，才能满足需求；另有研究表明，生长发育期维生素 B_6 缺乏将直接影响水貂在接下来繁殖期的繁殖性能（Perel'dik 等，1972）；还有人用缺乏维生素 B_6 的纯合日粮饲喂发育期水貂幼崽2周后，仔水貂出现了厌食、失重、腹泻、鼻周围褐色分泌物、流泪、面部及鼻子肿胀、浮肿、反射变弱、肌肉共济失调、抽搐等维生素 B_6 缺乏标志性迹象，直至死亡，除非及时补充维生素 B_6（Bowman 等，1968）；（Rimeslåtten 等，1962）研究表明繁殖周期缺乏维生素 B_6，将直接引起母水貂妊娠率和窝产仔数下降；（Helgebostad 等，1963）研究表明饲喂维生素 B_6 拮抗物"脱氧吡哆醇"，水貂将因胚胎再吸收而影响产仔生育，公水貂也会发生睾丸退化。

五、维生素 B_{12}（钴胺素）

（一）维生素 B_{12} 概述

1936年由美国 Merck 公司分离成功，因为结构复杂，直到1956年才由 Hodgkin 及其领导的小组应用X射线技术确定了其空间结构，即4个吡咯环相接中心为一个钴，所以又称钴胺素。维生素 B_{12} 具有多种生物活性形式，呈暗红色结晶，在 pH4.5～5.0 弱酸条件下稳定，在强酸（pH<3）或碱性条件下易分解，此外遇热、强光或紫外线、氧化还原剂，以及抗坏血酸、二价铁盐也会受到破坏。在回肠吸收，体内储存量很少，主要在肝脏储存，可通过肝肠循环在体内重复利用，通过食物摄入的维生素 B_{12} 在动物机体吸收量极低，其余部分主要随尿液排出体外。在体内主要作为甲基丙二酰辅酶A变位酶和甲硫氨酸合成酶的辅酶，参与嘌呤和嘧啶的合成、甲基转移、某些氨基酸合成及碳水化合物和脂肪的代谢。

（二）维生素 B_{12} 缺乏症

钴胺素因被证明能抗恶性贫血而命名为维生素 B_{12}。缺乏钴胺素会导致巨幼红细胞性贫血、神经系统损害（主要表现为精神抑郁、注意力下降、四肢震颤等症状）、同型半胱氨酸血症等疾病。在畜禽养殖业上缺乏维生素 B_{12} 会引起幼龄动物生长受阻、步态不稳、禽类孵化率下降、新孵出幼雏腿骨异常及繁殖期动物繁殖率下降等。所以新观点认为妊娠期、哺乳期、吸收不良综合征、溶血性贫血、肝脏疾病、甲状腺疾病、胰腺疾病、肾脏疾病时均应适当补充维生素 B_{12}。

Leoschke（1953，1960）研究表明，日粮钴胺素含量为每千克干物质中30 μg或每0.418 MJ ME 中0.8 μg时，即可满足水貂健康生长需求。而实际生产中水貂对维生素 B_{12} 的需求量要远低于该水平，因为水貂日粮中通常含有大量动物蛋白，可提供很大一部分维生素 B_{12}；试验中水貂维生素 B_{12} 缺乏的标志性迹象为厌食、失重和严重的肝脏脂肪变性（Leoschke 等，1953）。

六、泛酸（遍多酸）

（一）泛酸概述

泛酸又叫遍多酸（维生素 B_5），1933年由 Williams 等某种生物活素（bios）分离出来，在1940年人工合成成功。由于在酿酒酵母和其他酵母研究中，发现一种在动植物组织中普遍存在、作用很强的生长因子，所以命名为“泛酸”或“遍多酸”。泛酸实际是由β-丙氨酸借肽键与α，γ-二羟基-β，β二甲基丁酸缩合而成的一种酸性物质。游离状态下的泛酸是一种黏性油状物，易吸湿、不稳定，也易被酸碱和热破坏。泛酸钙是维生素的常见纯品形式，呈白色针状。饲料中的泛酸多数以辅酶A（CoA）形式存在，进入小肠后水解为泛酸，然后被小肠吸收进入血液；此外只有游离的泛酸及其盐和酸的形式才能在小肠被吸收，最后以游离形式通过尿排出体外。泛酸是辅酶A和酰基载体蛋白（ACP）的组成部分，CoA是碳水化合物、脂肪和氨基酸代谢中多种乙酰化反应的重要辅酶，对许多细胞内反应起重要作用；ACP则对脂肪酸碳链合成作用至关重要（Smith等，1996）。

（二）泛酸缺乏症

泛酸是大脑和神经必需的营养物质；有助于体内抗压力荷尔蒙（类固醇）的分泌；有助于保持皮肤和毛发健康，加强皮肤屏障功能；有助于细胞的形成，维持机体正常发育及神经系统发育功能；对维持肾上腺正常机能十分重要；是糖、脂肪转化能量时必需的物质；是抗体合成、机体利用对氨基苯甲酸和胆碱的必需物质。缺乏泛酸的症状有许多种，所以特异症状不明显，常报道的典型症状有神经、消化道和免疫系统机能紊乱，生长速度降低，采食量下降，皮肤出现病斑以及毛皮发生变化，脂类和碳水化合物代谢改变，甚至死亡（Smith等，1996）。

McCarthy等（1966）研究得出水貂日粮泛酸需要量为每0.418 MJ ME中0.20 mg。另外，水貂泛酸缺乏的早期标志性迹象是食欲下降和血清胆固醇水平下降；死亡前8～9 d水貂排血便，最后死亡；病貂主要临床症状包括腹泻、虚弱、消瘦、脱水等。

七、生物素

（一）生物素概述

生物素即维生素B_7（也称维生素H或辅酶R），1901年Wildiers首次将酵母生长过程中必须存在的一种物质命名为生物活素，并分别将该物质命名为辅酶R、生物素、维生素H。1940年Gyorgy及同事研究发现以上几种物质实际是同一种哺乳动物所必需的维生素——生物素，并在1943年人工成功合成。生物素具有尿素和噻吩相结合的骈环，并带有戊酸侧链。生物素有多重异构体，但有活性的仅有d-生物素。生物素纯品是无色针状晶体，溶于水和乙醇，但不溶于其他常见有机溶剂，常温下较稳定，中性溶液及弱酸及紫外线可使其逐渐失活，碱性条件下稳定性较差，高温、氧化剂可使其失活。饲料中生物素有游离态和结合态两种形式，后者主要是与赖氨酸和蛋白质结合在一起，结合态生物素会影响一些动物的利用。生物素进入体内后在胃、肠内被迅速吸收，血液中的生物素大多以游离形式存在，组织器官中肝脏、肾脏含量较高，代谢时大部分以原形通过尿液排出体外。生物素以辅酶的形式广泛参与动物体内的碳水化合物、脂肪和蛋白质代谢，如氨基酸的脱氨基、丙酮酸羧化、嘌呤和必需脂肪酸的合成等。

生物素除能协助细胞生长，制造脂肪酸，代谢糖类、脂肪及蛋白质外，还有助于其他维生素群的利用吸收，参与维生素 B_{12}、叶酸、泛酸的代谢；还能促进汗腺、神经组织、骨髓、雄性性腺的健康，对维护皮肤及毛发正常生长意义重大；能促进尿素的合成及排泄，增强机体免疫机能。

（二）生物素缺乏症

生物素广泛存在于多种动植物组织中，一般不会缺乏，但当受到生蛋清、磺胺类药物、雌激素水平较高、高温蒸煮等生物素活性拮抗因素影响时，生物素活性降低或失活，就会发生生物素缺乏症。主要表现为皮炎、生长发育受阻、被毛脱落、失眠及精神沉郁等症状，还会伴有食欲减退、恶心、呕吐、黏膜变灰、过敏、麻木等症状。另外，当饲料中不饱和脂肪酸增加，维生素 B_1、维生素 B_2、维生素 B_6、维生素 B_{12}、维生素C、叶酸以及肌醇水平偏低时，也会引起动物生物素缺乏。

研究表明生长期水貂幼仔饲喂无生物素纯合日粮，会诱发生物素缺乏症（Travis等，1968）。Schimelman 等（1969）研究得出水貂日粮生物素需要量为每 0.418 MJ ME中 3.0 μg，这是水貂的最低需要量。发生生物素缺乏水貂饲喂的都是非常规日粮，如饲料中含有未孵化的蛋包或生鸡蛋时，就会引起生物素失活（Stout 等，1966；Wehr 等1980）。因为蛋白和输卵管中的卵白素能够和生物素紧密结合，阻断生物素的吸收（Fraps 等，1943）。Stout 等（1966）证明水貂生物素缺乏，是由日粮中包含大量（占日粮干物质 40%甚至更多）繁殖期母火鸡内脏造成的。Stout 等（1970）也有研究表明，通过控制日粮内脏比例、加快使卵白素失活（91 ℃ 5 min）或直接补充人工合成的生物素能有效解决生物素缺乏的问题。此外，常规水貂日粮中并不含有足够的生物素以中和卵白素。饲喂产蛋期火鸡内脏会导致水貂生物素缺乏的特征迹象：黑貂底绒变为灰色或呈条带状，严重的还会导致脱毛；饲喂无生物素纯合日粮，水貂除了发生底绒变灰外，还出现眼周围皮炎、足痉挛，分泌黄色或血色分泌物，有足垫皮炎等症状（Travis等，1968）。Helgebostad 等（1959）研究发现，生蛋白比例占到日粮蛋白的 30%时，水貂就会发生生物素缺乏症状，如毛色显著减退、皮张质量下降、脱毛、毛囊退化、皮肤增厚、产生鳞屑、结膜炎、肝脏脂肪浸润，直至死亡。饲喂试验表明，火鸡蛋含有的卵白素是鸡蛋 3～4 倍（Stout 等，1969）。还有研究表明，水貂日粮中喷雾干燥鸡蛋仅仅达到 5%时，不添加生物素也可能导致皮张发灰乃至繁殖全部失败（Wehr 等，1980；Aulerich 等，1981）。

八、叶酸

（一）叶酸概述

1931 年，Lucy wills 发现酵母中存在一种能够治愈印度热带巨细胞型贫血的新的促红细胞生成因子；1941 年，Mitchell 首次将从菠菜中提取的一种生长因子命名为“叶酸”；1943 年，Lederle 从实验室分离出叶酸；1945 年，Angie 等鉴定并合成了蝶酰谷氨酸，并发现叶酸与其实际是同一物质，所以叶酸也叫蝶酰谷氨酸。叶酸具有多种生物活性形式，为微黄色粉末状结晶，微溶于水，不溶于有机溶剂，在中性、碱性环境下稳定，酸性溶液中不稳定，叶酸盐溶液易被光解破坏。叶酸经小肠黏膜刷状缘上的蝶酰谷氨酸水解酶作用，以单谷氨酸盐的形式在小肠吸收，当肠道 pH 为 5～6 时最适宜转运，体内有 50%以上的叶酸储存在肝脏中，它们主要通过胆汁和尿排出。叶酸作为一碳单位的载体，在体内多种生物合成反应中发挥重要功能，包括嘌呤核苷酸、胸腺嘧啶、肌酐-5 磷酸的合成，同型半胱氨酸转化成蛋氨酸以及甘氨酸与丝氨酸的互变等。叶酸可通过蛋氨酸的代谢影响磷脂、肌酸、神经介质的合成，参与细胞蛋白质合成中启动 t-RNA 的甲基化过程，对细胞增殖作用重大。叶酸具有能够预防巨幼细胞性贫血、预防胎儿神经系统畸形、防止口腔溃疡、促进乳汁分泌、有益皮肤和毛发健康、保护心血管等功能。

（二）叶酸缺乏症

动植物中广泛含有叶酸，一般不会发生缺乏，但妊娠期对叶酸的需求量达到正常的 4 倍，孕早期是胎儿器官分化的关键时期，所以此时期缺乏会导致胎儿畸形。此外，抗惊厥及避孕药也会妨碍叶酸的吸收，引起机体叶酸缺乏。

Schaefer 等（1946）通过研究发现，每千克干物质中 0.5 mg 或每 0.418 MJ ME 中 0.135 mg，可以充分满足水貂对日粮中叶酸的需求。按以上水平添加后，叶酸可以有效缓解其缺乏造成的标志性疾病，如生长受阻、腹泻、食欲不振等；低于此水平就会造成缺乏。同时建议的最低叶酸需要水平低于养殖场的典型饲料中含量。

九、胆碱

（一）胆碱概述

胆碱是 1849 年由 Strecher 首次从猪胆汁中分离，并于 1862 年定名的一种有机强碱，1866 年被首次合成。此后胆碱一直被认为是磷脂的组成部分，直到 1940 年 Sura 发现了胆碱具有维生素特征，1941 年由 Devigneaud 首次发现了胆碱的生物合成途径。饲料中的胆碱主要以卵磷脂的形式存在，较少以神经磷脂或游离胆碱形式出现。在胃肠道中经消化酶的作用，胆碱从卵磷脂和神经磷脂中释放出来，在空肠和回肠中吸收，所以肠道对其吸收率直接影响胆碱的生物利用率。人及动物可以从食物中获得所需的胆碱，一般情况下不会缺乏，但幼龄动物体内无法正常合成，需要额外补充。胆碱吸湿性较强，所以保存时需特别注意。此外，胆碱在酸碱环境下均不稳定，但其稳定性不受温度影响。

（二）胆碱缺乏症

胆碱具有促进脑的发育和提高记忆力、保证信息传递、调控细胞凋亡、构成生物膜、促进体内转甲基代谢、降低血清胆固醇等关键生理功能。胆碱缺乏会直接引起动物肝、肾损伤，发生肝脂质蓄积、肾脏浓缩功能受损、生长缓慢、骨质异常等疾病，甚至诱发肿瘤。目前胆碱缺乏的标志性相关指标有：血浆胆碱和磷脂酰胆碱浓度下降；红细胞膜磷脂酰胆碱浓度降低；血清丙氨酸转氨酶活性提高。

十、维生素C

（一）维生素C概述

维生素C是一种含有6个碳原子的酸性多羟基化合物，因为可防治坏血病又称抗坏血酸。正常状态下维生素C是一种无色洁净粉末，加热条件下很容易受到破坏。其晶体在干燥气体中较稳定，存在金属离子时会加速其破坏。由于维生素C具有可逆的氧化性与还原性，因此其广泛地参与机体的多种生化反应。

维生素C主要功能有参与胶原蛋白合成；在细胞内电子转移反应中起着重要作用；参与某些氨基酸的氧化反应；促进铁离子在肠道吸收和体内的转运；降低体内转运的金属离子的毒性作用；刺激白细胞中吞噬细胞和网状内皮系统的功能；促进抗体的形成；有效抑制亚硝基胺的致癌危害；参与肾上腺皮质类固醇的合成。

（二）维生素C缺乏症

动物对维生素C需求量会受到自身生理变化和环境的影响。例如，在妊娠、泌乳、甲状腺功能亢进时，动物机体对维生素C的吸收量减少，排泄量增加；高温、寒冷、运输等逆境和应激状态下，或饲料能量水平低，蛋白质、维生素E、硒、铁等不足时，动物对维生素C的需求也会大大提高。而营养条件好时，可以不必额外考虑维生素C的使用量，通过常规日粮即可满足需求（Bassett等，1948；Petersen，1957）。水貂特别是出生2周内的幼水貂发生维生素C缺乏时，最明显的症状就是“红爪病”，通过给仔水貂直接补充维生素C结合母水貂饲料每只每天添加维生素C 10 mg可以有效预防和治疗。

参考文献

南韦肖，张海华，司华哲，等，2018. 过量维生素A对育成期公水貂生长性能及血清生化指标的影响［J］. 畜牧兽医学报，49（11）：2425－2434.

穆琳琳，钟伟，陈双双，等，2018. 饲粮维生素B_2添加水平对冬毛期水貂生产性能、营养物质消化率及氮代谢的影响［J］. 动物营养学报，31（10）：4005－4011.

穆琳琳，钟伟，张海华，等，2018. 饲粮维生素B_2水平对育成期水貂生长性能、营养物质消化率及氮代谢的影响［J］. 动物营养学报，30（1）：251－257.

王静，张海华，徐逸男，等，2018. 饲粮维生素D和钙水平对冬毛期短毛雄性黑水貂生产性能、血清生化指标和脏器指数的影响［J］. 畜牧兽医学报，49（5）：986－995.

王静，张海华，徐逸男，等，2017. 饲粮维生素D和钙水平对育成期水貂生长性能、营养物质消化率及氮代谢的影响［J］. 动物营养学报，9（11）：4216－4226.

王静，2018. 饲粮维生素D_3及钙水平对水貂生产性能影响研究［D］. 北京：中国农业科学院.

杨凤，2005. 动物营养学［M］. 2版. 北京：中国农业出版社.

张婷，杨雅涵，李仁德，等，2018. 饲粮添加维生素E和硒对育成期水貂生长性能、营养物质消化率及血清生化指标的影响［J］. 动物营养学报，30（10）：4012－4019.

Abernathy R P, 1960. Studies on the nutrient requirements of mink [D]. New York: Cornell University.

Aulerich R J, Bleavins M R, Napolitano A C, et al., 1981. Feeding spray dried eggs to mink and its effects on reproductionand fur quality [J]. Feedstuffs (6): 24-28.

Basset C F, Harris L E, Wilke C F, 1951. Effect sof various level sof calcium, phosphorus and vitamin D intake on bone growth [J]. Ⅱ Minks of Journal Nutrition, 44: 433-442.

Bassett C F, Loosli J K, Wilke C F, 1948. The vitamin A requirement of growing foxes and minks as influenced by ascorbic acid and potatoes [J]. Journal of Nutrition, 35: 629.

Blomhoff R, Green M H, et al., 1991. Vitamin A metabolism: New perspectives on absorption, transport and storage [J]. Physiology Review, 71 (4): 951-990.

Bowman A L, TravisH F, Warner R G, et al., 1968. Vitamin B_6 requirement of the mink [J]. Journal of Nutrition, 95: 554.

Brand T A, 1984. Nutritional muscular degeneration syndrome in mink [J]. Fur Animal Production Versailles (4): 25-27.

Engberg R M, Jakobsen K, Borsting C F, et al., 2009. On the utilization, retention and status of vitamin E in mink (Mustela vison) under dietary oxidative stress [J]. Journal of Animal Physiology and Animal Nutrition, 69 (1/2/3/4/5): 66-78.

Fraps R M, Hertz R, Sebrell W H, 1943. Relationship between ovarian function and avidin content in the oviduct of the hen [J]. Bulletin of Experimental Biology and Medicine, 52: 140.

Harris P L, Embree N D, 1963. Quantitative consideration of the effect of polyunsaturated fatty acid content of the diet upon the requirements for Vitamin E [J]. American Journal of Clinical Nutrition, 13 (6): 385-392.

Helgebostad A R, Svenkerud R, Ender F, 1959. Experimental biotin deficiency in mink and foxes [J]. Veterinary Medicine, 11: 141.

Helgebostad A, Svenkerud R R, Ender F, 1963. Sterility in mink induced experimentally by deficiency of vitamin B_6 [J]. Acta Veterinaria Scandinavica, 4: 228.

Henriksen P, 1984. Nutritional muscular degeneration syndrome in mink (clinical and pathological observations) [J]. Fur Animal Production Versailles France (3): 25-27.

Hillemann G, 1978. Forsogmedfiskeolieog vitamin D [J]. Dansk Pelsdyavl, 41: 245-246.

Jorgensen G, 1977. Vitamin D content in various species of fish and its influence on vitamin D content of mink feed [J]. Scientifur, 41: 138-139.

Kainer R A, 1954. The gross anatomy of the digestive system of the mink. II. The midgut and the hindgut [J]. American Journal of Veterinary Research, 15: 82-90.

Knox B, 1977. Nyt fod rings betinget sygdomssyndrom pa Danish mink farmed [J]. Dansk Vet Tidsskrift, 60 (5): 196-199.

Leosehke W L, Lalor R J, Elvehjem C A, 1953. The vitamin B_{12} requirement of mink [J]. Nutrition, 49: 541.

McCarthy B, Travis H F, Krook L, et al., 1966. Pantothenic acid deficiency' in the mink [J]. Nutrition, 89: 392.

Rimeslatten H, 1968. Mink ensogrevens til a lagre vitamin A i leveren under for skellige fording for hold [J]. Norsk Pelsdyrblad, 42: 542-546.

Rouvinen K, 1991. Effects of dietary fat on production performance body fat composition and skin storage in farm raised mink and foxes [J]. Natural Sciences Original Reports, 9: 91.

Schaefer A E, Whitehair C K, Elvehjem C A, 1946. Purified rations and the importance of folio acid in mink nutrition [J]. Proceedings of the Society for Experimental Biology and Medicine, 62 (2): 169 - 174.

Smith C M, Song W O, 1996. Comparative nutrition of pantothenic acid [J]. Nutrition Biochemistry, 7: 312 - 321.

Stout F M, Adair J, 1969. Biotin deficiency in mink fed poultry by - products [J]. Animal. Fur Breeder, 42 (6): 10.

Stowe H D, Whitehair C K, 1963. Grossand microscopic pathology of tocopherol deficiency mink [J]. Nutrition, 81: 287 - 300.

Tauson A H, Neil M, 1991. Fish oil and rapeseed oil as main fat sources in mink diets in the growing - furring period [J]. Animal Physiology and Animal Nutrition, 65 (1/2/3/4/5): 84 - 95.

Tauson A H, 1993. High dietary levels of polyunsaturated fatty acids and varied Vitamin E supplementation in the reproduction period of mink [J]. Journal of Animal Physiology and Animal Nutrition, 72 (1/2/3/4/5): 1 - 13.

Travis H F, Ringer R K, Schaible P J, 1961. Vitamin K in the nutrition of mink [J]. Nutrition, 74: 181 - 184.

Warner R G, Travis H F, 1968. Niacin requirement of growing mink [J]. Nutrition, 95: 563.

Wehr N B, Adair J, Oldfield J E, 1980. Biotin deficiency in mink fed spray dried eggs [J]. Animal Science, 50: 877.

第七章 水貂的水营养

第一节 水貂水的需要

一、水的营养与生理功能

水是体液的主要成分，广泛分布于组织细胞内外，和电解质共同构成了动物的重要内环境，是动物体需要量最大的必需养分。水是生命之源，对动物体有着非常重要的作用：①水是机体重要的组成成分，保持组织、细胞的形态；②水是理想的溶剂，通过在体内循环将营养物质和代谢废物在各组织部位之间交换，完成新陈代谢；③水是体内一切化学反应的介质；④可以通过体表皮肤或肺部呼气蒸发散热来调节体温；⑤通过体内的黏液，如唾液、关节囊内黏液和性腺分泌的黏液等起润滑作用。

水貂体内含水量随着年龄和体脂含量的变化而改变，初生水貂体内水含量为82%～85%（Kangas，1973；Tauson 等，1989），随着脂肪含量增多，成年水貂体内水含量下降到 50%～60%（Kangas，1973；Hansen 等，1980）。动物缺水比缺食物反应敏感，缺水更易引起死亡，一般情况下，动物会通过渴感刺激自我调节水的摄入量以满足对水的需求（Ganong，1989）。水貂水缺乏会引起脱水，导致电解质平衡紊乱、食盐中毒，加速中暑，减缓体内废物的排出。适量限制饮水的最显著影响是降低采食量和生产能力，尿与粪中水分的排出量也明显下降。若脱水 5%，动物即感不适，食欲减退；若脱水 10%，动物生理功能失常，肌肉活动不协调；脱水达 20%，则可致动物死亡。因此，提供清洁、充足的水来维持机体内环境的稳态是保证水貂健康养殖的基本要求。

二、水的来源

水貂所需的水主要来源于饮用水、饲料水和代谢水。饮用水和饲料水均为外援水，经肠黏膜吸收进入血液，然后输送到身体的各组织器官。代谢水是动物体内有机物质氧化分解或合成过程产生的水。水貂的代谢水不能满足维持正常生理功能的需求，必须要由饲料或饮水来补充。

1. 饮用水 是水貂获取水分的主要来源。水貂饮水的量与品种、生理状态、生产水平、饲粮组成、环境温度等有关，多数动物在采食过程中或采食后要饮水。供给的饮水必须保证清洁卫生，污染后的水源不适宜作为水貂的饮用水。

2. 饲料水 饲料中所含的水也是机体水的主要来源。饲料中水分含量差别很大，饲料原料中常用的鲜鱼其水分含量为60%～87%，鸡内脏中水分含量为61%～72%，鸡碎肉中水分含量为72%～75%，常用鱼粉中水分含量为7%～12%，含量玉米、小麦、小麦麸、豆粕、菜粕、棉粕的含水量一般为9%～16%。水貂采食不同原料配制的饲粮，从饲料中获得的水分含量差异甚大，并明显影响其日饮水量。当饲料干物质含量为30%，饲料可以提供水貂水需要量的80%～85%；而当饲料干物质含量为40%，饲料仅提供水貂水需要量的55%～60%。通常调制后的饲料含水量为65%～70%。

3. 代谢水 每100 g碳水化合物、脂肪和蛋白质的氧化会相应形成60 g、107 g、41 g代谢水（NRC，2006）。动物体内代谢水的形成量很有限，但代谢水对动物新陈代谢、维持机体正常生理状态有着十分重要的意义。

Farrell和Wood（1968）测算了母水貂水的需要量由饲料水提供66%，饮水为14%，代谢水为20%。Neil（1988）忽略代谢水的情况下，认为一般成年水貂饲喂鲜饲料时，饲料可提供的水占水总摄入量的80%～90%，饮水占10%～20%。在Tauson（1998，1999）研究中泌乳期的母水貂代谢水占水总摄入量的10%～12%，成年水貂的代谢水占水总摄入量的比例为10%～17%。

水貂主要通过调控摄取的水和排出的尿液维持体内的水平衡。Wamberg等（1996）做了一个有趣的试验，正常饲喂水貂时，饲料提供的水量占水总摄入量的70%，而在禁食状态下，饲料提供水的量为0，水平均平衡量为58 mL/（kg・d），与正常饲喂水貂时的63 mL/（kg・d）无显著差异。在禁食状态下，水貂的饮水量仅有少量增加，而是通过急剧减少排尿量来保持体内正常的水平衡，同时禁食终止了电解质的摄入以及减少了尿素的形成，尿中的溶质排泄也显著减少。

三、水貂饮用水的质量要求

1. 畜禽饮用水水质安全指标 水貂对水的要求同人类一样。水的质量关系到水貂的生产和健康。表7-1为中华人民共和国农业行业标准《无公害食品畜禽饮用水水质》（NY 5027—2008）安全指标。

表7-1 畜禽饮用水水质安全指标

项目		标准值	
		畜	禽
感官性状及一般化学指标	色	≤30°	
	混浊度	≤20°	
	臭和味	不得有异臭、异味	
	总硬度（以$CaCO_3$计，mg/L）	≤1 500	
	pH	5.5～9.0	6.5～8.5
	溶解性总固体（mg/L）	≤4 000	≤2 000
	硫酸盐（以SO_4^{2-}计，mg/L）	≤500	≤250

（续）

项目		标准值	
		畜	禽
细菌学指标	总大肠菌群（MPN/100mL）	成年畜 100，幼畜和禽 10	
毒理学指标	氟化物（以 F^- 计，mg/L）	≤2.0	≤2.0
	氰化物（mg/L）	≤0.20	≤0.05
	砷（mg/L）	≤0.20	≤0.20
	汞（mg/L）	≤0.01	≤0.001
	铅（mg/L）	≤0.10	≤0.10
	铬（六价，mg/L）	≤0.10	≤0.05
	镉（mg/L）	≤0.05	≤0.01
	硝酸盐（以 N 计，mg/L）	≤10.0	≤3.0

注：Most probable number，MPN 最大或然数。

2. 有害化合物含量、过量的矿物质指标 见表 7-2。

表 7-2 家畜饮用水矿物质含量要求（mg/L）

指标	上限值（推荐的最大值）	
	TFWQG（1987）*	NRC（1974）
常量离子		
钙	1 000	—
硝酸盐-氮及亚硝酸盐-氮	100	440
亚硝酸盐-氮	10	33
硫酸盐	1 000	—
重金属及微量元素离子		
铝	5.0	—
砷	0.5	0.2
铍	0.1	—
硼	5.0	—
镉	0.02	0.05
铬	1.0	1.0
钴	1.0	1.0
铜	5.0	0.5
氟化物	2.0	2.0
铅	0.1	0.1
汞	0.003	0.01
钼	0.5	—
镍	1.0	1.0

（续）

指标	上限值（推荐的最大值）	
	TFWQG（1987）*	NRC（1974）
硒	0.05	—
铀	0.2	—
钒	0.1	0.1
锌	50.0	25.0

* TFWQG 为 Task Force on Water Quality Guidelines 的缩写，水质监控专家组。

资料来源：杨凤（2000）。

3. 微生物学指标 人、畜饮水标准均以大肠杆菌作为衡量有机质污染程度的标准。测定结果一般以最大或然数（MPN）结果来表示。最大或然数是表示水中大肠杆菌存在数量的一种方法（0MPN 为符合要求；1～8MPN 为不符合要求；高于 9MPN 为不安全）。

美国国家事务局建议（1973），家畜饮水中大肠杆菌数每升应少于 50 000 个。

第二节 影响水貂水需要量的因素

动物的年龄、品种、保持水的能力、活动状况、日粮组成、饲料的物理形态、环境温度与湿度等方面的差异，都会影响需水的总量，但无论任何情况，都应该保证水貂的自由饮水。

一、环境温度

环境温度影响水貂水的摄入量和排泄，高温环境下水貂体内水分通过体表或肺蒸发散热活动增强，因此会增加水貂的需水量，饮水次数和饮水量增多。Tauson（1999a）注意到水貂蒸发的总失水量在 18 ℃时为 3.7 g/（kg・h），在 24 ℃时为 5.5 g/（kg・h）。Tauson（1999a，1999b）研究在 5 ℃、20 ℃、35 ℃三种环境温度情况下，水貂的失水量对比 35 ℃高温时水貂采食量会减少，此时蒸发失水量很大，是水貂主要的失水方式；而水貂通过尿排出的水分是在 35 ℃时最少，在 5 ℃时最大。水貂水的摄入量在冬季时期最低，在夏季时期和母水貂生产时期最高。成年公水貂平均水总的摄入量在 5 ℃时为 178 g/d，在 35 ℃时提高到了 240 g/d。Mäkelä 和 Valtonen（1982）研究表明，在夏季的温度在 20～30 ℃时，水的摄入量可以达到冬季的 10 倍。Møller（1988）指出在较低的温度环境下，对于 40 ℃和 6 ℃两种水温，水貂更喜欢 40 ℃时的水温，并且会有更多的水被消耗。

二、日粮成分

1. 饲料干物质含量 Farell 等（1968）和 Carver 等（1962）指出水貂水的摄入量与饲料的摄入量直接相关。Mäkelä（1971a，1971b）指出，饲料干物质含量为 2%～

39%时，水貂进食每克干物质的需水量基本一致。来自美国的试验显示，无论是混合在饲料中的水还是单独供给的水，水貂进食每克干饲料均需要 2.8 g 水。Kangas（1973）得出的成年水貂饲料干物质含量与水的摄入量见表 7－3。

2. 饲料加水量 为了确保仔水貂断奶后开始采食饲料能够摄入充足的水量，养殖场通常会额外地增加饲料中水分。Neil（1988）研究显示，在成年公水貂的饲料中额外地增加水分，可使水的摄入量和尿液排出量增加，降低尿液的渗透压。Tauson（1998）研究显示，额外增加泌乳期水貂饲料中 10%的水分，尽管水量有增加趋势，尿的渗透压也降低，但水貂水的总摄入量并没有显著增加。在后续的研究中发现，在自由饮水的情况下，通过适当地额外增加饲料水分，动物的生长性能也并没有差异，但如果饲料调得太稀，就会稀释消化道中的各种消化酶，不利于各种营养物质更好地消化吸收（张海华，2007）。

3. 饲料盐含量 当饲料中 NaCl 或其他盐类的含量增加，为了保持身体内水渗透压平衡，饮水量和排水量会增加。Eriksson 等（1984）研究显示与对照组相比，当公水貂的鲜料添加 0.5%NaCl 时，水的循环量并没有增加，这时水貂有足够的浓缩尿的能力，而添加量为 1.0%和 2.0%NaCl 后，饮水量和尿液量分别增加了 2 倍和 4 倍。在泌乳期为了产生充足的乳汁，鲜料盐分常常被推荐添加用以满足充足的水的摄入（Kangas，1973）。Eriksson 等（1984）证实成年水貂可以通过增加尿的渗透压和尿液量来排泄体内多余的钠。但对于仔水貂来说，由于浓缩尿液的能力较弱，并且饮水量常常不充足，额外增加饲料含盐量可能是有害的，因此通过盐分的添加增加仔水貂水的摄入量应该谨慎或者尽量避免。

4. 饲料蛋白质含量 Berg 等（1984）研究表明水的总摄入量与饮食中摄入的蛋白质含量呈正相关。同时还发现水貂采食不含蛋白质的饲粮，通过粪便排出的水分略低于采食含蛋白质的饲粮；而采食不同蛋白质水平的饲粮，通过粪便排出的水分并无差异，但尿液量却有很大差异，在饲粮蛋白质含量高时尿液量多，在降低蛋白质含量时尿液量随之下降，当采食不含蛋白质的饲料，通过尿液排出的水分比通过粪便排出的水分还少。Einarsson 等（2000）研究表明，水貂饮食高蛋白质饲粮会增加水的摄入量和排出量，这是由于需要更多的水用以排泄过剩的尿素氮。Mäkelä 等（1982）研究表明，当饲粮蛋白质提供的代谢能由 21%提高到 44%时，水的摄入量由每天的 133 mL 提高到 157 mL，尿流率由 50 mL 增加到了 70 mL，尿的渗透压由 1 471 mOsm/kg 增加到 2 151 mOsm/kg。Kangas（1973）研究了成年水貂干物质与水的摄入量（表 7－3）。

表 7－3 成年水貂饲料干物质含量与水的摄入量

饲料干物质含量（%）	干物质采食量（g/d）	饲料水摄入量（g/d）	饮水摄入量（g/d）	总水摄入量（g/d）
27.0	65	181	36	217
30.8	76	173	74	247
35.1	87	162	81	243
39.0	89	143	112	255
92.0	78	5	210	245

5. 饲料粗纤维 当喂给含粗纤维量高的饲料时，消化不尽的粗纤维残渣排出体外也必须有充足的水，否则粪便干燥难于排出。

三、饲料加工

当增加饲料表面积，如改变颗粒细度或加热处理使淀粉呈凝胶状，则会增加饲料对水的结合力。当饲料成分消化率低时，排泄物的量也增多，因此排泄物中水的排泄量也增多（Skrede，1984；Neil，1986）。Neil（1986）通过在鲜料中加入甜菜浆，土豆纤维等富含纤维的物质，发现通过排泄物结合的水的排泄量增多了，通过尿液的水的排泄量减少了，尿液的渗透压增加，增加了水貂的饮水量。饲料被加热处理后，可以显著减少营养物质的消化率，增加水貂粪便结合水的排出量。试验通过与未处理的饲料或冻干的饲料相对比，将饲料烘干（75 ℃）导致消化率的降低，同时有腹泻现象，增加了水通过粪便的排泄量。

四、水貂生理期

1. 维持期 维持期母水貂在平均体重 780 g 时，每 100 g 体重每日水的摄入量为 13.3 g。

2. 妊娠期 Tauson 等（1998）研究发现妊娠期后 3 个月的母水貂会有略微的摄水量增加和排水量降低的现象，这表明有更多的水留存在体内。妊娠期水貂由于摄入的蛋白并不是主要用于代谢产生能量和尿素，而是提供给胎儿生长，因此与未受孕的母水貂相比，妊娠期水貂的尿液中非蛋白氮化合物降低。

3. 泌乳期 Schicketanz（1981）等研究表明母水貂生产时期水的需要量会增大。Tauson 等（1998）发现，泌乳期的水貂饮水量并没有增加，而是通过增加采食量和饲料水的摄入来平衡产奶和排尿增加的排水量。与未产仔的母水貂相比，泌乳期水貂的尿液溶质通常会减少。Tauson（1998）研究母水貂泌乳期的第四周，通过乳汁排水量平均为 151 g/d，而水的摄入量约为 230 g/d。充足的水分摄入对于泌乳期母水貂的生产和福利是非常重要的，并且对于哺乳期幼水貂达到最佳的生长也是至关重要的。

4. 哺乳期仔水貂 Wamberg 和 Tauson（1998）研究窝产 6～9 只的仔水貂，产后 1 周龄的仔水貂乳汁摄入量为（10.9 ± 4.0）g/d，产后 4 周龄的仔水貂乳汁摄入量为（27.7 ± 1.0）g/d，并且公仔水貂乳汁摄入量显著高于母仔水貂，体重也高于母仔水貂的 10%。通过 H^3HO 同位素技术测得产后 1 周龄仔水貂体内水的循环周期为 0.9 d，产后 4 周龄仔水貂水的循环周期为 1.9 d。

5. 幼貂生长期 Howell（1976）研究 6 只公幼水貂在 10 月的水平衡中每天水摄取量为 157 g。其中，粪便含水 33 g，排尿 47 g，还有 77 g 保留体内用于组织的生长和呼吸水分蒸发。Jorgensen（1985）研究表明，水的需要量与代谢体重明显相关，重达 2 kg的公仔水貂与重达 1 kg 的母仔水貂水的需要量分别为 260 g/d 和 190 g/d。

从仔水貂开始采食饲料的那一刻起，它们就需要补充水分。Møller（1991）和 Brink 等（2004）发现仔水貂在开始采食的 2 周后会独立饮水，而前两周对水的需要则是通过饲料所含的水分和从母亲的乳汁以及唾液中获得。Rond 等（2012）试验表明，在产后 30～50 d 哺乳期仔水貂的笼箱内或靠近入口的地方额外提供仔水貂饮水设备，可以让仔水貂提前 4 d 饮水，使产后 35～45 d 的仔水貂摄水频率高 3 倍，使仔水貂更加平静，减少母水貂的喂养病，减少母水貂体重的降低，提高仔水貂的生长和成活率，显著地改善母水貂和仔水貂的福利。

6. 配种期 水貂配种期间，公水貂因频繁进行强制性交配而活动量大大增加，对水的需求量也随之提高。因此，生产实践中，每次交配后都要给公水貂饮水或添喂散雪或碎冰，以满足公水貂对水的需要，使公水貂保持旺盛的交配能力。如果忽略了配种期的饮水工作，公水貂配种能力会下降。

第三节 代谢能与水代谢

Tauson（1999a，1999b）指出当环境温度降低到 5 ℃时，代谢能增加。代谢能随着环境温度的升高而降低，这是由于在环境温度低时，钠、钾排泄增加的同时，尿的渗透压也增加。

每千焦代谢能或每克干物质对应水的需要量见表 7－4，此表中代谢水未被考虑，代谢水估算值为 0.024～0.030 g/kJ（Farrel 等，1968；Tauson，1999a），因此实际水的需要量要高于表中的值。通过试验，Farrel 等（1968）提出了水貂关于水的需要量（包含代谢水）和摄入的消化能的公式：

$$Y=0.563X-3.6$$

式中，Y 为水的需要量（g/d）；X 为表观消化能（kJ/d）。

表 7－4 水貂水的需要量与能量和干物质的摄入

类别	能量（g/kJ）	干物质（g/g）	饲料种类	资料来源
成年公水貂	0.17ADE	2.8	鲜料	Farrel 等（1968）
成年母水貂	0.15 ADE	2.8	鲜料	Farrel 等（1968）
成年公水貂	0.20～0.23ME	3.2	鲜料	Neil（1988）
成年公水貂	0.22ME	3.3	鲜料，环境温度 20 ℃	Tauson（1999a）
泌乳期	0.18	3.0	鲜料，环境温度 20 ℃	Tauson（1998）

注：ADE，apparently digestible energy，表观消化能；ME，metabolic energy，代谢能。

Tauson（1999a）发现，当水貂处于热应激状态下时，水的需要量与能量或干物质的摄入量之间的关系有所不同。高温时，部分水将用于蒸发散热，同时采食量也将减少。35 ℃时，水貂需水量为 0.78 g/kJ（ME）或 2.4 g/g（OM），但其中用于代谢能消耗的仅有 0.21 g/kJ（ME）。

当给水貂饲喂高蛋白质日粮（55%～60% ME 时）时，水的摄入量、排泄量和循环水量均要增加，同时尿的渗透压和干物质含量也增加，水的需要量为 0.206～0.229 g/kJ（ME）；而给水貂饲喂低蛋白日粮（38%～44% ME 时），水的需要量为 0.166～0.180 g/kJ（ME）（Neil，1988）。

参考文献

张海华，李光玉，刘佰阳，2007. 干粉料饲喂毛皮动物过程中的几个误区 [J]. 特种经济动植物，(12)：4-5.

Brink A L，Jeppesen L L，Heller K E，2004. Behaviour in suckling mink kits under farm conditions：effect of accessibility of drinking water [J]. Applied Animal Behaviour Science，89：131-137.

Carver D S，Waterhouse H N，1962. The variation in the water consumption of cats [J]. Proc. Animal Care Panel，12：267-270.

Einarsson E，Enggard-Hansen N，2000. Different protein conc. In feed for mink kits. Nitrogen-energy，water and mineral balance during growth period [J]. Scientifur，24 (1)：70.

Eriksson L，Valtonen M，Mäkelä J，1984. Water and electrolyte balance in male mink (Mustela vison) on varying dietary NaCl intake [J]. Acta Physiologica Scandinavica，537：59-64.

Farrell D G，Wood A J，1968. The nutrition of the female mink (Mustela vison) . The water requirement for maintenance [J]. Canadian Journal of Zoology，46 (1)：53-56.

Howell R E，1976. How mink kits use food intake in growing，furring [M]. Blue Book of Fur Farming，36-41.

Kangas J，1973. Vätskebalansen，dricksvattnetskvaliet och hälsotillsåndethos mink. (Water balance，drinking water quality and the health status in mink.) [J]. Finsk Pälstidskrift，45：230-244.

Mäkelä J，1971. Minkensbehov for drikkevand [J]. Dansk Pelsdyravl，34：535-536.

Mäkelä J，1971. Mink in juomave dentrarpeesta (about the need of drinking water for mink) [J]. Turkistalous，43：415-416.

Neil M，1986. Feed - related factors affecting water turnover in mink [J] . Swedish Jpurnal of. Agriculture. Research，16：81-88.

Neil M，1988. Effect of dietary energetic composition and water content on water turnover in mink [J]. Swedish Jpurnal of Agriculture Research，18：135-140.

NRC，2006. Nutrient requirements of dogs and cats. National Research Council [M]. Washington DC：The National Academy Press.

National Research Council，1974. Nutrients and Toxie Substances in Water for Livestock and Poultry [J]. Washington D C：National Academy Press.

Schicketanz W，1981. Zum matürlichen Rhythmus der Futter- und Trinkwasseraufnahme der Farmnerze in Abhängigkeit von der Tageszeit und den klimatischen Umweltsbedingungen [J]. Brüh，122：34-35.

Tauson A H，1988. Varied energy concentration in mink diets. Ⅱ. Effects on kit growth performance，female weight changes and water turnover in the lactation period [J]. Acta Agric Scand，38：31-242.

Tauson A H，Sorensen H J，Wamberg S，1998. Energy metabolism，nutrient oxidation and water turnover in the lactating mink (Mustela vison) [J]. Journal of Nutrition，128：2615-2617.

Tauson A H，1999. Water intake and excretion，uinary solute excretion and some stress indicators in mink (Mustela vison) . Effect of ambient temperature and quantitative water supply to adult males [J]. Animal Science，69：171-181.

Tauson A H，1999. Water intake and excretion，uinary solute excretion and some stress indicators in mink (Mustela vison). Short term response of adult males to changes in ambient temperatures 5 degrees and 20 degrees Celsius [J]. Animal Science, 69: 183 - 190.

Wamberg S, Tauson AH, Elnif J, 1996. Effects of feeding and short term fasting on water and electrolyte turnover in female mink (Mustela vison) [J]. British Journal of Nutrition, 76: 711 - 725.

Wamberg S, Tauson A H, 1998. Daily milk intake and body water turnover in suckling mink (Mustela vison) kits [J]. Comparative of Biochemistry Physiology, 119A: 931 - 939.

第八章 水貂饲料资源开发与利用

第一节 益 生 菌

一、益生菌的功能

益生菌（probiotics）主要通过改变肠道菌群平衡对动物产生有益作用，如促进营养物质的吸收，提高营养物质利用率，综合调节机体的免疫机能，预防疾病，并且具有无残留、无抗药性、不污染环境等特点。早在18世纪40年代就有人开始利用乳酸杆菌治疗猪的腹泻，并取得显著效果，这是动物最早使用的用于防治疾病的活菌制剂。近年来随着毛皮动物集约化饲养模式的推广，腹泻、肠炎等肠道紊乱症频频发生，抗生素、激素类药物的超量、超范围使用产生的危害越来越严重，养殖户开始自发地使用生物防治的方法加以预防和治疗，水平也在不断提高。

二、益生菌的应用效果评价

（一）益生菌制剂的选择

益生菌制剂种类不同作用差异较大，因此正确选择和使用益生菌制剂是使其充分发挥作用的重要保证。选择益生菌的一个重要标准就是宿主的种属特异性，即同源性原则，这是菌株充分发挥其益生作用的先决条件。目前市场上出售的大多动物用益生菌多来源于人、奶牛、鸡或者乳制品，毛皮动物源的益生菌则少之又少。由于生长环境、温度、酸碱度、底物浓度等不同，非同源益生菌往往存在健康风险，例如，给犬科动物饲喂含有非犬科动物源屎肠球菌的商业益生菌，对犬科动物具有一定潜在的健康风险。因此在应用方面一定要充分考虑到不同益生菌的来源特异性。目前，国内外关于水貂养殖用微生态制剂的研究较少，且大多局限于应用效果方面，而且缺少毛皮动物专用的微生态制剂。中国农业科学院特产研究所、青岛农业大学等单位已从健康水貂肠道或粪便中分离获得具有优良特性的貂源益生菌，为丰富毛皮动物源益生菌资源库提供了良好的素材。

（二）益生菌制剂的种类

我国农业部2008年12月1126号公告《饲料添加剂品种目录（2008）》中规定的可

以直接饲喂动物的饲料级微生物添加剂菌种共有16种（表8-1）。

表8-1 饲料添加剂菌种目录

菌种名	拉丁文学名	菌种名	拉丁文学名
干酪乳杆菌	*Lactobacillus casei*	戊糖片球菌	*Pediococcus pentosaceus*
乳酸乳杆菌	*Lactobacillus lactis*	两歧双歧杆菌	*Bifidobacterium bifidium*
植物乳杆菌	*Lactobacillus plantarum*	酿酒酵母	*Saccharomycescereviseae*
嗜酸乳杆菌	*Lactobacillus acidophilus*	产朊假丝酵母	*Candida utilis*
粪肠球菌	*Streptococcu faecalis*	沼泽红假单胞菌	*Rhodopseudomonas palustris*
屎肠球菌	*Streptococcus faecium*	枯草芽孢杆菌	*Bacillus subtilis*
乳酸肠球菌	*Streptococcus lactis*	地衣芽孢杆菌	*Bacillus licheniformis*
乳酸片球菌	*Pediococcus acidilactici*	保加利亚乳杆菌	*Lactobacillus bulgaricus*

资料来源：农业部（2008）。

目前市场上存在一些菌种来源不清、生产工艺不达标、产品质量不稳定、夸大宣传等低质产品，以低廉的价格冲击市场，因此微生态饲料添加剂市场产品品种繁多，等级不一，产品品质标示方法各异，同时产品的使用效果也不完全一致。国内目前尚没有完善的行业管理体系，产品没有统一的质量标准，菌种安全性上缺乏评价的依据，市场中更有投机者存在，导致了市场产品良莠不齐、鱼龙混杂的混乱局面。

（三）水貂常用的益生菌制剂

正确选择和使用益生菌制剂是保证其充分发挥作用的前提。依据菌种，可将水貂饲养中常用的益生菌制剂主要分为以下几种。

1. 乳酸菌类 嗜酸乳杆菌、嗜热乳杆菌、植物乳杆菌、肠球菌、嗜热链球菌等，属于单胃动物自身存在的益生菌，可直接调节胃肠微生物平衡，降低致病菌的定植，促进胃肠蠕动，缩短过路菌在肠道中的停留时间，维护肠道健康，对消化不良以及各种类型腹泻具有较好的预防作用。通常乳酸菌类制剂与双歧杆菌类、酶制剂等联合使用效果加倍。目前市售的常见乳酸菌制剂形式有乳酸菌片、乳酸菌饮液等。

2. 双歧杆菌类 目前含有双歧杆菌的生物产品有70多种，肠道内双歧杆菌可抑制外籍菌（或过路菌）等腐败菌数量，降低有毒代谢产物如胺、酚、吲哚类等物质含量；调整肠道正常菌群，恢复肠道菌群平衡，对慢性肠炎具有较好的治疗作用；对于由大量使用抗生素而导致的伪膜性肠炎，也具有较好的治疗作用；同时双歧杆菌类制剂还具有增强机体的非特异和特异性免疫反应，在肠道内合成维生素、氨基酸等促进营养物质吸收，提高机体对钙离子的吸收，调节肠道功能紊乱等作用。目前市售制剂主要有双歧杆菌、双歧三联活菌制剂等。

3. 芽孢杆菌类 主要有枯草芽孢杆菌、纳豆芽孢杆菌、地衣芽孢杆菌、蜡状芽孢杆菌、苏云金芽孢杆菌、巨大芽孢杆菌等。芽孢杆菌均有较强的蛋白酶、淀粉酶以及脂肪酶活性，可促进动物对营养物质的消化利用，同时可降解植物饲料的细胞壁成分，减少抗营养因子对动物消化利用的障碍。抑制肠道致病菌等有害微生物生长，分解有机硫化物、有机氮等，降低有害气体排放，改善场区环境。目前市售制剂主要有枯草芽孢杆菌、地衣芽孢杆菌、复合芽孢杆菌制剂等。

4. 酵母菌类 饲料酵母，通常采用假丝酵母、啤酒酵母、面包酵母等培养、干燥制成不具发酵能力的粉末或颗粒状产物。蛋白质含量30%～40%，富含完整的B族维生素、氨基酸等，具有促进动物的生长、缩短饲养期、改善皮毛的光泽度、增强幼禽畜的抗病能力等作用。在兽药工业中，酵母及其制品主要被用于治疗因采食不当产生的消化不良、腹泻以及肠胃充气等症。在酵母培养过程中，添加硒可用于治疗克山病，含铬酵母可治疗糖尿病等。

5. 复合菌类 由多种微生物菌种组成，各菌种组成合理，具有相互协同作用、共生性良好、综合功能强的特点。所用菌种符合国家菌种资源库目录，符合国家农业农村部、环保部门的规定和要求，非转基因产品，非外来物种入侵，通常根据用户要求和使用对象不同进行上述菌种的合理组配。多用于疾病的预防、治疗，环境净化，生物修复等。

6. 其他微生物类 曲霉菌属、光合细菌、担子菌、放线菌、小齿薄耙齿菌、柳叶皮伞，食用真菌类，螺旋藻、小球藻等微生物类，在水貂动物生产中应用较少。

（四）益生菌制剂的剂型选择

动物用微生态制剂研究较早，产品比较丰富。近年以来，微生态制剂在我国传统畜禽饲养业中的应用较广泛。常用的微生态制剂产品主要包含以下几种剂型。

1. 冻干粉制剂 是益生菌经过生物方法增菌发酵后，利用浓缩技术，添加冻干保护剂，利用冷冻干燥设备制成的粉状制剂。该类制剂活菌数较高，并便于运输、保存，但前期投入大，价格较昂贵。

2. 液体制剂 是单一或混合菌种经发酵后直接制成的发酵液，含有大量活菌及其代谢产物。此类制剂活菌数高，但不便于贮藏和运输，通常需低温保存，保存期较短，开启后须在2～3 d饲喂完。

3. 其他剂型 包括普通固体发酵生产的粉剂，经深层液体发酵和一系列的后续加工过程制成的粉剂、片剂、微胶囊制剂等。目前微生态制剂的微胶囊包被工艺，可显著提高产品的活菌数、货架期以及抵抗胃和小肠消化的能力。饲料中添加的微生态制剂主要采用液体或粉剂形式；预防或治疗动物腹泻以及消化不良，则主要采用片剂、粉剂等形式同饲料共同饲喂或饮水饲喂，效果较为理想。

（五）益生菌制剂的用法

1. 使用方法 不同微生态制剂根据其功能不同，使用方法有所差异。常用的使用方法，根据不同产品，一般采用饮水或随饲料拌匀后饲喂的方法。

2. 使用剂量 根据使用功能和所含活菌数量，通常保健用量每只动物为10^7 CFU/d，预防使用量为每只动物10^9 CFU/d，治疗剂量为每只动物10^{10}～10^{11} CFU/d。特殊制剂具体根据说明书或专业人员指导饲喂，如果剂量不足则效果不明显，剂量过高易导致生长性能受阻、生产性能下降等。根据活菌数量，一般商品制剂添加量每只动物都为0.1～5 g。疫病流行期、应激、疾病治疗、换料期间应适当增加用量。

（六）益生菌在水貂中的应用效果

荆祎（2013）在生长期水貂饲粮添加貂源乳酸菌 MDL1118（LP）、屎肠球菌 MDF1104（EF）及二者混合制剂（LP＋EF）的研究结果表明，添加貂源乳酸菌可提高饲粮蛋白质消化效率，降低氮的排放量（表 8－2 和表 8－3），但对水貂采食量和日增重的影响不显著（表 8－4）。分析表明，这一方面可能与乳酸菌添加剂量有关，另一方面与水貂生理时期有关，水貂生长逐渐进入冬毛生长期之后，个体发育开始减缓，由体长增长转为脂肪沉积阶段（表 8－4）。营养物质消化率提高，污染物排泄降低，会在一定程度上提高水貂养殖的经济效益，降低饲养场的环境污染。同时，添加貂源乳酸菌可显著提高动物血清中总蛋白以及 IgA 含量；貂源植物乳杆菌组、混合组与对照组相比，血清高密度脂蛋白胆固醇含量分别提高 0.33 mol/L 和 0.57 mol/L，总胆固醇含量分别下降 0.36 mol/L 和 0.28 mol/L（表 8－5）。由此可知，貂源乳酸菌可提高水貂生长性能，降低血清胆固醇含量，相比而言貂源屎肠球菌组对水貂的增重效果优于单独添加植物乳杆菌组。

表 8－2　不同乳酸菌添加剂对生长期水貂营养物质消化代谢的影响

类别	对照组	LP 组	EF 组	LP＋EF 组
干物质采食量（g/d）	115.6±7.0	108.6±6.5	109.2±8.8	109.2±17.3
干物质消化率（%）	82.8±1.9[b]	84.1±4.1[ab]	86.8±2.3[a]	86.0±3.3[ab]
蛋白质消化率（%）	91.0±2.2[b]	92.4±2.2a[a]	93.4±1.4[a]	93.4±1.9[a]
脂肪消化率（%）	96.5±1.3	96.8±1.6	97.1±1.1	96.9±0.9

表 8－3　不同乳酸菌添加剂对生长期水貂氮平衡的影响

类别	对照组	LP 组	EF 组	LP＋EF 组
食入氮（g/d）	5.59±0.26	5.45±0.32	5.47±0.44	5.48±0.87
粪氮（g/d）	0.50±0.11[a]	0.42±0.11[ab]	0.37±0.07[b]	0.39±0.10[ab]
尿氮（g/d）	4.35±0.73	3.93±0.80	4.34±0.49	4.27±1.00
氮沉积（g/d）	1.13±0.12	1.11±0.32	1.10±0.21	1.07±0.23
蛋白质生物学效价（%）	21.82±1.61	21.06±6.59	23.16±0.21	22.86±4.83
净蛋白质利用率（%）	19.87±1.45	19.87±6.27	21.57±0.44	20.83±3.80

表 8－4　不同乳酸菌添加剂对生长期水貂生长性能的影响

类别	日龄	对照组	LP 组	EF 组	LP＋EF 组
体重（kg）	90	1.29±0.14	1.28±0.14	1.31±0.19	1.29±0.13
	120	1.63±0.10	1.67±0.13	1.64±0.12	1.63±0.18
	150	1.79±0.19[ab]	1.77±0.18[b]	1.86±0.16[a]	1.81±0.15[ab]
	180	1.84±0.19	1.84±0.19	1.91±0.22	1.87±0.23
平均日增重（g）		6.21±2.40	6.28±2.70	6.92±2.40	6.67±2.60

表 8-5　不同乳酸菌添加剂对生长期水貂血液指标的影响

类别	对照组	LP 组	EF 组	LP+EF 组
血清总蛋白（g/L）	71.8±10.3^{b}	85.2±15.1^{a}	90.3±10.3^{a}	87.6±7.7^{a}
免疫球蛋白 A（g/L）	0.03±0.008 9^{Bc}	0.03±0.008 4^{Ba}	0.04±0.014^{Ab}	0.04±0.011^{Aa}
免疫球蛋白 G（g/L）	1.16±0.50	1.06±0.45	1.09±0.42	1.20±0.48
免疫球蛋白 M（g/L）	0.40±0.12	0.40±0.13	0.42±0.15	0.44±0.18
胆固醇（mol/L）	6.56±0.65	6.20±0.58	6.55±0.66	6.28±0.66
高密度脂蛋白胆固醇（mol/L）	4.88±0.52^{b}	5.21±0.51^{ab}	5.47±0.80^{a}	5.45±1.07^{a}
低密度脂蛋白胆固醇（mol/L）	0.87±0.27	0.70±0.29	0.81±0.38	0.79±0.40
尿素氮（mol/L）	3.29±0.71	2.83±0.58	2.94±0.67	3.27±1.00

荆祎（2013）将貂源植物乳杆菌 MDL1118（LP）（每只 5×10^9CFU/d）和饲用干酵母（*Saccharomyces cerevisiae*，SC）（活细胞数≥200 亿个/g）作为益生菌添加剂饲喂生长期水貂，进一步比较它们对水貂营养物质消化率、氮代谢、血液指标和免疫性能的影响（表 8-6）。饲喂到 90 d 时，日粮添加貂源植物乳杆菌水貂组体重和平均日增重显著或极显著高于添加酵母菌组和对照组水貂，对照组平均日增重高于酵母菌组（表 8-6）。这说明貂源植物乳杆菌可以提高水貂生长性能，而添加酵母菌则效果不明显。貂源植物乳杆菌和酵母菌组与对照组相比均可提高脂肪消化率、氮沉积和蛋白质生物学效价，因此，日粮中添加植物乳杆菌和酵母菌可有效提高水貂养殖的经济效益（表 8-8）。水貂日粮添加了植物乳杆菌，其血清胆固醇含量低于对照组，此外提高了水貂血清总蛋白含量，以及 IgA、IgG、IgM 等免疫球蛋白的含量（表 8-9）。

表 8-6　不同益生菌添加剂对生长期水貂生长性能的影响

类别	日龄	LP 组	SC 组	对照组
体重（kg）	90	0.90±0.08	0.92±0.07	0.92±0.08
	120	1.04±0.10	1.02±0.06	1.02±0.07
	150	1.25±0.17	1.20±0.09	1.23±0.15
	180	1.14±0.11^{A}	1.04±0.07^{B}	1.09±0.10^{AB}
平均日增重（g）		2.92±1.07^{Aa}	1.44±0.74^{Bb}	2.06±1.19^{ABb}

表 8-7　不同益生菌添加剂对生长期水貂营养物质消化率的影响

类别	LP 组	SC 组	对照组
干物质采食量（g/d）	211.90±37.78	203.01±40.08	211.52±25.74
干物质消化率（%）	79.43±3.65	79.14±3.44	79.57±3.74
蛋白质消化率（%）	81.29±5.35	80.50±3.93	81.00±5.89
脂肪消化率（%）	98.88±0.83^{A}	98.75±1.04^{A}	95.00±0.82^{B}

表 8-8 不同益生菌添加剂对生长期水貂氮代谢的影响

类别	组别		
	LP	SC	对照组
食入氮（g/d）	3.53±0.63	3.39±0.67	3.54±0.43
粪氮（g/d）	0.70±0.14	0.64±0.08	0.68±0.20
尿氮（g/d）	1.59±0.44[b]	1.70±0.44[b]	2.13±0.16[a]
氮沉积（g/d）	1.13±0.65	1.05±0.47	0.89±0.42
蛋白质生物学效价（%）	39.50±18.70[a]	37.35±13.06[a]	28.77±11.30[b]
净蛋白质利用率（%）	30.69±14.88	30.31±11.23	23.80±9.52

表 8-9 不同乳酸菌添加剂对生长期水貂血液指标的影响

类别	组别		
	LP	SC	对照组
血清总蛋白（g/L）	89.34±12.91	83.62±9.42	87.33±12.74
免疫球蛋白 A（g/L）	0.035±0.01	0.035±0.01	0.033±0.01
免疫球蛋白 G（g/L）	0.79±0.38	0.99±0.33	0.75±0.12
免疫球蛋白 M（g/L）	0.37±0.14	0.37±0.17	0.37±0.16
胆固醇（mol/L）	5.53±1.32[b]	6.53±0.62[ab]	6.80±1.10[a]
高密度脂蛋白胆固醇（mol/L）	5.24±0.33	5.19±0.38	5.17±0.45
低密度脂蛋白胆固醇（mol/L）	0.44±0.29	0.45±0.31	0.61±0.40

上述研究结果充分表明，饲料中添加植物乳杆菌能有效提高水貂日增重，降低尿氮含量，提高净蛋白质利用率，降低血清胆固醇含量。酵母菌在提高脂肪消化率和降低胆固醇方面同样具有一定的作用。貂源乳酸菌或酵母菌可以提高水貂生长性能，只是程度有所不同。因此，在施用时要充分考虑益生菌的来源、施用剂量、施用阶段，对于不同生理阶段还要考虑不同剂型。

第二节 酸化剂

一、酸化剂的功能

消化道酸性环境，是饲料养分在动物体内被充分消化吸收、有益菌群正常生长、病原微生物受到有效抑制的必要条件。但在身体发育的特定时期，如幼龄动物或发育迟缓时，动物消化道产酸量不足，常引起消化机能障碍或其他相关疾病。大量研究表明，在动物饲料中添加适量、无毒的无机酸、有机酸、混合酸制剂或一些酸盐，可有效调节饲料 pH，改善日粮适口性，提高动物特别是幼龄动物采食量，这些酸或酸盐可统称为饲料酸化剂。因为饲料酸化剂在适宜水平时能促进动物消化道，特别是胃中的适酸性消化酶活性提高，所以对蛋白质等营养物质的消化利用促进作用明显；另外酸化剂可与饲料中的矿物质反应生成易溶盐，促进微量元素的吸收利用；有些酸化剂（如乳酸、琥珀酸、磷酸、柠檬酸等）本身就参与动物体内复杂的生化反应，这不仅能促进营养物质的消化利用，而且对机体有着很好的营养作用；此外酸化剂加入饲料后，一些有害的细菌和病原微生物因为饲料 pH 降低而难以在其中滋生，延长了饲料调制后的保存时间，缓解了调制后饲料易酸败对饲料加工环节的压力。

但是因为备选酸化剂很多，其优势和缺点有待进一步探索，只有了解了这些酸化剂，才能为更好地使用打下基础。目前常用的无机酸有盐酸、硫酸、醋酸、磷酸等；常用的有机酸有：柠檬酸、延胡索酸、乳酸、甲酸、乙酸、丙酸、丁酸、山梨酸、戊酮酸、苹果酸等；复合酸化剂则多以一种酸为主，添加其他酸或酸盐组成互补的混合产品，无论在调整饲料或消化道 pH，还是促进营养利用方面都有优势。

二、酸化剂的应用效果评价

为了验证饲料酸化剂技术在水貂养殖业上的适用性，并筛选出适于水貂日粮中使用的酸化剂种类及其最佳剂量，王凯英等（2009，2011，2012，2014a，2014b，2015）的研究结果如下。

1. 饲料酸化剂对水貂饲料、消化道 pH 的影响 酸化剂能直接影响饲料和动物胃、肠等消化道 pH，并且是酸化剂种类、添加量及添加时间共同作用的结果（表 8-10 和表 8-11）。由表 8-10 知，相同的添加水平下，琥珀酸对饲料 pH 影响强于柠檬酸、乳酸和磷酸；虽然磷酸组饲料 pH 高于柠檬酸和乳酸，但是与有机酸比较，磷酸能在水貂胃内维持更长时间，该处理水貂胃液 pH 显著低于柠檬酸和乳酸处理组；此外酸化剂对水貂胃液 pH 影响也受到采食时间的影响，肠液 pH 受酸化剂种类、添加量影响不显著。

表 8-10 饲料酸化剂添加水平对水貂饲料、胃液、肠液 pH 的影响

项目	对照组	磷酸水平（%）			柠檬酸（%）			乳酸（%）		
		0.4	0.6	0.8	0.5	1.0	1.5	0.5	1.0	1.5
饲料	6.49±0.01^{A}	5.72±0.01^{C}	5.50±0.01^{E}	5.34±0.03^{F}	5.69±0.01^{D}	5.11±0.01^{I}	4.57±0.01^{J}	5.89±0.03^{B}	5.20±0.01^{G}	5.14±0.02^{H}
胃液	4.48±0.31^{AB}	3.79±0.44^{BCDE}	3.54±0.37^{DE}	3.49±0.50^{E}	4.89±0.94^{A}	4.36±1.02^{ABCD}	3.75±0.25^{BCDE}	3.98±0.16^{BCDE}	4.39±0.073^{ABC}	3.59±0.34^{CDE}
肠液	6.64±0.16	6.69±0.18	6.73±0.17	6.62±0.15	6.81±0.28	6.67±0.17	6.64±0.29	6.42±0.13	6.78±0.37	6.62±0.26

表 8-11 琥珀酸添加量、饲喂时间对水貂饲料、胃液 pH 的影响

项目	琥珀酸添加水平（%）			
	0	0.2	0.4	0.8
饲料	6.83±0.1^{A}	5.70±0.56^{B}	5.27±0.65^{B}	4.68±0.60^{B}
采食 0.5 h 胃液	3.92±0.04^{A}	3.93±0.5^{A}	3.85±0.51^{A}	3.78±0.08^{A}
采食 2.5 h 胃液	3.24±0.23^{AB}	2.97±0.21^{B}	2.63±0.09^{B}	3.67±0.69^{A}
采食 4.5 h 胃液	3.84±0.37^{A}	3.03±0.42^{A}	3.21±0.39^{A}	3.11±0.33^{A}

2. 饲料酸化剂对水貂干物质采食量、消化酶活性及小肠绒毛形态的影响 研究表明，酸化剂对水貂干物质采食量无显著影响（$P>0.05$），但是干物质采食量随着饲料中酸化剂水平升高，先上升后下降趋势明显，说明适宜水平的酸化剂能够促进水貂采食，当 pH 过低，超过水貂适宜范围时，就会影响水貂食欲（表 8-12）。以胃蛋白酶为代表的消化酶活性表明，适宜水平的饲料酸化剂可极大地提高消化酶活性，但是随着添加水平的增加，胃蛋白酶活性先升高后降低的趋势明显。此外，随着采食时间的延长，胃蛋白酶活性也呈先升高后降低、逐渐平稳的趋势，其中不同处理组水貂胃蛋白酶活性均在进食 2.5 h 最高，可见饲料酸化剂对胃蛋白酶活性变化规律的影响是合乎水貂自然生理规律、利于水貂胃蛋白酶活性提高的（表 8-13）。小肠绒毛高度、绒毛表面积、绒毛分布密度等小肠绒毛形态标志性指数，直接影响着小肠对营养物质的吸收利用。试验表明，饲料酸化剂对水貂小肠绒毛高度、绒毛表面积、绒毛分布密度等关键指数影响明显，0.4%的添加水平可以显著促进胃蛋白酶活性（表 8-13 和表 8-14）。

表 8-12 琥珀酸添加量对水貂干物质采食量的影响

项目	琥珀酸添加水平（%）			
	0	0.2	0.4	0.8
采食量（g）	124.49±19.78^{A}	124.20±2.92^{A}	122.88±11.10^{A}	123.97±5.94^{A}

表 8-13 琥珀酸添加量对水貂胃蛋白酶活性的影响

项目	时间（h）	琥珀酸添加水平（%）			
		0	0.2	0.4	0.8
胃蛋白酶活性（IU）	0.5	17.01±12.94^{A}	13.85±12.40^{A}	19.18±13.26^{A}	18.43±12.42^{A}
	2.5	28.30±15.13^{B}	24.85±10.61^{B}	55.58±10.98^{A}	33.12±14.06^{B}
	4.5	14.63±2.62^{A}	23.28±7.09^{A}	21.62±7.83^{A}	19.10±11.02^{A}

表 8-14 酸化剂及其水平对水貂小肠绒毛形态的影响

项目	酸化剂添加水平（%）	绒毛高度（μm）	绒毛表面积（μm^2）	绒毛密度（根/mm^2）
对照组	0	819.2±239.18	316 211±89 166	3.92±0.81
磷酸水平（%）	0.4	806.0±63.27	336 263±47 321	4.48±0.43
	0.6	676.0±243.50	260 023±27 490	5.23±2.35
	0.8	834.8±94.70	337 431±61 015	4.62±0.54

（续）

项目	酸化剂添加水平（%）	绒毛高度（μm）	绒毛表面积（μm²）	绒毛密度（根/mm²）
柠檬酸水平（%）	0.5	799.3±158.99	306 716±96 208	3.20±1.91
	1.0	705.3±268.06	286 012±39 470	3.65±0.32
	1.5	820.8±111.38	343 458±10 882	4.16±0.49
乳酸水平（%）	0.5	985.5±159.88	416 653±70 085	4.22±0.47
	1.0	800.2±99.65	302 930±63 772	3.77±0.49
	1.5	954.0±226.63	375 943±32 976	4.43±0.39
R-MSE		180.52	9.78	1.06

3. 饲料酸化剂对鲜饲料保存效果及生长期水貂腹泻的影响 水貂鲜饲料或原料都是营养含量较高、不易储存、极易腐败变质的。这不仅会导致大量珍贵饲料资源损失，还会给貂群带来腹泻等疾病，严重影响水貂健康和生产性能。试验结果表明，适宜水平的饲料酸化剂能有效地抑制饲料的氧化指数，例如挥发性盐基氮（TVBN）水平是蛋白质品质的标志性指标，与酸化剂添加水平呈负相关，合理地添加酸化剂就能有效保护蛋白质品质，当然当酸化剂添加水平过高时，酸化剂本身的氧化性也展现出来，所以酸化剂的使用也是有着合理区间的。另外，酸化剂直接改变了鲜料的 pH，不利于大肠杆菌生长，能明显地抑制鲜料中的大肠杆菌菌落数；此外，本研究结果显示酸化剂抑菌性除与酸化剂浓度相关外，还随着时间变化而变化，如 1.5%柠檬酸最佳活性时间是 1 h，0.4%磷酸最佳活性时间是 4 h；乳酸则相对稳定，最高活性时间稳定在 8 h。酸化剂通过抑制饲料和动物消化道中微生物的生长，降低其浓度，从而起到杀菌保健的作用。研究发现，饲料添加酸化剂后水貂腹泻指数和腹泻率均呈下降趋势，且以 1.5%乳酸组效果最好（表 8-15至表 8-18）。

表 8-15 酸化剂及其水平对水貂饲料酸值、过氧化值、羰基值、挥发性盐基氮的影响

项目	对照组	磷酸水平（%）			柠檬酸水平（%）			乳酸水平（%）		
		0.4	0.6	0.8	0.5	1.0	1.5	0.5	1.0	1.5
酸值（mg/g）	6.3	3.90	3.40	3.10	4.20	4.40	7.40	5.00	2.60	3.80
过氧化值（meq/kg）	0.63	1.30	2.50	3.20	1.10	6.10	13.00	1.70	2.40	5.00
羰基值（meq/kg）	3.90	2.80	5.10	4.80	3.00	3.20	3.60	3.30	4.30	3.90
挥发性盐基氮（mg，每 100 g 中）	23.70	17.30	13.70	13.20	17.90	14.00	15.70	18.10	14.10	5.00

表 8-16 酸化剂及其水平对水貂饲料大肠杆菌菌落数量（$\times 10^5$ CFU）的影响

项目	对照组	磷酸水平（%）			柠檬酸水平（%）			乳酸水平（%）		
		0.4	0.6	0.8	0.5	1.0	1.5	0.5	1.0	1.5
1 h	21.50±3^{A}	18.00±4.24^{AB}	17.50±4.65^{AB}	16.25±5.79^{BC}	12.6±2.07^{CDE}	8.40±1.82^{EF}	7.00±2.16^{F}	11.20±2.59^{DEF}	10.50±1.29^{DEF}	13.80±1.92^{BCD}

（续）

项目	对照组	磷酸水平（%）			柠檬酸水平（%）			乳酸水平（%）		
		0.4	0.6	0.8	0.5	1.0	1.5	0.5	1.0	1.5
4 h	24.50±8.45[a]	5.50±2.89[c]	20.00±11.17[ab]	6.00±6.78[c]	7.50±5.92[bc]	12.75±6.13[abc]	7.75±4.27[bc]	9.00±3.56[bc]	19.00±3.55[abc]	7.00±4.97[bc]
8 h	18.00±2.16[abc]	7.00±4.89[bc]	16.25±2.87[abc]	17.00±11.78[abc]	38.75±25.17[a]	17.50±5.07[abc]	31.50±26.19[ab]	20.75±3.86[abc]	36.00±29.51[a]	4.75±3.30[c]

表 8-17　酸化剂及其水平对水貂腹泻指数的影响

项目	对照组	磷酸水平（%）			柠檬酸水平（%）			乳酸水平（%）		
		0.4	0.6	0.8	0.5	1.0	1.5	0.5	1.0	1.5
腹泻指数	2.30±0.43[A]	1.68±0.38[C]	1.66±0.32[C]	1.26±0.36[D]	1.81±0.36[B]	1.63±0.34[C]	1.33±0.31[D]	1.81±0.36[B]	1.74±0.26[BC]	1.25±0.21[D]

表 8-18　酸化剂及其水平对水貂腹泻率的影响

项目	对照组	磷酸水平（%）			柠檬酸水平（%）			乳酸水平（%）		
		0.4	0.6	0.8	0.5	1.0	1.5	0.5	1.0	1.5
腹泻率（%）	31.668±17.748[A]	7.916±5.617[BC]	5.831±4.629[BCDE]	1.665±1.779[CDE]	12.50±5.844[B]	4.618±2.956[CDE]	1.249±1.723[DE]	9.166±5.842[BC]	6.666±3.98[BCDE]	0[D]

4. 饲料酸化剂对水貂生产性能、血清生化指标及环境氮、磷排放量的影响　饲料酸化剂可明显提高水貂平均日增重，柠檬酸和乳酸处理组水貂体重显著高于对照组，1.5%乳酸添加组水貂体长虽并非各组最优，但其鲜皮长及鲜皮重数据为各组之冠。这是因为该组水貂健康状况最优，营养物质转化沉积率高，故其鲜皮重高、皮质好，皮张上楦板后延展度好，皮长也是所有处理组中最优（表 8-19）；比较对照组和酸化剂处理组水貂血清总蛋白、白蛋白、尿素氮、血糖水平，证实了饲料酸化剂有助于水貂的消化代谢和营养物质沉积，反证了在适宜处理区间内酸化剂组水貂体长、体重、皮长均显著增加的结果。另外，水貂血液补体 3、补体 4 浓度先随着酸化剂水平提高而上升，达到一定水平后 T3、T4 浓度又随着酸化剂水平提高而下降；与对照组比较，酸化剂处理组氮、磷环境排放量均显著下降，但随着酸化剂添加水平提高特别是磷的环境排放量逐渐提高趋势明显（表 8-20 和表 8-21）。综合分析可知，酸化剂在适宜水平内使用，可影响水貂体内营养物质的结合状态，促进水貂对蛋白质等关键营养物质利用，提高其健康指数，利于水貂生长发育，但随着酸化剂使用量的不断增加，对水貂身体内环境及养分利用的负面影响也会不断加大。可见在饲料中适量添加酸化剂，对水貂养殖业是合理、有益的。

表 8－19 酸化剂及其水平对水貂生产性能的影响

项目	对照组	磷酸水平（%）			柠檬酸水平（%）			乳酸水平（%）		
		0.4	0.6	0.8	0.5	1.0	1.5	0.5	1.0	1.5
体重（g）	1 793±234^{ab}	1745±160^{b}	1791±116^{ab}	1800±131^{ab}	1709±238^{b}	1804±175^{ab}	1848±186^{ab}	1907±273^{ab}	1791±308^{ab}	1992±272^{a}
体长（cm）	44.87±2.36^{c}	46.25±2.05^{bc}	47.57±1.13^{ab}	48.63±2.83^{a}	46.57±1.62^{abc}	46.75±1.67^{abc}	46.25±1.75^{bc}	45.71±1.79^{bc}	46.56±1.59^{abc}	46.11±1.27^{ab}
鲜皮长（cm）	69.25±2.17	68.69±2.37	70.43±1.77	69.25±2.23	69.29±3.34	69.06±4.00	69.25±3.12	69.71±3.92	69.11±3.53	70.44±4.08
鲜皮重（g）	272.33±40.94	272.69±34.30	274.88±34.94	282.13±42.81	279.86±40.12	266.50±32.69	276.13±40.51	305.56±37.49	282.13±42.81	306.64±54.07

表 8－20 酸化剂及其水平对水貂血液生化指标的影响

项目	对照组	磷酸水平（%）			柠檬酸水平（%）			乳酸水平（%）		
		0.4	0.6	0.8	0.5	1.0	1.5	0.5	1.0	1.5
总蛋白（g/L）	88.28±10.63	84.34±10.18	82.54±6.44	94.4±13.77	91.73±6.18	90.62±5.26	84.78±8.50	87.65±12.89	87.33±13.07	85.73±8.33
白蛋白（g/L）	35.28±6.40	36.88±2.34	38.08±2.08	40.23±3.34	36.32±3.09	36.45±2.32	37.12±2.61	36.92±2.18	36.45±1.99	38.80±2.54
尿素氮（mmol/L）	13.47±4.95^{a}	7.33±2.46^{b}	6.72±3.75^{b}	11.13±3.59^{ab}	10.42±4.34^{ab}	9.02±2.20^{ab}	8.40±2.93^{b}	8.76±3.21^{b}	8.22±3.99^{b}	7.13±3.01^{b}
血糖（mmol/L）	9.46±1.87	10.09±3.18	9.49±2.80	8.97±1.41	9.44±1.80	11.87±4.84	11.58±3.50	12.14±2.14	10.24±3.76	10.85±2.70
补体 3（nmol/L）	0.94±0.15	1.06±0.47	0.95±0.26	0.94±0.10	1.06±0.26	0.94±0.12	0.90±0.07	0.94±0.14	0.85±0.15	0.96±0.16
补体 4（nmol/L）	13.00±3.00	13.49±7.15	12.10±2.46	11.11±1.97	15.23±2.91	10.81±3.10	13.30±4.76	14.86±4.35	12.53±3.12	13.63±5.12
免疫球蛋白 A（g/L）	0.043±0.02^{ABC}	0.037±0.015^{BCD}	0.02±0.009^{D}	0.03±0.008^{BCD}	0.02±0.004^{D}	0.035±0.021^{BCD}	0.028±0.008^{CD}	0.03±0.01^{CD}	0.048±0.008^{AB}	0.057±0.02^{A}
免疫球蛋白 G（g/L）	1.29±0.25	1.26±0.42	1.12±0.37	1.29±0.85	1.97±0.55	1.71±0.48	1.60±0.70	1.42±0.56	1.36±0.76	1.46±0.58
免疫球蛋白 M（g/L）	0.37±0.13	0.41±0.13	0.28±0.09	0.43±0.23	0.42±0.09	0.37±0.15	0.37±0.13	0.36±0.10	0.40±0.09	0.36±0.04

表 8-21 酸化剂及其水平对水貂氮、磷环境排放量的影响

项目	对照组	磷酸水平（%）			柠檬酸水平（%）			乳酸水平（%）		
		0.4	0.6	0.8	0.5	1.0	1.5	0.5	1.0	1.5
N环境排放量(g/d)	1.30±0.25	1.14±0.25	1.02±0.09	1.12±0.25	1.13±0.20	1.15±0.25	1.08±0.25	0.97±0.14	1.24±0.23	0.97±0.16
P环境排放量(g/d)	0.75±0.15[A]	0.62±0.11[ABC]	0.64±0.10[ABC]	0.68±0.12[AB]	0.61±0.08[ABC]	0.53±0.14[BC]	0.50±0.16[BCD]	0.32±0.05[D]	0.49±0.24[CD]	0.61±0.09[AB]

第三节　半 胱 胺

一、半胱胺的功能

半胱胺（cysteamine，CS）即β-巯基乙胺，是辅酶A的组成成分、半胱氨酸的脱羧产物，化学结构为 $H_2N—CH_2—CH_2—SH$，相对分子质量 77.15，纯品为白色结晶，有刺激性气味，在空气中容易氧化，因其游离碱基的不稳定性，生产上一般制成盐酸盐形式。半胱胺天然存在于动物毛发中，提取效率极低，目前均采用化学合成法，常用的合成途径有4种：①乙醇胺—溴化氢法；②乙醇胺—硫酸—环乙胺法；③硫化氢—氮丙啶法；④乙醇胺—硫酸—噻唑啉法。

半胱胺的主要功能：①促生长作用。半胱胺是生长抑素抑制剂类绿色饲料添加剂，主要通过其活性巯基和氨基破坏生长抑素分子内部二硫键，使机体组织和血清中生长抑素丧失免疫活性，机体生长抑素水平下降，从而解除其对生长激素及其他相关激素的抑制作用，促进垂体分泌生长激素及其他参与合成代谢的相关激素的分泌，进而促进动物生长。也有研究发现，半胱胺还可以降低垂体催乳素水平，抑制多巴胺β-羟化酶活性，导致多巴胺在下丘脑大量蓄积，从而促进生长激素的合成和分泌（Palkovits等，1982；Millard等，1982；Diliberto等，1973）。另外，Mcleod等（1995）研究发现，半胱胺可以提高机体胰岛素、胰岛素样生长因子-1、甲状腺素和三碘甲腺原氨酸的分泌，这些激素是促进机体生长发育、参与机体同化作用的重要激素，对动物生长具有一定的促进作用。②调节消化功能作用。半胱胺处理可以使动物胃酸和胃泌素分泌量增加，提高胃蛋白酶活性，延迟胃排空。但高剂量的半胱胺可加快消化道黏膜损伤，引起消化道溃疡。③抗氧化作用。半胱胺作为一种含活性巯基的小分子化合物，易透过细胞膜，羧化形成半胱氨酸，为谷胱甘肽的合成提供底物，从而提高机体抗氧化能力，是一种防御自由基损害的有效物质。④提高机体免疫能力。半胱胺不仅可以通过体液免疫和细胞免疫来调节机体免疫功能，而且对机体黏膜免疫也有一定的调节作用。

二、半胱胺的应用效果评价

（一）半胱胺在育成生长期水貂中的应用效果

樊燕燕（2015）通过在水貂日粮添加不同水平的半胱胺（60 mg/kg、90 mg/kg 和 120 mg/kg）并采用不同的饲喂方式（饲喂 1 周，间隔 1 周和连续饲喂），研究水貂生长性能、营养物质消化率及血清激素水平等的变化规律，确立了水貂育成生长期水貂最适宜的半胱胺添加水平和方式，初步了解半胱胺对水貂的生理作用。

试验表明，育成生长期水貂饲粮中添加适宜的半胱胺可以促进水貂的生长（表 8-22和表 8-23）。日粮添加半胱胺可以提高水貂的平均日增重，公水貂添加量以 90 mg/kg 最佳，间隔添加效果显著优于连续添加，平均日增重高于对照组 23%；母水貂添加方式以每隔 1 周添加 60 mg/kg 效果最佳，平均日增重高于对照组 22%，说明半胱胺可以作为水貂促生长剂。日粮添加半胱胺可以显著提高公水貂采食量，间隔添加组高于连续添加组 3%，90 mg/kg 添加组高于 60 mg/kg 添加组 4%，这可能与半胱胺对胃促生长素分泌的促进作用和保护小肠黏膜完整性有关。日粮添加半胱胺可显著降低母水貂料重比，说明半胱胺可以提高育成生长期母水貂饲料转化率，间隔添加与连续添加相比降低 11%，间隔添加优于连续添加，原因可能是连续添加使半胱胺在动物体内的浓度过高，高浓度半胱胺产生一定的毒性，造成动物生长性能的降低。

表 8-22 半胱胺对育成生长期公水貂生长性能的影响

项目			初始体重（g）	终末体重（g）	平均日增重（g）	平均日采食量（g/d）	料重比
组别（mg/kg）	基础日粮（无添加）		1 081.14±82.19	1 869.20±180.08[c]	14.85±2.26[c]	91.40±2.89[b]	4.72±0.51
组别（mg/kg）	连续	60	1 082.88±50.68	1 890.71±173.57[c]	15.59±1.77[bc]	92.71±5.00[ab]	4.83±0.47
	连续	90	1 060.29±72.04	2 015.25±115.17[abc]	16.98±2.24[abc]	100.32±1.32[a]	4.84±0.36
	连续	120	1 058.50±53.94	1 950.50±162.49[bc]	15.65±2.34[bc]	97.06±4.51[ab]	5.19±0.53
	间隔	60	1 075.13±103.94	2 043.88±148.62[abc]	17.00±2.47[abc]	99.67±1.32[a]	4.89±0.46
	间隔	90	1 075.86±43.13	2 124.57±43.41[a]	18.35±0.71[a]	100.53±3.42[a]	4.86±0.35
	间隔	120	1 073.14±41.96	2 069.00±74.94[ab]	17.43±0.72[ab]	99.85±4.04[a]	5.37±0.30
添加方式	连续		1 068.38±57.62	1 954.83±153.23[B]	16.11±2.14[b]	96.70±4.91[B]	4.94±0.45
	间隔		1 074.73±68.09	2 077.17±102.33[A]	17.53±1.69[a]	100.02±2.99[A]	5.04±0.43
添加水平（mg/kg）	60		1 079.00±79.09	1 972.40±173.81	16.34±2.22	96.19±5.03[b]	4.86±0.44[b]
	90		1 068.07±57.61	2 066.27±103.09	17.57±1.84	100.43±2.48[a]	4.85±0.34[b]
	120		1 066.39±46.37	2 009.75±136.70	16.47±1.95	98.46±4.33[ab]	5.29±0.41[a]

表 8-23 半胱胺对育成生长期母水貂生长性能的影响

项目			初始体重（g）	终末体重（g）	平均日增重（g）	平均日采食量（g/d）	料重比
组别（mg/kg）	基础日粮（无添加）		803.88±24.27	1 155.00±69.61[b]	6.40±0.76[c]	73.41±2.11	11.49±1.17[Aa]
	连续	60	793.88±14.88	1 219.00±28.51[ab]	7.32±0.74[ab]	76.13±2.05	10.75±0.72[ABab]
		90	794.63±23.99	1 201.57±58.85[ab]	7.00±1.17[abc]	74.17±1.63	10.02±1.07[ABCbc]
		120	786.38±20.73	1 174.25±58.14[b]	6.70±1.05[bc]	72.77±4.46	10.74±0.49[ABab]
	间隔	60	792.75±22.89	1 271.20±47.18[a]	7.83±0.54[a]	70.94±2.86	8.86±0.86[Cc]
		90	791.75±27.70	1 226.13±43.45[ab]	7.29±0.69[abc]	70.65±1.28	9.63±0.91[BCbc]
		120	806.63±29.46	1 206.63±118.23[ab]	7.40±0.63[ab]	72.97±4.70	9.87±1.14[BCbc]
添加方式	连续		791.63±54.79	1 198.27±51.81	7.01±0.99[b]	74.36±3.14[a]	10.50±0.83[A]
	间隔		797.04±72.83	1 234.65±79.18	7.51±0.64[a]	71.52±3.24[b]	9.45±1.02[B]
添加水平（mg/kg）	60		793.31±52.75	1 245.10±46.31	7.58±0.68	73.54±3.60	9.80±1.24
	90		793.19±70.82	1 213.85±51.56	7.15±0.94	72.41±2.31	9.82±0.97
	120		796.50±70.39	1 190.44±91.54	7.05±0.91	72.87±4.37	10.30±0.95

研究发现，不同剂量和不同时间间隔半胱胺的添加可以有降低水貂粪便干物质排出量，提高水貂干物质、粗蛋白质和粗脂肪消化率的趋势，间隔添加效果优于连续添加，公水貂以 90 mg/kg 间隔添加效果最好，母水貂以 60 mg/kg 间隔添加效果最佳（表 8-24 和表 8-25）。半胱胺可以提高生长激素水平，消除对各种消化酶的抑制作用，加快胃肠道蠕动，使机体消化吸收和合成代谢增强。在本研究中，间隔添加效果优于连续添加，公水貂干物质消化率高于连续添加组 0.87%，粗脂肪消化率高于连续添加组 0.88%；母水貂干物质消化率高于连续添加组 1.25%，粗脂肪和粗蛋白质消化率也有所提高，但差异不显著，当添加剂量达到 120 mg/kg 时，两性别水貂营养物质消化率均有下降的趋势。原因可能是半胱胺的高浓度及持续刺激对水貂胃肠道造成损伤，抑制营养物质的消化吸收。

表 8-24 半胱胺对育成生长期公水貂营养物质消化率的影响

项目			干物质排出量（g/d）	干物质消化率（%）	粗蛋白质消化率（%）	粗脂肪消化率（%）
组别（mg/kg）	基础日粮（无添加）		15.06±0.92	84.00±0.75[c]	88.85±0.56[cB]	95.25±0.97[b]
	连续	60	14.29±0.41	84.64±0.25[bc]	90.07±0.97[abAB]	95.63±0.86[ab]
		90	15.74±0.95	84.85±0.48[bc]	90.71±0.53[abA]	95.74±0.91[ab]
		120	14.39±1.40	84.90±0.84[bc]	89.85±0.41[bcAB]	95.61±0.93[ab]
	间隔	60	14.82±1.14	85.08±1.04[abc]	90.22±0.63[abAB]	96.37±0.20[ab]
		90	14.46±1.72	86.26±1.57[a]	91.09±1.25[aA]	96.38±0.58[ab]
		120	14.52±0.63	85.45±0.60[ab]	90.85±0.43[abA]	96.74±1.02[a]

（续）

项目		干物质排出量（g/d）	干物质消化率（%）	粗蛋白质消化率（%）	粗脂肪消化率（%）
添加方式	连续	14.86±1.17	84.80±0.54^{b}	90.21±0.72	95.66±0.84^{B}
	间隔	14.59±1.18	85.54±1.09^{a}	90.73±0.83	96.50±0.69^{A}
添加水平（mg/kg）	60	14.55±0.86	84.89±0.79	90.15±0.76	95.97±0.73
	90	15.10±1.48	85.56±1.31	90.90±0.91	96.22±0.78
	120	14.46±0.99	85.23±0.72	90.40±0.66	96.09±1.10

表 8-25　半胱胺对育成生长期母水貂营养物质消化率的影响

项目			干物质排出量（g/d）	干物质消化率（%）	粗蛋白质消化率（%）	粗脂肪消化率（%）
组别（mg/kg）	基础日粮（无添加）		12.59±0.58^{abA}	83.03±0.76^{dC}	81.11±1.58^{b}	94.61±2.37^{c}
	连续	60	12.93±0.60^{aA}	83.21±0.90^{cdBC}	83.85±1.81^{ab}	94.89±0.95^{bc}
		90	11.61±0.49^{bcAB}	83.85±0.58^{abcdABC}	85.23±1.85^{a}	96.54±1.00^{a}
		120	11.34±1.10^{cAB}	83.50±1.47^{bcdABC}	84.55±4.80^{a}	96.08±1.60^{abc}
	间隔	60	10.41±0.98^{cdB}	84.90±0.13^{aA}	87.21±3.06^{a}	96.69±0.45^{a}
		90	10.04±0.89^{dB}	84.56±0.99^{abAB}	86.00±2.73^{a}	96.33±0.44^{ab}
		120	10.75±1.61^{cdB}	84.24±0.41^{abcABC}	85.77±0.71^{a}	96.26±0.56^{ab}
添加方式	连续		11.96±1.02^{A}	83.52±1.02^{B}	84.54±3.01	95.84±1.35
	间隔		10.40±1.17^{B}	84.57±0.64^{A}	86.33±2.35	96.43±0.50
添加水平（mg/kg）	60		11.67±1.53	84.06±1.07	85.53±2.97	95.79±1.18
	90		10.82±1.07	84.20±0.86	85.62±2.26	96.44±0.75
	120		11.05±1.35	83.87±1.10	85.16±3.33	96.17±1.15

本试验对血清生长轴相关激素进行分析。结果表明，饲粮添加半胱胺可降低血清生长抑素含量，提高生长激素（GH）、生长激素受体（GHR）和胰岛素样生长因子（IGF-1）含量（表 8-26 和表 8-27），公水貂 GHR 含量也有所提高。这是因为半胱胺特殊的分子结构破坏了生长抑素（SS）的分子内部二硫键，使其化学结构发生了改变，降低了其对促生长类激素的抑制作用。间隔添加组 SS、GH 水平优于连续添加组，不同添加水平中，公水貂以 90 mg/kg 添加效果最好，母水貂以 60 mg/kg 添加效果最佳。饲粮添加半胱胺可提高育成生长期水貂血清三碘甲状腺原氨酸（T3）、四碘甲状腺原氨酸（T4）水平，间隔添加组 T3 水平较连续添加组有所降低，T4 有所升高；不同添加水平中，公水貂高剂量添加组 T3、T4 水平有所下降。这说明饲粮添加半胱胺可以通过调节甲状腺激素水平促进动物生长。

饲粮添加半胱胺能够促进育成生长期水貂的生长、提高营养物质消化率水平；对血清激素水平也产生显著影响，显著降低 SS 水平，提高促生长类激素水平。综合各项指标，在本试验条件下，育成生长期公水貂饲粮中半胱胺的最适添加剂量为 90 mg/kg，添

表 8-26　半胱胺对育成生长期公水貂血清激素水平的影响（ng/mL）

项目			生长激素	生长抑素	生长激素受体	胰岛素样生长因子	胰岛素样生长因子受体	三碘甲状腺原氨酸	四碘甲状腺原氨酸
组别（mg/kg）	基础日粮（无添加）		1.08±0.12^{C}	79.76±8.08^{aA}	12.85±0.25^{B}	76.78±4.09^{cB}	13.88±0.85^{bcABC}	1.45±0.06^{cC}	17.67±0.21^{bcAB}
	连续	60	1.40±0.03^{A}	74.55±2.87^{abABC}	14.02±0.38^{A}	83.27±5.95^{abAB}	15.54±1.26^{aA}	1.85±0.03^{aA}	18.64±0.82^{aA}
		90	1.41±0.05^{A}	76.27±0.59^{aAB}	14.15±0.55^{A}	87.73±2.20^{aA}	15.65±0.87^{aA}	1.78±0.08^{aAB}	17.38±0.61^{cAB}
		120	1.21±0.10^{B}	67.60±2.42^{bcBC}	11.54±1.24^{C}	62.32±5.05^{dC}	12.75±0.95^{cC}	1.25±0.09^{dD}	14.57±0.78^{dC}
	间隔	60	1.37±0.12^{A}	65.81±2.84^{cC}	12.17±0.81^{BC}	76.03±2.99^{cB}	13.00±1.17^{cBC}	1.47±0.11^{cC}	17.20±1.13^{cB}
		90	1.40±0.04^{A}	67.85±5.53^{bcBC}	14.21±0.49^{A}	80.49±6.56^{bcAB}	15.22±1.18^{aA}	1.64±0.14^{bBC}	18.44±0.97^{abAB}
		120	1.44±0.06^{A}	66.89±10.83^{cBC}	14.54±0.78^{A}	80.09±4.51^{bcAB}	14.64±0.97^{abAB}	1.57±0.19^{bcC}	17.65±0.56^{bcAB}
添加方式	连续		1.34±0.11^{b}	72.81±4.37^{A}	13.24±1.45	77.77±12.22	14.64±1.69	1.63±0.28	16.86±1.88^{B}
	间隔		1.41±0.08^{a}	66.85±6.83^{B}	13.64±1.27	78.87±5.06	14.29±1.42	1.56±0.16	17.76±1.01^{A}
添加水平（mg/kg）	60		1.39±0.09^{ab}	70.18±5.31	13.09±1.14^{B}	79.65±5.87^{bA}	14.27±1.76^{bAB}	1.66±0.22^{A}	17.92±1.20^{A}
	90		1.41±0.05^{a}	72.06±5.78	14.18±0.50^{A}	84.11±6.00^{aA}	15.44±1.01^{aA}	1.71±0.13^{A}	17.91±0.95^{A}
	120		1.33±0.14^{b}	67.24±7.49	13.04±1.85^{B}	71.20±10.34^{cB}	13.70±1.34^{bB}	1.41±0.22^{B}	16.11±1.73^{B}

表 8-27 半胱胺对育成生长期母水貂血清激素水平的影响（ng/mL）

项目			生长激素	生长抑素	生长激素受体	胰岛素样生长因子	胰岛素样生长因子受体	三碘甲状腺原氨酸	四碘甲状腺原氨酸
组别（mg/kg）	基础日粮（无添加）		1.27±0.04^{ab}	86.63±6.91^{aA}	13.96±0.80	88.15±4.47^{aA}	14.93±0.64	1.48±0.04^{abcABC}	17.12±0.55^{abA}
	连续	60	1.28±0.01^{a}	81.59±4.61^{aAB}	13.75±1.11	88.34±7.01^{aA}	14.46±0.66	1.56±0.07^{aA}	17.24±0.60^{abA}
		90	1.24±0.05^{ab}	82.07±11.37^{aAB}	13.47±1.58	84.44±9.60^{aAB}	14.67±0.53	1.52±0.09^{abAB}	16.46±1.01^{abAB}
		120	1.18±0.08^{b}	68.38±4.71^{bcC}	13.81±0.93	71.19±6.33^{bB}	14.79±0.53	1.44±0.11^{bcdABC}	14.58±1.11^{cB}
	间隔	60	1.32±0.02^{a}	63.67±7.44^{bcC}	14.07±1.14	91.93±14.00^{aA}	14.07±0.70	1.34±0.14^{dC}	16.11±0.28^{bAB}
		90	1.30±0.07^{a}	60.00±6.15^{cC}	14.11±0.94	83.53±7.05^{aAB}	14.96±0.32	1.39±0.05^{cdBC}	18.00±1.01^{aA}
		120	1.30±0.14^{a}	71.20±4.85^{bBC}	14.49±0.48	83.03±5.86^{aAB}	14.54±0.81	1.43±0.04^{bcdABC}	17.93±2.50^{aA}
添加方式	连续		1.23±0.07^{b}	77.10±9.83^{A}	13.67±1.17	80.91±10.53	14.65±0.55	1.50±0.10^{A}	16.03±1.45^{b}
	间隔		1.31±0.09^{a}	65.25±7.55^{B}	14.23±0.86	86.32±10.14	14.50±0.72	1.39±0.10^{B}	17.31±1.75^{a}
添加水平（mg/kg）	60		1.30±0.03	71.82±11.13	13.93±1.08	90.30±11.01^{A}	14.24±0.68	1.44±0.16	16.62±0.73
	90		1.27±0.06	72.04±14.58	13.76±1.31	84.03±8.13^{AB}	14.80±0.46	1.46±0.10	17.16±1.25
	120		1.24±0.13	69.79±4.79	14.15±0.79	77.11±8.49^{B}	14.66±0.67	1.43±0.08	16.25±2.54

加方式为间隔添加（连续添加 1 周、间隔 1 周）；母水貂饲粮中半胱胺的最适添加剂量为 60 mg/kg，添加方式为间隔添加（连续添加 1 周、间隔 1 周）。

（二）半胱胺在冬毛生长期水貂中的应用效果

樊燕燕（2015）在冬毛生长期水貂日粮中添加半胱胺（60 mg/kg、90 mg/kg 和 120 mg/kg），采用间隔（饲喂 1 周、间隔 1 周）和连续的饲喂方式。研究饲粮添加半胱胺对冬毛生长期水貂生长性能、营养物质消化率和血清激素水平的影响，探讨冬毛生长期水貂日粮中的半胱胺添加的适宜水平和饲喂方式。

本试验结果表明，饲量添加半胱胺可以提高冬毛生长期公水貂日增重（表 8－28），间隔添加组较连续添加组提高 29%，不同添加水平之间无显著差异，但 90 mg/kg 添加组高于其他水平添加组，不同添加方式和水平对体增重产生交互作用。母水貂则以维持体重为主，体重变化无显著差异，但低剂量组依然有所升高（表 8－29）。以上结果说明半胱胺可以促进冬毛生长期水貂的生长，且作用中存在一定的剂量—时间依赖效应。公水貂半胱胺添加组皮长和针、绒毛长均有所增加（表 8－30），间隔添加组针毛长较连续添加组提高 3.4%，不同添加水平之间以 90 mg/kg 最佳；半胱胺对母水貂毛皮品质无显著影响，但皮长、针毛长度仍有升高趋势（表 8－30）。这说明半胱胺对水貂毛皮品质有一定的改善作用，可以为机体提供硫元素，并参与机体内分泌调节，改善营养物质分配。

表 8－28 半胱胺对冬毛生长期公水貂生长性能的影响

项目			初始体重（g）	终末体重（g）	平均日增重（g）	平均日采食量（g/d）	料重比
组别（mg/kg）	基础日粮（无添加）		2 165.50±76.73	2 318.60±47.00^{cdBC}	3.82±0.46^{Cc}	105.67±4.20	26.92±2.96^{A}
	连续	60	2 125.20±53.45	2 344.00±175.53^{bcdBC}	5.99±1.54^{ABb}	103.17±3.02	15.96±1.50^{C}
		90	2 143.00±55.81	2 410.83±105.76^{abcdABC}	6.81±1.29^{Aab}	105.36±4.03	15.27±2.25^{C}
		120	2 095.14±77.55	2 289.29±184.69^{dC}	4.58±0.98^{BCc}	107.33±5.46	22.37±2.97^{B}
	间隔	60	2 125.14±148.59	2 439.17±139.81^{abcABC}	6.59±1.37^{Aab}	110.35±4.03	15.90±2.47^{C}
		90	2 181.20±47.77	2 548.50±112.61^{aA}	7.84±1.07^{Aa}	104.99±7.29	13.73±2.97^{C}
		120	2 114.75±69.04	2 489.86±79.10^{abAB}	7.99±1.96^{Aa}	107.29±4.72	14.01±3.88^{C}
添加方式	连续		2 120.94±64.10	2 348.22±159.72^{B}	5.78±1.55^{B}	105.29±4.39	17.87±3.95^{A}
	间隔		2 138.59±100.07	2 490.07±117.03^{A}	7.46±1.60^{A}	107.54±5.66	14.55±3.13^{B}
添加水平（mg/kg）	60		2 125.17±110.74	2 394.76±159.35	6.31±1.43	106.76±5.06	15.93±1.95^{AB}
	90		2 160.83±54.08	2 475.08±126.81	7.29±1.27	105.17±5.62	14.50±2.64^{B}
	120		2 104.95±71.65	2 389.57±171.95	6.28±2.31	107.31±4.87	18.19±5.47^{A}

表 8-29 半胱胺对冬毛生长期母水貂生长性能的影响

项目			初始体重（g）	终末体重（g）	皮长（cm）	针毛长（cm）	绒毛长（cm）
组别（mg/kg）	基础日粮（无添加）		1 236.50±138.83	1 220.88±159.07	48.29±1.85	20.31±1.21	14.97±0.58
	连续	60	1 225.63±84.48	1 346.63±88.90	48.94±1.70	20.51±1.25	14.96±0.55
		90	1 230.88±63.46	1 227.71±87.79	48.71±1.73	21.17±0.72	14.73±0.28
		120	1 212.88±104.95	1 210.14±95.36	48.25±1.77	20.81±0.78	14.82±0.55
	间隔	60	1 267.13±102.23	1 241.13±155.51	48.81±1.49	21.33±0.98	15.09±0.61
		90	1 209.38±120.85	1 232.71±100.78	50.43±2.65	21.09±0.64	14.57±0.48
		120	1 240.71±139.61	1 205.38±150.78	49.63±1.46	20.78±0.31	14.10±1.22
添加方式	连续		1 223.13±82.52	1 263.73±106.45	48.65±1.68	20.83±0.95	14.84±0.46
	间隔		1 239.00±117.88	1 226.40±132.72	49.62±1.98	21.09±0.74	14.64±0.88
添加水平（mg/kg）	60		1 246.38±93.10	1 293.88±133.95	48.88±1.54	20.92±1.16	15.03±0.56
	90		1 220.13±93.91	1 230.21±91.34	49.57±2.34	21.14±0.66	14.66±0.37
	120		1 225.87±118.61	1 207.60±123.57	48.98±1.71	20.80±0.59	14.48±0.95

表 8-30 半胱胺对冬毛生长期公水貂皮张和毛长的影响

项目			皮长（cm）	针毛长（cm）	绒毛长（cm）
组别（mg/kg）	基础日粮（无添加）		57.30±1.77^{c}	22.01±0.98^{edBC}	16.09±0.65^{b}
	连续	60	58.43±2.15^{bc}	22.89±0.98^{bcdABC}	16.57±0.45^{ab}
		90	58.83±1.94^{bc}	23.31±1.09^{abcAB}	16.44±0.20^{ab}
		120	59.50±2.43^{abc}	21.73±0.66^{eC}	16.12±0.68^{b}
	间隔	60	59.00±1.13^{abc}	22.29±0.84^{cdeBC}	16.14±0.23^{b}
		90	59.92±1.34^{ab}	23.91±1.11^{abA}	16.89±0.68^{a}
		120	61.21±2.58^{a}	24.08±0.91^{aA}	16.79±0.69^{a}
添加方式	连续		58.94±2.13	22.63±1.12^{B}	16.37±0.50
	间隔		60.05±1.98	23.40±1.24^{A}	16.60±0.64
添加水平（mg/kg）	60		58.73±1.65	22.57±0.93^{b}	16.34±0.40
	90		59.34±1.72	23.61±1.11^{a}	16.67±0.53
	120		60.36±2.58	22.83±1.43^{b}	16.43±0.74

在探究半胱胺对冬毛生长期水貂营养物质消化率影响的试验中，试验结果表明，饲粮添加半胱胺提高了冬毛生长期公水貂干物质和粗蛋白质的消化率（表 8－31），间隔添加效果优于连续添加，不同添加水平中以 90 mg/kg 添加效果最好；母水貂粗蛋白质消化率极显著提高（表 8－32），最高组较对照组提高 3.8%。上面提到日粮添加半胱胺可以提高毛皮品质，故蛋白质需要量升高，这可能是引起干物质和蛋白质消化率差异的原因。这说明半胱胺可促进营养物质的消化吸收，进而提高动物生产性能，符合以上生产性能分析结果。

表 8－31　半胱胺对冬毛生长期公水貂营养物质消化率的影响

项目			干物质排出量（g/d）	干物质消化率（%）	粗蛋白质消化率（%）	粗脂肪消化率（%）
组别（mg/kg）	基础日粮（无添加）		19.89±2.36	81.20±1.80	85.21 ± 1.45^{B}	96.44±1.07
	连续	60	19.18±0.80	81.40±0.77	88.05 ± 0.54^{A}	96.24±0.95
		90	19.54±1.73	81.48±1.00	87.70 ± 1.19^{A}	96.82±0.48
		120	19.70±1.30	81.64±0.76	87.70 ± 1.02^{A}	96.64±0.24
	间隔	60	20.09±0.93	81.77±1.03	87.61 ± 2.47^{A}	96.37±0.81
		90	18.60±1.92	82.32±1.00	87.87 ± 1.11^{A}	96.78±0.41
		120	19.59±2.03	81.74±1.76	88.46 ± 0.74^{A}	96.78±0.59
添加方式	连续		19.48±1.23	81.51±0.81	87.82±0.93	96.57±0.64
	间隔		19.42±1.72	81.94±1.26	87.98±1.57	96.64±0.62
添加水平（mg/kg）	60		19.64±0.95	81.59±0.89	87.83±1.72	96.31±0.84
	90		19.07±1.81	81.90±1.05	87.78±1.10	96.80±0.43
	120		19.65±1.62	81.69±1.29	88.08±0.94	96.71±0.44

表 8－32　半胱胺对冬毛生长期母水貂营养物质消化率的影响

项目			干物质排出量（g/d）	干物质消化率（%）	粗蛋白质消化率（%）	粗脂肪消化率（%）
组别（mg/kg）	基础日粮（无添加）		16.04±0.81	79.22 ± 0.36^{c}	73.06 ± 1.95^{bB}	96.29±0.78
	连续	60	16.79±0.63	79.68 ± 0.94^{bc}	77.53 ± 2.28^{aAB}	95.37±0.60
		90	14.61±1.05	81.32 ± 0.97^{ab}	79.50 ± 1.32^{aA}	95.89±0.67
		120	16.24±1.84	79.63 ± 1.74^{bc}	76.63 ± 1.78^{aAB}	95.81±0.98

（续）

项目			干物质排出量（g/d）	干物质消化率（%）	粗蛋白质消化率（%）	粗脂肪消化率（%）
组别（mg/kg）	间隔	60	15.64±2.31	80.17±1.95[abc]	77.69±4.06[aAB]	96.41±0.57
		90	14.59±1.89	81.93±1.97[a]	79.92±3.34[aA]	96.42±0.76
		120	15.33±0.99	80.67±1.71[abc]	79.08±3.71[aA]	96.66±0.77
添加方式	连续		15.88±1.53	80.21±1.44	77.89±2.12	95.69±0.67[B]
	间隔		15.19±1.76	80.92±1.92	78.90±3.62	96.50±0.67[A]
添加水平（mg/kg）	60		16.22±1.72[a]	79.92±1.48[b]	77.61±3.14	95.89±0.78
	90		14.60±1.46[b]	81.62±1.51[a]	79.71±2.43	96.16±0.74
	120		15.79±1.49[ab]	80.15±1.73[b]	77.85±3.06	96.24±0.95

在探究半胱胺对冬毛生长期水貂血清激素水平影响的试验中发现，冬毛生长期水貂血清生长激素、生长抑素、生长激素受体、胰岛素样生长因子受体和三碘甲状腺原氨酸水平较育成生长期均大幅降低，这可能与冬毛生长期水貂已达到体成熟，生长缓慢，对促生长类激素需求量少有关（表 8－33 和表 8－34）。饲粮添加半胱胺可提高冬毛生长期公水貂血清生长激素、生长激素受体和胰岛素样生长因子水平，降低血清生长抑素水平，间隔添加组显著提高生长激素水平，降低生长抑素水平，添加水平以 90 mg/kg 添加水平最佳。半胱胺对冬毛生长期母水貂生长激素、生长抑素水平无显著影响，但生长激素有升高趋势，同时生长抑素水平也有所降低，间隔添加各组四碘甲状腺原氨酸水平极显著升高。这说明饲粮添加半胱胺对冬毛生长期水貂促生长类激素的分泌依然有一定的促进作用，尤其对胰岛素样生长因子的分泌影响较大。

饲粮添加半胱胺能够促进冬毛生长期公水貂的生长，提高水貂毛皮品质，提高营养物质消化率，提高促生长类激素水平。综合各项指标，在本试验条件下，冬毛生长期水貂饲粮中半胱胺的最适添加剂量为 90 mg/kg，添加方式为间隔添加（连续添加 1 周、间隔 1 周）。

第四节　寡糖和多糖

功能性寡糖一般含有 α－1，6、β－1，2 等糖苷键，这些糖苷键在消化道的前半部分不能被 α-淀粉酶等消化，但可以作为肠道中有益菌的底物，利于有益菌的繁殖，因此寡糖具有调节微生物区系的作用，而且功能性寡糖一般带有不同程度的甜味，适口性强。功能性寡糖属于低分子的水溶性膳食纤维，它的有些功能与膳食纤维相似。植物中或中草药中提取的活性多糖是一种绿色天然的活性成分。大量的研究结果表明活性多糖具有抗菌、促进机体免疫功能、抗病毒、抗肿瘤、抗寄生虫、抗辐射等作用。

功能性寡糖和多糖作为新型的绿色饲料添加剂，具有无污染、无残留、耐高温的优

表 8-33 半胱胺对冬毛生长期公水貂血清激素水平的影响（ng/mL）

项目			生长激素	生长抑素	生长激素受体	胰岛素样生长因子	胰岛素样生长因子受体	三碘甲状腺原氨酸	四碘甲状腺原氨酸
组别（mg/kg）	基础日粮（无添加）		0.89 ± 0.06^{c}	43.25 ± 3.09^{a}	3.81 ± 0.47^{bB}	79.58 ± 0.88^{ab}	7.28±0.81	0.65±0.17	22.75±4.36
	连续	60	0.97 ± 0.11^{abc}	35.96 ± 9.51^{b}	4.92 ± 0.71^{aAB}	82.64 ± 11.97^{a}	6.76±0.82	0.66±0.16	22.97±4.42
		90	1.01 ± 0.09^{abc}	34.08 ± 2.44^{b}	5.22 ± 0.32^{aA}	83.05 ± 2.95^{a}	6.82±0.33	0.68±0.18	20.27±2.48
		120	0.94 ± 0.03^{bc}	42.37 ± 5.13^{a}	4.66 ± 0.77^{aAB}	73.29 ± 7.74^{b}	6.46±0.80	0.62±0.15	21.14±4.03
	间隔	60	1.02 ± 0.15^{ab}	39.53 ± 3.59^{ab}	4.98 ± 0.96^{aA}	83.86 ± 7.95^{a}	7.42±1.31	0.70±0.14	21.49±3.69
		90	1.09 ± 0.06^{a}	35.44 ± 2.47^{b}	5.30 ± 0.11^{aA}	84.72 ± 3.38^{a}	7.26±0.26	0.66±0.06	21.70±4.09
		120	0.98 ± 0.05^{abc}	39.80 ± 5.08^{ab}	4.76 ± 0.59^{aAB}	81.89 ± 3.04^{a}	6.92±0.94	0.71±0.09	21.83±3.05
添加方式	连续		0.97±0.08	38.45±6.85	4.88±0.67	78.38±9.09	6.64±0.69	0.65±0.15	21.40±3.68
	间隔		1.03±0.11	38.38±4.13	5.01±0.69	83.53±5.48	7.22±0.96	0.69±0.10	21.65±3.45
添加水平（mg/kg）	60		1.01±0.14	38.34 ± 6.00^{ab}	4.96±0.85	83.45±8.92	7.20±1.17	0.69±0.14	21.98±3.81
	90		1.06±0.08	34.89 ± 2.42^{b}	5.27±0.21	84.05±3.16	7.08±0.36	0.67±0.11	21.13±3.45
	120		0.96±0.04	41.18 ± 5.07^{a}	4.71±0.67	77.26±7.33	6.67±0.86	0.66±0.13	21.46±3.48

表 8-34 半胱胺对冬毛生长期母水貂血清激素水平的影响（ng/mL）

项目			生长激素	生长抑素	生长激素受体	胰胰岛素样生长因子	胰岛素样生长因子受体	三碘甲状腺原氨酸	四碘甲状腺原氨酸
组别（mg/kg）	基础日粮（无添加）		0.93±0.07	42.74±5.90	4.78±0.63	83.66±7.34^{bAB}	6.79±0.65^{a}	0.62±0.09	18.78±1.73^{cCD}
	连续	60	1.00±0.05	38.78±4.57	4.96±0.78	89.61±6.39^{abA}	7.30±1.17^{a}	0.67±0.13	21.57±2.73^{bcBC}
		90	1.07±0.08	38.92±7.38	4.77±0.19	87.74±2.47^{abA}	7.04±0.22^{a}	0.68±0.04	22.21±1.74^{bBC}
		120	0.81±0.25	39.45±8.50	3.96±0.21	72.46±10.65^{cB}	5.37±0.30^{b}	0.53±0.04	15.33±2.45^{dD}
	间隔	60	1.02±0.16	38.98±7.81	4.94±1.11	92.50±8.50^{abA}	7.27±1.12^{a}	0.70±0.08	27.65±1.31^{aA}
		90	0.96±0.18	35.35±3.33	4.98±0.63	96.36±5.09^{aA}	7.22±0.87^{a}	0.70±0.15	24.22±2.79^{bAB}
		120	0.99±0.10	37.12±6.17	4.97±1.05	83.84±5.18^{bAB}	6.87±1.21^{a}	0.65±0.17	23.78±4.31^{bAB}
添加方式	连续		0.94±0.19	39.07±6.48	4.54±0.67	82.71±10.98^{B}	6.51±1.16	0.62±0.11	19.39±3.96^{B}
	间隔		0.99±0.14	37.25±6.03	4.96±0.91	90.99±8.14^{A}	7.13±1.03	0.68±0.13	25.35±3.35^{A}
添加水平（mg/kg）	60		1.01±0.12	38.89±6.26	4.95±0.93	91.17±7.44^{A}	7.28±1.10^{a}	0.69±0.10	24.85±3.73^{A}
	90		1.00±0.15	36.78±5.27	4.89±0.50	92.91±6.02^{A}	7.15±0.67^{a}	0.69±0.12	23.42±2.53^{A}
	120		0.90±0.21	38.29±7.19	4.47±0.89	78.15±9.95^{B}	6.12±1.15^{b}	0.59±0.14	19.56±5.54^{B}

点，不仅可以避免抗生素使用过程中存在抗药性和畜产品中药物残留的弊端，还可改善畜禽断奶后产生的应激，能够提高生产性能和改善肠道健康，对畜禽的免疫功能和抗氧化能力也有一定程度的提高。多糖、寡糖类物质如木聚糖、果寡糖及黄芪多糖均有益生元作用，是饲料添加剂的备选材料，具有广阔的应用前景。

（一）果寡糖在育成生长期水貂的应用

果寡糖（fructooligosaccharide，FOS）属于低聚寡糖，是一种常用益生元，已被证明不易被人和动物消化。体外试验证实以 FOS 为唯一碳源时，沙门氏菌等不能生长，可被肠道内多数有益菌利用，如乳酸杆菌和双歧杆菌等，通过降低肠道 pH、竞争性结合病原菌等多种途径限制病原菌生长，平衡肠道菌群，从而提高机体肠道健康和免疫力，减少腹泻，促进代谢活动，增加采食量，促进饲料成分的降解和利用，在一定程度上促进机体营养物质的吸收和利用，从而有利于促进动物生长。也因此被选为抗生素的适宜替代品。

王卓等（2015）研究添加不同果寡糖水平与抗生素相比，对水貂的生长和健康的影响，探讨果寡糖作为水貂饲料添加剂替代抗生素的可行性。分别在基础饲粮中添加 0.3%FOS、0.6%FOS、0.9%FOS，添加 150 mg/kg 的兽用土霉素作为抗生素对照组，试验结果见表 8-35。

FOS 对水貂终末体重、营养物质消化率无显著影响，但是 0.9%FOS 组干物质采食量和食入氮均显著高于其他组。0.3%FOS 组和 0.6%FOS 组差异不显著。饲喂添加 0.9%FOS 和添加土霉素的饲粮对水貂终末体重得到相同的效果，水貂试验的终末体重较其他组有增加的趋势。原因可能是作为甜味剂使用，添加 0.9%FOS 的饲粮提高了适口性，对水貂起到了诱食效果；其二添加 0.9%的 FOS 增加肠道内有益微生物，它们在动物消化道生长繁殖过程中，能产生多种消化酶或者刺激腺体增加对消化酶的分泌，从而增加采食量；其三 FOS 能发挥膳食纤维的作用，促进肠道运动，使营养物质在肠道内通过速率加快，加快肠道排空速度，改善食欲（表 8-35）。

表 8-35 不同果寡糖添加量对比土霉素对水貂试验终末体重、采食量和血清生化指标的影响

项目	基础日根组	0.3%FOS 组	0.6%FOS 组	0.9%FOS 组	兽用土霉素组
终末体重（kg）	1.97±0.16	1.95±0.10	1.95±0.07	2.05±0.08	2.04±0.08
食入氮（g/d）	5.69±0.33^{b}	5.72±0.22^{ab}	5.88±0.45^{ab}	6.22±0.24^{a}	5.65±0.47^{b}
干物质采食量（g）	91.91±0.81^{b}	93.46±3.65^{b}	96.07±7.34^{ab}	102.63±3.43^{a}	92.35±7.67^{b}
白蛋白（g/L）	27.26±3.13^{B}	29.97±3.21^{AB}	32.33±2.00^{A}	32.99±1.99^{A}	32.73±2.38^{A}
总胆固醇（mmol/L）	6.16±0.43^{Bb}	6.24±0.60^{Bb}	6.74±0.71^{ABb}	6.64±0.55^{ABb}	7.76±0.78^{Aa}

（二）人参多糖在育成生长期水貂的应用

人参多糖（ginseng polysaccharide，GPS）是从人参中提取的具有特殊生物活性的多糖混合物，为人参中的主要成分之一，其淀粉含量高、果胶成分结构复杂，具有增强免疫、抗肿瘤、抗衰老、抗辐射等作用，已被证明具有调节免疫活性的作用。

孙伟丽等（2017a，2017b）采用单因素试验设计，日粮分别添加人参多糖 10 mg/kg、

50 mg/kg 和 100 mg/kg，研究日粮添加人参多糖对育成生长期水貂生长性能、营养物质消化率、氮代谢和血清生化指标的影响，以及对冬毛生长期水貂生长性能、营养物质消化率、肠道形态结构的影响。

在育成生长期，100 mg/kg 人参多糖添加水平组水貂平均日增重显著高于对照组，料重比显著低于对照组（表 8－36）。随着人参多糖添加浓度的提高，水貂的干物质排出量逐渐降低，100 mg/kg 极显著降低，干物质消化率和粗蛋白质表观消化率随着人参多糖的添加逐渐升高。人参多糖 50 mg/kg 组显著高于对照组，人参多糖 100 mg/kg 组极显著高于对照组（表 8－37）。随着人参多糖的添加，粪氮的排出逐渐减少，而净蛋白利用率和蛋白质生物学效价逐渐升高，人参多糖 100 mg/kg 组的净蛋白质利用率显著高于对照组（表 8－38）。从表 8－39 可以看出，人参多糖 100 mg/kg 组血液中总蛋白、白蛋白和球蛋白含量显著高于对照组，且白蛋白达到极显著水平。本试验中人参多糖表现出促生长的作用，对水貂血液免疫指标以及蛋白质的消化率有显著提高作用。有关多糖作用机制的研究显示，人参多糖通过对肠道微生物的选择性增殖而合成多种挥发性脂肪酸和氨基酸，从而影响着机体的氮代谢。

表 8－36 人参多糖对育成生长期水貂生长性能的影响

项目	人参多糖（mg/kg）			
	0	10	50	100
平均日增重（g）	16.21±2.49^{b}	18.28±2.30^{ab}	17.33±3.52^{b}	20.40±1.46^{a}
平均日采食量（g/d）	94.25±8.26	100.95±4.14	99.17±5.96	99.31±5.03
料重比	6.28±1.23^{a}	5.75±0.89^{a}	5.31±0.54^{ab}	4.64±0.63^{b}

表 8－37 人参多糖对育成生长期水貂营养物质消化率的影响

项目	人参多糖（mg/kg）			
	0	10	50	100
干物质排出量（g）	14.69±1.17^{Aa}	14.07±0.56^{Aa}	12.84±1.05^{ABab}	10.88±2.74^{Bb}
干物质消化率（%）	85.09±0.91^{Bc}	86.03±0.50^{ABbc}	87.04±1.03^{ABab}	88.35±3.16^{Aa}
粗蛋白质表观消化率（%）	89.53±0.80^{Bb}	90.5±1.05^{ABab}	91.52±0.96^{ABa}	91.88±2.38^{Aa}

表 8－38 人参多糖对育成生长期水貂氮代谢的影响

项目	人参多糖（mg/kg）			
	0	10	50	100
食入氮（g/d）	5.79±0.71	6.08±0.25	5.97±0.36	5.68±0.50
粪氮（g/d）	0.61±0.09	0.58±0.07	0.50±0.04	0.45±0.12
尿氮（g/d）	3.32±0.92	4.18±0.19	3.74±0.50	3.65±0.81
氮沉积（g/d）	1.30±0.23	1.33±0.22	1.57±0.31	1.68±0.58
净蛋白质利用率（%）	20.72±0.66^{b}	21.80±3.05^{ab}	24.58±4.03^{ab}	25.02±3.07^{a}
蛋白质生物学效价（%）	23.18±0.60	24.08±3.40	26.99±4.48	27.28±4.00

表 8-39　人参多糖对育成生长期水貂血清生化指标的影响

项目	人参多糖（mg/kg）			
	0	10	50	100
总蛋白（g/L）	57.30±5.89^{b}	63.33±5.36^{ab}	62.23±4.18^{ab}	68.06±4.10^{a}
白蛋白（g/L）	27.26±3.13^{Bb}	33.30±2.92^{Aa}	32.95±2.54^{Aa}	33.26±2.03^{Aa}
球蛋白（g/L）	23.99±5.19^{ABb}	30.38±4.51^{Bb}	29.44±3.99^{ABb}	40.80±11.76^{Aa}

综上所述，水貂饲粮中添加人参多糖提高了水貂生长速度、机体对粗蛋白质的消化率和净蛋白质利用率。本试验中水貂日粮添加人参多糖浓度为 50 mg/kg 和 100 mg/kg 时，有效提高了机体的免疫能力。

试验结果表明，在冬毛生长期，饲粮添加人参多糖对冬毛生长期水貂平均日增重和料重比无显著影响（表 8-40）。随着人参多糖添加剂量增加，皮长，针、绒毛长显著增加，皮长随着人参多糖添加量的增加而显著增加，提高了皮张质量（表 8-41）。添加人参多糖后，血清中免疫指标白细胞介素-6（IL-6）和肿瘤坏死因子（TNF-α）显著高于对照组（表 8-42）。从表 8-43 可以看出，饲粮添加人参多糖对水貂空肠形态结构有极显著地影响，隐窝深度极显著高于试验组，而绒毛长度及绒毛长度与隐窝深度二者的比值对照组极显著低于试验组。毛皮品质是评价冬毛生长期水貂生产性能的直接指标。水貂饲粮中添加人参多糖显著提高了 IL-6 和 TNF-α 的表达量，通过改变血清免疫因子的含量，有助于增强机体免疫能力，提高抵抗疾病的能力。水貂饲粮添加了人参多糖极显著地增加了绒毛长度，说明人参多糖通过调节肠道绒毛长度而增加营养物质的吸收面积，有利于改善肠道健康，促进营养物质利用。通过分析血清指标和肠道微观结构分析，发现人参多糖通过增加水貂绒毛长度和隐窝深度来调节水貂肠道结构，促进营养物质消化吸收，从而提高水貂机体的生理机能。水貂饲粮中添加人参多糖 50 mg/kg 和 100 mg/kg 时，可提高毛皮质量，同时改善水貂空肠结构，有利于提高营养物质消化吸收率，增强机体免疫力。

表 8-40　人参多糖对冬毛生长期公水貂生长性能的影响

项目	人参多糖（mg/kg）			
	0	10	50	100
初始体重（g）	2 165.50±76.73	2 125.20±53.45	2 143.00±55.81	2 095.14±77.55
终末体重（g）	2 410.83±105.76	2 439.17±139.81	2 548.50±112.61	2 489.86±79.10
平均日增重（g）	6.81±1.29	6.59±1.37	7.84±1.07	7.99±1.96
平均日采食量（g）	105.36±4.03	107.33±5.46	104.99±7.29	107.29±4.72
料重比	15.27±2.25	15.90±2.47	13.73±2.97	14.01±3.88

表 8-41　人参多糖对冬毛生长期公水貂毛皮质量的影响

项目	人参多糖（mg/kg）			
	0	10	50	100
皮长（cm）	56.30±1.77^{b}	58.00±1.13^{ab}	58.92±1.34^{ab}	60.21±2.58^{a}
针毛长（mm）	21.29±0.98^{b}	21.01±0.84^{ab}	22.91±1.11^{ab}	23.08±0.91^{a}
绒毛长（mm）	15.09±0.65^{b}	15.14±0.23^{b}	15.89±0.68^{a}	15.79±0.69^{a}

表 8-42 人参多糖对冬毛生长期公水貂血清免疫类指标的影响

项目	人参多糖（mg/kg）			
	0	10	50	100
IL-2（ng/mL）	5.41±1.07	5.04±1.47	5.43±1.27	4.59±0.94
IL-6（pg/mL）	40.66±3.77^{b}	54.13±6.34^{a}	49.10±6.17^{a}	54.27±8.73^{a}
TNF-α（mol/L）	16.85±2.74^{b}	19.06±1.50^{a}	19.18±1.20^{a}	20.09±1.28^{a}

表 8-43 人参多糖对冬毛生长期公水貂空肠形态结构的影响

项目	人参多糖（mg/kg）			
	0	10	50	100
绒毛长度（μm）	1 624.38±113.54^{B}	1 966.79±203.01^{A}	1 899.8±175.02^{A}	1 905.12±193.79^{A}
隐窝深度（μm）	971.33±69.40^{A}	718.4±53.13^{B}	684.49±57.72^{B}	692.57±60.32^{B}
绒毛长度/隐窝深度	1.68±0.13^{B}	2.68±0.43^{A}	2.91±0.68^{A}	2.73±0.39^{A}

（三）棉籽低聚糖在水貂中的应用

棉籽低聚糖（raffinose）是利用物理方法从优质的棉籽中提取的一种混合物，主要成分为棉籽糖、水苏糖、二糖、多糖及少量蛋白质，其中含量最多的是棉籽糖，其主要成分与大豆低聚糖十分相似。棉籽低聚糖中的棉籽糖和水苏糖等低聚糖有不能被动物体内消化酶分解的糖苷键，它们不能被胃肠道吸收，却能被肠道内的乳酸杆菌、双歧杆菌等有益菌利用，促进有益菌的生长，同时抑制有害菌的繁殖，使肠道更健康，从而控制和预防各种疾病的发生。

刘佰阳（2013）在公水貂饲粮中添加不同水平的棉籽低聚糖（0.5 g/kg、1.0 g/kg、2.0 g/kg、4.0 g/kg），研究其对水貂生长性能、营养物质消化代谢、肠道菌群及免疫性能的影响。

由表 8-44 可知，尽管在水貂饲料中添加棉籽低聚糖对平均日采食量、平均日增重和料重比没有显著的影响，但是水貂平均日采食量有升高的趋势，这可能是由于棉籽低聚糖带有甜味和香味，能在一定程度上提高饲粮的适口性，使水貂的采食量略有提高。从表 8-45 看出，饲粮添加棉籽低聚糖对水貂氮代谢、脂肪代谢、能量代谢、钙和磷消化率等消化代谢指标均无显著影响，说明棉籽低聚糖不能提高水貂对营养物质的消化利用率。由表 8-46 结果表明，饲粮添加 0.5 g/kg 棉籽低聚糖能显著提高水貂肠道内双歧杆菌的数量，有降低水貂肠道内大肠杆菌数量的趋势。随着棉籽低聚糖添加量的增加，肠道内双歧杆菌的数量逐渐降低，说明添加少量的棉籽低聚糖有促进双歧杆菌增殖的效果，添加大量的棉籽低聚糖反而会抑制双歧杆菌的增殖。理论上，由于棉籽低聚糖不能被人和其他单胃动物自身分泌的酶分解，也不被机体吸收，食入的棉籽低聚糖大部分到了肠道内，在一定程度上增加了肠内容物中糖的含量，从而可能提高内容物的渗透压，抑制肠道内微生物的生长。表 8-47 显示，在棉籽低聚糖添加量为 0.5 g/kg 时，血清中免疫球蛋白 A 的含量提高显著。

表 8-44　棉籽低聚糖对水貂生长性能的影响

项目	添加量（g/kg）				
	对照组	0.5	1.0	2.0	4.0
平均日采食量（g）	99.06±16.13	104.48±6.83	96.27±13.96	107.24±7.29	108.58±7.29
平均日增重（g）	18.75±3.18	21.02±2.46	20.71±5.02	18.88±5.30	18.93±3.09
料重比	5.36±0.78	5.01±0.44	4.84±1.12	6.13±1.96	5.84±0.76

表 8-45　棉籽低聚糖对水貂营养物质消化率和氮代谢的影响

项目	添加量（g/kg）				
	对照组	0.5	1.0	2.0	4.0
氮沉积（g）	24.35±9.48	27.52±11.96	24.73±11.58	30.69±13.63	18.93±7.90
氮表观消化率（%）	89.60±1.92	88.04±2.87	88.28±2.40	89.01±0.91	88.50±2.34
脂肪消化率（%）	89.05±4.27	85.34±7.17	87.38±3.87	87.93±3.02	87.87±3.51
能量消化率（%）	87.37±2.02	85.43±4.44	86.64±2.01	88.03±1.27	87.14±2.03
钙消化率（%）	41.96±13.20	43.14±10.98	36.74±10.97	42.24±5.92	44.74±11.66
磷消化率（%）	36.17±4.62	38.44±11.05	35.84±4.56	35.68±5.81	39.07±12.26

表 8-46　棉籽低聚糖对水貂肠道菌群的影响

项目	添加量（g/kg）				
	对照组	0.5	1.0	2.0	4.0
大肠杆菌（×10^4 CFU/g）	9.03±7.33	5.62±7.10	4.19±4.79	1.24±1.06	2.18±0.91
乳酸杆菌（×10^5 CFU/g）	3.00±1.61	4.32±3.59	1.37±1.65	2.01±2.89	0.62±0.59
双歧杆菌（×10^4 CFU/g）	3.83±1.85[b]	16.76±11.08[a]	12.10±1.80[ab]	3.93±6.17[b]	1.04±1.41[b]

表 8-47　棉籽低聚糖对水貂血清免疫指标的影响

项目	添加量（g/kg）				
	对照组	0.5	1.0	2.0	4.0
总蛋白（g/L）	80.72±10.07	79.30±4.37	78.17±2.20	84.32±10.86	84.08±6.14
白蛋白（g/L）	32.60±3.99	32.77±3.12	35.87±3.50	34.40±2.30	35.02±0.97
球蛋白（g/L）	48.12±9.75	46.53±6.37	42.30±3.68	49.92±11.62	49.06±5.98
免疫球蛋白 A（g/L）	0.023±0.008[Bb]	0.043±0.013[Aa]	0.040±0.006[Aa]	0.032±0.009[ABab]	0.024±0.009[Bb]
免疫球蛋白 G（g/L）	2.70±1.06[a]	2.12±1.03[ab]	1.89±0.88[ab]	1.31±0.66[b]	2.29±0.94[ab]
免疫球蛋白 M（g/L）	0.59±0.13	0.57±0.16	0.56±0.36	0.54±0.18	0.52±0.21
补体 3（mg/mL）	0.015±0.001	0.010±0.006	0.010±0.006	0.012±0.007	0.010±0.007
补体 4（mg/mL）	0.068±0.022	0.058±0.019	0.077±0.022	0.073±0.022	0.078±0.027
总三碘甲状腺原氨酸（nmol/L）	0.85±0.28	0.94±0.09	0.91±0.15	0.94±0.12	0.97±0.09
总甲状腺素（nmol/L）	17.84±2.82	20.77±2.23	19.66±2.54	18.07±2.87	21.10±2.78

综上所述，添加适量棉籽低聚糖能改善水貂肠道菌群结构，增强机体免疫能力，且对生长性能、营养物质消化代谢无不良影响。综合各种指标，水貂饲粮中棉籽低聚糖适宜的添加量为 0.5 g/kg。

第五节　酶 制 剂

一、酶制剂的功能与来源

饲用酶制剂是从生物中提取的具有高效生物活性的一类特殊蛋白质，常与少量载体混合而制成粉剂，应用于动物生产中，可以补充机体内源酶，消除抗营养因子。酶制剂主要通过酶的高效性和专一性破坏饲料成分的细胞壁，如蛋白酶、脂肪酶、纤维素酶、木聚糖酶、甘露聚糖酶等，使细胞内营养物质充分释放出来，将不易被动物消化的物质提前降解。但酶制剂只是单一的酶类或者几种酶类结合，作用机制比较单一。

现已发现的酶有几千种，饲料工业中广泛应用的有 20 多种。酶制剂对饲料利用和动物健康作用效果较好，在家禽家畜饲粮中应用较为普遍。按酶制剂在饲料中的添加方式，分为单一酶制剂和复合酶制剂两类。单一酶制剂主要有非淀粉多糖酶、淀粉酶、蛋白酶、脂肪酶、植酸酶；复合酶制剂是通过单一酶制剂混合而成，或由一种或几种微生物发酵生产。现阶段，研究较多的是非淀粉多糖酶，主要有 β-葡聚糖酶、木聚糖酶、甘露聚糖酶和半乳糖苷酶等。内源消化酶有蛋白酶、淀粉酶、脂肪酶。外源消化酶有植酸酶、木聚糖酶、葡聚糖酶、甘露聚糖酶、半乳糖苷酶、纤维素酶、果胶酶和糖化酶等。其他饲料酶制剂有葡萄糖氧化酶、葡萄糖苷酶、单宁酶和各种霉菌毒素降解酶。

影响配合饲料消化的因素很多，为了更大程度提高饲料营养价值，生产上复合酶制剂使用更多。复合酶制剂利用各种消化酶间的协同作用，降解饲料中各种底物，最大限度地提高饲料中营养物质的利用率，从而达到提高动物生产性能的目的。研究表明，饲粮中添加酶制剂除了提高动物的生产性能和对饲料的利用率外，可以减少饲料原料的地区差异，降低养殖成本及由于养殖所带来的环境治理成本。

二、酶制剂的应用效果评价

水貂属于肉食性动物，体内缺乏分解非淀粉多糖的酶，植物性饲料的消化能力较差，非淀粉多糖可以增加消化道食糜黏度和引起生理变化，细胞内的淀粉、蛋白质等营养成分难以释放，从而导致饲料营养成分的消化利用率下降。在畜禽玉米-豆粕型饲粮中添加复合酶制剂具有很好的效果。

刘汇涛等（2014）研究饲粮添加不同复合酶制剂对育成生长期水貂生长性能、营养物质消化率及氮代谢的影响（表 8－48 至表 8－51）。结果表明，育成生长期水貂饲粮中添加 890 mg/kg 复合酶制剂Ⅰ（25.7%淀粉酶＋25.6%酸性蛋白酶＋20.5%阿拉伯木聚糖酶＋12.8%果胶酶＋2.6%甘露聚糖酶＋12.8%植酸酶），终末体重和平均日增重显著增加，使得水貂生长性能得到明显提高（表 8－50）；水貂饲粮中添加 390 mg/kg 复合酶制剂Ⅰ、890 mg/kg 复合酶制剂Ⅰ、330 mg/kg 复合酶制剂Ⅱ和 830 mg/kg 复合酶制剂Ⅱ的干物质消化率和蛋白质消化率得到明显提高（表 8－51）。日粮中添加适宜配伍和水平的非淀粉多糖酶制剂，一方面可以降低食糜黏度，降解非淀粉多糖，减弱其抗营养特性；另一方面可摧毁植物细胞壁，促进胞内营养成分的释放，有利于肠道内的消化酶对营养物质的充分接触，增加营养物质的消化利用率。

表 8－48　试验用 3 种复合酶制剂的酶谱

项目	复合酶制剂Ⅰ	复合酶制剂Ⅱ	复合酶制剂Ⅲ
淀粉酶（%）	25.70	30.30	—
酸性蛋白酶（%）	25.60	30.30	—
阿拉伯木聚糖酶（%）	20.50	24.20	42.10
果胶酶（%）	12.80	15.20	26.30
甘露聚糖酶（%）	2.60	—	5.30
植酸酶（%）	12.80	—	26.30
合计	100.00	100.00	100.00

表 8－49　各组复合酶制剂的添加水平

组别	添加水平
A	基础饲粮
B	基础饲粮＋390 mg/kg 复合酶制剂Ⅰ
C	基础饲粮＋890 mg/kg 复合酶制剂Ⅰ
D	基础饲粮＋1 390 mg/kg 复合酶制剂Ⅰ
E	基础饲粮＋330 mg/kg 复合酶制剂Ⅱ
F	基础饲粮＋830 mg/kg 复合酶制剂Ⅱ
G	基础饲粮＋1 330 mg/kg 复合酶制剂Ⅱ
H	基础饲粮＋190 mg/kg 复合酶制剂Ⅲ
I	基础饲粮＋990 mg/kg 复合酶制剂Ⅲ

表 8－50　饲粮添加不同复合酶制剂对育成生长期水貂生长性能的影响

组别	初始体重（g）	终末体重（g）	平均日增重（g）	平均日采食量（g）	料重比
A	1 192.2±81.47	1 576.00±124.38[b]	8.53±3.18[b]	117.84±10.27	13.81±1.22
B	1 193.00±93.92	1 615.50±140.58[ab]	9.39±2.74[ab]	110.63±12.47	11.78±1.05
C	1 192.00±85.89	1 723.75±105.96[a]	11.82±2.44[a]	106.95±14.10	9.05±0.73
D	1 193.60±95.60	1 553.00±153.83[b]	7.99±2.53[b]	110.44±12.16	13.82±1.67
E	1 192.80±94.73	1 546.50±105.15[b]	7.86±2.88[b]	106.65±8.22	13.57±1.35

（续）

组别	初始体重（g）	终末体重（g）	平均日增重（g）	平均日采食量（g）	料重比
F	1 193.20±83.41	1 576.00±112.20[b]	8.51±1.74[b]	112.80±14.52	13.25±2.29
G	1 193.80±80.55	1 566.00±118.03[b]	8.27±2.58[b]	109.74±12.96	13.27±1.68
H	1 193.60±87.80	1 583.00±126.14[b]	8.65±2.26[b]	107.67±7.23	12.45±1.81
I	1 192.80±107.40	1 622.50±155.50[ab]	9.55±2.84[ab]	117.55±9.42	12.31±1.05

表 8-51 饲粮添加不同复合酶制剂对育成生长期水貂营养物质消化率的影响

组别	干物质消化率（%）	蛋白质消化率（%）	脂肪消化率（%）
A	67.95±1.16[Dd]	72.91±1.54[Cd]	79.98±3.28
B	71.26±2.14[ABabc]	76.64±0.70[Aab]	79.32±9.22
C	71.83±2.18[Aab]	77.24±2.14[Aa]	83.93±3.20
D	69.08±1.47[BCDcd]	72.64±2.50[Cd]	80.65±8.75
E	70.35±1.50[ABCabc]	75.95±1.68[ABab]	81.77±2.78
F	71.86±3.89[Aab]	76.55±2.17[Aab]	78.87±9.50
G	68.46±1.36[CDd]	75.09±1.59[ABCbc]	79.07±8.40
H	68.89±1.85[BCDcd]	73.70±1.48[BCcd]	78.61±11.41
I	69.63±1.63[ABCDbcd]	76.36±1.74[ABab]	82.60±2.72

在水貂饲粮中添加适宜水平的酶制剂才可获得良好的生长性能，过高或过低添加水平都可能会影响到酶制剂的应用效果。本试验条件下，以添加 890 mg/kg 复合酶制剂Ⅰ的饲养效果最佳。

刘伟（2012）在水貂传统日粮中添加外源酶，通过研究体长、消化道各部位的胰蛋白酶活性值来验证添加外源酶对水貂生产性能与消化的影响。采用 3×3 复因子试验设计，以不同的外源酶添加水平为试验因子 1，分 3 个水平。水平 1 为淀粉酶添加量为 12 000 CFU/kg，脂肪酶的添加水平为 6 000 CFU/kg，蛋白酶的添加水平为 140 000 CFU/kg 日粮；水平 2 的添加量为水平 1 的 2 倍，水平 3 为水平 1 的 4 倍。以不同种类的外源酶的添加为试验因子 2，该因子分 3 个水平分别是蛋白酶、脂肪酶与淀粉酶。设置一个对照组，对应共 10 个处理（表 8-52）。

表 8-52 试验设计方案

酶水平	酶添加水平（CFU/kg）		
	淀粉酶	蛋白酶	脂肪酶
1	12 000	140 000	6 000
2	24 000	280 000	12 000
3	48 000	560 000	24 000

结果显示，添加外源酶对水貂的体长未能产生明显影响，但对公水貂活体长产生了极显著的影响，中等水平蛋白酶添加组比对照组公水貂活体长提高了 9.15%（表 8-53）。添加外源酶对母水貂胃蛋白酶活性并无显著影响，对公水貂间胃蛋白酶活性的影响达到极

显著水平，添加脂肪酶组公水貂胃蛋白酶活性最高（表8-54），可能因为脂肪酶进入水貂胃内后，引起胃内环境的变化适合于水貂胃蛋白酶原向有活性的形式转化。

表8-53 各试验组公水貂活体长（cm）

酶水平	酶种类			对照
	淀粉酶	蛋白酶	脂肪酶	
1	43.75±0.96[abc]	43.50±1.91[abc]	44.75±2.22[ab]	
2	44.25±2.75[ab]	44.75±2.22[ab]	44.00±0.82[ab]	41.00±1.41[c]
3	41.75±2.06[bc]	45.25±1.50[a]	42.00±1.41[bc]	

表8-54 各试验组公水貂胃蛋白酶活性（IU）

酶水平	酶种类			对照
	淀粉酶	蛋白酶	脂肪酶	
1	180.88±25.78[C]	145.01±19.29[C]	267.47±49.91[AB]	
2	175.52±33.45[C]	165.62±34.45[C]	286.46±69.29[A]	151.13±30.90[C]
3	202.35±39.57[BC]	208.30±67.71[BC]	319.93±26.36[A]	

对水貂十二指肠胰蛋白酶活性和回肠胰蛋白酶活性并无显著影响。可能由于十二指肠很短，并不是营养物质消化吸收的主要部位，为防止消化酶对消化道自身起作用，其内环境并不适合高酶活消化酶存在，添加外源酶对十二指肠胰蛋白酶活性的影响不大；不添加外源酶，水貂回肠处的胰蛋白酶的酶活性就很高，胰蛋白酶酶原向有活性的形式转化的过程存在一个动态平衡，添加外源酶对此处的作用效果可能被水貂自身消化酶的作用效果所掩盖。

从表8-55和表8-56分析可见，添加低水平淀粉酶与蛋白酶组显著高于其他组。可能是因为母水貂消化能力相对公水貂弱，在空肠处各种酶的活性还不是很高，营养物质的消化吸收还不是很活跃。添加少量外源酶，对空肠处的酶活性的影响易于观察，但添加大量外源酶，对其消化道酶活的影响就不显著。

表8-55 各试验组母水貂空肠胰蛋白酶活性（IU）

酶水平	酶种类			对照
	淀粉酶	蛋白酶	脂肪酶	
1	8 219.50±1 090.13[a]	7 897.40±1 792.65[a]	5 473.20±2 144.90[b]	
2	7 544.70±804.37[ab]	5 561.60±1 383.68[b]	5 289.80±1 209.76[b]	7 523.50±1 584.09[ab]
3	5 525.10±1 079.85[b]	7 125.00±1 414.72[ab]	5 580.90±753.15[b]	

表8-56 各试验组母水貂直肠胰蛋白酶活性（IU）

酶水平	酶种类			对照
	淀粉酶	蛋白酶	脂肪酶	
1	15 370.00±2 277.71[AB]	13 663.00±1 857.86[ABC]	13 380.00±3 585.20[ABC]	
2	11 277.00±1 616.22[BC]	15 331.00±5 184.84[AB]	12 317.00±1 805.27[BC]	9 682.00±4 428.99[C]
3	10 950.00±2 362.77[C]	17 862.00±1 177.43[A]	11 436.00±1 786.94[BC]	

对公水貂结肠胰蛋白酶活性影响达极显著水平，添加蛋白酶与脂肪酶的最高水平组显著高于添加淀粉酶的中低水平组（表8－57和表8－58）。添加外源酶在消化道前段消耗量小，在消化道后段的结肠部位，经过回肠消化吸收的食糜不断蓄积存储，剩余的外源酶与消化道自身分泌的尚未消耗的胰蛋白酶都积存在结肠部位，因此在结肠部位胰蛋白酶的酶活受外源酶的添加影响较大。

表8－57 各试验组公水貂结肠胰蛋白酶活性（IU）

酶水平	酶种类			对照
	淀粉酶	蛋白酶	脂肪酶	
1	20 461.00±8 192.07^{ABCDE}	15 720.00±3 113.96^{BCDE}	21 865.00±4 969.43^{ABCD}	
2	23 781.00±8 816.73^{AB}	14 178.00±2 088.70^{DE}	18 489.00±3 664.77^{BCDE}	13 444.00±2 448.06^{E}
3	27 236.00±4 638.55^{A}	22 417.00±3 541.68^{ABC}	14 526.00±3 496.40^{CDE}	

表8－58 各试验组母水貂结肠胰蛋白酶活性（IU）

酶水平	酶种类			对照
	淀粉酶	蛋白酶	脂肪酶	
1	11 308.00±2 844.70^{b}	19 270.00±3 622.08^{ab}	16 766.00±1 707.40^{ab}	
2	11 376.00±2 256.78^{b}	15 433.00±2 088.52^{ab}	17 233.00±5 638.50^{ab}	14 785.00±2 678.62^{ab}
3	17 149.00±8 365.76^{ab}	21 611.00±8 396.88^{a}	21 921.00±4 583.26^{a}	

三、植酸酶

王凯英（2013）在基础日粮中分别添加450 IU/kg、900 IU/kg、4 500 IU/kg的植酸酶，研究鲜料中添加植酸酶水平对育成生长期水貂氮、磷利用及生长发育性能的影响（表8－59至表8－61）。结果表明，水貂鲜料添加植酸酶可显著或极显著地提高干物质、粗脂肪、粗蛋白质、磷消化率及氮代谢率，使氮日排放量极显著降低且磷环境排放量显著降低。这是因为水貂日粮以动物性成分为主，粗蛋白质和磷含量均较高，水貂粪、尿中氮、磷含量较高，对环境污染压力极大，水貂饲料中添加植酸酶能够水解植酸，释放出易吸收利用的磷，提高蛋白质、脂肪等多种营养物质消化利用率，所以氮、磷环境排放量下降。添加植酸酶可显著提高水貂体增重和平均日增重，其中添加900 IU/ kg的植酸酶生长发育性能最好。试验正处在水貂生长发育旺期，体重增长迅速，本时期体重增加是水貂全身器官、骨骼、肌肉共同生长的结果，同于冬毛生长期以脂肪积累为主的体增重，所以是本时期水貂生长发育的真实反映。这是因为植酸酶不仅能促进植酸形式的磷转化吸收，还能分解其他植酸螯合物，促进蛋白质、微量元素和其他营养物质的消化吸收。

表8－59 植酸酶对育成生长期水貂营养物质表观消化率的影响

项目	植酸酶（IU/kg）			
	0	450	900	4 500
干物质采食量（g）	149.91±17.06	133.27±34.26	154.02±19.11	153.42±25.17
干物质表观消化率（%）	77.67±3.02^{C}	81.41±2.19^{B}	84.46±1.54^{A}	81.84±1.84^{AB}

（续）

项目	植酸酶（IU/kg）			
	0	450	900	4 500
粗蛋白质表观消化率（%）	77.00±3.57^{B}	80.02±2.28^{AB}	83.50±2.13^{A}	82.27±2.90^{A}
氮代谢率（%）	57.00.±4.88^{B}	65.08±3.93^{A}	68.73±2.98^{A}	65.75±4.92^{A}
粗脂肪表观消化率（%）	96.18±0.67^{b}	95.54±2.15^{b}	96.11±1.56^{b}	98.04±0.62^{a}
钙表观消化率（%）	64.63±3.37	66.71±5.33	71.19±4.63	65.26±13.23
磷表观消化率（%）	32.43±7.29^{B}	42.53±7.00^{A}	47.38±4.31^{A}	47.93±3.03^{A}

注：同一行数值标不同小写字母表示差异显著（$P<0.05$），不同大写字母表示差异极显著（$P<0.01$）。

表 8-60　植酸酶对育成生长期水貂氮日排放量、磷环境排泄量的影响

项目	植酸酶水平（IU/kg）			
	0	450	900	4 500
氮日排放量（g/d）	2.04±0.18^{A}	1.54±0.17^{B}	1.50±0.36^{B}	1.67±0.10^{B}
磷环境排放量（g/d）	0.80±0.085^{a}	0.65±0.11^{b}	0.64±0.15^{b}	0.66±0.07^{b}

表 8-61　植酸酶对育成生长期水貂体增重、平均日增重的影响

项目	0	450	900	4 500
体增重（g）	525.4±410.22^{b}	647.1±225.13^{ab}	878.3±395.97^{a}	811.3±216.23^{a}
平均日增重（g）	11.94±9.32^{b}	14.71±5.79^{ab}	19.96±9.00^{a}	18.44±4.91^{a}

综上所述，日粮中添加植酸酶可显著提高水貂干物质、粗蛋白质、脂肪、钙、磷吸收利用率；可显著提高水貂氮代谢率；可显著降低钙、磷排放；促进水貂生长发育效果极显著。综合分析试验结果，在本试验范围内水貂鲜饲料中添加 900 IU/kg 植酸酶效果最好。

第六节　青 蒿 粉

育成生长期水貂断奶分窝时，胃肠道处于发育阶段，消化功能相对较弱，常常发生腹泻等疾病。这时期水貂养殖场往往会采取一些药物治疗的手段，但收效不大，且长期的抗生素治疗也会对水貂的健康产生不利的影响。大量研究表明，青蒿素能显著抑制致病微生物的生长，且属于中药材提取物，无明显残留危害，且青蒿素无特别的不适气味，便于在水貂饲料中添加。

常忠娟（2019）分别在育成生长期水貂日粮中添加 0、1%、1.5%、2.5%、3.5%、5%酶解青蒿粉，通过在相同基础鲜料中添加酶解青蒿粉，检验不同青蒿粉添加水平对水貂腹泻率、营养物质消化率和体增重的影响，明确水貂饲料中添加酶解青蒿粉的适宜性并筛选适宜添加水平。

由表 8-62 可知，在日粮中添加 1.5%～5%酶解青蒿粉，水貂无腹泻发生，可见酶解青蒿粉有效地控制了细菌性和病毒性腹泻在夏季水貂群中的发生，在一定程度上解决了水貂生产中急需解决的夏季大群腹泻难题。

表 8-62 水貂日粮添加酶解青蒿粉对腹泻率的影响

项目	酶解青蒿粉添加量（%）					
	0	1	1.5	2.5	3.5	5
腹泻水貂数量（只）	5	2	0	0	0	0
非腹泻水貂数量（只）	5	8	10	10	10	10
水貂腹泻率（%）	50	20	0	0	0	0

由表 8-63 可知，酶解青蒿粉对水貂的蛋白质和脂肪消化率以及磷消化率没有显著影响；随着酶解青蒿粉的添加，蛋白质的消化率呈现下降趋势，可能是由于酶解青蒿粉含有较多粗纤维。日粮添加酶解青蒿粉对钙消化率影响差异显著，添加 1%组钙消化率最高，且随着添加剂量的增加，其消化率呈现下降趋势。

表 8-63 添加酶解青蒿粉对育成生长期水貂营养物质消化率的影响

项目	酶解青蒿粉添加量（%）					
	0	1	1.5	2.5	3.5	5
蛋白质消化率（%）	45.09±7.08	46.56±6.71	43.56±6.09	33.86±9.51	43.13±4.41	27.31±9.02
脂肪消化率（%）	77.68±9.9	82.47±6.63	79.99±3.99	80.94±6.45	74.98±6.21	82.30±6.30
钙消化率（%）	46.37±6.15[a]	53.3±8.18[a]	42.40±13.89[ab]	44.9±1.99[ab]	41.86±4.03[ab]	32.41±11.13[b]
磷消化率（%）	58.08±9.12	55.16±3.59	56.30±5.00	59.07±7.05	54.83±7.54	50.39±9.02

日粮中添加不同的酶解青蒿粉对育成生长期水貂干物质采食量、平均日增重、料重比、69 日龄重及分窝后 76 日龄体重影响差异不显著（表 8-64）。开始添加酶解青蒿粉时，水貂因为其良好的适口性而增加了采食量，各种营养物质的吸收率有所提高，所以各组间平均体重有增加的趋势，但是随着青蒿粉持续累积，其粗纤维含量逐渐增高，到 76～85 日龄时，添加量为 2.5%～5%，水貂日增重呈下降趋势，这可能是因为水貂对粗纤维持续累积及其对其他营养物质消化不良所致。

表 8-64 不同剂量的酶解青蒿粉对生长期幼水貂体重的影响

项目	酶解青蒿粉添加量（%）					
	0	1	1.5	2.5	3.5	5
初始体重（69 日龄）（kg）	0.72±0.03	0.74±0.05	0.75±0.03	0.75±0.06	0.79±0.06	0.79±0.06
76 日龄体重（kg）	0.82±0.05	0.82±0.06	0.84±0.07	0.89±0.09	0.91±0.05	0.91±0.09
85 日龄体重（kg）	0.91±0.08	0.89±0.06	0.94±0.09	0.95±0.09	0.98±0.07	0.96±0.10
干物质采食量（g/d）	62.54±9.72	67.07±6.68	65.83±11.05	69.22±6.92	67.72±4.49	59.65±4.87
平均日增重（g/d）	12.90±3.30	9.48±3.12	12.29±3.03	11.98±2.29	11.98±2.29	10.84±2.92
料重比	5.53±1.67	7.68±2.42	5.78±1.65	5.87±1.30	5.79±0.87	5.83±1.48

综上所述，适量添加酶解青蒿粉后，幼水貂的夏季腹泻率有效降低；在水貂的鲜饲料中，添加的酶解青蒿粉为1%时，水貂腹泻有所控制，蛋白质与钙的消化率达到最佳的状态；而其添加量为1.5%时，幼水貂的腹泻率得到完全控制，同时水貂的消化代谢指标状况处于比较好的状态，因此水貂酶解青蒿粉的适宜添加量为1%～1.5%。

第七节　黄 粉 虫

黄粉虫生长迅速、繁殖周期短，便于人工养殖，不仅可加工成动物饲料，更具备成为昆虫功能性饲料新来源的特点和潜力。黄粉虫蛋白质含量高、氨基酸比例平衡，营养成分全面，是易于吸收且饲喂方便的优质蛋白质饲料。农业部将昆虫饲料列为被推荐的10种节粮型饲料资源之一，国家畜牧发展中心也将昆虫列入我国今后大力发展的7类养殖业中（申红，2005）。

（一）黄粉虫在水貂育成生长期应用效果

在育成生长期，张铁涛（2015）将不同水平的黄粉虫（0、4%、8%、12%和16%）添加到水貂日粮中，通过测定水貂的体重、营养物质消化率、血清生化指标的变化，系统评价黄粉虫在水貂饲养中的饲喂效果，得出黄粉虫适宜添加量，以及黄粉虫是否具有作为水貂功能性新饲料的研究价值。

研究发现，在试验14～56 d，日粮中黄粉虫添加水平为16%的水貂体重显著低于无黄粉虫添加组，而终末体重各组体重差异不显著，且在试验期各组平均日增重差异不显著（表8-65）。这说明日粮中添加黄粉虫不会对水貂体重增长产生不利的影响。

表8-65　添加不同水平黄粉虫对育成生长期水貂的体重影响

项目	黄粉虫添加水平（%）				
	0	4	8	12	16
初始体重（g）	1 110±131	1 105±124	1 104±79	1 100±147	1 102±176
14 d体重（g）	1 275±92[a]	1 221±106[ab]	1 207±55[ab]	1 246±161[ab]	1 173±126[b]
28 d体重（g）	1 434±101[a]	1 410±133[ab]	1 325±91[ab]	1 358±166[ab]	1 300±144[b]
42 d体重（g）	1 517±120[a]	1 501±130[ab]	1 497±161[ab]	1 458±156[ab]	1 374±154[b]
56 d体重（g）	1 686±131[a]	1 642±137[ab]	1 636±127[ab]	1 671±135[ab]	1 546±169[b]
终末体重（g）	1 739±154	1 727±141	1 728±133	1 748±161	1 705±185
平均日增重（g）	10.18±1.30	9.77±2.27	9.23±2.51	10.15±2.39	9.52±2.28

从表8-66可以看出，日粮中添加黄粉虫对水貂干物质、蛋白质和脂肪的消化率没有显著影响。但随着添加比例的提高，蛋白质消化率略有升高趋势，脂肪的消化率有降低趋势。出现这种现象的原因可能是黄粉虫具有浓厚的鱼腥味，能够刺激动物体消化液的分泌，加强胃肠蠕动，从而提高了蛋白质的消化率。然而，其中含有的多不饱和脂肪酸影响了水貂对脂肪的代谢，使水貂分解速率大于合成速率。

表 8-66 添加不同水平黄粉虫对育成生长期水貂采食量和营养物质消化率的影响

项目	黄粉虫添加水平（%）				
	0	4	8	12	16
采食量（g）	352±26	321±37	340±11	356±13	342±26
干物质消化率（%）	69.48±2.21	68.74±3.07	68.36±1.34	68.34±1.63	68.50±1.66
蛋白质消化率（%）	78.09±2.94	78.23±1.18	78.70±2.66	78.25±0.96	79.58±0.65
脂肪消化率（%）	87.06±4.92	86.68±2.40	86.65±4.12	86.38±3.13	84.65±1.21

如表 8-67 可见，日粮中黄粉虫添加量为 4%时，水貂尿氮显著地低于添加量为 12%组，而氮沉积、净蛋白利用率和蛋白质生物学效价显著高于添加量为 12%组。说明日粮中黄粉虫的添加量为 4%时，水貂对蛋白质的利用率较高。

表 8-67 添加不同水平黄粉虫对育成生长期水貂氮代谢的影响

项目	黄粉虫添加水平（%）				
	0	4	8	12	16
食入氮（g）	19.85±1.44	18.22±2.12	19.31±0.61	20.09±0.75	19.27±1.48
粪氮（g）	4.33±0.53	3.97±0.57	4.30±0.46	4.37±0.28	3.93±0.29
尿氮（g）	9.06±0.75^{ab}	7.96±1.91^{b}	9.03±1.51^{ab}	9.84±1.14^{a}	9.20±1.81^{ab}
氮沉积（g）	6.46±0.92^{ab}	8.29±1.96^{a}	5.98±1.49^{ab}	5.87±1.02^{b}	6.15±1.04^{ab}
净蛋白质利用率（%）	32.46±2.91^{ab}	35.97±9.10^{a}	31.04±8.21^{ab}	29.23±4.90^{b}	32.13±6.75^{ab}
蛋白质生物学效价（%）	41.53±2.77^{ab}	45.26±9.44^{a}	39.82±9.63^{ab}	37.39±6.54^{b}	40.43±8.80^{ab}

由表 8-68 可知，添加量为 4%、8%和 12%组水貂的血清尿素含量高于另外两组，这种现象出现的原因可能是黄粉虫中游离氨基酸的脱氨基、转氨基作用提高了血清中的尿素浓度。添加黄粉虫对水貂血清胆固醇含量产生了明显影响，添加量为 4%、8%和 16%组极显著高于无黄粉虫组。添加量为 4%和 8%组水貂血钙显著高于添加 12%组，而血磷指标是添加量为 16%组显著高于其他试验组水貂。这说明黄粉虫对水貂钙、磷代谢有一定的调节作用，4%和 8%添加量明显增加了血清中钙离子浓度。

表 8-68 添加不同水平黄粉虫对育成生长期水貂血清生化指标的影响

项目	黄粉虫添加水平（%）				
	0	4	8	12	16
总蛋白 TP（g/L）	80.57±12.90	80.09±3.38	73.32±11.68	78.66±10.45	70.59±11.10
白蛋白 ALB（g/L）	33.79±3.35	31.22±6.43	32.99±6.56	29.97±2.70	31.35±2.19
尿素（mmol/L）	6.16±1.75	9.18±2.27	8.57±2.61	7.25±1.33	6.13±1.77
胆固醇（mmol/L）	6.47±1.84^{Cc}	13.90±1.32^{Aa}	10.95±1.68^{ABb}	8.57±1.51^{BCbc}	10.90±1.67^{ABb}
血钙（mmol/L）	1.67±0.11^{bc}	2.18±0.62^{a}	2.11±0.33^{b}	1.35±0.20^{c}	1.60±0.15^{bc}
血磷（mmol/L）	4.07±1.06^{b}	3.17±1.72^{b}	3.87±1.67^{b}	3.12±0.68^{b}	6.45±0.97^{a}

饲粮黄粉虫富含多不饱和脂肪酸，极显著影响血清总胆固醇含量；4%和 8%添加水平可提高血钙浓度，利于钙元素的吸收。育成生长期水貂中添加黄粉虫没有明显提高

水貂的体增重，但当鱼粉等价格高于黄粉虫时，可在饲粮中添加4%、8%的黄粉虫替代鱼粉等动物性原料。

（二）黄粉虫在水貂冬毛生长期饲喂效果

在冬毛生长期，张铁涛（2014）在水貂日粮中添加0、2%、4%、8%、16%的黄粉虫，研究饲料中不同添加比例的黄粉虫对冬毛生长期水貂体增重及毛皮质量的影响，为黄粉虫在蛋白质饲料开发与推广利用方面提供理论依据。

从表8-69中可知，不同黄粉虫添加组在冬毛生长期56 d之前，各组水貂的体重差异不显著。但在冬毛生长后期水貂的体重出现差异，2%～4%黄粉虫添加水平组水貂体重在各组间最低，8%添加量黄粉虫水貂的体重较高，16%黄粉虫添加组水貂体重较低。在水貂取皮前，环境温度降到-20 ℃，除4%和8%黄粉虫添加组水貂体重继续缓慢增加外，其他试验组水貂体重都开始出现下滑。这可能是由于饲粮中适量的黄粉虫含有的多不饱和脂肪酸及某些营养成分，能够缓解外界低温环境对水貂形成的冷刺激。

表8-69 添加不同水平黄粉虫对冬毛生长期水貂体重的影响

项目	黄粉虫添加水平（%）				
	0	2	4	8	16
初始体重（g）	1 636±131	1 623±137	1 611±138	1 621±135	1 611±169
14 d体重（g）	1 826±123	1 768±156	1 707±120	1 812±155	1 715±211
28 d体重（g）	1 902±149	1 890±142	1 728±190	1 861±199	1 760±262
42 d体重（g）	2 053±179	1 924±188	1 907±219	1 980±235	1 938±262
56 d体重（g）	2 186±192	2 038±199	2 037±226	2 189±175	2 112±263
70 d体重（g）	$2\ 242\pm173^{b}$	$2\ 151\pm81^{ab}$	$2\ 005\pm218^{a}$	$2\ 281\pm176^{b}$	$2\ 244\pm225^{b}$
终末体重（g）	2 223±172	2 082±85	2 098±158	2 293±203	2 199±233

表8-70数据表明，8%黄粉虫添加组水貂的采食量显著高于对照组水貂，这可能与黄粉虫能够刺激消化液分泌、改善水貂食欲有关。黄粉虫外壳中含有较多的几丁质。几丁质是节肢动物身体表面分泌的一种物质，含有大量的碳水化合物和氨，然而水貂消化道中缺少碳水化合物酶，所以当饲粮中添加较多的黄粉虫时，饲粮的干物质消化率略有降低。2%黄粉虫组水貂的蛋白质消化率最高，而8%黄粉虫添加组与4%黄粉虫组差异显著，极显著低于其他试验组。饲粮添加黄粉虫虽然没有对粗灰分消化率有显著影响，但还是呈现升高的趋势。根据营养物质消化率指标，基本可以判断水貂对黄粉虫的消化率较好，可以作为水貂动物性饲料原料进行添加使用。

表8-70 添加不同水平黄粉虫对冬毛生长期水貂采食量和营养物质消化率的影响

项目	黄粉虫添加水平（%）				
	0	2	4	8	16
采食量（g）	362 ± 19^{Bb}	358 ± 16^{Bb}	374 ± 9^{ABab}	395 ± 7^{Aa}	375 ± 6^{ABab}
干物质消化率（%）	68.87 ± 0.99^{ABab}	71.01 ± 2.36^{Aa}	66.55 ± 2.46^{Bb}	66.18 ± 1.87^{Bb}	66.86 ± 1.92^{ABa}
蛋白质消化率（%）	77.03 ± 1.07^{ABa}	79.49 ± 1.13^{Aa}	74.87 ± 0.72^{BCb}	72.46 ± 2.30^{Cc}	78.63 ± 0.91^{ABa}

（续）

项目	黄粉虫添加水平（%）				
	0	2	4	8	16
脂肪消化率（%）	88.85±3.26	91.83±0.82	88.53±0.48	89.03±1.91	88.75±1.66
灰分消化率（%）	19.61±5.71	22.37±3.91	19.91±7.08	20.37±5.16	21.76±3.55

从表8-71可知，4%、8%和16%添加组的食入氮显著高于其他各组，这可能是由于黄粉虫对水貂采食量有促进作用，随着采食量增加，食入氮也相对增加。粪氮指标中，4%、8%组水貂排出量极显著高于未添加组和2%组水貂；8%组水貂的尿氮排出量极显著低于未添加组水貂；氮沉积指标中，8%组水貂显著高于未添加组水貂；2%组和8%组水貂的净蛋白质利用率显著高于未添加组水貂；8%组水貂的蛋白质生物学效价显著高于未添加组水貂。黄粉虫含有的几丁质等成分，造成水貂的干物质消化率降低，故而水貂的粪氮排出量增加。黄粉虫富含必需脂肪酸，饲粮氨基酸平衡越好，蛋白质的利用效率越高。添加黄粉虫组水貂的氮沉积显著高于对照组水貂，饲粮的蛋白质生物学效价和蛋白质利用率明显提高，说明饲粮添加一定比例的黄粉虫能提高饲粮的利用率。

表8-71　添加不同水平黄粉虫对冬毛生长期水貂氮代谢的影响

项目	黄粉虫添加水平（%）				
	0	2	4	8	16
食入氮（g/d）	19.46±1.04[a]	19.47±0.87[a]	21.65±0.51[b]	21.48±0.37[b]	21.29±0.33[b]
粪氮（g/d）	4.47±0.36[Aab]	3.99±0.23[Aa]	5.44±0.07[BCc]	5.81±0.49[Cc]	4.76±0.27[ABb]
尿氮（g/d）	11.17±0.81[BCbc]	9.02±0.46[ABa]	10.41±1.48[ABCabc]	8.43±1.41[Aa]	12.12±1.58[Cc]
氮沉积（g/d）	4.25±1.12[a]	6.46±0.95[ab]	5.80±1.71[ab]	6.85±0.98[b]	5.41±1.52[ab]
净蛋白质利用率（%）	21.41±5.46[a]	33.14±3.83[b]	26.73±7.56[ab]	32.55±5.24[b]	24.22±6.60[ab]
蛋白质生物学效价	29.27±7.27[a]	41.65±4.21[ab]	35.66±9.78[ab]	44.98±7.59[b]	30.85±8.75[ab]

从表8-72可知，各组水貂的体长差异不显著，但各组水貂的皮张长度各组存在明显差异，这可能是由于水貂在冬毛生长期对各种多不饱和脂肪的需要量较高，黄粉虫中富含的脂肪酸提高了皮张的延展性，这样皮张在分级时，能够得到较高的评分，经济效益较好。饲粮添加黄粉虫对水貂的针毛长度、绒毛长度、针、绒毛长度比有一定的影响，适量添加黄粉虫能够改善皮张的整齐度，更好地迎合市场的需求。

表8-72　添加不同水平黄粉虫对冬毛生长期水貂皮毛质量的影响

项目	黄粉虫添加水平（%）				
	0	2	4	8	16
体长（cm）	49.00±1.73	48.50±0.50	48.83±1.53	49.83±1.53	50.33±1.16
皮长（cm）	71.33±5.51[b]	73.00±1.00[ab]	72.67±1.16[ab]	74.00±1.00[ab]	77.33±3.22[a]
鲜皮重（g）	413.00±24.04[ab]	387.50±55.01[ab]	348.17±41.49[b]	379.17±5.58[ab]	420.00±43.74[a]
针毛长（cm）	2.37±0.21[ab]	2.53±0.20[ab]	2.60±0.15[a]	2.33±0.11[b]	2.36±0.06[ab]

（续）

项目	黄粉虫添加水平（%）				
	0	2	4	8	16
绒毛长（cm）	1.63±0.06[ab]	1.83±0.05[a]	1.72±0.21[ab]	1.62±0.13[ab]	1.57±0.12[b]
针、绒毛长比	1.45±0.15	1.38±0.14	1.53±0.15	1.45±0.07	1.51±0.10

综上所述，饲粮中添加黄粉虫可提高饲粮的蛋白质生物学效价，减少鱼粉、肉骨粉和豆油的添加量，可以作为水貂新的安全动物性饲料使用；饲粮中添加8%和16%的黄粉虫，能够提高水貂皮张面积，改善毛皮质量。

参考文献

樊燕燕，孙伟丽，孙皓然，等，2015. 半胱胺对育成期公水貂生长性能、营养物质消化率及氮代谢的影响 [J]. 动物营养学报，27 (10)：3094-3101.

樊燕燕，孙伟丽，王卓，等，2016. 半胱胺对冬毛期公水貂生产性能、营养物质消化率及氮代谢的影响 [J]. 动物营养学报，28 (10)：3337-3345.

荆祎，李光玉，刘晗璐，等，2013. 不同乳酸杆菌添加剂对水貂生长性能、营养物质消化率、氮平衡及血清生化指标的影响 [J]. 动物营养学报，25 (9)：2160-2167.

荆祎，李光玉，刘晗璐，等，2013. 不同益生菌添加剂对水貂生长性能及血清生化指标的影响 [J]. 经济动物学报，17 (3)：140-145.

刘佰阳，李光玉，鲍坤，等，2013. 棉籽低聚糖对水貂生长性能、营养物质消化代谢、肠道菌群和免疫性能的影响 [J]. 动物营养学报，25 (5)：1123-1130.

刘汇涛，杨颖，邢秀梅，等，2014. 饲粮添加不同复合酶制剂对育成生长期水貂生长性能、营养物质消化率及氮代谢的影响 [J]. 动物营养学报，6 (11)：3517-3524.

刘伟，2007. 水貂胰蛋白酶消化模型的建立及外源酶对水貂消化和生产性能的影响 [D]. 北京：中国农业科学院.

申红，2005. 高蛋白黄粉虫营养价值评定及其养殖利用研究 [D]. 新疆：石河子大学.

孙伟丽，王卓，樊燕燕，等，2017. 人参多糖对育成期公水貂生长性能、营养物质消化率、氮代谢及血清生化指标的影响 [J]. 动物营养学报，29 (6)：2057-2063.

孙伟丽，张婷，杨雅涵，等，2017. 人参多糖对冬毛期公水貂生产性能、血清生化指标和肠道形态结构的影响 [J]. 动物营养学报，29 (9)：3308-3315.

王凯英，鲍坤，徐超，等，2012. 饲料酸化剂对冬毛期水貂生产性能和血清生化指标的影响 [J]. 东北农业大学学报，43 (12)：78-85.

王凯英，鲍坤，徐超，等，2014. 酸化剂对乌苏里貉生产性能及血清生化指标的影响 [J]. 动物营养学报，26 (12)：2717-3722.

王凯英，鲍坤，徐超，等，2014. 酸化剂对鲜饲料保质效果及生长期水貂腹泻的影响 [J]. 中国畜牧兽医，41 (3)：227-231.

王凯英，鲍坤，徐超，等，2015. 饲料酸化剂对水貂小肠绒毛形态、营养物质消化率和N、P环境排放的影响 [J]. 畜牧兽医学报，46 (4)：665-671.

王凯英，李光玉，鲍坤，等，2011. 琥珀酸对水貂胃蛋白酶活性、营养物质消化率及生产性能的影响 [J]. 东北农业大学学报，42 (9)：67-71.

王凯英，李光玉，毕世丹，等，2009. 琥珀酸对水貂冬毛生长期生长发育性状和某些血液生化指标影响的研究 [J]. 特产研究 (4)：190 - 194.

王凯英，徐超，鲍坤，等，2013. 植酸酶对水貂氮、磷等营养物质利用及生长发育的影响 [J]. 特产研究，35 (3)：18 - 22.

王卓，孙伟丽，樊燕燕，等，2015. 果寡糖对育成期水貂生长性能、营养物质消化率、氮代谢和血清生化指标的影响 [J]. 动物营养学报，27 (11)：3613 - 3619.

张铁涛，张海华，刘志，等，2014. 黄粉虫对冬毛期水貂体重变化、营养物质消化率、氮代谢及毛皮质量的影响 [J]. 动物营养学报，26 (8)：2414 - 2420.

张铁涛，张海华，孙皓然，等，2015. 饲粮添加黄粉虫对育成期水貂生长性能、营养物质消化率和血清生化指标的影响 [J]. 动物营养学报，27 (12)：3782 - 3788.

Diliberto E J J，Distefano V，Crispin - Smith J，1973. Mechanism and kinetics of the inhibition of dopamine - 13 - hydroxylase by 2 - mercaptoethylguanidine [J]. Biochemistry Pharmacology，22：2961 - 2972.

Mcleod K R，Harmon D L，Schillo K K，et al.，1995. Effects of cysteamine on pulsatile growth hormone release and plasma insulin concentrations in sheep [J]. Comparative Biochemistry and Physiology，112 (3)：523 - 533.

Millard W J，Sagar S M，Laudis D M D，et al.，1982. Cysteamine：a potent and specific depletor of pituitary prolactin [J]. Science，217：452 - 454.

Palkovits M，Brownstein M J，Eiden L E，et al.，1982. Selective depletion of somatostatin in rat brain by cysteamine [J]. Brain Research，240：178 - 180.

附　　录

附录一　水貂营养需要量

附表 1-1　成年貂的经验饲养标准（每只每日量）

性别	饲养时期	月份	代谢能（kJ）	可消化营养物质（g）		
				蛋白质	脂肪	碳水化合物
公水貂	准备配种期	12～2	1 004.2～1 171.5	23～32	5～7	12～15
	配种期	3	962.3～1 087.8	23～32	5～7	12～15
	维持期	4～8	1 046～1 171.5	22～28	3～5	16～22
	冬毛生长期	9～11	1 046～1 255.2	25～40	7～9	14～20
母水貂	配种期	3	962.3～1 087.8	20～26	3～5	10～14
	妊娠期	4	1 046～1 255.2	27～36	6～8	9～13
	哺乳期	5～6	962.3	25～30	6～8	9～13
	维持期	7～8	1 046	22～28	3～5	12～18
	冬毛生长期	9～11	1 046～1 255.2	27～35	7～9	14～20

附表 1-2　水貂以热量为基础的日粮标准（每只每日量）

生物学时期	占代谢能的百分比（%）			
	鱼、肉类	乳、蛋类	谷物	果蔬
准备配种期	65～70	5	25～30	4～5
配种期	70～75	5	15～20	2～4
妊娠期	60～65	10～15	15～20	2～4
哺乳期	60～65	10～15	15～20	3～5
育成前期	65～70	5	20～25	4～5
冬毛生长期	60～65	5*	25～30	4～5
恢复期	65～70	0	25～30	4～5

*可用动物血代替乳蛋类。

附表 1-3　水貂以重量为基础的日粮标准（每只每日量）

生物学时期	月份	饲喂量（g）	日粮组成（%）				
			鱼、肉类	乳、蛋类	谷物	果蔬	水或豆浆
准备配种期	12 月至翌年 2 月	250～300	55～60	5～10	10～15	8～10	10～15
配种期	3	220～250	60～65	5～10	10～12	8～10	10～15
妊娠期	4	260～330	55～60	5～10	10～12	10～12	5～10

（续）

生物学时期	月份	饲喂量（g）	日粮组成（%）				
			鱼、肉类	乳、蛋类	谷物	果蔬	水或豆浆
产仔、哺乳期	5～6	350～1 000	50～55	10～15	10～12	10～12	5～10
育成前期	7～8	265～475	55～60	5	10～15	12～14	15～20
冬毛生长期	9～11	480～510	45～55	5	12～15	10～14	15～20
恢复期	4～8	300	50～60	0	12～15	12～14	15～20

注：鱼类按鲜饲料计算，干动物性饲料按浸泡或蒸煮加工后的量计算，谷物按熟制品计算；维生素、抗生素和微量元素，因数量少，单独加入，不计算在内；哺乳期的标准是基础母水貂连同仔水貂的量。

附表 1－4　水貂添加饲料（每只每日量）

生物学时期	酵母（g）	麦芽（g）	骨粉（g）	食盐（g）	维生素 A（IU）	维生素 D（IU）	维生素 E（IU）	维生素 B_1（mg）	维生素 B_2（mg）
准备配种期	1.0～2.0	4.0	1.0	0.4	500～800	50～60	2～2.5	0.5～1.0	0.2～0.3
配种期	2.0	4.0	1.0	0.4	500～800	50～60	2～2.5	0.5～1.0	0.2～0.3
妊娠期	2.0	4.0	1.0	0.4	800～1 000	80～100	2～5	1.0～2.0	0.4～0.5
哺乳期	2.0	4.0	1.0	0.4	1 000～1 500	100～150	3～5	1.0～2.0	0.4～0.5
育成前期	1.0	0	1.0	0.4	300～400	30～40	2～5	0.5	0.5
冬毛生长期	1.0	0	1.0	0.4	300～400	30～40	2～5	0.5	0.5
恢复期	1.0	0	1.0	0.4	300～400	30～40	2～5	0.5	0.5

附表 1－5　不同生理学时期水貂饲粮营养需要推荐量（风干基础）

项目	育成生长期	冬毛生长期	配种准备期	妊娠期	哺乳期
全混合饲料中推荐营养成分					
粗蛋白质（%）	14～15	14～15	14～16	15～16	15～17
粗脂肪（%）	10～12	4～6	5～7	4～6	6～8
水分（%）	55～58	65～70	64～68	60～65	58～65
粗纤维（%）	1.5～2.0	1.5～2.5	1.0～1.5	1.5～2.0	0.5～1.0
粗灰分（%）	4.0～5.0	4.5～5.5	3.0～4.0	3.0～4.0	3.5～4.5
淀粉（%）	5.5～6.5	1.5～2.0	2.0～2.5	2.5～3.0	3.0～4.0
糖（%）	0.2～0.3	0.1～0.2	0.2～0.3	1.0～1.5	0.3～0.5
维生素					
维生素 A（IU）	7 000	7 000	7 000	7 000	7 000
维生素 D（IU）	875～950	700～800	700～800	700～800	700～800
维生素 E（mg）	55～70	60～70	60～70	60～70	60～70

（续）

项目	育成生长期	冬毛生长期	配种准备期	妊娠期	哺乳期
矿物元素					
Cu（mg）	2.5～2.8	2.5～2.8	2.5～2.8	2.5～2.8	2.5～2.8
Se（mg）	0.3～0.5	0.3～0.5	0.3～0.5	0.3～0.5	0.3～0.5
P（g）	4.5～5.0	3.5～3.8	3.9～4.1	3.7～4.0	4.0～4.3
K（g）	2.0～2.2	1.8～2.0	2.1～2.3	1.8～2.0	2.3～2.5
Na（g）	1.4～1.6	0.8～1.0	1.0～1.2	0.8～1.0	1.9～2.2
Fe（mg）	80～90	45～50	50～55	48～54	70～75
Mn（mg）	18～22	15～18	15～18	15～18	15～18
Zn（mg）	35～40	30～35	30～35	30～35	30～35

附表 1-6　生长期水貂饲料配方（风干基础，%）

东北地区			华北地区		
项目	育成生长期	冬毛生长期	项目	育成生长期	冬毛生长期
饲料原料			饲料原料		
膨化玉米	33.50	34.00	膨化玉米	48.00	42.00
豆粕	5.00	4.00	黄花鱼	38.00	16.00
玉米蛋白粉	10.00	9.00	鸭架	5.00	30.00
玉米胚芽粕	3.00	1.00	鸭肝	4.00	3.00
鸡肉粉	6.00	4.00	鸡肠	2.00	2.00
肉骨粉	16.00	12.50	毛鸡	2.00	6.00
乳酪粉	5.00	5.00	预混料	1.00	1.00
鱼粉	13.00	18.00	—	—	—
豆油	4.00	8.00	—	—	—
食盐	0.50	0.50	—	—	—
预混料	4.00	4.00	—	—	—
合计	100.00	100.00	合计	100.00	100.00
营养水平			营养水平		
代谢能（MJ/kg）	10.17	13.17	代谢能（MJ/kg）	13.27	18.75
粗蛋白质	34.18	31.94	粗蛋白质	33.75	24.85
钙	3.20	2.41	粗脂肪	10.61	22.42
总磷	2.67	1.39	总钙	2.40	2.20
赖氨酸	2.62	2.42	总磷	1.30	1.15
蛋氨酸+半胱氨酸	1.89	1.79	—	—	—

附表 1-7　繁殖期水貂饲料配方（风干基础，%）

项目	配种准备期	配种期	妊娠期	哺乳期
饲料原料				
膨化玉米	50.26	49.36	48.36	24.70
黄花鱼	17.15	16.49	16.49	35.05
鸡杂	5.50	6.00	5.00	5.00
鸡蛋	6.00	6.00	7.00	7.00
猪碎肉	14.59	15.65	16.65	21.75
牛肝	5.00	5.00	5.00	5.00
食用盐	0.50	0.50	0.50	0.50
添加剂	1.00	1.00	1.00	1.00
总计	100.00	100.00	100.00	100.00
营养水平				
代谢能（MJ/kg）	13.29	13.29	13.29	18.85
粗蛋白质	32.31	34.53	36.53	40.94
粗脂肪	10.72	16.67	16.67	24.76
钙	2.48	2.48	2.48	2.85
总磷	1.38	1.28	1.28	1.96

附表 1-8　水貂 1%预混料配方

东北地区				华北地区			
原料	育成生长期	冬毛生长期	繁殖期	原料	育成生长期	冬毛生长期	繁殖期
维生素 A（万 IU）	70	100	100	维生素 A（万 IU）	94	100	100
维生素 D（万 IU）	20	20	320	维生素 D（万 IU）	25	25	320
维生素 E（万 IU）	0.6	0.6	0.6	维生素 E（万 IU）	0.6	0.6	0.6
维生素 B_1（mg）	600	600	600	维生素 B_1（mg）	200	200	600
维生素 B_2（mg）	800	800	800	维生素 B_2（mg）	500	500	800
维生素 B_6（mg）	300	300	300	维生素 B_6（mg）	300	300	300
维生素 B_{12}（mg）	10	10	10	维生素 B_{12}（mg）	1.5	1.5	10
维生素 K_3（mg）	100	100	100	维生素 K_3（mg）	100	100	100
维生素 C（mg）	40 000	40 000	40 000	维生素 C（mg）	40 000	40 000	40 000
烟酸（mg）	4 000	4 000	4 000	烟酸（mg）	2 000	2 000	4 000
泛酸（mg）	1 200	1 200	1 200	泛酸（mg）	1 000	1 200	1 200
生物素（mg）	20	20	20	生物素（mg）	10	15	20
叶酸（mg）	80	80	80	叶酸（mg）	100	100	80
胆碱（mg）	30 000	30 000	30 000	胆碱（mg）	50 000	50 000	30 000
铁（mg）	8 200	8 200	8 200	铁（mg）	8 200	8 200	8 200

（续）

东北地区				华北地区			
原料	育成生长期	冬毛生长期	繁殖期	原料	育成生长期	冬毛生长期	繁殖期
铜	4 000	8 000	800	铜	800	800	800
锰	3 000	3 600	1 200	锰	1 200	1 200	1 200
锌	4 500	6 000	5 200	碘	50	50	5 200
碘	50	50	50	硒	20	20	50
硒	20	20	20	钴	50	50	20
钴	50	50	50	金霉素	60 000	—	50

注："—"在表中表示无相应数据。

附录二　水貂常规冷鲜饲料营养成分

附表 2-1　常用干粉类饲料的营养价值（%）

干粉类饲料	绝干物质	粗蛋白质	钙	磷
秘鲁鱼粉	90.7	68.22	2.58	0.92
肠羽粉	92.4	52.28	4.02	0.2
肉骨粉	94.3	51.54	8.34	3.49
羽毛粉	91.1	85.72	0.82	0.04
猪肉粉	91.3	80.72	3.52	1.21
玉米蛋白粉	90.6	59.99	0.81	1.25
膨化大豆	91.9	38.94	0.91	0.62
豆粕	89.7	59.56	0.99	0.67
无氮日粮	89.7	6.03	0.74	0.11
膨化玉米	91.2	9	1.08	0.23
玉米胚芽粕	92.9	26	0.86	1.64

附表 2-2　常用鲜饲料营养价值（%）

品名	水分	粗蛋白质	粗灰分	钙	磷
小黄花	56.6	18.3	3.4	4	0.9
海杂鱼	83.9	23.5	3.5	2.4	0.8
马口鱼	69.5	15.9	3.6	2.4	1
淡水杂鱼	81.01	12.18	3.38	0.77	0.24
鲤鱼	73.6	15.95	7.84	2.58	0.65
青鱼	76.9	16.49	1.2	0.025	0.171
红头	73.4	19	2.2	1.9	0.9

（续）

品名	水分	粗蛋白质	粗灰分	钙	磷
安鳈鱼头	82.7	12.8	3.9	2.5	1.1
鱼头	67.3	17.95	8.96	3.38	0.99
鱼皮	50.2	28.94	2.14	0.59	0.34
鱼肝	72.3	16.07	1.94	0.13	0.18
全鸡	62.8	17.85	2.72	1	0.49
残鸡	74.1	17.3	0.9	2.4	0.5
毛鸡	64	19.4	2.2	2	0.5
鸡架肉	68.9	16.3	1.6	2.1	0.6
鸡皮	43.1	13.43	1.88	0.07	0.1
鸡胗	77.73	17.06	1.12	0.08	0.14
鸡杂	78.6	3.34	0.68	0.092	0.03
鸡肺	65.21	11.94	1.59	0.51	0.28
鸡心	66.87	14.03	1.99	0.23	0.15
鸡蛋（带皮）	81.85	7.42	5.42	2.21	0.1
鸡蛋	80.5	12.5	1.2	1.7	0.3
鸡头	65.6	13.7	3.8	1.1	1
鸡架	79.9	16.6	5.1	2.7	1
鸡肉	59.9	14.9	2.3	3	0.7
鸡肝	65.2	15.8	3.8	2.1	0.9
肉鸡鸡肠	69	18	1.5	2.3	0.8
蛋鸡鸡肠	44.2	26.1	1.3	3.2	0.7
鸡皮油	43	8.5	0.4	1.5	0.4
鸡碎肉	73.8	11.9	3.3	2	0.9
鸭架	70.5	10.5	1.3	1.8	0.6
鸭肝	70.6	11.3	1.6	1.3	0.6
猪血	78.06	21.94	0.97	0.18	0.07
猪肝	78.3	15.1	1.4	1.2	0.5
牛肉	71.18	28.82	0.88	0.2	0.17
牛肝	71.89	28.11	1.53	0.17	0.33
羊肝	69	18.5	1.4	—	—
羊肾	78.8	16.5	1.3	—	—
羊心	79.3	11.5	0.6	—	—

图书在版编目（CIP）数据

水貂营养需要与饲料 / 李光玉，孙伟丽，高秀华主编 .—北京：中国农业出版社，2019.12
当代动物营养与饲料科学精品专著
ISBN 978-7-109-26335-2

Ⅰ.①水… Ⅱ.①李… ②孙… ③高… Ⅲ.①水貂—家畜营养学②水貂—饲料 Ⅳ.①S865.2

中国版本图书馆 CIP 数据核字（2019）第 289475 号

中国农业出版社出版
地址：北京市朝阳区麦子店街 18 号楼
邮编：100125
策划编辑：周晓艳
责任编辑：周锦玉　　文字编辑：赵　硕
版式设计：王　晨　　责任校对：沙凯霖
印刷：北京通州皇家印刷厂
版次：2019 年 12 月第 1 版
印次：2019 年 12 月北京第 1 次印刷
发行：新华书店北京发行所
开本：787mm×1092mm　1/16
印张：17.75　　插页：2
字数：390 千字
定价：158.00 元